Antônio Carlos de Almeida Garcia
João Carlos Amarante Castilho

# MATEMÁTICA
*Sem Mistérios*

## Geometria Plana e Espacial

*Matemática sem Mistérios - Geometria Plana e Espacial*
Copyright© Editora Ciência Moderna Ltda., 2006

Todos os direitos para a língua portuguesa reservados pela EDITORA CIÊNCIA MODERNA LTDA.

Nenhuma parte deste livro poderá ser reproduzida, transmitida e gravada, por qualquer meio eletrônico, mecânico, por fotocópia e outros, sem a prévia autorização, por escrito, da Editora.

**Editor:** Paulo André P. Marques
**Supervisão Editorial:** João Luís Fortes
**Capa:** Paulo Vermelho
**Diagramação e composição:** Wilson Luiz de Góes/Rogério Dias Trindade
**Assistente Editorial:** Daniele M. Oliveira
**Finalização:** Verônica Paranhos

## FICHA CATALOGRÁFICA

Castilho, João Carlos Amarante e Gracia, Antônio Carlos de Almeida
*Matemática sem Mistérios – Geometria Plana e Espacial*
Rio de Janeiro: Editora Ciência Moderna Ltda., 2006.

Matemática
I — Título

ISBN: 85-7393-485-9                         CDD 510

Editora Ciência Moderna Ltda.
Rua Alice Figueiredo, 46
CEP: 20950-150, Riachuelo – Rio de Janeiro – Brasil
Tel: (21) 2201-6662/2201-6492/2201-6511/2201-6998
Fax: (21) 2201-6896/2281-5778
E-mail: lcm@lcm.com.br

*"Os padrões de um matemático, como os de um pintor ou de um poeta, devem ser belos;*

*As idéias, como as cores e as palavras, devem se ajustar de maneira harmoniosa...*

*Não há lugar permanente no mundo para matemáticas feias".*

Hardy

*"Para fazer matemática não precisamos enxergar, andar, ter braços, ou mesmo corpo. Só precisamos ter espírito, vontade, perseverança e principalmente convicção da mais bela estrutura lógica criada pelo homem".*

Euler

*"Felizes daqueles que se divertem com problemas que educam a alma e elevam o espírito".*

Fenelon

# SUMÁRIO

**Unidade 1** – Ângulos ................................................................. 1
  1.1 Definição ......................................................................... 1
  1.2 Bissetriz .......................................................................... 1
  1.3 Ângulos Adjacentes ........................................................ 2
  1.4 Ângulo Reto .................................................................... 2
  1.5 Ângulo Agudo ................................................................. 3
  1.6 Ângulo Obtuso ................................................................ 3
  1.7 Ângulo Raso ou de Meia Volta ...................................... 4
  1.8 Ângulo Oposto pelo Vértice .......................................... 4
  1.9 Ângulos Complementares, Suplementares e Replementares ............... 4
  1.10 Duas Paralelas Cortadas por uma Transversal ........... 5
  Questões Resolvidas ............................................................. 6
  Questões de Fixação ........................................................... 11
  Questões de Aprofundamento ............................................ 17

**Unidade 2** – Triângulos ........................................................ 29
  2.1 Classificação Quanto aos Lados .................................. 29
    Eqüilátero .......................................................................... 29
    Isósceles ............................................................................ 29
    Escaleno ............................................................................ 30
  2.2 Classificação Quanto aos Ângulos .............................. 30
    Retângulo ......................................................................... 30
    Acutângulo ....................................................................... 31
    Obtusângulo ..................................................................... 31
  2.3 Condições de Existência de um Triângulo ................. 32
  2.4 Principais Cevianas ...................................................... 32
    Altura ................................................................................ 32
    Mediana ............................................................................ 33
  2.5 Lei Angular de Thales .................................................. 33

2.6 Conseqüência da Lei Angular de Thales .............................................. 34
Questões Resolvidas ................................................................................. 34
Questões de Fixação ................................................................................. 41
Questões de Aprofundamento .................................................................. 46

**Unidade 3** – Quadriláteros ...................................................................... 63
   3.1 Paralelogramo .................................................................................. 63
   3.2 Paralelogramos Particulares ............................................................ 64
      Retângulo ........................................................................................... 64
      Losango .............................................................................................. 64
      Quadrado ........................................................................................... 65
   3.3 Trapézio ............................................................................................ 65
   3.4 Classificação dos Trapézios ............................................................. 66
      Trapézio Isósceles ............................................................................. 66
      Trapézio Retângulo ........................................................................... 66
   3.5 Base Média de um Trapézio ............................................................ 67
   3.6 Mediana de Euler ............................................................................. 67
   3.7 Base Média de um Triângulo .......................................................... 68
   3.8 Trapezóide ........................................................................................ 69
   Questões Resolvidas ............................................................................. 69
   Questões de Fixação ............................................................................. 73
   Questões de Aprofundamentos ............................................................ 79

**Unidade 4** – Polígonos ............................................................................ 95
   4.1 Linha Poligonal ................................................................................ 95
   4.2 Polígono ............................................................................................ 95
   4.3 Polígono Convexo e Polígono Côncavo ........................................... 96
   4.4 Polígono Regular .............................................................................. 97
   4.5 Nomenclatura dos Polígonos ........................................................... 97
   4.6 Números de Diagonais de um Polígono Convexo .......................... 97
   4.7 Soma dos Ângulos Internos de um Polígono Convexo ................. 98
   4.8 Soma dos Ângulos Externos de um Polígono Convexo ................ 98
   Questões Resolvidas ............................................................................. 99
   Questões de Fixação ............................................................................. 101
   Questões de Aprofundamento ............................................................. 104

**Unidade 5** – Circunferência e Círculo .................... 113
  5.1 Circunferência .................... 113
  5.2 Círculo .................... 113
  5.3 Elementos do Círculo .................... 114
  5.4 Posições Relativas entre Reta e Círculo .................... 114
  5.5 Teorema .................... 116
  5.6 Teorema de Pitot .................... 117
  5.7 Ângulo Central .................... 118
  5.8 Ângulo Inscrito .................... 118
  5.9 Ângulo de Segmento .................... 119
  5.10 Ângulo Excêntrico Interno .................... 120
  5.11 Ângulo Excêntrico Externo .................... 120
  5.12 Comprimento de uma Circunferência e Arco de Circunferência ... 122
    5.12.1 Comprimento de uma Circunferência .................... 122
    5.12.2 Arco de Circunferência .................... 122
  Questões Resolvidas .................... 122
  Questões de Fixação .................... 128
  Questões de Aprofundamento .................... 136

**Unidade 6** – Linhas Proporcionais .................... 153
  6.1 Feixe de Paralelas .................... 153
  6.2 Teorema .................... 153
  6.3 Aplicação ao Triângulo .................... 154
  6.4 Teorema das Bissetrizes .................... 154
    6.4.1 Bissetriz Interna .................... 154
    6.4.2 Bissetriz Externa .................... 155
  6.5 Triângulos Semelhantes .................... 156
  6.6 Relações Métricas no Círculo .................... 156
    6.6.1 Ponto Interior à Circunferência .................... 156
    6.6.2 Ponto Exterior à Circunferência .................... 157
  Questões Resolvidas .................... 158
  Questões de Fixação .................... 164
  Questões de Aprofundamento .................... 170

**Unidade 7** – Relações Métricas no Triângulo Retângulo .................... 193
  7.1 Triângulo Retângulo .................... 193
  7.2 Relações Métricas no Triângulo Retângulo .................... 193

7.3 Triângulos Retângulos Particulares ................................................. 194
   7.3.1 Triângulo Retângulo com Ângulo de 30° e 60° .......................... 194
   7.3.2 Triângulo Retângulo com Ângulo de 45° (isósceles) ................ 195
   Questões Resolvidas ............................................................................ 197
   Questões de Fixação ............................................................................ 203
   Questões de Aprofundamento ............................................................ 208

**Unidade 8** – Relações Métricas num Triângulo Qualquer ..................... 219
   8.1 Lei dos Cossenos ........................................................................... 219
   8.2 Lei dos Senos ................................................................................ 220
   8.3 Síntese de Clairaut ........................................................................ 221
   Questões Resolvidas ............................................................................ 221
   Questões de Fixação ............................................................................ 224
   Questões de Aprofundamento ............................................................ 227

**Unidade 9** – Polígonos Regulares Inscritos e Circunscritos .................. 241
   9.1 Polígonos Regulares Inscritos ...................................................... 241
      9.1.1 Triângulo Eqüilátero Inscrito ................................................ 241
      9.1.2 Quadrado Inscrito .................................................................. 242
      9.1.3 Hexágono Regular Inscrito ................................................... 243
   9.2 Polígonos Regulares Circunscritos .............................................. 244
      9.2.1 Triângulo Eqüilátero Circunscrito ........................................ 245
      9.2.2 Quadrado Circunscrito .......................................................... 245
      9.2.3 Hexágono Regular Circunscrito ........................................... 246
   Questões Resolvidas ............................................................................ 247
   Questões de Fixação ............................................................................ 253
   Questões de Aprofundamento ............................................................ 255

**Unidade 10** – Áreas das Figuras Planas ................................................. 261
   10.1 Introdução .................................................................................... 261
   10.2 Cálculo das Áreas das Principais Figuras Planas ..................... 261
      10.2.1 Retângulo ............................................................................. 261
      10.2.2 Quadrado .............................................................................. 262
      10.2.3 Paralelogramo ...................................................................... 262
      10.2.4 Triângulo .............................................................................. 263
      10.2.5 Losango ................................................................................ 265
      10.2.6 Trapézio ............................................................................... 265

10.2.7 Polígono regular .................................................. 266
10.2.8 Círculo ................................................................ 267
10.2.9 Coroa Circular .................................................... 267
10.2.10 Setor Circular ................................................... 268
Questões Resolvidas ..................................................... 269
Questões de Fixação ..................................................... 277
Questões de Aprofundamento ...................................... 278

**Unidade 11 – Poliedros** ............................................. 339
11.1 Definição ............................................................... 339
11.2 Teorema de Euler .................................................. 339
11.3 Poliedro Regular ou Poliedro de Platão ................ 340
11.4 Propriedade do Poliedro Regular .......................... 340
11.5 Soma dos Ângulos das Faces de um Poliedro ....... 341
11.6 Número de Diagonais de um Poliedro ................. 341
Questões Resolvidas ..................................................... 342
Questões de Fixação ..................................................... 344
Questões de Aprofundamento ...................................... 346

**Unidade 12 – Prismas** ............................................... 355
12.1 Definição ............................................................... 355
12.2 Classificação ......................................................... 355
12.4 Área do prima ....................................................... 356
12.4 Volume .................................................................. 356
12.5 Volume do Prisma ................................................. 356
12.6 Paralelepípedo Retângulo ..................................... 357
12.6.1 Área .................................................................... 357
12.6.2 Volume ............................................................... 357
12.6.3 Diagonal ............................................................. 357
12.7 Cubo ...................................................................... 357
  12.7.1 Área .................................................................. 358
  12.7.2 Volume ............................................................. 358
  12.7.3 Diagonal ........................................................... 358
Questões Resolvidas ..................................................... 358
Questões de Fixação ..................................................... 362
Questões de Aprofundamento ...................................... 365

**Unidade 13** – Pirâmides .................................................................... 401
   13.1 Definição ............................................................................ 401
   13.2 Pirâmide Regular ................................................................ 401
   13.3 Área Lateral da Pirâmide .................................................. 402
   13.4 Área Total Pirâmide .......................................................... 402
   13.5 Volume da Pirâmide .......................................................... 403
   13.6 Tronco da Pirâmide ........................................................... 403
   Questões Resolvidas ................................................................... 404
   Questões de Fixação ................................................................... 411
   Questões de Aprofundamento .................................................. 412

**Unidade 14** – Cilindros ..................................................................... 443
   14.1 Definição ............................................................................ 443
   14.2 Secção Meridiana do Cilindro ........................................... 445
   14.3 Secção transversal do Cilindro ......................................... 446
   14.4 Cilindro Eqüilátero ............................................................. 447
   14.5 Área Lateral do Cilindro ($S_L$) ............................................ 447
   14.6 Área total do Cilindro($S_T$) ............................................... 448
   14.7 Volume do Cilindro ........................................................... 449
   Questões Resolvidas ................................................................... 449
   Questões de Fixação ................................................................... 452
   Questões de Aprofundamento .................................................. 453

**Unidade 15** – Cones .......................................................................... 479
   15.1 Definição ............................................................................ 479
   15.2 Elementos do Cone ............................................................ 479
   15.3 Seção Meridiana de um Cone Circular Reto ................... 481
   15.4 Cone Eqüilátero .................................................................. 481
   15.5 Área Lateral de um Cone Circular Reto .......................... 482
   15.6 Área Total do Cone Circular Reto .................................... 482
   15.7 Volume do Cone ................................................................. 482
   15.8 Tronco de Cone .................................................................. 483
   Questões Resolvidas ................................................................... 483
   Questões de Fixação ................................................................... 486
   Questões de Aprofundamento .................................................. 488

**Unidade 16** – Esfera .................................................................... 513
  16.1 Definição ........................................................................ 513
  16.2 Seção Plana de uma Esfera ........................................... 513
  16.3 Volume da Esfera ............................................................ 514
  16.4 Área da Superfície Esférica ............................................ 514
  16.5 Fuso Esférico ................................................................... 514
  16.6 Cunha Esférica ................................................................. 515
  16.7 Inscrição e Circunscrição da Esfera em Sólidos ............ 515
    16.7.1 Quando à Definição ................................................ 515
      16.7.2.1 Quanto à Esfera ............................................ 516
      16.7.2.2 Esfera Inscrita ............................................... 516
  16.8 Posição do Plano e da Esfera .......................................... 516
    16.8.1 Plano Externo .......................................................... 517
    16.8.2 Plano Tangente ........................................................ 517
    16.8.3 Plano Secante .......................................................... 517
  Questões Resolvidas ................................................................. 518
  Questões de Fixação ................................................................. 522
  Questões de Aprofundamento .................................................. 524

**Glossário** ................................................................................... 549

# UNIDADE 1

# ÂNGULOS

SINOPSE TEÓRICA

## 1.1) Definição

É a figura limitada por duas semi-retas de mesma origem.
Essas semi-retas são os lados do ângulo e a origem é o vértice.

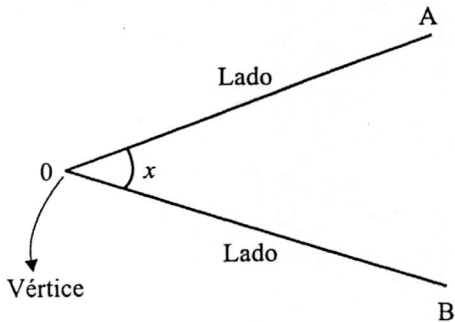

Vamos representar o ângulo da figura acima das seguintes maneiras:

$$A\hat{O}B ; \quad \hat{O} ; \quad x$$

## 1.2) Bissetriz

É a semi-reta que parte do vértice de um ângulo e o divide em dois ângulos congruentes.
Na figura $\overline{OM}$ é a bissetriz do ângulo $A\hat{O}B$.

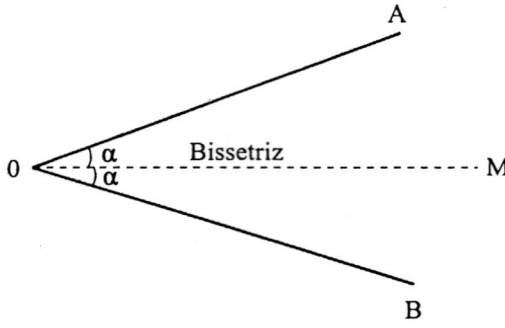

## 1.3) Ângulos adjacentes

Dois ângulos são adjacentes quando estão num mesmo plano, possuem o mesmo vértice e têm um lado comum compreendido entre os outros dois lados.

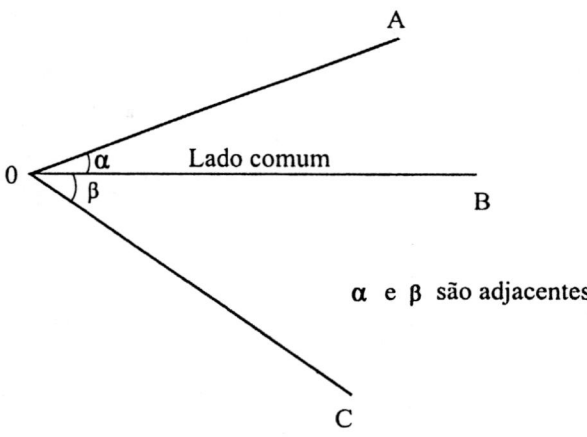

α e β são adjacentes

## 1.4) Ângulo reto

Quando duas retas concorrentes formam entre si, quatro ângulos de mesma medida, cada um desses ângulos é chamado de ângulo reto e têm por medida 90°.

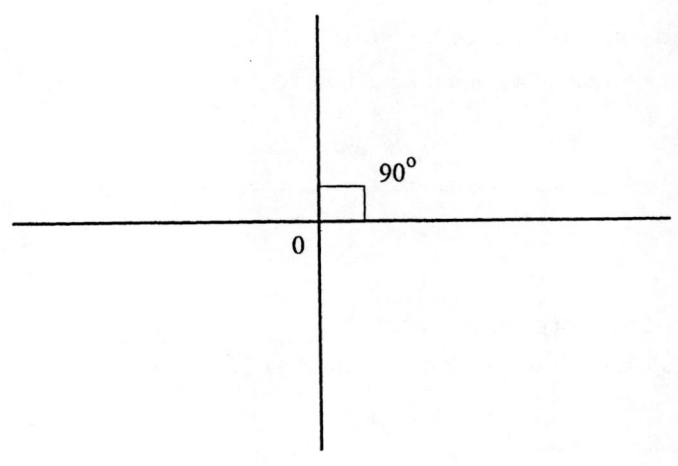

## 1.5) Ângulo agudo

É o ângulo cuja medida é menor que a medida de um ângulo reto

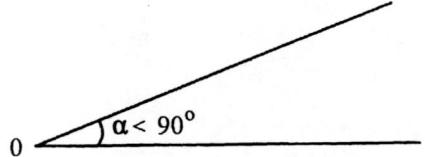

## 1.6) Ângulo obtuso

É o ângulo cuja medida é maior que a de um ângulo reto e menor que a de dois ângulos retos.

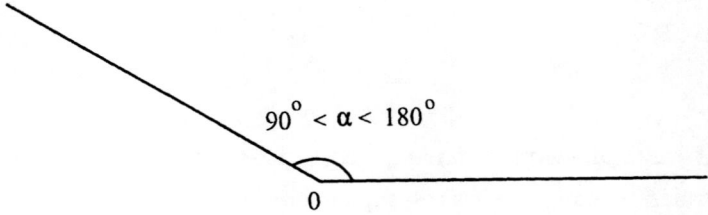

## 1.7) Ângulo raso ou de meia volta

É o ângulo cuja medida é igual a medida de dois ângulos retos.

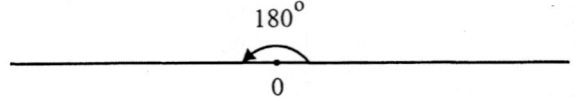

## 1.8) Ângulos opostos pelo vértice

Dois ângulos são opostos pelo vértice quando os lados de um são os prolongamentos dos lados do outro.

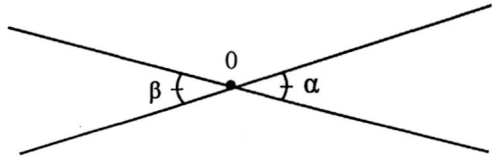

$\alpha$ e $\beta$ são opostos pelo vértice.

**Teorema**

*Dois ângulos opostos pelo vértice são congruentes.*

**Demonstração**

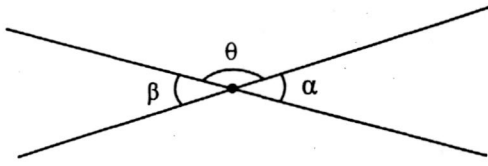

Na figura, temos $\alpha$ e $\beta$ opostos pelo vértice, então:
$$\begin{cases} \alpha + \theta = 180° \\ \beta + \theta = 180° \end{cases}$$
$\alpha + \theta = \beta + \theta \Rightarrow \boxed{\alpha = \beta}$

## 1.9) Ângulos complementares, suplementares e replementares

Dois ângulos são complementares, suplementares ou replementares, quando a soma das suas medidas é igual a 90°, 180° ou 360° respectivamente.

O complemento, o suplemento, o replemento de um ângulo é o que falta a esse ângulo para completar 90°, 180° ou 360° respectivamente.

$\alpha + \beta = 90°$     ($\alpha$ e $\beta$ são complementares)
$\alpha + \beta = 180°$    ($\alpha$ e $\beta$ são suplementares)
$\alpha + \beta = 360°$    ($\alpha$ e $\beta$ são replementares)

## 1.10) Duas paralelas cortadas por uma transversal

Quando duas retas paralelas são cortadas por uma transversal, formam-se 8 ângulos e alguns pares recebem nomes particulares.

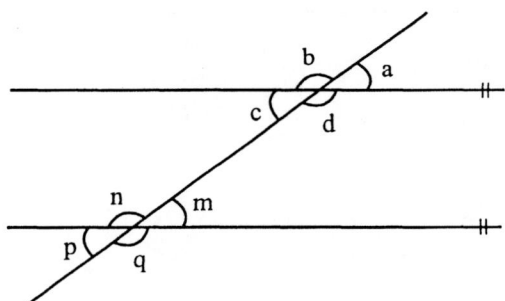

* Observe que os 4 ângulos agudos são congruentes ($a = c = m = p$), bem como os 4 ângulos obtusos ($b = d = n = q$).
* Observe que a soma de um ângulo agudo com um ângulo obtuso é igual a 180°.

**Os pares particulares**

(a) **Alternos** $\begin{cases} \text{Internos} \to c \text{ e } m;\ d \text{ e } n \\ \text{Externos} \to a \text{ e } p;\ b \text{ e } q \end{cases}$

(b) **Colaterais** $\begin{cases} \text{Internos} \to c \text{ e } n;\ d \text{ e } m \\ \text{Externos} \to a \text{ e } q;\ b \text{ e } p \end{cases}$

(c) **Correspondentes** $\to a$ e $m$; $b$ e $n$; $c$ e $p$; $d$ e $q$.

**Observações**

* Os ângulos alternos (internos ou externos) são congruentes.
* Os ângulos colaterais (internos ou externos) são suplementares.
* Os ângulos correspondentes são congruentes.

## QUESTÕES RESOLVIDAS

**1.** Ache $\alpha$ na figura, sendo $r_1 \parallel r_2$:

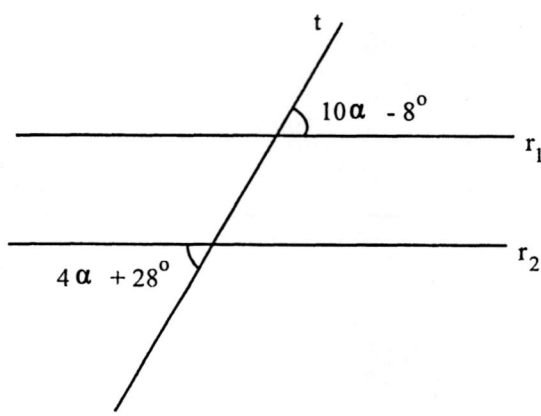

**Resolução**: Podemos utilizar como resolução, as seguintes definições:

1ª Como $r_1 \parallel r_2$ e os dois ângulos são agudos, conclui-se que, são congruentes;

ou

2ª Justapondo $r_1$ sobre $r_2$ os dois ângulos são opostos pelo vértice, conclui-se que, são congruentes.

**Logo:**
$$4\alpha + 28° = 10\alpha - 8°$$
$$28° + 8° = 10\alpha - 4\alpha$$
$$36° = 6\alpha$$
$$\alpha = \frac{36°}{6} \Rightarrow \boxed{\alpha = 6°}$$

**2.** Encontre $\beta$ na figura seguinte, sabendo que $r_1 \parallel r_2$:

Unidade 1 - Ângulos | 7

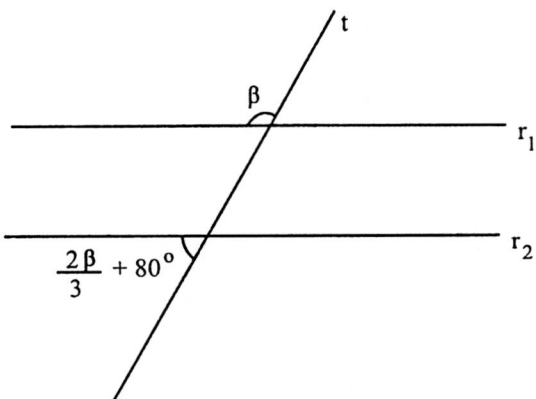

**Resolução:** Podemos utilizar como resolução, as seguintes definições:

1ª como $r_1 // r_2$ e um dos ângulos é agudo e o outro obtuso, conclui-se que, são suplementares;

ou

2ª como $r_1 // r_2$ são cortadas pela transversal $t$, os ângulos são colaterais (mesmo lado da transversal) externos (fora das paralelas), conclui-se que, são suplementares.

**Logo:**

$$\beta + \frac{2\beta}{3} + 80° = 180° \quad \bigg| \quad 3\beta + 2\beta = 300°$$
$$\beta + \frac{2\beta}{3} = 180° - 80° \quad \bigg| \quad 5\beta = 300°$$
$$\frac{\beta}{1/3} + \frac{2\beta}{3/1} = \frac{100°}{1/3} \quad \bigg| \quad \boxed{\beta = 60°}$$

**3.** Determine:
   a) O ângulo que, somado ao dobro do seu complemento, vale 140°.
   b) O ângulo que, somado a quarta parte do seu suplemento, vale 90°.
   c) A medida de um ângulo, sabendo que a metade de seu complemento é igual a 32°46'54".

**Resolução:**

   a) ângulo = $\alpha$
   complemento do ângulo = $90° - \alpha$

logo:

$$\alpha + \underbrace{2(90° - \alpha)}_{} = 140°$$
$$\alpha + 180° - 2\alpha = 140°$$
$$180° - 140° = \alpha$$
$$\boxed{\alpha = 40°}$$

b) ângulo = $\alpha$
   suplemento do ângulo = $180° - \alpha$

logo:

$$\alpha + \frac{(180° - \alpha)}{4} = 90°$$
$$\frac{\alpha}{1/4} + \frac{(180° - \alpha)}{4/1} = \frac{90°}{1/4}$$
$$4\alpha + 180° - \alpha = 360°$$
$$3\alpha = 360° - 180°$$
$$\alpha = \frac{180°}{3}$$
$$\boxed{\alpha = 60°}$$

c) ângulo: $\alpha$
   complemento do ângulo: $90° - \alpha$

logo:

$$\frac{90° - \alpha}{2} = 32° \, 46' \, 54''$$

$$90° - \alpha = 64° \, 92' \, 108''$$
$$\quad \quad \quad \quad \quad {}_{+1'} \quad {}_{-60''}$$
$$\quad \quad \quad \quad 1' = 60''$$

$$90° - \alpha = 64° \, 93' \, 48''$$
$$\quad \quad \quad \quad \quad {}_{+1°} \quad {}_{-60'}$$
$$\quad \quad \quad \quad 1° = 60'$$

$$90° - \alpha = 65° \, 33' \, 48''$$
$$90° - 65° \, 33' \, 48'' = \alpha$$

Lembre-se que, nos submúltiplos do grau, temos:

* simbologia (unidades)
(') minuto
(") segundo

* conversão
$1° = 60'$ e $1' = 60''$

Veja a operação:

**1ª parte:**

$$\begin{array}{c} {}^{-1°}\overbrace{\phantom{xxx}}^{1°=60'}{}^{+60'} \\ 90° \\ -65°\;33'\;48'' \\ \hline \alpha \end{array}$$

**2ª parte:**

$$\begin{array}{c} {}^{-1'}\overbrace{\phantom{xxx}}^{1'=60''}{}^{+60''} \\ 89°\;\;60' \\ -65°\;\;33'\;\;48'' \\ \hline \alpha \end{array}$$

**3ª parte:**

$$\begin{array}{r} 89°\;\;59'\;\;60'' \\ -65°\;\;33'\;\;48'' \\ \hline 24°\;\;26'\;\;12'' \end{array}$$

| Então: $\alpha = 24°\;26'\;12''$ |
|---|

**4.** Na figura $\overline{OX}$ e $\overline{OY}$ são, respectivamente, as bissetrizes dos ângulos $A\hat{O}B$ e $B\hat{O}C$. Calcule a medida do ângulo $X\hat{O}Y$.

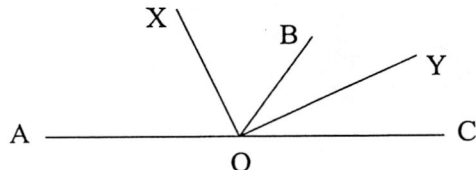

**Resolução:**

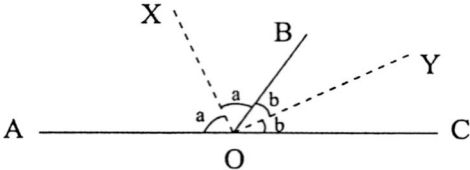

$A\hat{O}X = X\hat{O}B = a$
$B\hat{O}Y = Y\hat{O}C = b$
$X\hat{O}Y = a + b = ?$

Então:

$a + a + b + b = 180° \Rightarrow 2a + 2b = 180° \Rightarrow a + b = 90°$

$$\boxed{X\hat{O}Y = 90°}$$

**5.** Dois ângulos $A\hat{O}B$ e $B\hat{O}C$ são adjacentes e $B\hat{O}C = 40°$. Ache a medida do ângulo formado pelas bissetrizes dos ângulos $A\hat{O}B$ e $A\hat{O}C$.

**Resolução:**

Sejam $OX$ a bissetriz de $A\hat{O}B$ e $OY$ a bissetriz de $A\hat{O}C$, logo:
$$\begin{cases} \alpha = x + \beta & (1) \\ \alpha + x = \beta + 40° & (2) \end{cases}$$

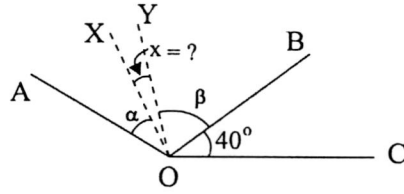

Substituindo (1) em (2) temos:

$x + \not\beta + x = \not\beta + 40° \Rightarrow 2x = 40°$

$$\boxed{x = 20°}$$

**6.** Na figura determine $x$.

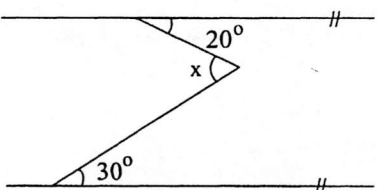

Resolução:

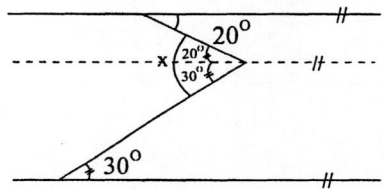

Da figura, temos que:

$x = 20° + 30°$

$\boxed{x = 50°}$

## QUESTÕES DE FIXAÇÃO

1. Ache o suplemento do complemento do replemento de 300°.

2. Ache a medida do ângulo que vale o dobro do seu complemento.

3. Qual é o ângulo que somado ao triplo do seu suplemento dá 460°?

4. Se dois ângulos consecutivos são complementares, o ângulo formado pelas bissetrizes desses ângulos mede ................................

5. Se dois ângulos consecutivos são suplementares, o ângulo formado pelas bissetrizes desses ângulos mede ................................

6. Ache a medida do ângulo formado pelas bissetrizes de dois ângulos adjacentes

sabendo que o primeiro é 2/3 do seu complemento e o segundo 1/5 do seu suplemento.

**7.** Nas figuras abaixo, determine $x$.

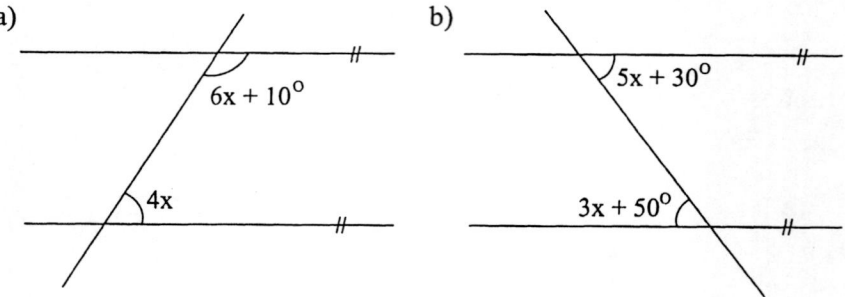

**8.** Na figura, sabendo que $r_1 // r_2$, calcule o valor do ângulo $\theta$ e do ângulo $\alpha$:

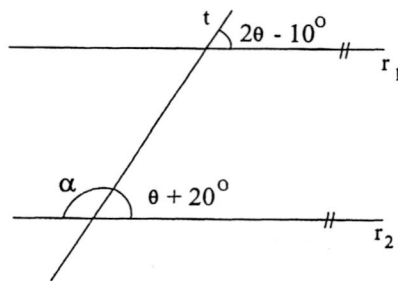

**9.** Sendo $\overleftrightarrow{xy} // \overleftrightarrow{wz}$, encontre o ângulo $\beta$:

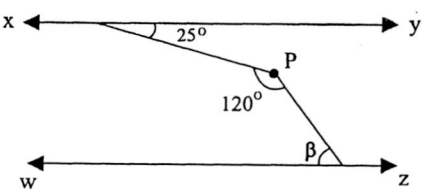

**10.** Se $s_1 \mathbin{/\mkern-5mu/} s_2$, ache:

a) O ângulo $\alpha$.

b) Os ângulos $x$ e $y$.

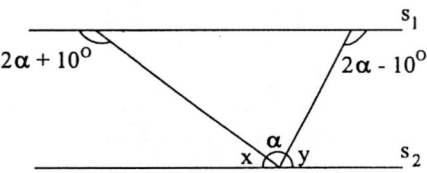

**11.** Encontre a medida $\theta$ do ângulo $W\widehat{R}S$ da figura seguinte, sendo $\overline{XY} \mathbin{/\mkern-5mu/} \overline{RS}$:

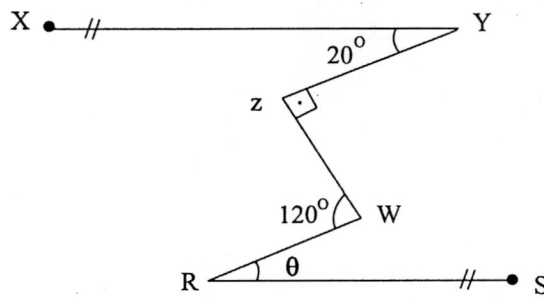

**12.** Se dois ângulos $\alpha$ e $\beta$ são opostos pelo vértice, então $\alpha$ e $\beta$ são:

a) Suplementares.

b) Replementares.

c) Adjacentes.

d) Congruentes.

**13.** Na figura abaixo $a = c = 30°$ e $a + b + c = 120°$. Então, o ângulo $x$ é:

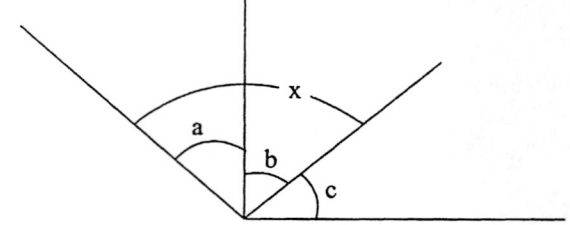

a) Agudo.
b) Obtuso.
c) Reto.
d) Raso.

**14.** Dois ângulos são expressos em graus por $5x + 15$ e $2x + 25$. Se esses ângulos forem suplementares, a medida do maior deles será:
   a) 115°
   b) 20°
   c) 65°
   d) 180°

**15.** Se dois ângulos são suplementares e a medida de um deles é o triplo da medida do outro, então as medidas dos ângulos são:
   a) 20° e 60°
   b) 25° e 75°
   c) 30° e 90°
   d) 45° e 135°

**16.** Encontre:
   a) 25% do ângulo de 121°19'20".
   b) O complemento de 57°32'48".
   c) O complemento de um ângulo de 32°15'10".
   d) Qual o complemento de 24, 9°?
   e) Qual o complemento do suplemento de um ângulo de 115°?

**17.** O quíntuplo do complemento de um ângulo é igual ao dobro do suplemento do mesmo ângulo. Determine esse ângulo:
   a) 15°
   b) 20°
   c) 30°
   d) 40°
   e) 60°

**Unidade 1 - Ângulos** | 15

**18.** O ângulo cujo dobro somado com sua terça parte é igual ao seu complemento é:
   a) 30°
   b) 27°
   c) 25°
   d) 22°

**19.** Os $\frac{3}{4}$ da medida de suplemento de um ângulo é igual a 75°. A medida do ângulo é igual a:
   a) 50°
   b) 80°
   c) 100°
   d) 70°

**20.** Dois ângulos são suplementares. Determine a diferença entre eles, sabendo que o dobro do menor excede o maior em 30°.

**21.** O ângulo cujo suplemento é o triplo de seu complemento mede:
   a) 60°
   b) 45°
   c) 90°
   d) 30°

**22.** O replemento do suplemento do complemento de 47°32'26", é:
   a) 42°27'34"
   b) 132°27'34"
   c) 137°32'26"
   d) 222°27'34"
   e) 317°32'26"

**23.** O replementeo do suplemento do complemento do suplemento de 140°21'33", vale:
   a) 129°38'27"
   b) 320°21'33"
   c) 320°38'27"
   d) 230°21'33"
   e) 50°21'33"

**24.** A soma de três ângulos é 400°. Os dois primeiros são replementares e os dois últimos são complementares. O menor dos ângulos mede:
   a) 20°
   b) 30°

c) 40°
d) 50°
e) Impossível de ser calculado.

**25.** Encontre:
a) O suplemento do ângulo de 63°40″.
b) O suplemento do complemento de um ângulo de 30°.

**26.** Sendo $r_1 // r_2$, encontre $\alpha$:

a) 100°
b) 110°
c) 120°
d) 130°
e) 140°

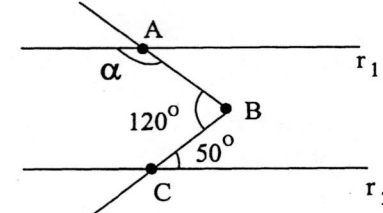

**27.** Encontre $\alpha$ na figura abaixo:

a) 160°
b) 150°
c) 140°
d) 130°
e) 120°

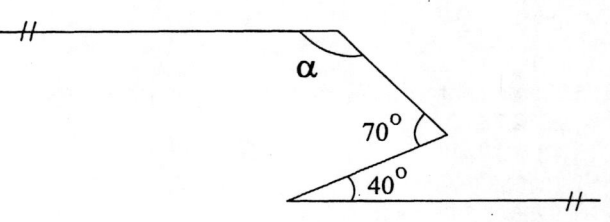

**28.** Ache $\beta$ na figura:

a) 130°
b) 110°
c) 120°
d) 160°
e) 140°

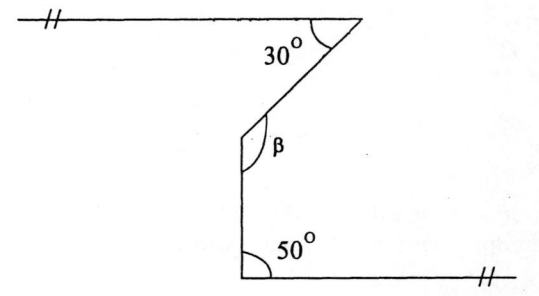

**29.** Qual o valor de β na figura:

a) 30°
b) 20°
c) 10°
d) 50°

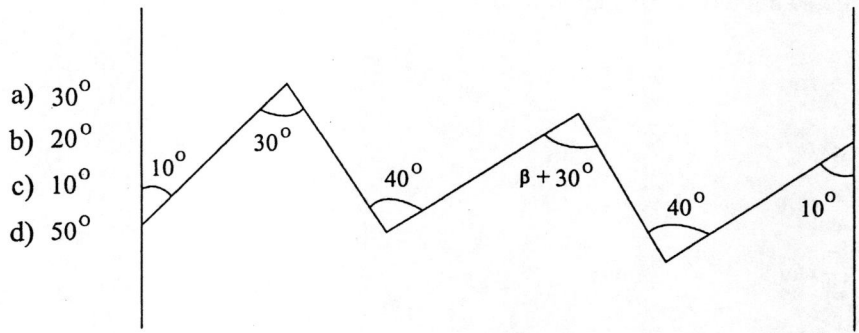

**30.** A medida do ângulo "a" na figura abaixo é:

a) 40°
b) 47°
c) 40° 30'
d) 47° 30'
e) 45°

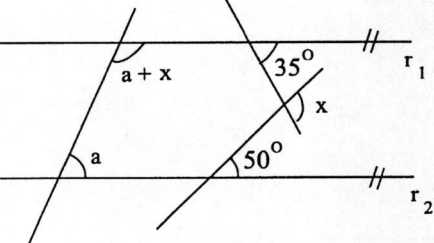

## QUESTÕES DE APROFUNDAMENTO

**1. (UFSM-RS)** A soma de dois ângulos é igual a 100°. Um deles é o dobro do complemento do outro. A razão entre o maior e o menor ângulo é:

a) 6
b) 5
c) 4
d) 3
e) 2

**2. (UFES)** O triplo do complemento de um ângulo é igual a terça parte do suplemento desse ângulo. Esse ângulo mede:

a) $\dfrac{7\pi}{8}$ rad

b) $\dfrac{5\pi}{6}$ rad

c) $\dfrac{7\pi}{4}$ rad

d) $\dfrac{7\pi}{16}$ rad

e) $\dfrac{5\pi}{8}$ rad

**3. (UFMA)** Dois ângulos opostos pelo vértice medem $3x + 10°$ e $x + 50°$. Um deles mede:

a) 20°

b) 70°

c) 30°

d) 80°

**4. (UFMG)** Na figura, $\overline{OM}$ é a bissetriz do ângulo $A\hat{O}B$, $\overline{ON}$ é a bissetriz do ângulo $B\hat{O}C$ e $\overline{OP}$ é a bissetriz do ângulo $C\hat{O}D$. A soma $P\hat{O}C + M\hat{O}N$ é igual a:

a) 90°

b) 45°

c) 30°

d) 60°

e) 135°

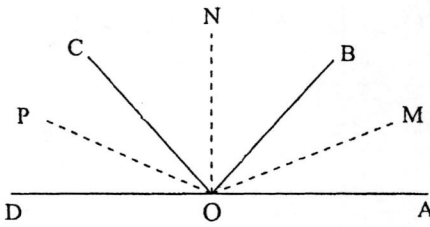

## Unidade 1 - Ângulos | 19

**5. (PUC-SP)** Sendo *a* paralela a *b*, então o valor de *x* é:

a) $18°$
b) $45°$
c) $90°$
d) $60° \, 30' \, 10'$
e) n. r. a.

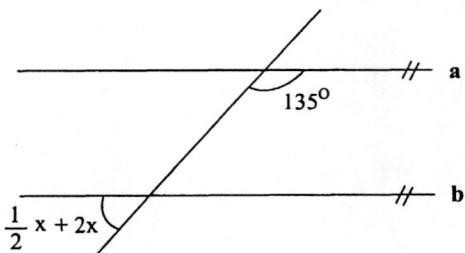

**6. (FGV-SP)** Considere as retas $r$, $s$, $t$, $u$ todas num mesmo plano, com $r \,//\, u$. O valor em graus de $(2x + 3y)$ é:

a) $64°$
b) $500°$
c) $520°$
d) $660°$
e) $580°$

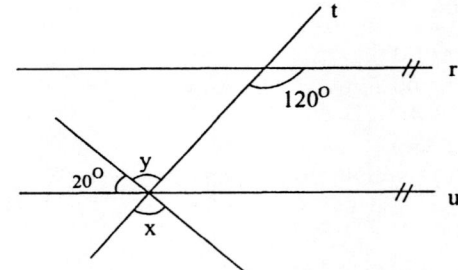

**7. (UFES)** Se as retas $r$ e $s$ são paralelas, então $3\alpha + \beta$ vale:

a) $225°$
b) $195°$
c) $215°$
d) $175°$
e) $185°$

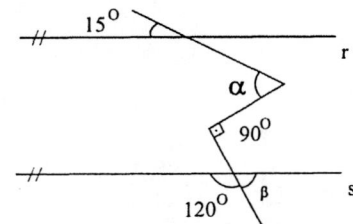

**8.** (MACK-SP) Na figura, $\overline{AB}$ é paralelo a $\overline{CD}$. O valor de $x$ é:

a) 45°
b) 60°
c) 30°
d) 90°
e) n. r. a.

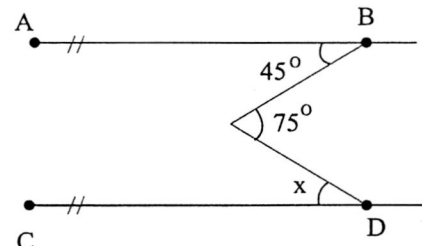

**9.** (PUC-RS) Um ângulo mede a metade do seu complemento; então esse ângulo mede:

a) 30°
b) 60°
c) 45°
d) 90°
e) nenhuma das anteriores

**10.** (UNB-DF) A figura mostra as medidas $a$, $b$ e $c$ dos ângulos assinalados, sendo $\overline{AB} // \overline{CD}$. Nessas condições, podemos afirmar que:

a) $a + b + c = 360°$
b) $b = a + c$
c) $b = c - a$
d) $a + b = 180°$
e) $a = b + c$

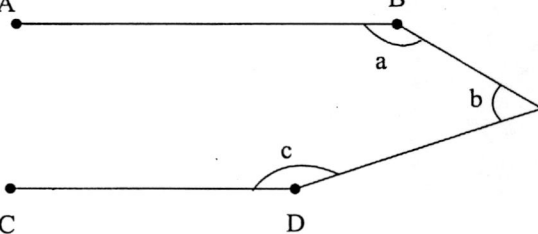

## 11. (UNIRIO)

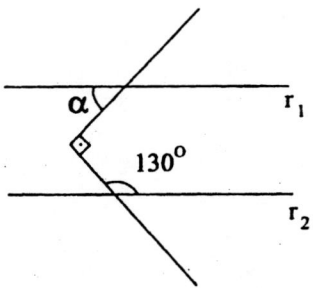

As retas $r_1$ e $r_2$ são paralelas. O valor do ângulo $\alpha$, apresentado na figura acima, é:

a) 40°
b) 45°
c) 50°
d) 65°
e) 130°

## 12. (UFSCAR-SP) Na figura abaixo, calcule o valor em graus da diferença $x - y$.

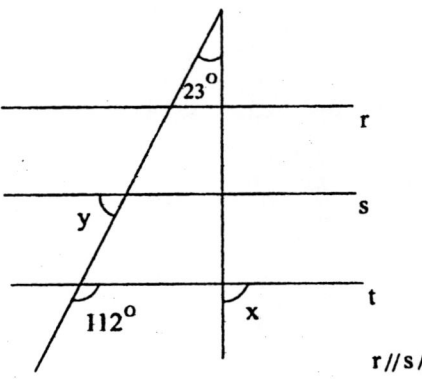

## 13. (CFS) Na figura a seguir $x$ e $y$ são ângulos retos. Então:

a) $\hat{a} = 2\hat{b}$
b) $\hat{a} = \hat{b}$
c) $\hat{a} > \hat{b}$
d) $\hat{b} = 2\hat{a}$
e) $\hat{b} > \hat{a}$

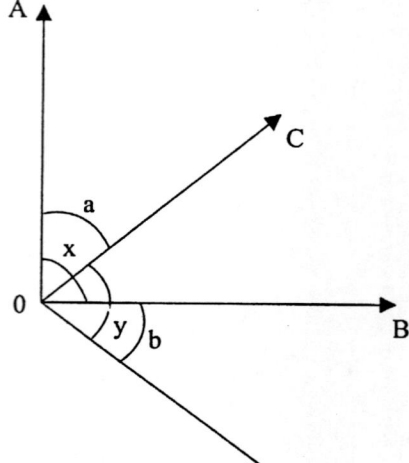

**14. (CFS)** O complemento de 3/4 de 79°35'48" mede:
   a) 7°48'9"
   b) 16°7'44"
   c) 30°18'9"
   d) 30°48'52"
   e) 73°52'16"

**15. (CFS)** Na figura, as retas $r$ e $s$ são paralelas e a reta $t$ transversal. O valor de $x$ é:

a) 140°
b) 50°
c) 45°
d) 40°

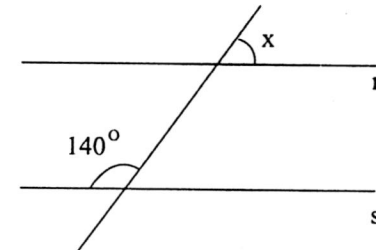

**16. (CFS)** Duas retas paralelas, cortadas por uma transversal determinam dois ângulos alternos externos cujas medidas são $a = 2x + 57°$ e $b = 5x + 12°$. Calcule, em graus, as medidas de $a$ e $b$:

a) $a = 70°$ e $b = 70°$

b) $a = 60°$ e $b = 60°$

c) $a = 78°$ e $b = 78°$

d) $a = 87°$ e $b = 87°$

e) $a = 93°$ e $b = 93°$

**17. (CFS)** Dois ângulos $\hat{x}$ e $\hat{y}$ ($\hat{x} > \hat{y}$) são complementares. Um deles é o quádruplo do outro. A diferença $\hat{x} - \hat{y}$ vale:

a) $75°$

b) $80°$

c) $54°$

d) $15°$

e) $70°$

**18. (CFS)** Quando duas retas paralelas coplanares $r$ e $s$ são cortadas por uma transversal $t$, elas formam:

a) Ângulos alternos externos suplementares.

b) Ângulos colaterais internos complementares.

c) Ângulos alternos externos congruentes.

d) Ângulos alternos internos suplementares.

e) Ângulos correspondentes suplementares.

**19. (CFS)** Dois ângulos são complementares. O triplo de um deles, aumentado da décima parte do outro e diminuido de 6° vale 90°. Os ângulos são:

a) 20° e 70°

b) 15° e 75°

c) 30° e 60°

d) 40° e 50°

e) 25° e 65°

**20.** (CFS) Na figura abaixo, temos $r // s$. A medida de $\alpha$ é:

a) $110°$
b) $90°$
c) $100°$
d) $105°$
e) $120°$

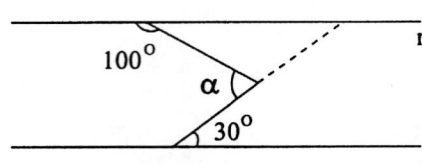

**21.** (CFS) Na figura abaixo, as retas $r$ e $s$ são paralelas e a reta $t$ transversal às duas. O ângulo $m$ é a quarta parte do ângulo $n$. O valor de $x$ é:

a) $36°$
b) $45°$
c) $60°$
d) $120°$
e) $150°$

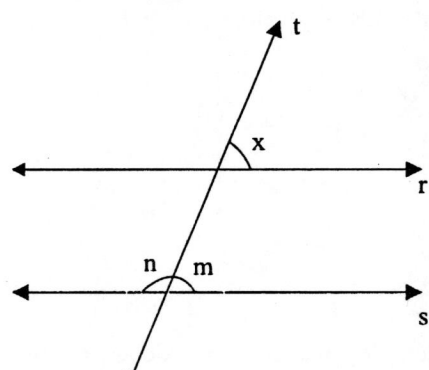

**22.** (CFS) Sendo $r$ e $s$ paralelas, então $x$ mede:

a) $45°$
b) $55°$
c) $50°$
d) $40°$

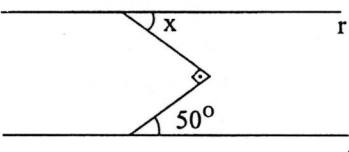

**23.** (CFS) Na figura, o valor de $\alpha$ é:

a) 20°
b) 30°
c) 50°
d) 60°
e) 90°

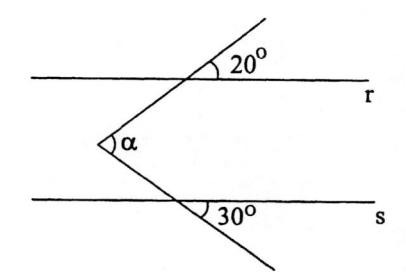

**24. (CAP-UFRJ)** As retas $r$ e $s$ da figura abaixo são paralelas.

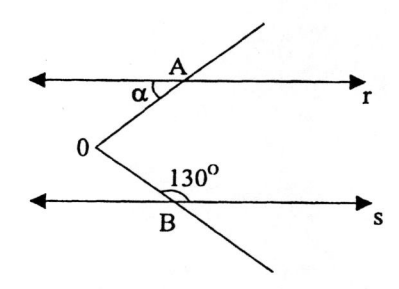

Sabendo que o ângulo $A\hat{O}B$ é reto, determine a medida do ângulo $\alpha$.

**25. (CAP-UFRJ)** A razão entre dois ângulos adjacentes é 3 : 4 e o ângulo formado pela suas bissetrizes mede 91°. Quanto mede o menor desses ângulos?

## Gabarito das questões de fixação

**Questão 1** - Resposta: 150°
**Questão 2** - Resposta: 60°
**Questão 3** - Resposta: 40°
**Questão 4** - Resposta: 45°
**Questão 5** - Resposta: 90°
**Questão 6** - Resposta: 33°
**Questão 7** - Resposta: a) $x = 17°$   b) $x = 10°$
**Questão 8** - Resposta: $\theta = 30°$ e $\alpha = 130°$
**Questão 9** - Resposta: $\beta = 85°$
**Questão 10** - Resposta: a) $\alpha = 60°$   b) $x = 50°$ e $y = 70°$
**Questão 11** - Resposta: $\theta = 50°$
**Questão 12** - Resposta: d

**Questão 13** - Resposta: c
**Questão 14** - Resposta: a
**Questão 15** - Resposta: d
**Questão 16** - Resposta: a) 30°19'50" b) 32°27'12" c) 57°44'50" d) 65°6' e) 25°
**Questão 17** - Resposta: c
**Questão 18** - Resposta: b
**Questão 19** - Resposta: b
**Questão 20** - Resposta: 40°
**Questão 21** - Resposta: b
**Questão 22** - Resposta: d
**Questão 23** - Resposta: d
**Questão 24** - Resposta: c
**Questão 25** - Resposta: a) 116°59'20" b) 120°
**Questão 26** - Resposta: b
**Questão 27** - Resposta: b
**Questão 28** - Resposta: d
**Questão 29** - Resposta: b
**Questão 30** - Resposta: d

### Gabarito das questões de aprofundamento

**Questão 1** - Resposta: c
**Questão 2** - Resposta: d
**Questão 3** - Resposta: a
**Questão 4** - Resposta: a
**Questão 5** - Resposta: a
**Questão 6** - Resposta: b
**Questão 7** - Resposta: b
**Questão 8** - Resposta: c
**Questão 9** - Resposta: a
**Questão 10** - Resposta: a
**Questão 11** - Resposta: a
**Questão 12** - Resposta: 21°
**Questão 13** - Resposta: b
**Questão 14** - Resposta: c
**Questão 15** - Resposta: d
**Questão 16** - Resposta: d
**Questão 17** - Resposta: c
**Questão 18** - Resposta: c
**Questão 19** - Resposta: c
**Questão 20** - Resposta: a

**Questão 21** - Resposta: a
**Questão 22** - Resposta: d
**Questão 23** - Resposta: c
**Questão 24** - Resposta: $\alpha = 40°$
**Questão 25** - Resposta: 78°

# UNIDADE 2

# TRIÂNGULOS

## SINOPSE TEÓRICA

### 2.1) Classificação quanto aos lados

**a) Eqüilátero**

É o triângulo que possui os três lados congruentes e, conseqüentemente, os três ângulos congruentes.

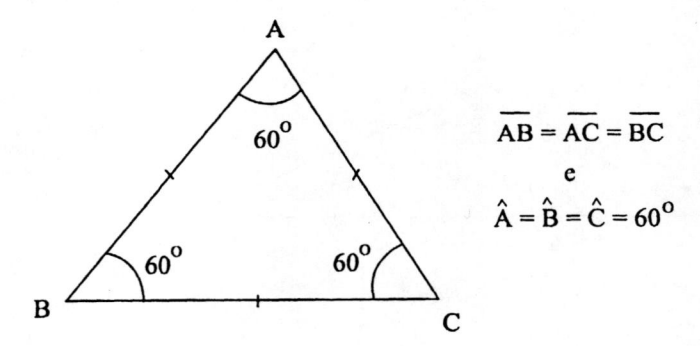

$$\overline{AB} = \overline{AC} = \overline{BC}$$
e
$$\hat{A} = \hat{B} = \hat{C} = 60°$$

**b) Isósceles**

É o triângulo que possui dois lados congruentes e, conseqüentemente, dois ângulos congruentes.

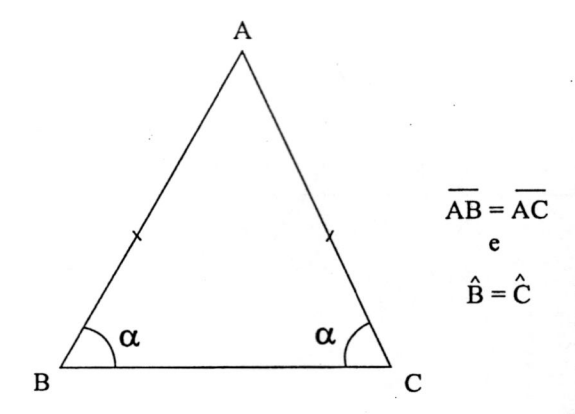

$$\overline{AB} = \overline{AC}$$
e
$$\hat{B} = \hat{C}$$

## c) Escaleno

É o triângulo que possui os três lados diferentes e, conseqüentemente, os três ângulos diferentes.

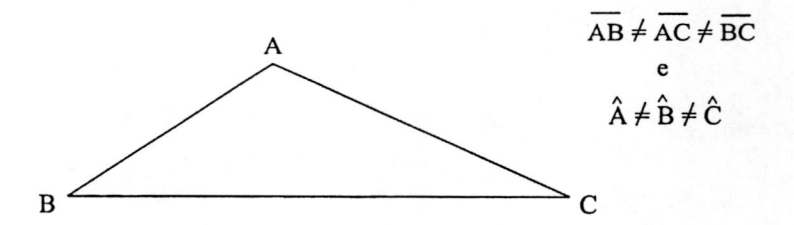

$$\overline{AB} \neq \overline{AC} \neq \overline{BC}$$
e
$$\hat{A} \neq \hat{B} \neq \hat{C}$$

## 2.2) Classificação quanto aos ângulos

### a) Retângulo

É o triângulo que possui um ângulo reto.

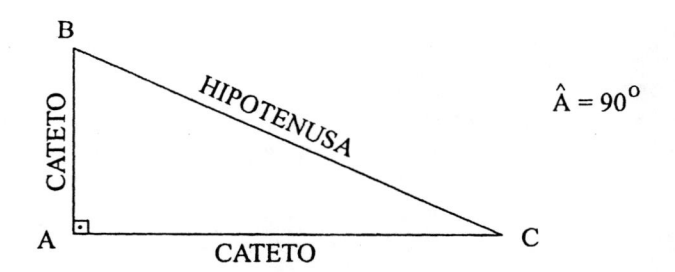

$\hat{A} = 90°$

No triângulo retângulo os lados que formam o ângulo reto são chamados de catetos e o maior lado é chamado de hipotenusa.

## b) Acutângulo

É o triângulo que possui os três ângulos agudos.

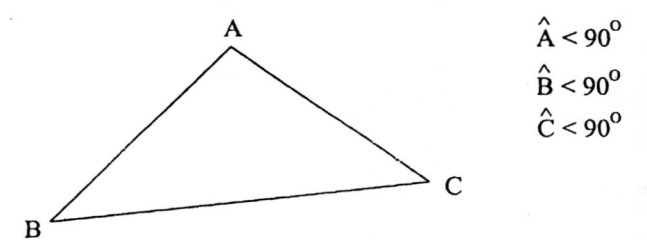

$\hat{A} < 90°$
$\hat{B} < 90°$
$\hat{C} < 90°$

## c) Obtusângulo

É o triângulo que possui um ângulo obtuso.

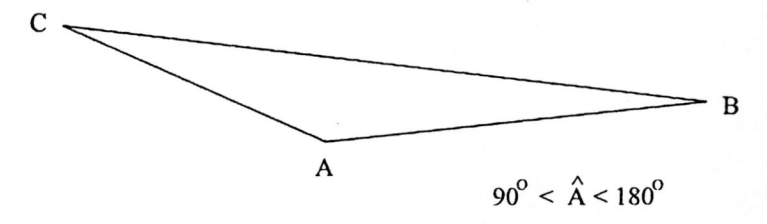

$90° < \hat{A} < 180°$

## 2.3) Condições de existência de um triângulo

A medida de cada lado de um triângulo é menor que a soma das medidas dos outros dois lados e maior que o módulo da diferença dessas medidas.

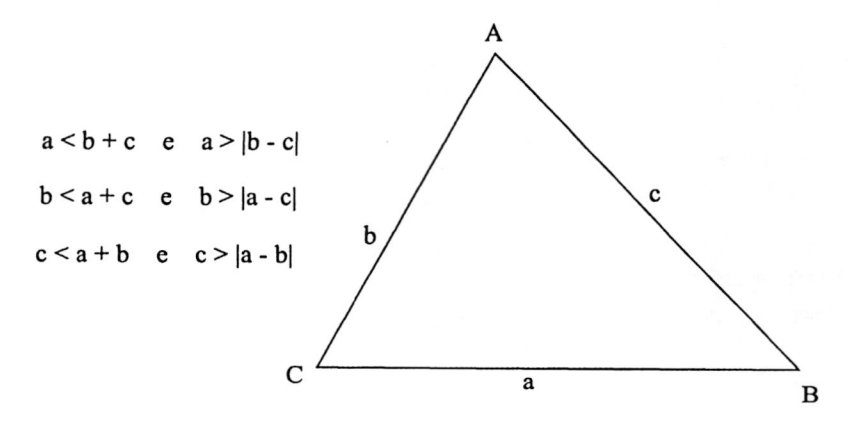

$a < b + c$ e $a > |b - c|$

$b < a + c$ e $b > |a - c|$

$c < a + b$ e $c > |a - b|$

## 2.4) Principais cevianas

### a) Altura

É o segmento perpendicular traçado de um vértice à reta que contém o lado oposto.
Todo triângulo possui três alturas que concorrem num mesmo ponto que é chamado de ortocentro.

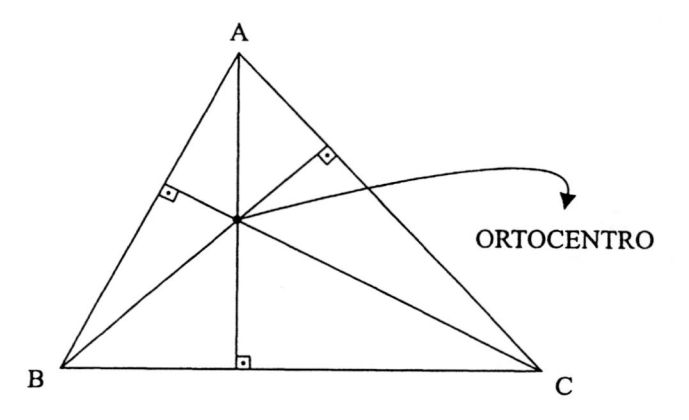

## b) Mediana

É o segmento que une um vértice ao ponto médio do lado oposto.

Todo triângulo possui três medianas que concorrem num mesmo ponto que é chamado de baricentro.

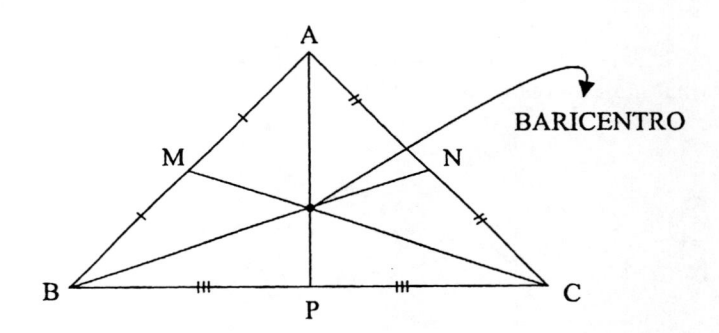

$M$, $N$ e $P$ são pontos médios dos lados do triângulo $ABC$.

## 2.5) Lei angular de Thales

*A soma dos ângulos internos de um triângulo é igual a 180°.*

**Demonstração**: Consideremos o triângulo $ABC$ e a reta $r$ que contém o vértice $A$ e é paralela ao lado $\overline{BC}$.

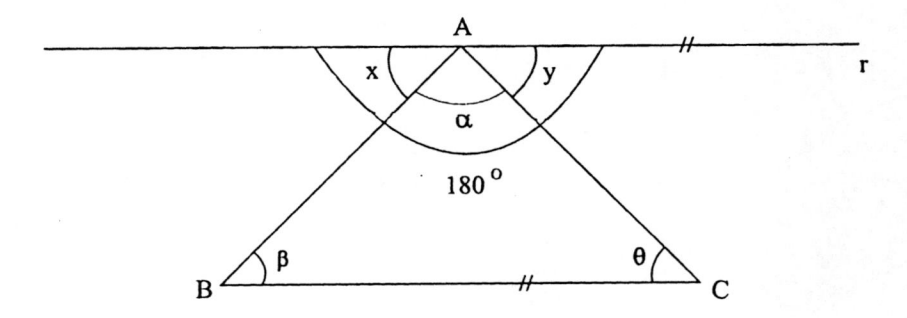

Note na figura que $x + \alpha + y = 180°$ e $\beta = x$, $\theta = y$ pois são alternos internos.

Logo substituindo $x$ por $\beta$ e $y$ por $\theta$ temos que:

$$\alpha + \beta + \theta = 180°$$

## 2.6) Conseqüência da lei angular de Thales

*O ângulo externo de um triângulo tem por medida a soma das medidas dos ângulos internos não adjacentes a ele.*

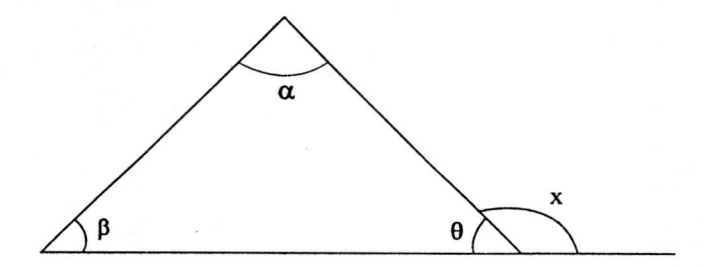

Observe que na figura acima temos:

$\alpha + \beta + \theta = 180°$    e    $x + \theta = 180°$    então:

$x + \theta = \alpha + \beta + \theta \Rightarrow \boxed{x = \alpha + \beta}$

# QUESTÕES RESOLVIDAS

**1.** Na figura, $AB = AC$, $P$ é o ponto de encontro das bissetrizes do triângulo $ABC$, e o ângulo $B\hat{P}C$ é o triplo do ângulo $\hat{A}$. Encontre a medida do ângulo $\hat{A}$.

**Unidade 2** - Triângulos | 35

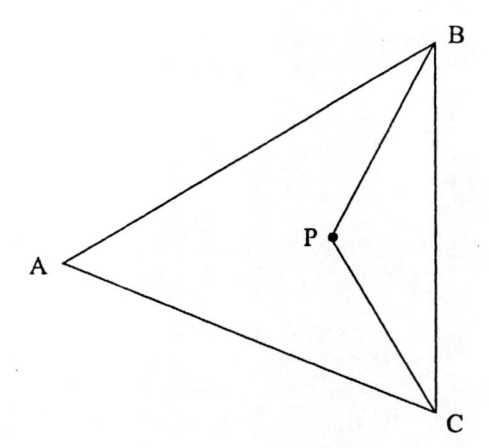

**Resolução:**

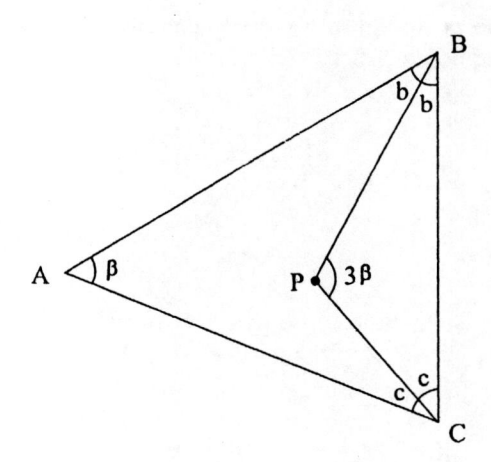

Da figura, temos:

- Do $\triangle ABC \Rightarrow \beta + 2b + 2c = 180°$

- Do $\triangle BPC \Rightarrow b + 3\beta + c = 180°$

$\Rightarrow \begin{cases} 2(b+c) + \beta = 180° & \text{(I)} \\ b + c = 180° - 3\beta & \text{(II)} \end{cases}$

Substituindo (II) em (I), temos:

$$2(180° - 3\beta) + \beta = 180°$$
$$360° - 6\beta + \beta = 180°$$
$$360° - 180° = 5\beta$$
$$5\beta = 180°$$
$$\beta = \frac{180°}{5} \Rightarrow \boxed{\beta = 36° = \hat{A}}$$

**2.** Determine o ângulo $m$ da figura, sendo que as bissetrizes dos ângulos de vértices $N$ e $P$ formam um ângulo de 110°.

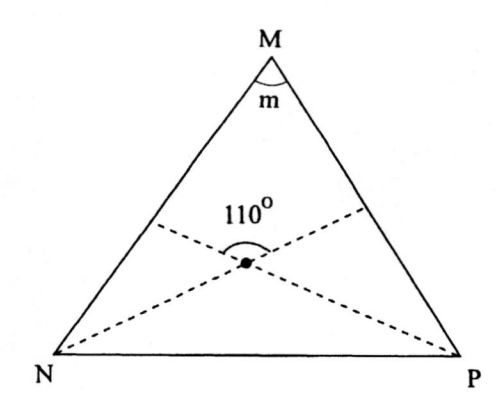

**Resolução:**

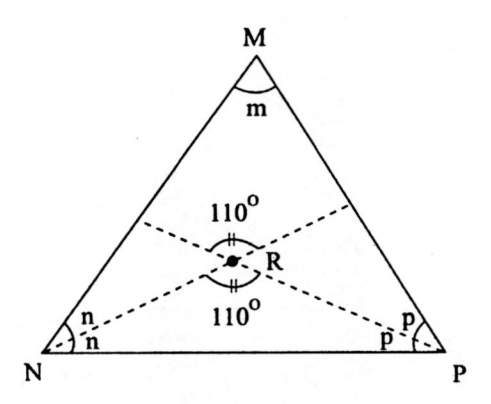

- Do $\triangle NPR$, temos:

$$n + p + 110° = 180° \Rightarrow n + p = 70°$$

- Do $\triangle MNP$, temos:

$$m + 2n + 2p = 180°$$

$$m + 2\underbrace{(n+p)}_{70°} = 180°$$

$$m + 140° = 180°$$

$$m = 180° - 140°$$

$$\boxed{m = 40° = \widehat{M}}$$

**3.** Prove que num triângulo $ABC$, o ângulo formado entre as bissetrizes internas de $\widehat{B}$ e $\widehat{C}$ é igual a $90° + \dfrac{\widehat{A}}{2}$.

**Resolução:**

– Formando a figura, temos:

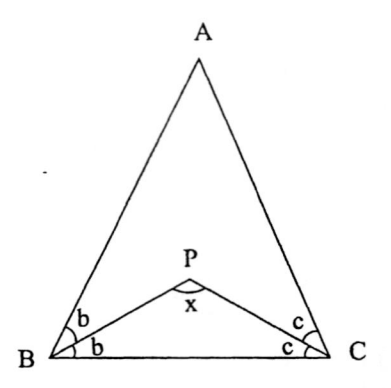

– Do $\triangle PBC \rightarrow x + b + c = 180°$ (I)

– Do $\triangle ABC \rightarrow \widehat{A} + 2b + 2c = 180°$

$2b + 2c = 180° - A \Rightarrow 2(b+c) = 180° - A$

$b + c = 90° - \dfrac{\widehat{A}}{2}$ (II)

Substituindo (II) em (I), temos:

$x + 90° - \dfrac{\widehat{A}}{2} = 180° \Rightarrow \boxed{x = 90° + \dfrac{\widehat{A}}{2}}$

4. Dado o triângulo abaixo, determine o ângulo que a altura relativa ao lado $\overline{PN}$ forma com a bissetriz interna do ângulo $\widehat{P}$.

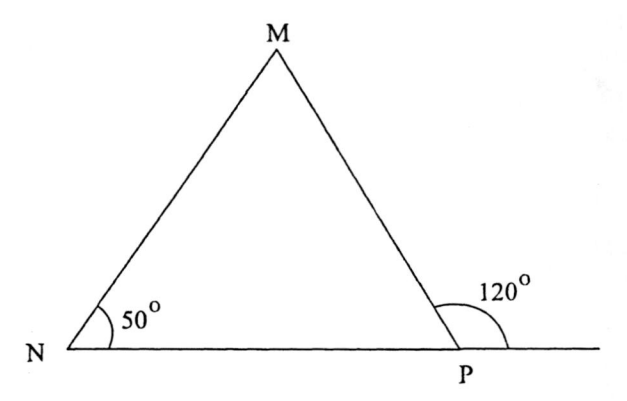

**Resolução:**

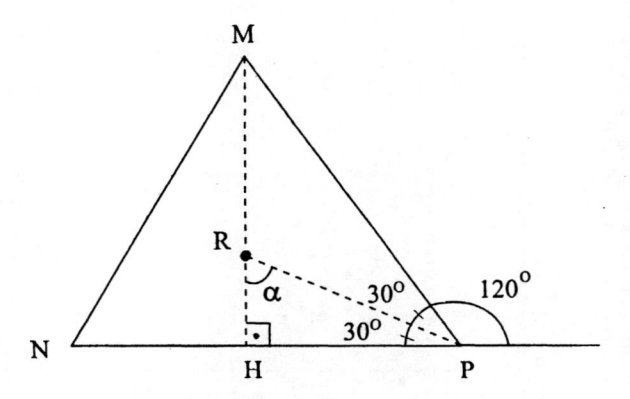

− Do $\triangle RHP$, temos:
$\alpha + 90° + 30° = 180°$
$\alpha = 180° - 120° \Rightarrow \boxed{\alpha = 60°}$

**5.** Ache os ângulos do triângulo da figura seguinte, sabendo que são proporcionais aos números 1, 3 e 5.

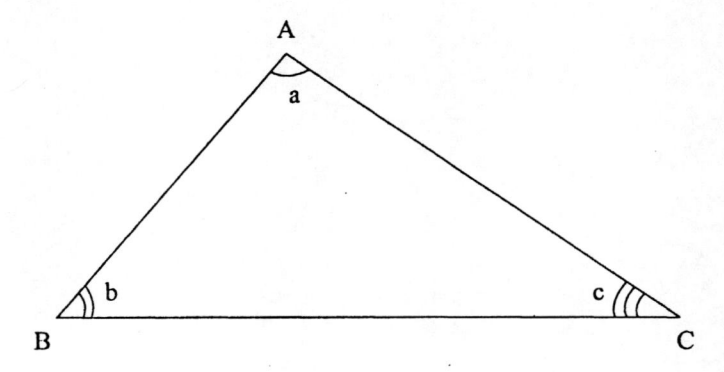

**Resolução:** Do triângulo e do enunciado, temos:
$$\begin{cases} \hat{a} + \hat{b} + \hat{c} = 180° \\ \dfrac{\hat{a}}{1} = \dfrac{\hat{b}}{3} = \dfrac{\hat{c}}{5} \end{cases}$$

40 | *Matemática sem Mistérios - Geometria Plana e Espacial*

– Por proporção temos:

Então:
$$\frac{\hat{a}+\hat{b}+\hat{c}}{1+3+5} = \frac{\hat{a}}{1} = \frac{\hat{b}}{3} = \frac{\hat{c}}{5} \Rightarrow \frac{180°}{9} = \frac{\hat{a}}{1} = \frac{\hat{b}}{3} = \frac{\hat{c}}{5}$$

$$\frac{\hat{a}}{1} = 20° \Rightarrow \hat{a} = 20°$$

$$\frac{\hat{b}}{3} = 20° \Rightarrow \hat{b} = 60°$$

$$\frac{\hat{c}}{5} = 20° \Rightarrow \hat{c} = 100°$$

$$\boxed{\hat{a} = 20°, \quad \hat{b} = 60° \text{ e } \hat{c} = 100°}$$

**6.** O ângulo do vértice de um triângulo isósceles mede $32°15'32''$. Determine os ângulos da base.

**Resolução:**

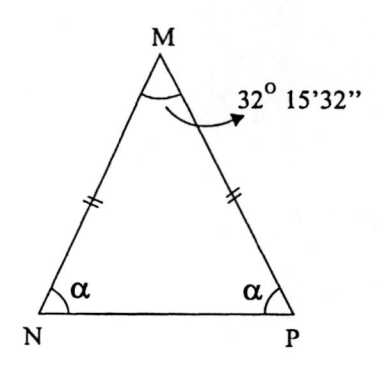

$$32°15'32'' + \alpha + \alpha = 180°$$
$$2\alpha = 180° - 32°15'32''$$
$$2\alpha = 147°44'28''$$
$$\alpha = \frac{147°44'28''}{2}$$

$$\boxed{\alpha = 73°52'14''}$$

## QUESTÕES DE FIXAÇÃO

1. Em um triângulo $ABC$, o ângulo $A$ mede $40°35'$, o ângulo $B$ mede $50°25'$. O ângulo $C$ mede:
    a) $88°$
    b) $40°25'$
    c) $89°$
    d) $50°35'$
    e) $78°55'$

2. No triângulo abaixo, determine $y$:
    a) $120°$
    b) $125°$
    c) $115°$
    d) $126°$

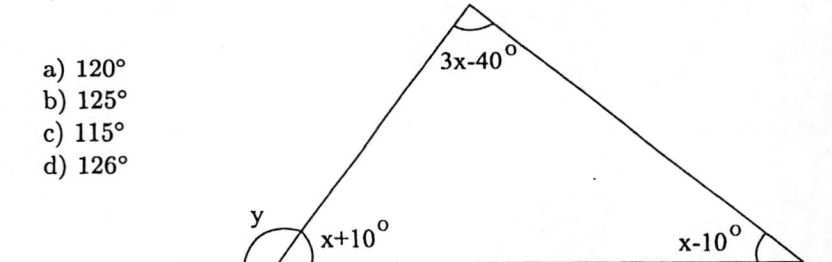

3. Num triângulo retângulo, um dos ângulos vale $\frac{2}{5}$ do maior ângulo interno desse triângulo. O maior ângulo agudo mede:
    a) $54°$
    b) $72°$
    c) $27°$
    d) $45°$
    e) $60°$

4. Em um triângulo, os ângulos são proporcionais a 7, 5 e 6. O maior ângulo externo, vale:
    a) $100°$
    b) $110°$
    c) $120°$
    d) $130°$
    e) $140°$

5. Em um triângulo isósceles, o ângulo principal mede $71°47'24''$. Cada ângulo da base vale:
    a) $54°6'18''$
    b) $35°53'42''$
    c) $108°12'36''$

d) 71°47'24"
e) 125°53'42"

6. Determine α na figura:

a) 10°
b) 20°
c) 30°
d) 40°
e) 50°

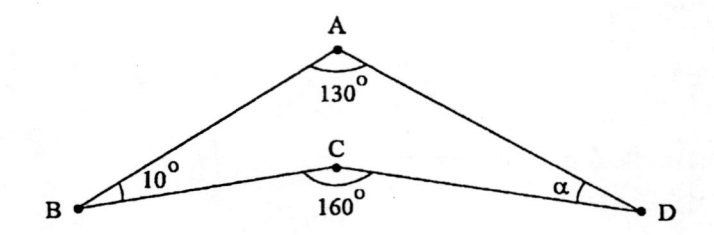

7. Na figura, calcule o ângulo β, sendo α o triplo de θ e ρ o sêxtuplo de θ.

a) 40°
b) 50°
c) 60°
d) 30°
e) 70°

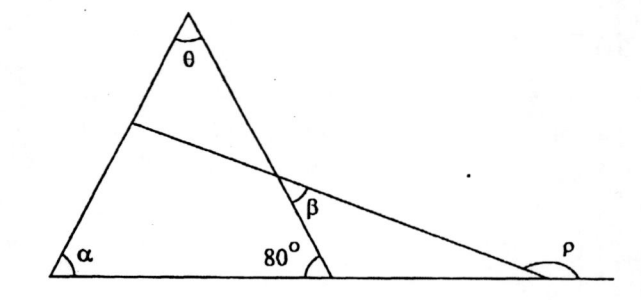

8. Qual o valor de θ na figura abaixo:

a) 10°
b) 15°
c) 20°
d) 25°

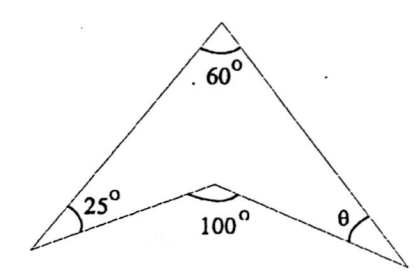

9. Os dois menores ângulos internos de um triângulo medem, respectivamente, 56° e 40°. Quanto mede o ângulo formado pelas bissetrizes internas desses dois ângulos?
   a) 32°
   b) 132°
   c) 48°
   d) 128°

10. Qual o menor ângulo formado pelas bissetrizes dos ângulos agudos de um triângulo retângulo?
   a) 15°
   b) 30°
   c) 45°
   d) 60°
   e) 22°30'

11. O perímetro (soma das medidas dos lados) de um triângulo $MNP$ é 100 cm. Sabendo que a bissetriz do ângulo interno $\widehat{M}$ divide o lado oposto $\overline{NP}$ em dois segmentos de 13,5 cm e 22,5 cm, encontre as medidas dos lados desse triângulo.

12. No triângulo isósceles de base $\overline{BC}$ da figura, determine a medida do ângulo interno $\widehat{A}$.

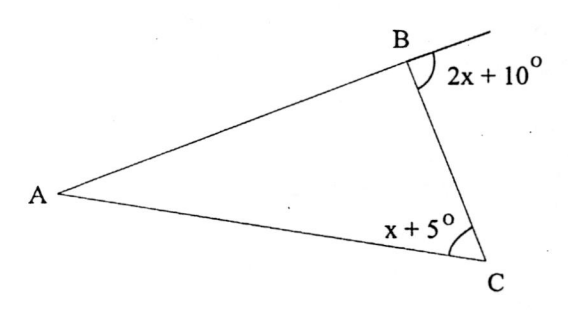

13. Encontre a medida do ângulo formado pela altura e pela mediana relativas à hipotenusa de um triângulo retângulo que possui um ângulo interno de 20°.

14. A soma dos $(n-1)$ ângulos internos de um polígono regular convexo é 600°.

Determine o número de diagonais que não passam pelo centro do referido polígono.

**15.** A medida em graus do ângulo interno de um polígono regular é um número inteiro. O número de polígonos não semelhantes que possuem essa propriedade é:
   a) 16
   b) 18
   c) 20
   d) 22
   e) 24

**16.** Na figura, determine $x$ em função de $a$, $b$ e $c$.

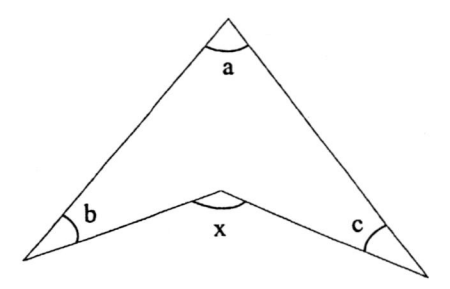

**17.** Nas figuras, determine a soma dos ângulos assinalados:

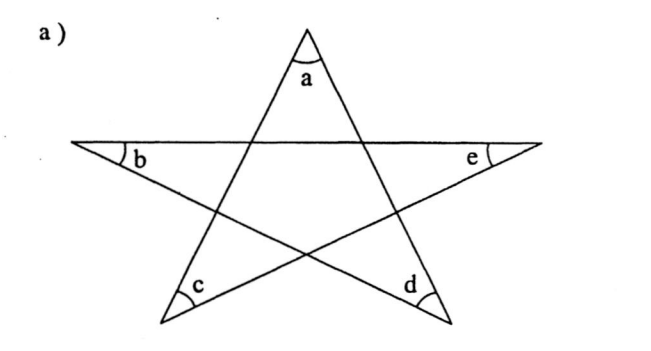

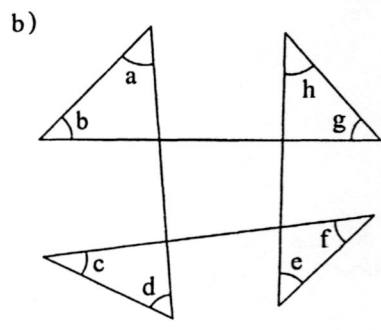

a)

b)

**18.** Se $S = a + b + c$, considerando a figura abaixo, podemos afirmar que $S$ é igual a:

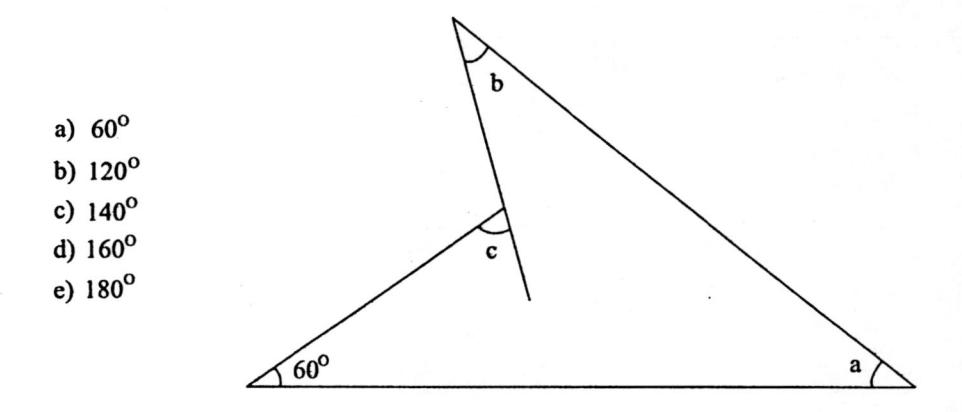

a) $60°$
b) $120°$
c) $140°$
d) $160°$
e) $180°$

**19.** Um triângulo $ABC$, representado na figura abaixo, é isósceles. Se $\overline{EC} = \overline{CF}$ e $x = 40°$, a medida $y$, do ângulo assinalado é:

a) $120°$
b) $130°$
c) $140°$
d) $150°$
e) $160°$

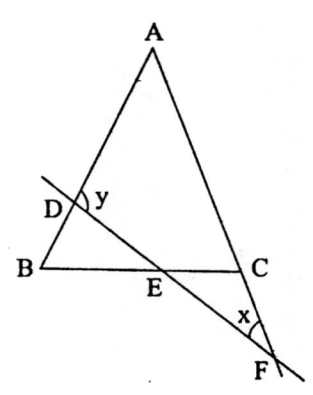

**20.** Considere todos os triângulos de perímetro 15 m. Nenhum deles pode ter lado igual a:
 a) 8 m
 b) 7 m
 c) 5 m
 d) 4 m
 e) 6 m

## QUESTÕES DE APROFUNDAMENTO

**1. (UFRJ)** Na figura a seguir, cada um dos sete quadros contém a medida de um ângulo expresssa em graus. Em quaisquer três quadros consecutivos temos os três ângulos internos de um triângulo.

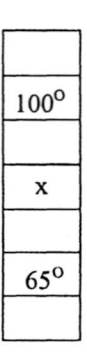

|       |
|-------|
| 100°  |
|       |
| x     |
|       |
| 65°   |
|       |

Determine o valor do ângulo $x$.

**2. (UERJ)** Dispondo de canudos de refrigerantes, Tiago deseja construir pirâmides. Para as arestas laterais, usará sempre canudos com 8 cm, 10 cm e 12 cm de comprimento. A base de cada pirâmide será formada por 3 canudos que têm a mesma medida, expressa por um número, inteiro, diferente dos anteriores. Veja o modelo abaixo:

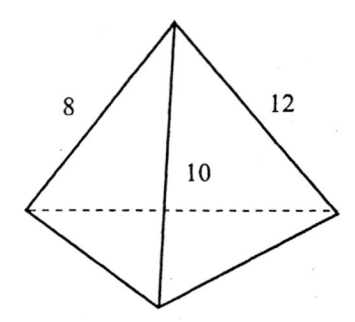

A quantidade de pirâmides de bases diferentes que Tiago poderá construir é:
  a) 10
  b) 9
  c) 8
  d) 7

**3. (VUNESP-SP)** Considere o triângulo $ABC$ da figura

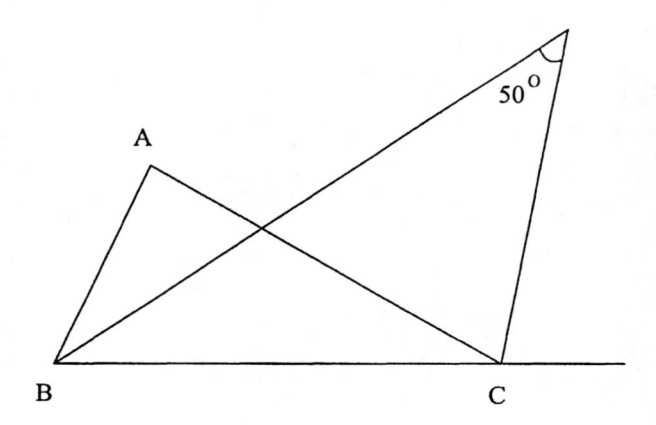

Se a bissetriz interna do ângulo $\widehat{B}$ forma, com a bissetriz externa do ângulo $\widehat{C}$, um ângulo de 50°, determine a medida do ângulo interno $\widehat{A}$.

**4. (FUVEST-SP)** Na figura, $\overline{AB} = \overline{AC}$, $\overline{BX} = \overline{BY}$ e $\overline{CZ} = \overline{CY}$. Se o ângulo $\widehat{A}$ mede 40°, então o ângulo $X\widehat{Y}Z$ mede:

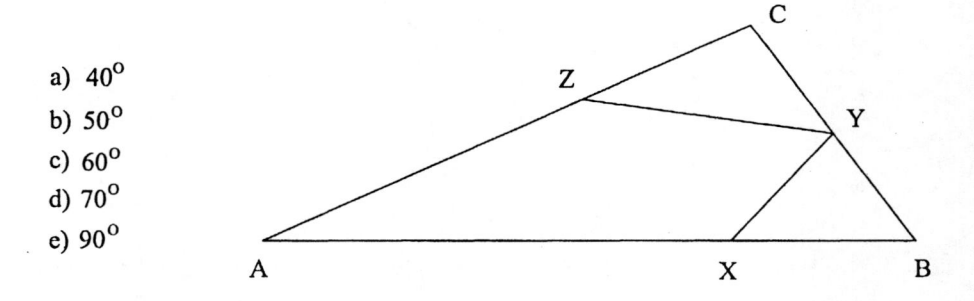

a) 40°
b) 50°
c) 60°
d) 70°
e) 90°

**5. (UNB-DF)** Considere as afirmativas:
(I) Se num triângulo a altura relativa a um lado coincide com a bissetriz do ângulo oposto a ele, o triângulo é necessariamente isósceles.
(II) Num triângulo isósceles qualquer, as três medianas são necessariamente iguais.
(III) Se um triângulo tem duas alturas iguais, então ele é necessariamente eqüilátero.
Pode-se afirmar que:
a) I e II são corretas, III é falsa;
b) todas são falsas;

c) I é correta, II e III são falsas;
d) n.r.a.

**6. (PUC)** No triângulo $ABC$, o ângulo $C\hat{A}B$ supera em 30 graus o ângulo $A\hat{B}C$; $D$ é um ponto sobre o lado $\overline{BC}$ tal que $\overline{AC} = \overline{CD}$. Então a medida (em graus) do ângulo $B\hat{A}D$ é:
a) 30
b) 20
c) $22\frac{1}{2}$
d) 10
e) 15

**7. (UCMG)** Na figura, o ângulo $A\hat{D}C$ é reto. O valor, em graus, do ângulo $C\hat{B}D$ é:

a) 95°
b) 100°
c) 105°
d) 110°
e) 120°

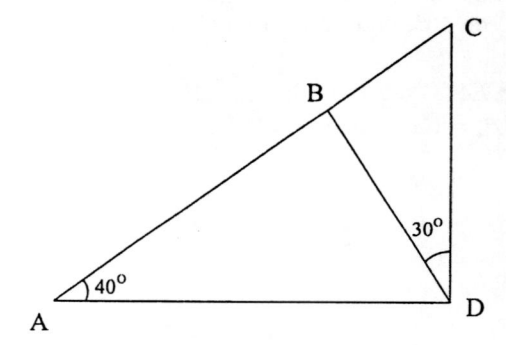

**8. (UFMA)** As retas $r$ e $s$ da figura são paralelas. Assinale a medida do ângulo $X$.

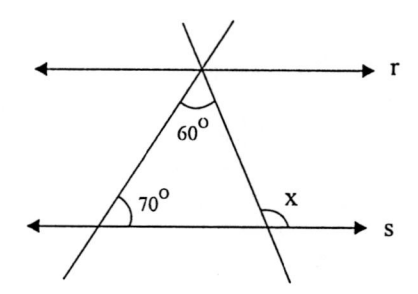

**9. (PUC-SP)** Na figura, $a = 100°$ e $b = 110°$. Quanto mede o ângulo $x$?

a) $30°$
b) $50°$
c) $80°$
d) $100°$
e) $220°$

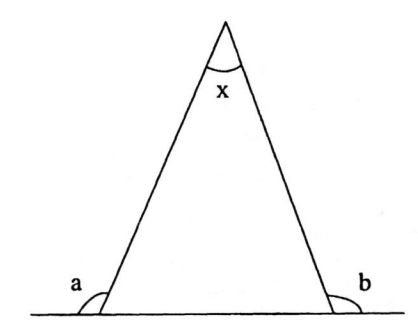

**10. (FATEC-SP)** Na figura, $r$ é bissetriz do ângulo $A\widehat{B}C$. Se $\alpha = 40°$ e $\beta = 30°$, então:

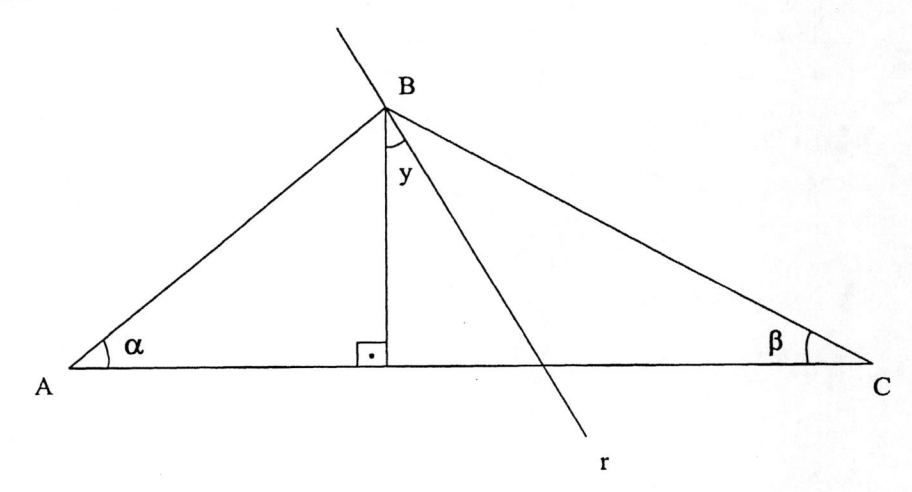

a) $y = 0°$
b) $y = 5°$
c) $y = 35°$
d) $y = 15°$
e) Os dados são insuficientes para a determinação de $y$.

**11. (UFES)** Na figura, o ângulo $\alpha$ mede, em graus:

a) 142°
b) 144°
c) 146°
d) 148°
e) 150°

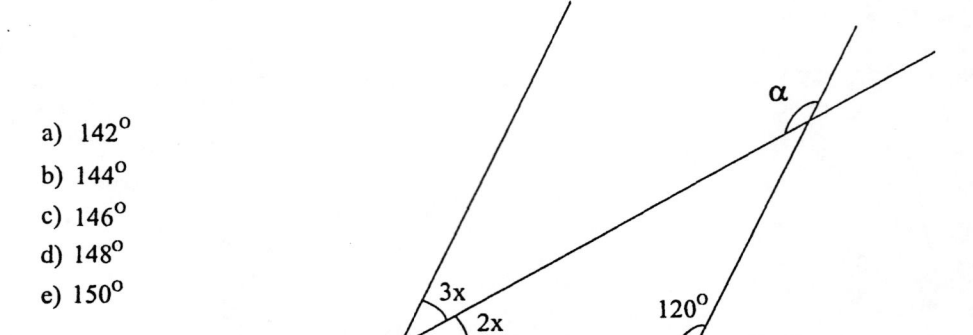

**12. (UFGO)** Se dois lados de um triângulo medem, respectivamente, 3 dm e 4 dm, podemos afirmar que a medida do terceiro lado é:

a) Igual a 5 dm.
b) Igual a 1 dm.
c) Igual a $\sqrt{7}$ dm.
d) Menor que 7 dm.
e) Maior que 7 dm.

**13. (UFMG)** Na figura, $\overline{AC} = \overline{CB} = \overline{BD}$ e $\hat{A} = 25°$. O ângulo $x$ mede:

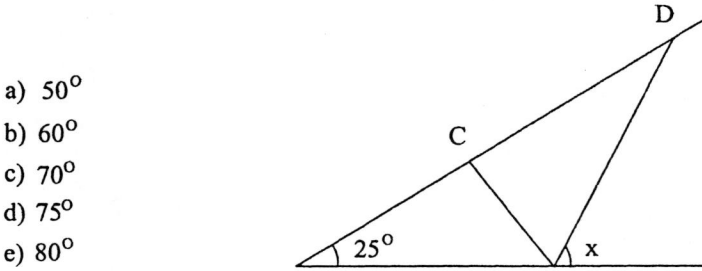

a) 50°
b) 60°
c) 70°
d) 75°
e) 80°

**14. (FUVEST-SP)** Se $a = x^2 + 2$, $b = x^2 - 2x + 2$ e $c = x^2 + 2x + 2$, determine os valores de $x$ para os quais, $a$, $b$ e $c$ podem ser medidas dos lados de um triângulo.

**15. (SANTA CASA-SP)** O triângulo $ABC$, representado na figura abaixo é isósceles. A medida do ângulo $x$ assinalado é:

a) $90°$
b) $100°$
c) $105°$
d) $110°$
e) $120°$

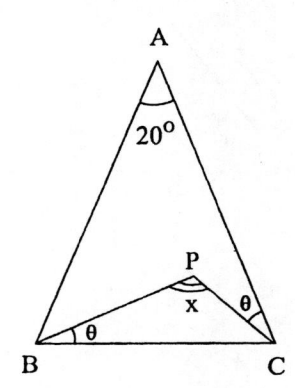

**16. (UFES)** No triângulo $ABC$ abaixo, $AH$ é uma altura e $\overline{AS}$ é uma bissetriz. Então o ângulo $\alpha$ vale:

a) $5°$
b) $10°$
c) $15°$
d) $20°$
e) $25°$

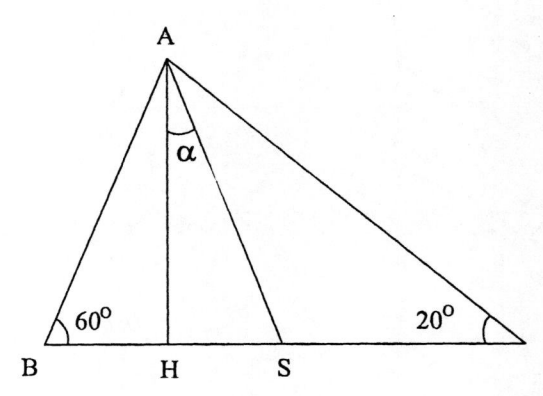

**17. (PUC-SP)** Na figura: $\overline{BC} = \overline{CA} = \overline{AD} = \overline{DE}$. O ângulo $CAD$ mede:

a) 10°
b) 20°
c) 30°
d) 40°
e) 60°

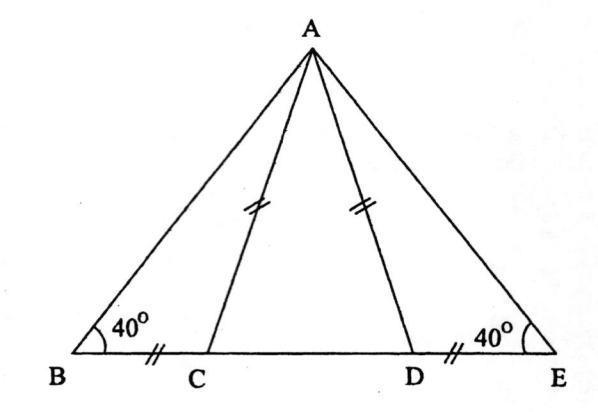

**18. (UFMG)** Observe a figura

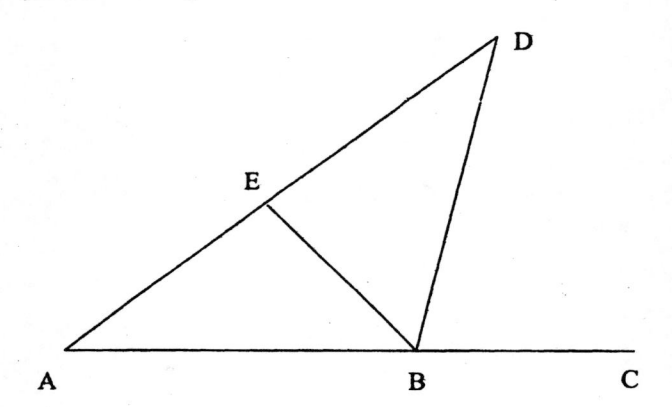

Nessa figura, $\overline{AB} = \overline{BD} = \overline{DE}$ e $\overline{BD}$ é bissetriz de $E\hat{B}C$. A medida de $A\hat{E}B$, em graus, é:
 a) 96
 b) 100
 c) 104
 d) 108
 e) 110

**19. (FUVEST-SP)** Num triângulo retângulo $ABC$, seja $D$ um ponto da hipotenusa $\overline{AC}$ tal que os ângulos $D\hat{A}B$ e $A\hat{B}D$ tenham a mesma medida. Então o valor de $\dfrac{AD}{DC}$ é:

a) $\sqrt{2}$
b) $\dfrac{1}{\sqrt{2}}$
c) 2
d) 1/2
e) 1

**20. (UFMG)** Observe a figura

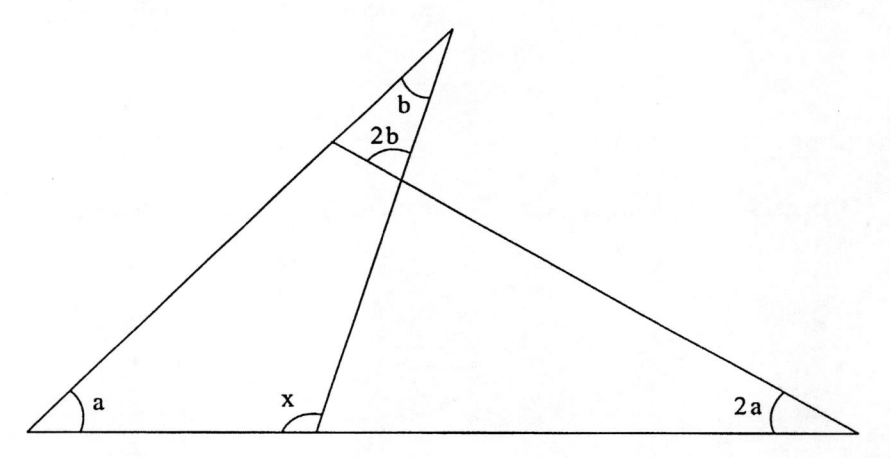

Nela, $a$, $b$, $2a$, $2b$ e $x$ representam as medidas, em graus, dos ângulos assinalados. O valor de $x$, em grau é:

a) 100

b) 110

c) 115

d) 120

**21. (UFF)** Na figura seguinte, tem-se que $AD = AE$, $CD = CF$ e $BA = BC$. Se o ângulo $E\hat{D}F$ mede 80°, então o ângulo $A\hat{B}C$ mede:

a) 20°
b) 30°
c) 50°
d) 60°
e) 90°

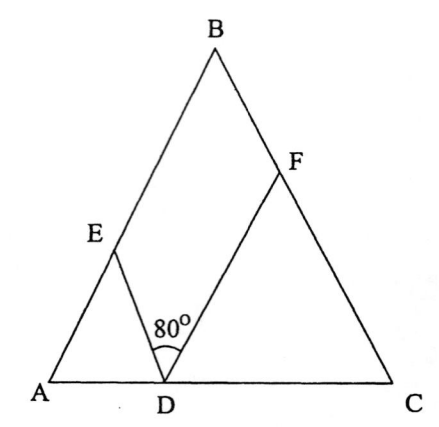

**22. (Olimpíada Brasileira de Matemática)** O triângulo eqüilátero **T** abaixo tem lado 1.

Juntando triângulos congruentes a esse, podemos formar outros triângulos equiláteros maiores, conforme indicado no desenho abaixo.

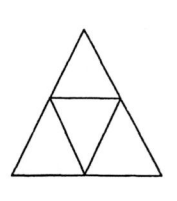

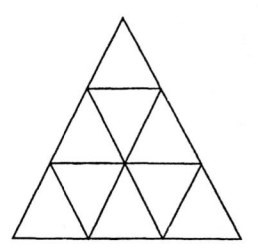

Qual é o lado do triângulo equilátero formado por 49 dos triângulos **T** ?
   a) 7
   b) 49
   c) 13
   d) 21
   e) É impossível formar um triângulo equilátero com esse número de triângulos **T**.

**23.** (Olimpíada Brasileira de Matemática) O triângulo $CDE$ pode ser obtido pela rotação do triângulo $ABC$ de 90° no sentido anti-horário ao redor de $C$, conforme mostrado no desenho abaixo. Podemos afirmar que $\alpha$ é igual a:

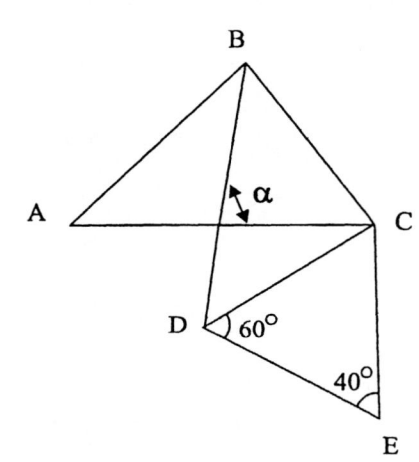

a) 75°
b) 65°
c) 70°
d) 45°
e) 55°

**24.** (Olimpíada Brasileira de Matemática) No triângulo $ABC$ representado abaixo, a medida do ângulo $\widehat{C}$ é 60° e a bissetriz do ângulo $\widehat{B}$ forma 70° com a altura relativa ao vértice $A$. A medida do ângulo $\widehat{A}$ é:

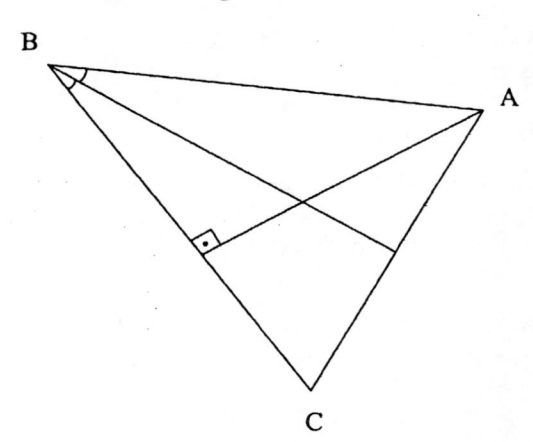

a) 50°
b) 30°
c) 40°
d) 80°
e) 70°

**25.** (MACK-SP) Na figura, $\overline{BD} = \overline{AD} = \overline{DC}$ e $\overline{BM} = \overline{MD}$. Então $\alpha$ mede:

a) 45°
b) 60°
c) 30°
d) 15°
e) 20°

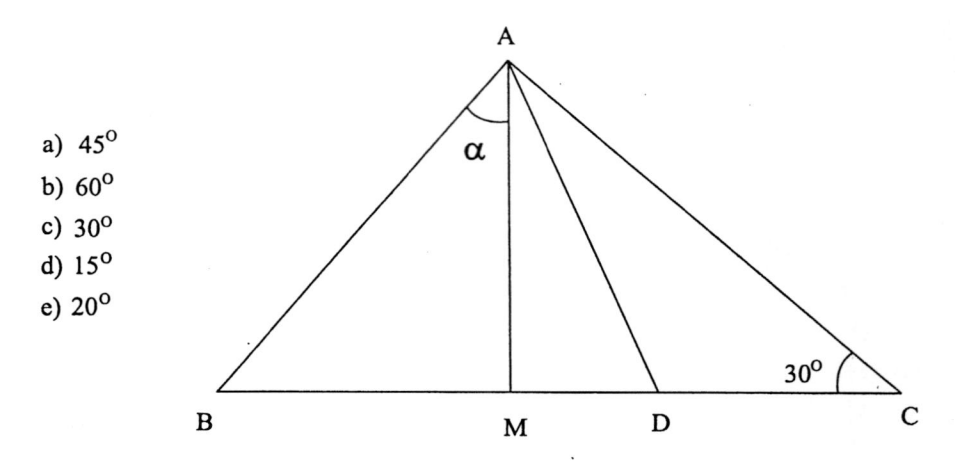

**26.** (FUVEST-SP) $A$, $B$, $C$ e $D$ são vértices consecutivos de um hexágono regular. A medida, em graus, de um dos ângulos formados pelas diagonais $\overline{AC}$ e $\overline{BD}$ é:
 a) 90
 b) 100
 c) 110
 d) 129
 e) 150

**27.** (UFRRJ) Considere um triângulo isósceles de vértices $A$, $B$ e $C$ em que $\widehat{A}$, $\widehat{B}$ e $\widehat{C}$ são os ângulos formados em cada um de seus respectivos vértices. Sendo $\widehat{B} = 70°$, $\widehat{C} > \widehat{A}$ e $r$ a bissetriz do ângulo $\widehat{C}$, calcule o menor ângulo formado pela altura relativa ao lado $\overline{BC}$ e $r$.

**28.** (UNICAMP) A hipotenusa de um triângulo retângulo mede 1 metro e um dos ângulos agudos é o triplo do outro.
 a) Calcule os comprimentos dos catetos.
 b) Mostre que o comprimento do cateto maior está entre 92 e 93 centímetros.

**29.** (UNIRIO) Considere dois triângulos $A$ e $B$, de tal modo que os lados de $B$ têm comprimentos iguais ao dobro dos comprimentos dos lados de $A$. Nesse caso, pode-se afirmar que:
 a) A área de $B$ é o dobro da área de $A$;
 b) Se o menor ângulo de $A$ é 20°, então o menor ângulo de $B$ é 40°;
 c) $A$ e $B$ possuem ângulos congruentes;
 d) A área de $B$ é o triplo da área de $A$;
 e) Se $A$ é equilátero, $B$ poderá ser isósceles-não equilátero.

**30. (UFCE)** Considere a figura abaixo na qual $\overline{AB} \perp \overline{BC}$, $\overline{BC} \perp \overline{CD}$ e $\overline{CD} \perp \overline{DE}$.

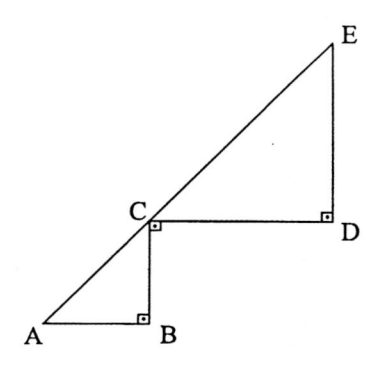

Se $|\overline{AB}| = 3$ cm, $|\overline{BC}| = 4$ cm e $|\overline{DE}| = 8$ cm, então a medida, em cm, de $\overline{AE}$ será:

a) 17
b) 15
c) 13
d) 11
e) 6

**31. (UFF)** O triângulo equilátero $ABC$, com 3 cm de lado, está representado na figura abaixo.

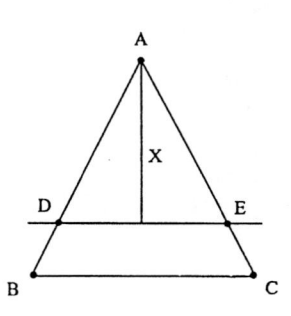

Determine o valor da altura $X$ do triângulo $ADE$, sabendo que este triângulo e o trapézio $DBCE$ possuem mesma área.

## 32. (UNIRIO)

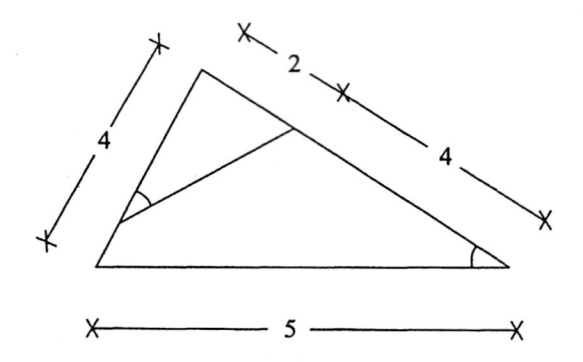

Observe os dois triângulos acima representados, onde os ângulos assinalados são congruentes. O perímetro do menor triângulo é:
a) 3
b) 15/4
c) 5
d) 15/2
e) 15

## 33. (CFS)
O perímetro de um triângulo isósceles mede 16 cm. O comprimento da base vale 3/5 da soma dos outros lados que são iguais. A base mede:
a) 5 cm
b) 6 cm
c) 8 cm
d) 10 cm
e) 12 cm

## 34. (COLÉGIO NAVAL)
Sejam os triângulos $ABC$ e $MPQ$, tais que:

I - $M\widehat{P}Q = 90° = A\widehat{C}B$

II - $P\widehat{Q}M = 70°$

III - $B\widehat{A}C = 50°$

IV - $\overline{AC} = \overline{MP}$

Se $\overline{PQ} = x$ e $\overline{BC} = y$, então $\overline{AB}$ é igual a:

a) $x + y$
b) $\sqrt{x^2 + y^2}$

c) $\dfrac{2xy}{(x+y)^2}$

d) $\dfrac{2\sqrt{xy}}{x+y}$

e) $2x+y$

**35. (COLÉGIO NAVAL)** O ponto $P$ interno ao triângulo $ABC$ é eqüidistante de dois de seus lados e de dois de seus vértices. Certamente $P$ é a interseção de:

a) Uma bissetriz interna e uma altura desse triângulo.
b) Uma bissetriz interna e uma mediatriz de um dos lados desse triângulo.
c) Uma mediatriz de um lado e uma mediana desse triângulo.
d) Uma altura e uma mediana desse triângulo.
e) Uma mediana e uma bissetriz interna desse triângulo.

**36. (COLÉGIO NAVAL)** Considere as afirmativas sobre um triângulo $ABC$:

I - Os vértices $B$ e $C$ são eqüidistantes da mediana $\overline{AM}$, $M$ ponto médio do segmento $BC$.

II - A distância do baricentro $G$ ao vértice $B$ é o dobro da distância de $G$ ao ponto $N$, médio do segmento $AC$.

III - O incentro $I$ é eqüidistante dos lados do triângulo $ABC$.

IV - O circuncentro $S$ é eqüidistante dos vértices $A$, $B$ e $C$.

O número de afirmativas corretas é:

a) 0
b) 1
c) 2
d) 3
e) 4

**37. (CFS)** O ângulo do vértice de um triângulo isósceles mede $67°18'$. O ângulo formado pelas bissetrizes dos ângulos da base do triângulo vale:

a) $123°39'$
b) $132°39'$
c) $139°23'$
d) $139°32'$
e) $123°32'$

**38. (CFS)** Considere um triângulo isósceles $ABC$, onde $\overline{AB} = \overline{AC}$. Prolongando-se o lado $\overline{AB}$ de um segmento $\overline{BM}$ tal que $\text{med}(A\widehat{C}M) - \text{med}(B\widehat{M}C) = 20°$, podemos concluir que o ângulo $B\widehat{C}M$ mede:
a) 10°
b) 18°
c) 15°
d) 20°
e) 9°

**39. (CESGRANRIO)** Seja $AH$ a altura e $AD$ a bissetriz do vértice $A$, sobre a hipotenusa $BC$ de um triângulo retângulo $ABC$. Se o ângulo $A\widehat{B}H$ mede 30°, então o ângulo $H\widehat{A}D$ mede:
a) 12°30'
b) 17°30'
c) 22°30'
d) 15°
e) 20°

### Gabarito das questões de fixação

**Questão 1** - Resposta: c
**Questão 2** - Resposta: d
**Questão 3** - Resposta: a
**Questão 4** - Resposta: d
**Questão 5** - Resposta: a
**Questão 6** - Resposta: b
**Questão 7** - Resposta: b
**Questão 8** - Resposta: b
**Questão 9** - Resposta: b
**Questão 10** - Resposta: c
**Questão 11** - Resposta: 24 cm, 36 cm e 40 cm
**Questão 12** - Resposta: 60°
**Questão 13** - Resposta: 50°
**Questão 14** - Resposta: 6
**Questão 15** - Resposta: d
**Questão 16** - Resposta: $x = a + b + c$
**Questão 17** - Resposta: a) 180°    b) 360°
**Questão 18** - Resposta: b
**Questão 19** - Resposta: a

Unidade 2 - *Triângulos* | 61

**Questão 20** - Resposta: a

## Gabarito das questões de aprofundamento

**Questão 1** - Resposta: $x = 15°$
**Questão 2** - Resposta: a
**Questão 3** - Resposta: $m(\widehat{A}) = 100°$
**Questão 4** - Resposta: d
**Questão 5** - Resposta: c
**Questão 6** - Resposta: e
**Questão 7** - Resposta: b
**Questão 8** - Resposta: d
**Questão 9** - Resposta: a
**Questão 10** - Resposta: b
**Questão 11** - Resposta: b
**Questão 12** - Resposta: d
**Questão 13** - Resposta: d
**Questão 14** - Resposta: $\{x \in \mathbb{R} \mid x < -2 - \sqrt{2} \text{ ou } -2 + \sqrt{2} < x < 2 - \sqrt{2} \text{ ou } x > 2 + \sqrt{2}\}$
**Questão 15** - Resposta: b
**Questão 16** - Resposta: d
**Questão 17** - Resposta: b
**Questão 18** - Resposta: d
**Questão 19** - Resposta: e
**Questão 20** - Resposta: d
**Questão 21** - Resposta: a
**Questão 22** - Resposta: a
**Questão 23** - Resposta: e
**Questão 24** - Resposta: d
**Questão 25** - Resposta: c
**Questão 26** - Resposta: d
**Questão 27** - Resposta: $55°$
**Questão 28** - Resposta: a) $\dfrac{\sqrt{2-\sqrt{2}}}{2}\,m$ e $\dfrac{\sqrt{2+\sqrt{2}}}{2}\,m$   b) o cateto maior é $\dfrac{\sqrt{2+\sqrt{2}}}{2}$ e é igual a 0,8525. Logo, está entre 92 e 93 centímetros, pois $0,92^2 = 0,8464$ e $0,93^2 = 0,8649$.
**Questão 29** - Resposta: c
**Questão 30** - Resposta: b
**Questão 31** - Resposta: $x = \dfrac{3\sqrt{6}}{4}$ cm
**Questão 32** - Resposta: d

**Questão 33** - Resposta: b
**Questão 34** - Resposta: a
**Questão 35** - Resposta: b
**Questão 36** - Resposta: e
**Questão 37** - Resposta: a
**Questão 38** - Resposta: a
**Questão 39** - Resposta: d

# UNIDADE 3

# QUADRILÁTEROS

## SINOPSE TEÓRICA

### 3.1) Paralelogramo

É todo quadrilátero que possui lados opostos paralelos.

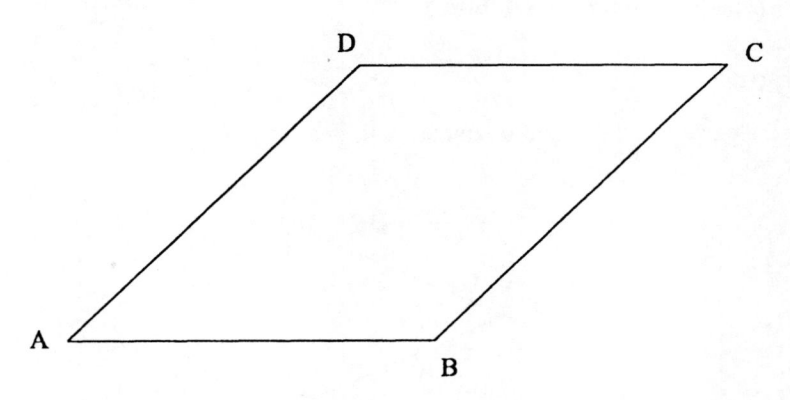

$ABCD$ é um paralelogramo pois $\overline{AB}//\overline{CD}$ e $\overline{AD}//\overline{BC}$. Por conseqüência temos: $\overline{AB} = \overline{CD}$ e $\overline{AD} = \overline{BC}$.

**Propriedades do paralelogramo**

a) Os ângulos opostos são congruentes
$$\boxed{\widehat{A} = \widehat{C} \quad \text{e} \quad \widehat{B} = \widehat{D}}$$
b) Dois ângulos consecutivos são suplementares
$$\boxed{\widehat{A} + \widehat{B} = 180°; \quad \widehat{B} + \widehat{C} = 180°; \quad \widehat{C} + \widehat{D} = 180° \text{ e } \widehat{D} + \widehat{A} = 180°}$$

c) As diagonais interceptam-se aô meio.

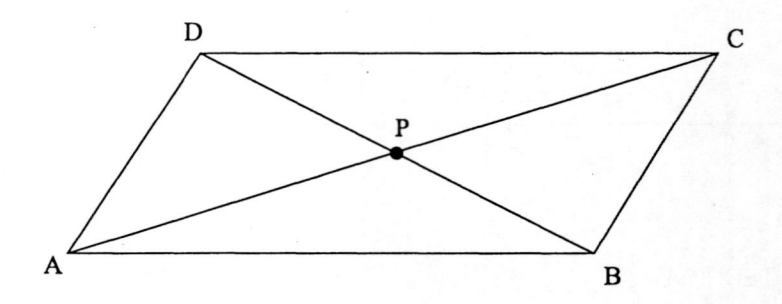

P é o ponto médio de $\overline{AC}$ e $\overline{BD}$.

## 3.2) Paralelogramos particulares

### a) Retângulo

É o paralelogramo que possui os quatro ângulos retos.

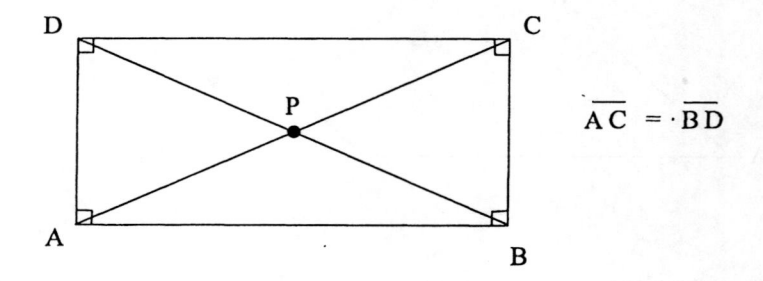

$\overline{AC} = \overline{BD}$

### b) Losango

É o paralelogramo que possui os quatro lados congruentes.

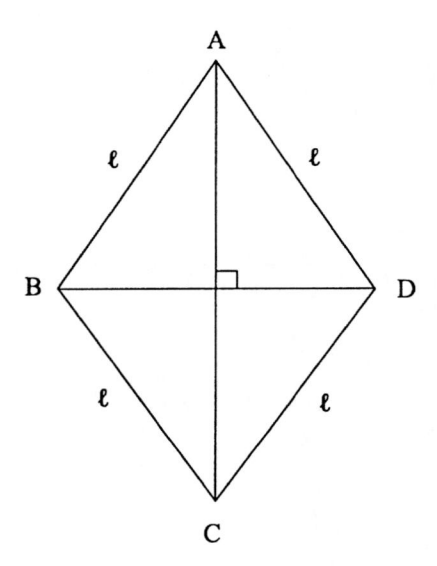

As diagonais são perpendiculares $\overline{AC} \perp \overline{BD}$.

## c) Quadrado

É o paralelogramo que possui os quatro lados e os quatro ângulos congruentes.

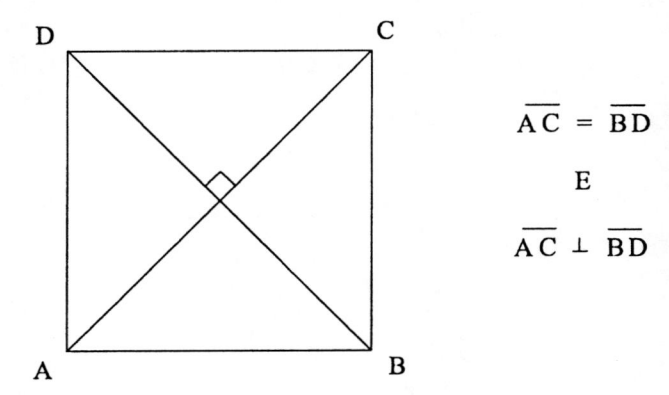

$\overline{AC} = \overline{BD}$

E

$\overline{AC} \perp \overline{BD}$

Observem que o quadrado é um losango e também um retângulo.

## 3.3) Trapézio

É o quadrilátero que possui apenas dois lados paralelos. Esses lados paralelos são as bases do trapézio.

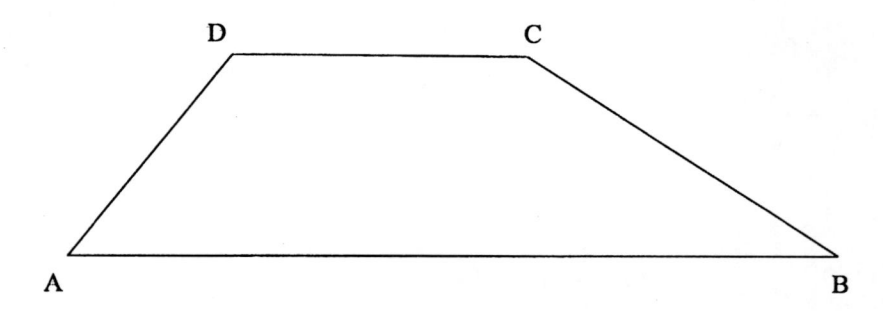

$ABCD$ é um trapézio pois $\overline{AB} \ // \ \overline{CD}$ (bases).

## 3.4) Classificação dos trapézios

### a) Trapézio isósceles

Os lados oblíquos são congruentes e, conseqüentemente, os ângulos das bases são congruentes.

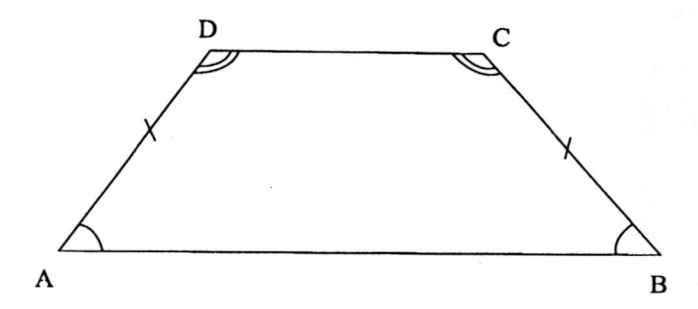

$$\overline{AD} = \overline{BC} \begin{cases} \widehat{A} = \widehat{B} \\ \widehat{C} = \widehat{D} \end{cases}$$

**Observação**: Um trapézio que não é isósceles é chamado de trapézio escaleno.

### b) Trapézio retângulo

Um dos lados oblíquos é perpendicular às bases.

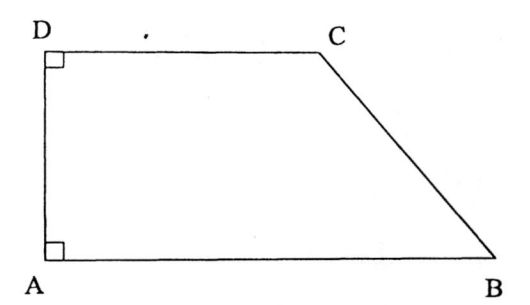

## 3.5) Base média de um trapézio

É o segmento de reta que une os pontos médios dos lados oblíquos de um trapézio.

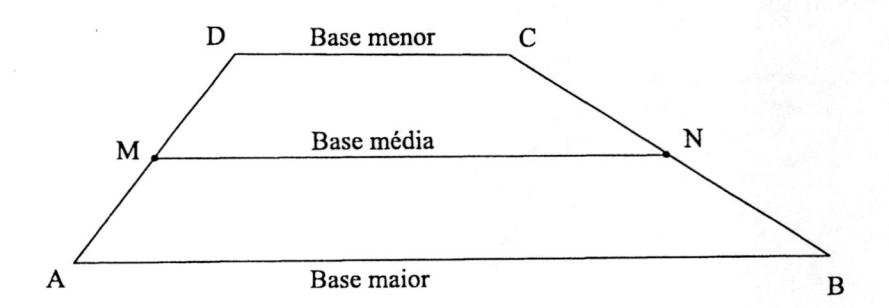

$$\overline{MN} = \frac{\overline{AB} + \overline{CD}}{2}$$

## 3.6) Mediana de Euler

É o segmento da base média compreendido entre as diagonais do trapézio.

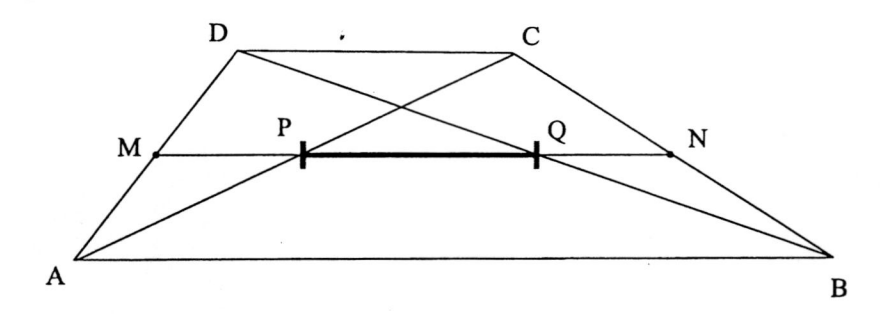

68 | *Matemática sem Mistérios - Geometria Plana e Espacial*

$$\text{mediana de Euler } \overline{PQ} = \frac{\overline{AB} - \overline{CD}}{2}$$

### 3.7) Base média de um triângulo

É o segmento que une os pontos médios de dois lados de um triângulo.
Esse segmento (base média) é paralelo ao terceiro lado e mede a metade desse lado.

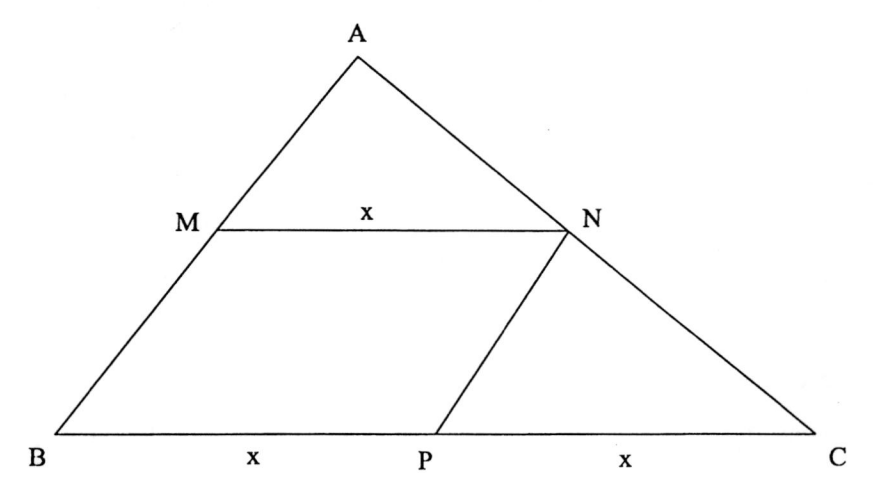

Sendo $P$ o ponto médio de $\overline{BC}$ temos $\overline{PB} = \overline{PC} = x$. Como $MNPB$ é um paralelogramo temos $\overline{MN} = \overline{PB} = x$.

$$\overline{MN} = \frac{\overline{BC}}{2}$$

**Unidade 3** - *Quadriláteros* |69

### 3.8) Trapezóide

É o quadrilátero convexo que não possui lados paralelos.

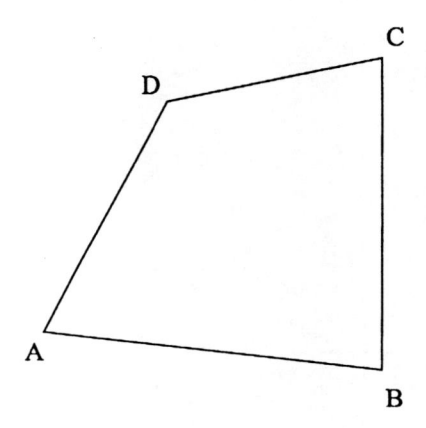

## QUESTÕES RESOLVIDAS

**1.** Encontre a medida dos ângulos de um paralelogramo, sabendo que a diferença entre dois ângulos internos é 70°.

**Resolução:**

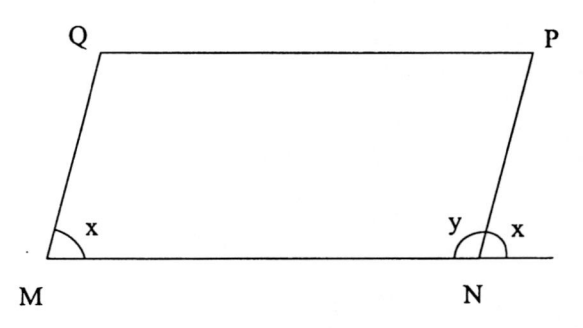

– Pela figura, temos: $\begin{cases} x + y = 180° \\ y - x = 70° \end{cases}$

– Então, pelo sistema em adição:

$$+\begin{cases} \cancel{x} + y = 180° \\ -\cancel{x} + y = 70° \end{cases}$$
$$\overline{\phantom{xxxxxx}2y = 250°}$$
$$y = 125°$$

– Como: $x + y = 180° \Rightarrow x = 180° - y$
$$x = 180° - 125°$$
$$x = 55°$$

$\boxed{x = 55° \quad \text{e} \quad y = 125°}$

**2.** Num trapézio retângulo, o menor ângulo é $\dfrac{5}{7}$ do maior. Encontre a medida de $\alpha$ e $\beta$ na figura abaixo.

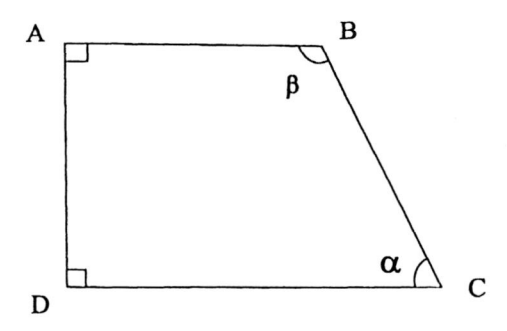

**Resolução:**

– Da figura temos: $\begin{cases} \alpha = \dfrac{5}{7}\beta \\ \alpha + \beta + 90° + 90° = 360° \end{cases}$

– Então, pelo sistema em substituição: $\begin{cases} \alpha = \dfrac{5}{7}\beta & \text{(I)} \\ \alpha + \beta = 180° & \text{(II)} \end{cases}$

* Substituindo (I) em (II), fica:

$$\frac{5}{7}\beta + \beta = 180°$$

$$\frac{5}{7/1}\beta + \frac{\beta}{1/7} = \frac{180°}{1/7}$$

$$5\beta + 7\beta = 1260°$$

$$12\beta = 1260°$$

$$\beta = \frac{1260°}{12} = 105° \quad (III)$$

* Substituindo (III) em (I)

$$\alpha = \frac{5}{7}\beta \Rightarrow \alpha = \frac{5}{\not{7}} \cdot \not{105°}^{15°} \Rightarrow \alpha = 75°$$

$$\boxed{\beta = 105° \text{ e } \alpha = 75°}$$

**3.** Em um triângulo retângulo a mediana relativa à hipotenusa faz com ela um ângulo de 40°. A diferença entre os ângulos do triângulo é:

**Resolução:**

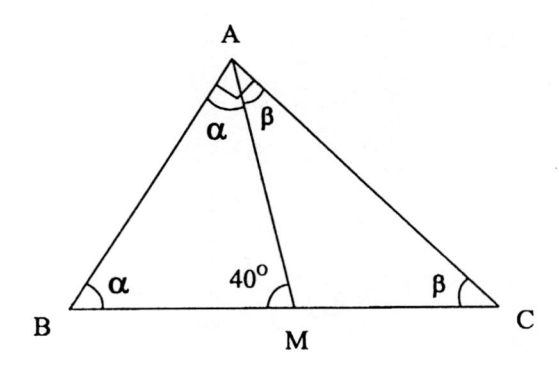

- Como $\overline{AM}$ é mediana, temos que:

$B\hat{A}M = A\hat{B}M = \alpha$

$C\hat{A}M = A\hat{C}M = \beta$

Do $\triangle ABM \rightarrow \alpha + \alpha + 40° = 180° \Rightarrow \alpha = 70°$

Como $\alpha + \beta = 90° \Rightarrow 70° + \beta = 90° \Rightarrow \beta = 20°$

Logo $\alpha - \beta = 50°$

$$\boxed{\alpha - \beta = 50°}$$

4. Determine $x$ na figura abaixo:

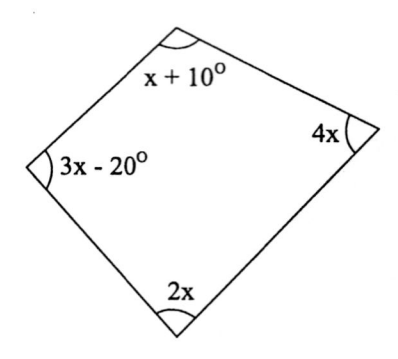

**Resolução**: Como em todo quadrilátrero convexo a soma dos ângulos internos é 360°, temos:

$x + 10° + 4x + 2x + 3x - 20° = 360°$

$10x = 360° + 10°$

$x = \dfrac{370°}{10} \Rightarrow \boxed{x = 37°}$

5. Classifique em verdadeiro (V) ou falso (F):
   a) Todo quadrado é retângulo.
   b) Todo retângulo é quadrado.
   c) Todo losango é quadrado.
   d) Todo quadrado é losango.
   e) Todo retângulo é losango.
   f) Todo losango é retângulo.

**Resolução**:
   a) V
   b) F
   c) F
   d) V
   e) F
   f) F

6. No trapézio da figura seguinte, $x$ representa a medida da base maior. Determine essa medida $x$, sabendo que $\overline{MN}$ é a base média desse trapézio.

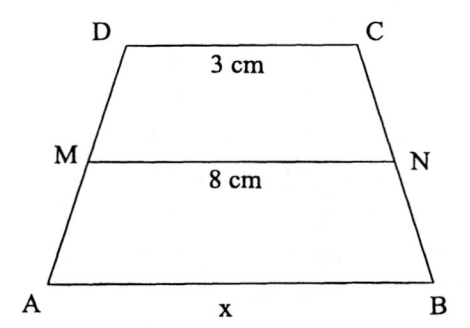

**Resolução**: Da figura, temos:

$$\overline{MN} = \frac{\overline{AB} + \overline{CD}}{2}$$

$$8 = \frac{x + 3}{2}$$

$$16 = x + 3 \Rightarrow x = 16 - 3$$

$$\boxed{x = 13 \text{ cm}}$$

## QUESTÕES DE FIXAÇÃO

1. Classifique em verdadeiro (V) ou falso (F):
   a) Um ângulo agudo e um ângulo obtuso de um paralelogramo sempre são complementares. ( )
   b) Um ângulo agudo e um ângulo obtuso de um paralelogramo sempre são suplementares. ( )
   c) Dois ângulos consecutivos de um paralelogramo sempre são congruentes. ( )
   d) Dois ângulos opostos de um paralelogramo sempre são congruentes. ( )
   e) Se um trapézio tem um ângulo externo reto, ele é trapézio retângulo. ( )
   f) Toda propriedade do paralelogramo vale para o retângulo. ( )
   g) Toda propriedade do retângulo vale para o paralelogramo. ( )
   h) Toda propriedade do losango vale para o paralelogramo. ( )
   i) Toda propriedade do paralelogramo vale para o losango. ( )

j) Toda propriedade do retângulo vale para o losango. ( )
l) Toda propriedade do paralelogramo vale para o quadrado. ( )
m) Toda propriedade do quadrado vale para o paralelogramo. ( )
n) Toda propriedade do losango vale para o retângulo. ( )
o) Toda propriedade do retângulo vale para o quadrado. ( )
p) Toda propriedade do quadrado vale para o retângulo. ( )
q) Toda propriedade do quadrado vale para o losango. ( )
r) Toda propriedade do losango vale para o quadrado. ( )
s) O quadrado tem as propriedades do paralelogramo, do retângulo e do losango. ( )

2. Encontre $\beta$ na figura:

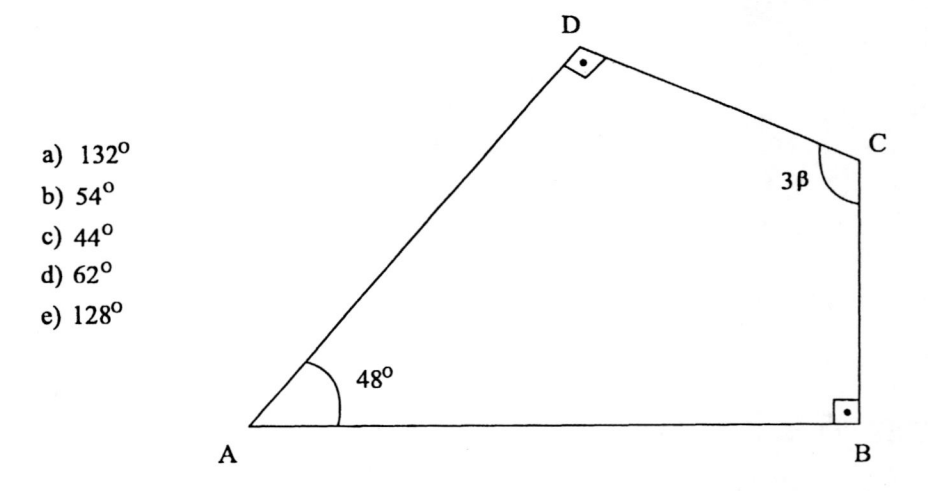

a) 132°
b) 54°
c) 44°
d) 62°
e) 128°

3. O perímetro de um retângulo é igual a 50 cm. O dobro do comprimento é igual ao triplo da largura. Calcule a largura desse retângulo.
   a) 15 cm
   b) 18 cm
   c) 8 cm
   d) 10 cm
   e) 12 cm

4. Qual, em metros, o perímetro de um losango, sabendo-se que a diferença entre as medidas de dois de seus ângulos consecutivos é 60° e que a menor diagonal mede 6 m?
   a) 20
   b) 24

c) 28
d) 32

**5.** Num paralelogramo, um dos ângulos obtusos é o quádruplo da soma dos agudos. A diferença entre um ângulo obtuso e um agudo, desse paralelogramo, é:
  a) 80°
  b) 140°
  c) 100°
  d) 95°
  e) 135°

**6.** Num trapézio retângulo, o ângulo obtuso é o triplo do ângulo agudo. A medida do ângulo obtuso é:
  a) 90°
  b) 45°
  c) 135°
  d) 130°

**7.** Num trapézio retângulo, a bissetriz do ângulo reto adjacente à base menor determina com a bissetriz do ângulo obtuso um ângulo de 65°. A medida do ângulo agudo do trapézio é:
  a) 45°
  b) 70°
  c) 40°
  d) 50°

**8.** Em um trapézio isósceles de base menor 6 e altura 4, um dos ângulos vale 135°. As medidas da base média e mediana de Euler são:
  a) 10 e 8
  b) 20 e 8
  c) 10 e 4
  d) 20 e 4

**9.** Se as dimensões de um retângulo são: base $x+2$ e altura $x$, então o seu perímetro é dado pela expressão algébrica:
  a) $2(x+3)$
  b) $4(x-1)$
  c) $4(x+1)$
  d) $2(x-3)$

**10.** Na figura seguinte o triângulo $ABC$ é eqüilátero. $PJ$, $PT$ e $PL$ são paralelos aos lados de tal forma que a soma $PJ + PT + PL = 15$ cm. O perímetro do triângulo

ABC é:

a) 15 cm
b) 20 cm
c) 30 cm
d) 45 cm
e) 60 cm

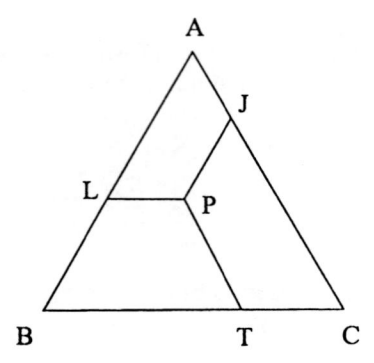

**11.** Em um paralelogramo $ABCD$ os ângulos $\widehat{A}$ e $\widehat{C}$ são expressos respectivamente por $3x + 10°$ e $x + 20°$. A medida do ângulo $\widehat{B}$ é:
   a) 25°
   b) 35°
   c) 50°
   d) 145°
   e) 155°

**12.** O perímetro de um losango é 36 m. Se o maior ângulo é o dobro do menor, a menor diagonal mede:
   a) 6 m
   b) 7 m
   c) 8 m
   d) 9 m
   e) 10 m

**13.** Dois ângulos de um trapézio medem 70° e 100°. A diferença entre os outros dois ângulos mede:
   a) 10°
   b) 20°
   c) 30°
   d) 40°
   e) 50°

**14.** Em um trapézio isósceles de bases 4 cm e 9 cm, se uma das diagonais é bissetriz do ângulo agudo, o perímetro do trapézio vale:
   a) 13 cm

b) 17 cm
c) 21 cm
d) 22 cm
e) 26 cm

**15.** Na figura abaixo $ABCD$ é um retângulo onde $\overline{AD} = 12$, e $BCM$ é um triângulo eqüilátero com $M$ médio de $\overline{AD}$. O segmento $\overline{CS}$ mede:

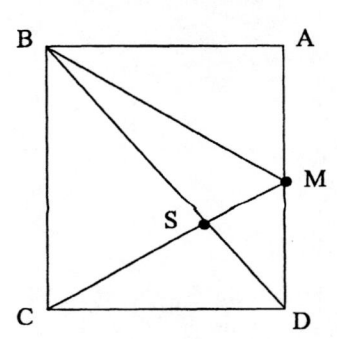

a) 4m
b) 6m
c) 8m
d) 9m
e) 10m

**16.** Na figura abaixo, $\overline{AC}$ é bissetriz dos ângulos $\widehat{A}$ e $\widehat{C}$ do quadrilátrero $ABCD$. Encontre $x$.

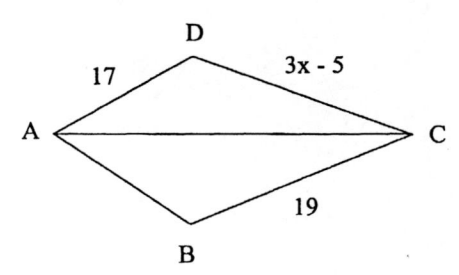

**17.** Uma fazenda tem a forma de um trapézio de bases $\overline{AB}$ e $\overline{CD}$, com $AD = 9$ km e $BC = 12$ km. A partir de um ponto $E$ do lado $\overline{AD}$, com $AE = 6$ km, o fazendeiro pretende construir uma estrada paralela a $\overline{AB}$ que cruze a fazenda até um ponto $F$ do lado $\overline{BC}$. Calcule a distância $FC$.

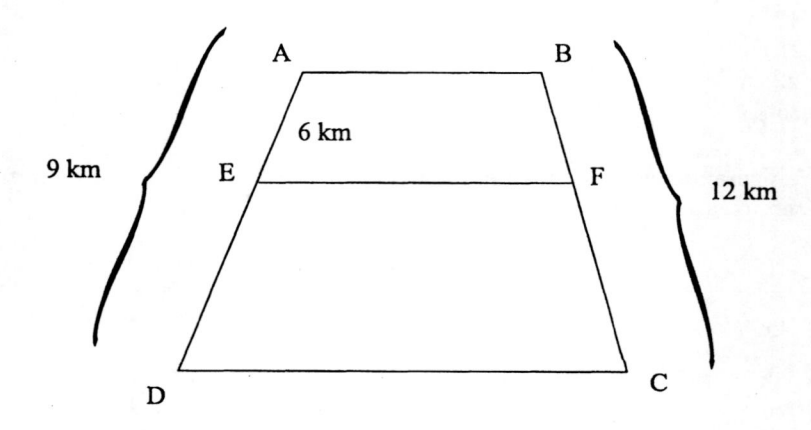

18. O perímetro do triângulo $ABC$, abaixo, é 36 cm, com $AB + AC = 26$ cm. Sendo $M$ e $N$ os pontos médios dos lados $\overline{AB}$ e $\overline{AC}$, respectivamente, calcule o perímetro do quadrilátero $MNCB$.

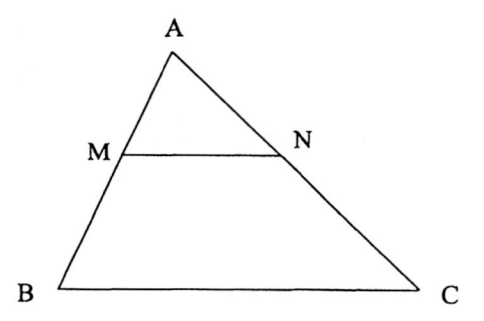

19. A base média de um trapézio mede 8 cm a menos que a soma das bases maior e menor. Qual é a medida da base média?

20. A razão entre as medidas da base maior e da base menor de um trapézio é $\frac{3}{2}$. Calcule a medida de cada uma dessas bases, sabendo que a base média do trapézio mede 7,5 cm.

## QUESTÕES DE APROFUNDAMENTO

**1. (UFJF-MG)** O perímetro de um triângulo $ABC$, abaixo, é 18 cm. O perímetro do triângulo cujos vértices são os pontos médios $M$, $N$ e $P$ dos lados do triângulo $ABC$ é:

a) 12 cm
b) 8 cm
c) 15 cm
d) 18 cm
e) 9 cm

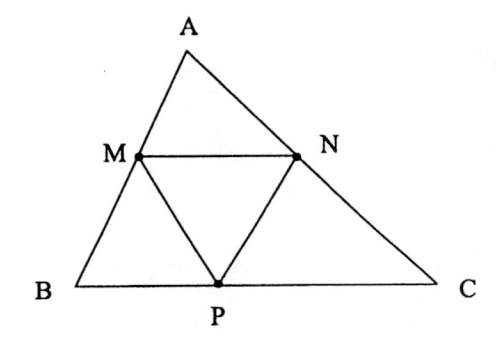

**2. (UFAC)** A figura representa um trapézio cujas bases $\overline{AB}$ e $\overline{DC}$ medem 6 dm e 10 dm. Sendo $M$ e $N$ pontos médios dos lados $\overline{AD}$ e $\overline{BC}$, conclui-se que a medida do segmento $\overline{PQ}$ é:

a) 3dm
b) 2dm
c) 3,1dm
d) 2,8dm
e) 3,2dm

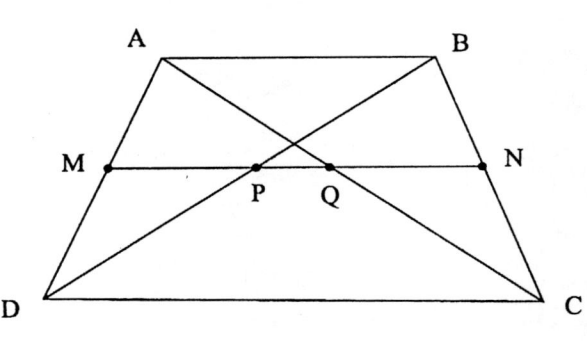

**3. (CESGRANRIO)** O losango $ADEF$ está inscrito no triângulo $ABC$, como mostra a figura. Se $\overline{AB} = 12$ m, $\overline{BC} = 8$ m e $\overline{AC} = 6$ m, a medida *a* do lado do losango é:

a) 4m
b) 3m
c) 2m
d) 5m
e) 8m

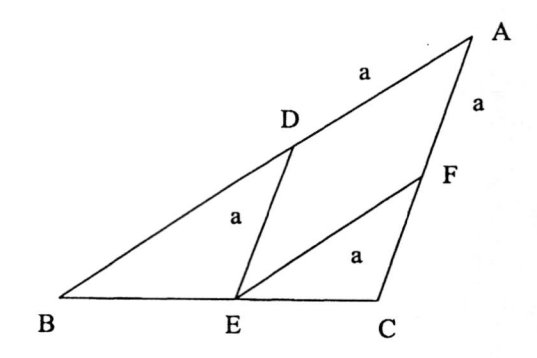

**4. (UFRS)** As diagonais de um quadrilátero $ABCD$ medem 12 cm e 16 cm. O quadrilátero cujos vértices são os pontos médios $M$, $N$, $P$ e $Q$ dos lados do quadrilátero $ABCD$ tem perímetro:

a) 42m
b) 40m
c) 26m
d) 28m
e) 19m

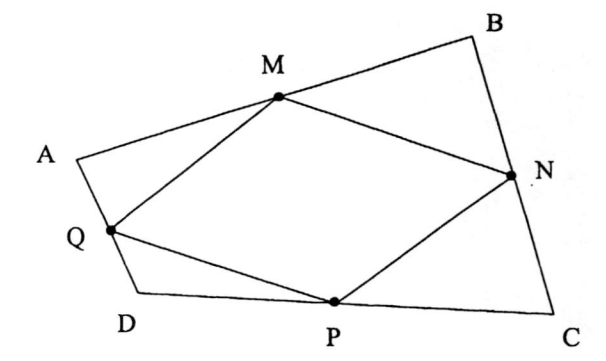

**5. (ENEM-MEC)** Um marcineiro deseja construir uma escada trapezoidal com cinco degraus, de forma que o mais baixo e o mais alto tenham larguras respectivamente iguais a 60 cm e a 30 cm, conforme figura, e a distância entre dois degraus consecutivos seja constante. Os degraus serão obtidos cortando-se uma peça linear de madeira cujo comprimento mínimo, em cm, deve ser:

a) 144
b) 180
c) 210
d) 225
e) 240

Unidade 3 - Quadriláteros |81

a) 144
b) 180
c) 210
d) 225
e) 240

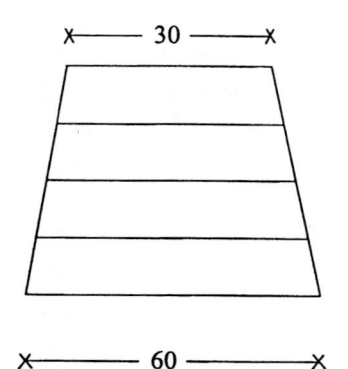

×—— 30 ——×

×—— 60 ——×

**6. (PUC-SP)** Considere as afirmativas:
I - Todo retângulo é um paralelogramo.
II - Todo quadrado é um retângulo.
III - Todo losango é um quadrado.
Associe a cada uma delas a letra V, se for verdadeira, ou F, caso seja falsa. Na ordem apresentada temos:
a) F, F, F
b) F, F, V
c) V, F, F
d) V, V, F
e) n.r.a.

**7. (ITA)** Dadas as afirmações:
I - Quaisquer dois ângulos opostos de um quadrilátero são suplementares.
II - Quaisquer dois ângulos consecutivos de um paralelogramo são suplementares.
III - Se as diagonais de um paralelogramo são perpendiculares entre si e se cruzam em seu ponto médio, então este paralelogramo é um losango.
Podemos afirmar que:
a) Todas são verdadeiras.
b) Apenas I e II são verdadeiras.
c) Apenas II e III são verdadeiras.
d) Apenas II é verdadeira.
e) Apenas III é verdadeira.

**8. (UFMS)** Dadas as proposições abaixo, dê o somatório da(s) afirmação(ões) verdadeira(s).
01. Em um retângulo qualquer, as diagonais são congruentes.
02. Em um losango qualquer, as diagonais são congruentes.
04. Em um quadrado qualquer, as diagonais são congruentes.

**08.** Em um retângulo qualquer, as diagonais são perpendiculares entre si.
**16.** Em um losango qualquer, as diagonais são perpendiculares entre si.
**32.** Em um quadrado qualquer, as diagonais são perpendiculares entre si.

**9. (MACK-SP)** No trapézio da figura, $x + y = 10$ e $\overline{MN} = 2$, onde $M$ e $N$ são os pontos médios das diagonais. Então $x$ mede:

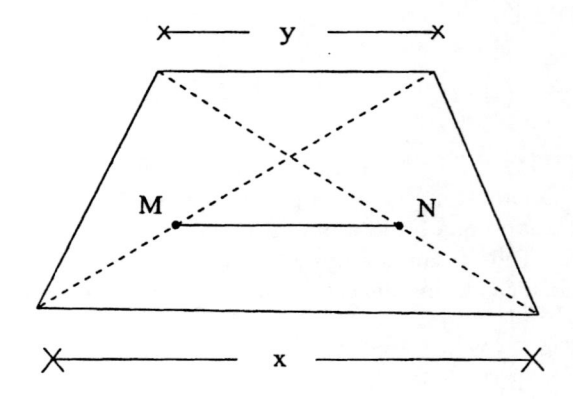

a) 5
b) 11/2
c) 6
d) 13/2
e) 7

**10. (UFRGS)** Os pontos médios dos lados de um quadrado de perímetro $2p$ são vértices de um quadrado de perímetro:

a) $\dfrac{p\sqrt{2}}{4}$
b) $\dfrac{p\sqrt{2}}{2}$
c) $p\sqrt{2}$
d) $2p\sqrt{2}$
e) $4p\sqrt{2}$

**11. (UFES)** Seja $ABCD$ um trapézio retângulo. O ângulo formado pelas bissetrizes do seu ângulo reto e do ângulo consecutivo da base maior mede 92°. Os ângulos agudo e obtuso deste trapézio, medem respectivamente:

a) 88° e 92°
b) 86° e 94°
c) 84° e 96°
d) 82° e 98°
e) 79° e 101°

**12. (UEL-PR)** Na figura abaixo, as retas $r$ e $s$ são paralelas.

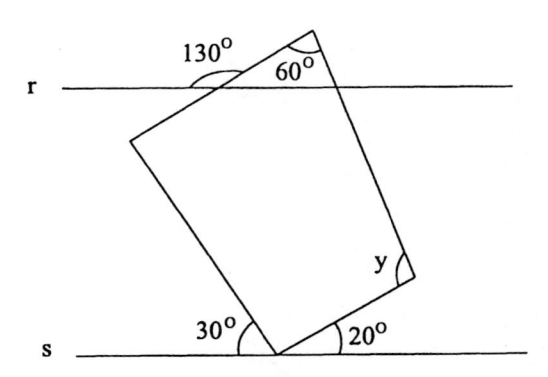

A medida $y$ é igual a:
a) 70°
b) 80°
c) 90°
d) 100°
e) 110°

**13. (FUVEST-SP)** Nesta figura, os ângulos $a, b, c$ e $d$ medem, respectivamente, $\frac{x}{2}, 2x, \frac{3x}{2}$ e $x$. O ângulo $e$ é reto. Qual a medida do ângulo $f$?

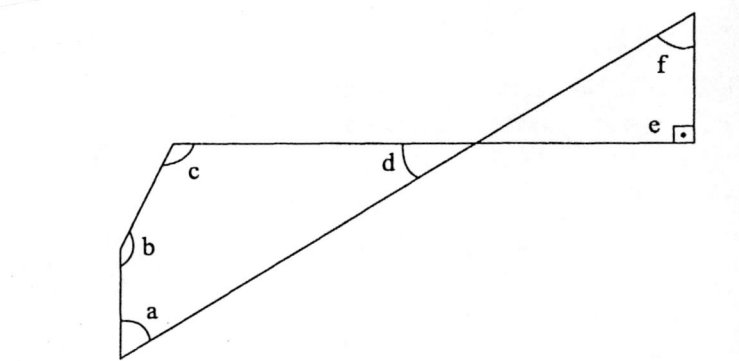

a) 16°
b) 18°
c) 20°
d) 22°
e) 24°

**14. (UFRJ)** Os ângulos internos de um quadrilátero convexo estão em progressão aritmética de razão igual a 20°. Determine o valor do maior ângulo desse quadrilátero.

15. (UNIFICADO)

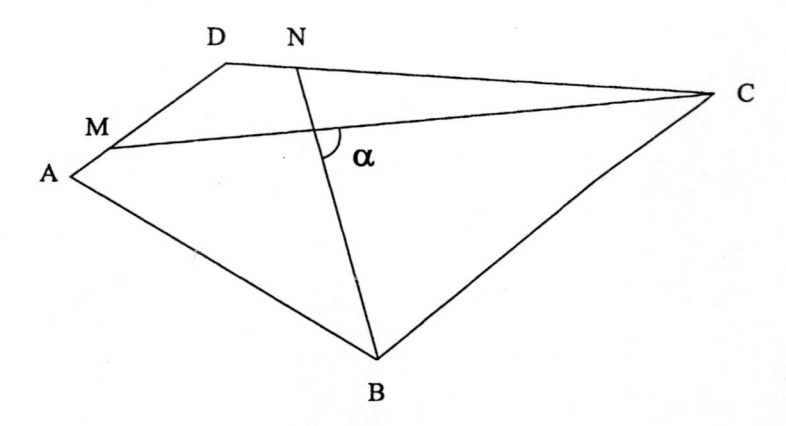

No quadrilátero $ABCD$ da figura acima, são traçadas as bissetrizes $\overline{CM}$ e $\overline{BN}$, que formavam entre si o ângulo $\alpha$. A soma dos ângulos internos $A$ e $D$ desse quadrilátero corresponde a:
a) $3\alpha$
b) $2\alpha$
c) $\alpha$
d) $\dfrac{\alpha}{2}$
e) $\dfrac{\alpha}{4}$

16. (UFMG) Na figura, $ABCD$ é um paralelogramo e $\overline{MA} = 1$ cm, $\overline{AB} = 2$ cm, $\overline{AD} = k$ cm e $D\widehat{M}A = A\widehat{C}D$. Calcule o valor de $k$.

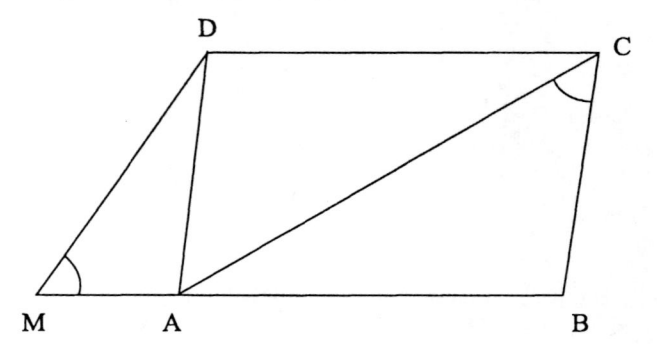

**17. (FUVEST)** Em um trapézio isósceles a altura é igual a base média. Determine o ângulo que a diagonal forma com a base.

**18. (UFOP-MG)** A figura $ABCD$ é um trapézio cujas medidas dos lados são: $\overline{AB} = 27$ cm, $\overline{BC} = 20$ cm, $\overline{CD} = 6$ cm e $\overline{DA} = 13$ cm. Calcule a altura $\overline{DE} = h$ desse trapézio.

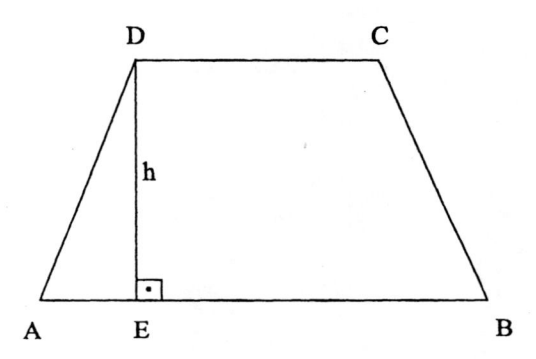

**19. (UFES)** Na figura abaixo, $E$ é o ponto médio de $AB$ no paralelogramo $ABCD$. Sabendo-se que $AC$ mede 6,9 cm, então $AM$ mede em cm:

a) 2,4
b) 2,3
c) 2,2
d) 2,1
e) 2,0

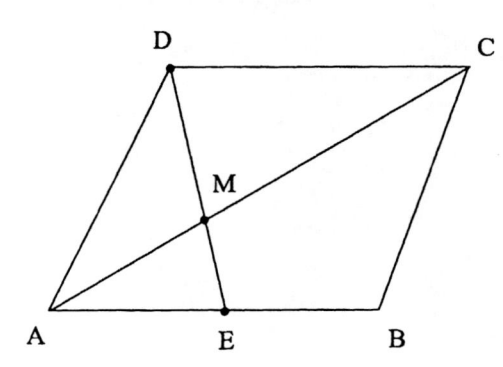

**20. (PUC-SP)** Os lados paralelos de um trapézio retângulo medem 6 cm e 8 cm, e a altura mede 4 cm. A distância entre o ponto de interseção das retas suporte dos lados não paralelos e o ponto médio da base maior é:
a) $5\sqrt{15}$ cm
b) $2\sqrt{19}$ cm

c) $3\sqrt{21}$ cm

d) $4\sqrt{17}$ cm

e) n.r.a.

**21. (UFMG)** Observe a figura. O triângulo $ABC$ é equilátero, $\overline{AD} = \overline{DE} = \overline{EF} = \overline{FB}$, $\overline{DG} // \overline{EH} // \overline{FI} // \overline{BC}$, $\overline{DG} + \overline{EH} + \overline{FI} = 18$.

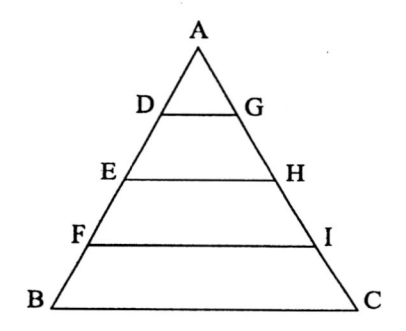

O perímetro do triângulo $ABC$ é:

a) 12

b) 24

c) 36

c) 48

e) 54

**22. (VUNESP)** No quadrilátero $ABCD$, representado na figura, os ângulos internos $\widehat{A}$ e $\widehat{C}$ são retos, os ângulos $C\widehat{D}B$ e $A\widehat{D}B$ medem, respectivamente, 45° e 30° e o lado $CD$ mede 2 cm. Os lados $AD$ e $AB$ medem, respectivamente:

a) $\sqrt{5}$ cm  e  $\sqrt{3}$ cm
b) $\sqrt{5}$ cm  e  $\sqrt{2}$ cm
c) $\sqrt{6}$ cm  e  $\sqrt{5}$ cm
d) $\sqrt{6}$ cm  e  $\sqrt{3}$ cm
e) $\sqrt{6}$ cm  e  $\sqrt{2}$ cm

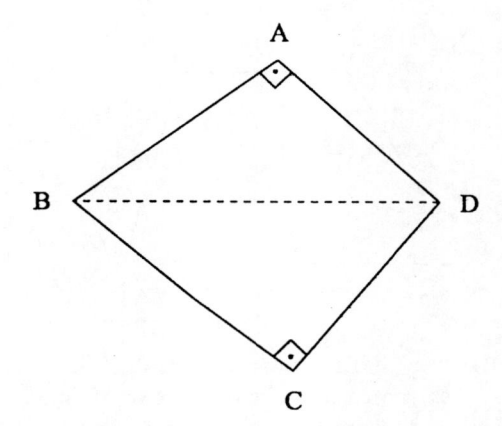

**23. (FUVEST-SP)** No retângulo abaixo, o valor, em graus, de $\alpha + \beta$ é:

a) $50°$
b) $90°$
c) $120°$
d) $130°$
e) $220°$

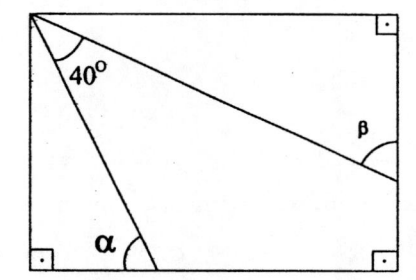

**24. (UNIRIO)** $Q$, $T$, $P$, $L$, $R$ e $D$ denotam, respectivamente, o conjunto dos quadriláteros, dos trapézios, dos paralelogramos, dos losangos, dos retângulos e dos quadrados. De acordo com a relação de inclusão entre esses conjuntos, a alternativa verdadeira é...
a) $D \subset R \subset L \subset P$
b) $D \subset L \subset P \subset Q$
c) $Q \subset P \subset L \subset D$
d) $T \subset P \subset Q \subset R \subset D$
e) $Q \subset T \subset P \subset L \subset R \subset D$

**25. (UERJ)** Na análise dos problemas relativos aos trapézios, aprende-se que é muito útil traçar, por um dos vértices da base menor, um segmento paralelo a um dos lados do trapézio. Dessa forma, os trapézios podem ser estudados como sendo a união de paralelogramos e triângulos, conforme ilustração a seguir.

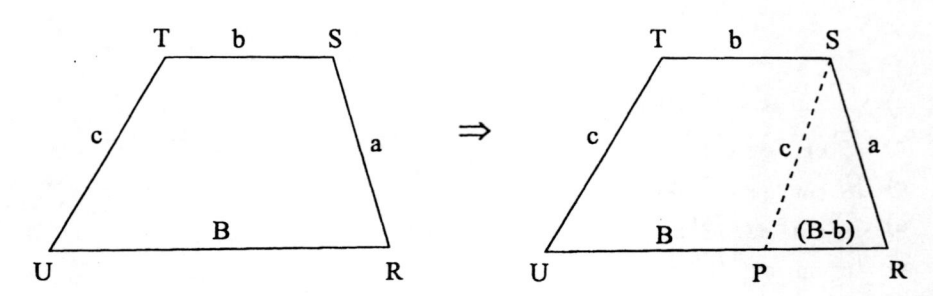

Assim a análise do trapézio $RSTU$ passa, basicamente, para o triângulo de lados $a$, $c$ e $B-b$. A altura, a existência e os ângulos do trapézio $RSTU$ podem ser calculados a partir dos correspondentes, no triângulo $RSP$.

Considere, então, um trapézio onde as bases medem 10 cm e 15 cm e os outros dois lados, 5 cm cada um. Logo, o número inteiro de centímetros que mais se aproxima da medida da altura desse trapézio é:
a) 3
b) 4
c) 5
d) 6
e) 7

**26. (UFF)** A figura abaixo representa o quadrado $MNPQ$ de lado $\ell = 4$ cm.

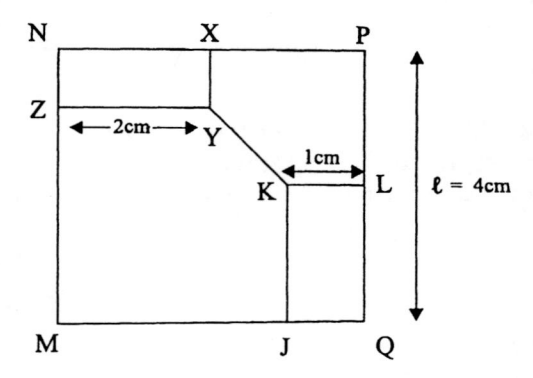

Sabendo que os retângulos $NXYZ$ e $JKLQ$ são congruentes, o valor da medida do segmento $\overline{YK}$ é:
a) $\dfrac{\sqrt{3}}{2}$ cm
b) $2\sqrt{3}$ cm
c) $\dfrac{\sqrt{2}}{2}$ cm

d) $\sqrt{2}$ cm
e) $2\sqrt{2}$ cm

**27. (UFF)** Considere o paralelogramo $MNPQ$ representado na figura abaixo. Se $\overline{QT} = \dfrac{1}{3}\overline{QP}$, então:

a) $\overline{MV} = \dfrac{1}{2}\overline{VP}$

b) $\overline{MV} = 3\,\overline{VP}$

c) $\overline{MV} = 2\,\overline{VP}$

d) $\overline{MV} = \dfrac{2}{9}\overline{VP}$

e) $\overline{MV} = \dfrac{3}{2}\overline{VP}$

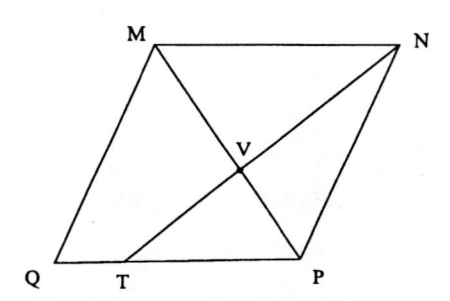

**28. (UFRJ)** Quantos azulejos quadrados de lado 15 cm são necessários para cobrir uma parede retangular de 90 cm por 1,2 m?

**29. (UFPE)** Na ilustração seguinte, $ABCD$ é um parelelogramo de $I$ é a interseção de suas diagonais. Os pontos $E$, $F$, $G$, $H$ e $J$ são as respectivas projeções ortogonais dos pontos $A$, $B$, $C$, $D$ e $I$ sobre o plano $\pi$ (ou seja, os segmentos $AE$, $BF$, $CG$, $DH$ e $IJ$ são perpendiculares ao plano $\pi$).

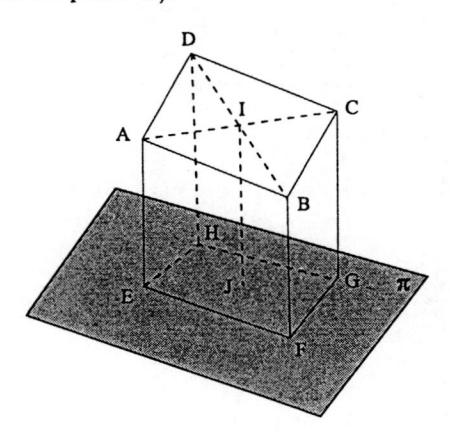

Analise as afirmações a seguir, referentes à configuração acima.
(0-0) $IJ$ é a base média do trapézio $ACGE$.

(1-1) $IJ$ é a base média do trapézio $BDHF$.
(2-2) $J$ é a interseção das diagonais do quadrilátero $EFGH$.
(3-3) O quadrilátero $EFGH$ é um paralelogramo.
(4-4) $AE + CG = BF + DH$.

**30. (UERJ)** Se um polígono tem todos os lados iguais, então todos os seus ângulos internos são iguais. Para mostrar que essa proposição é falsa, pode-se usar como exemplo a proposição:
a) Losango.
b) Trapézio.
c) Retângulo.
d) Quadrado.

**31. (COLÉGIO MILITAR)** Observe o quadrilátero $ABCD$, indicado na figura abaixo.

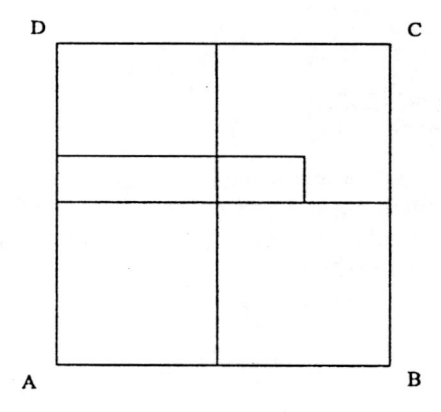

O número máximo de quadriláteros que podem ser visualizados na figura é:
a) 6
b) 8
c) 12
d) 14
e) 16

**32. (CFS)** Dois ângulos opostos de um paralelogramo têm para medidas, em graus, as expressões: $4x + 28°17'$ e $6x - 42°13'$. Cada ângulo agudo do paralelogramo mede:
a) $10°43'$
b) $13°40'$
c) $14°10'$

d) 34°16'
e) 16°30'

**33. (CFS)** Seja um paralelogramo, cujo perímetro é 80 cm e o lado menor é 3/5 da medida do lado maior. Os lados do paralelogramo são:
  a) 25 e 15
  b) 28 e 12
  c) 24 e 16
  d) 30 e 10
  e) 22 e 18

**34. (COLÉGIO NAVAL)** As bases de um trapézio medem 3 cm e 9 cm. Os segmentos determinados pelas diagonais do trapézio sobre a base média, são proporcionais aos números:
  a) 1, 1, 1
  b) 1, 2, 1
  c) 1, 3, 1
  d) 1, 4, 1
  e) 2, 3, 4

**35. (COLÉGIO NAVAL)** $A, B, C$ e $D$ são vértices consecutivos de um quadrado e $PAB$ é um triângulo equilátero, sendo $P$ interno ao quadrado $ABCD$. Qual é a medida do ângulo $PCB$?
  a) 30°
  b) 45°
  c) 60°
  d) 75°
  e) 90°

**36. (COLÉGIO NAVAL)** Considere um quadrilátero $ABCD$ e dois triângulos equiláteros $ABP$ e $BCQ$, respectivamente, interno e externo ao quadrado. A soma das medidas dos ângulos $A\hat{D}P$, $B\hat{Q}P$ e $D\hat{P}Q$ é igual a:
  a) 270°
  b) 300°
  c) 330°
  d) 360°
  e) 390°

**37. (COLÉGIO NAVAL)** Um quadrilátero convexo $Q$ tem diagonais respectivamente iguais a 4 e 6. Assinale dentro das opções, a única possível para o perímetro de $Q$.

a) 10
b) 15
c) 20
d) 25
e) 30

**38. (COLÉGIO NAVAL)** O número de trapézios distintos que se pode obter dispondo-se de 4, e apenas 4 segmentos de reta medindo, respectivamente, 1 cm, 2 cm, 4 cm e 5 cm é:
a) Nenhum.
b) Um.
c) Dois.
d) Três.
e) Quatro.

**39. (PUC)** Um retângulo de lados $a$ e $b$, onde $b$ é o menor lado, é tal que, se cortarmos um quadrado de lado $b$ do interior desse retângulo, o retângulo que sobra tem seus lados na mesma proporção que o retângulo original. Qual o valor da proporção $\dfrac{a}{b}$.

**40. (E.E.AER)** Na figura, $M$ é o ponto médio do lado $\overline{BC}$, $\overline{AN}$ é bissetriz do ângulo $B\widehat{A}C$ e $\overline{BN}$ é perpendicular a $\overline{AN}$. Se $\overline{AB} = 14$ e $\overline{AC} = 20$, a medida do segmento $\overline{MN}$ é:

a) 2
b) 3
c) 4
d) 5
e) 6

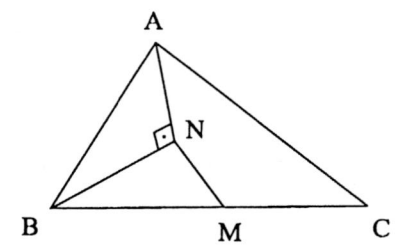

Gabarito das questões de fixação

**Questão 1** - a) F  b) V  c) F  d) V  e) V  f) V  g) F  h) F  i) V  j) F
l) V  m) F  n) F  o) V  p) F  q) F  r) V  s) V
**Questão 2** - Resposta: c
**Questão 3** - Resposta: d
**Questão 4** - Resposta: b
**Questão 5** - Resposta: b
**Questão 6** - Resposta: c
**Questão 7** - Resposta: c
**Questão 8** - Resposta: c
**Questão 9** - Resposta: c
**Questão 10** - Resposta: d
**Questão 11** - Resposta: e
**Questão 12** - Resposta: d
**Questão 13** - Resposta: c
**Questão 14** - Resposta: c
**Questão 15** - Resposta: c
**Questão 16** - Resposta: 8
**Questão 17** - Resposta: $\overline{FC} = 4$ km
**Questão 18** - Resposta: 28 cm
**Questão 19** - Resposta: 8 cm
**Questão 20** - Resposta: 9 cm e 6 cm

Gabarito das questões de aprofundamento

**Questão 1** - Resposta: e
**Questão 2** - Resposta: b
**Questão 3** - Resposta: a
**Questão 4** - Resposta: d
**Questão 5** - Resposta: d
**Questão 6** - Resposta: d
**Questão 7** - Resposta: c
**Questão 8** - Resposta: 53 (01 + 04 + 16 + 32)
**Questão 9** - Resposta: e
**Questão 10** - Resposta: c
**Questão 11** - Resposta: b
**Questão 12** - Resposta: c
**Questão 13** - Resposta: b
**Questão 14** - Resposta: 120°
**Questão 15** - Resposta: b
**Questão 16** - Resposta: $\sqrt{2}$ cm

**Questão 17** - Resposta: 45°
**Questão 18** - Resposta: 12 cm
**Questão 19** - Resposta: b
**Questão 20** - Resposta: d
**Questão 21** - Resposta: c
**Questão 22** - Resposta: e
**Questão 23** - Resposta: d
**Questão 24** - Resposta: b
**Questão 25** - Resposta: b
**Questão 26** - Resposta: d
**Questão 27** - Resposta: e
**Questão 28** - Resposta: 48 azulejos
**Questão 29** - Resposta: VVVVV
**Solução**:

(0-0) é verdadeira, pois $IJ$ é paralela a $AE$ e $CG$, e $I$ é ponto médio de $AC$.

(1-1) é verdadeira, pois $IJ$ é paralela a $DH$ e $BF$, e $I$ é ponto médio de $DB$.

(2-2) é verdadeira, pois $J$ é ponto médio de $EG$ e de $HF$.

(3-3) é verdadeira, pois, se as diagonais de $EFGH$ se interceptam em seus pontos médios, então, $EFGH$ é um paralelogramo.

(4-4) é verdadeira, ois $IJ$ é base média de $ACGE$ e de $BDHF$ e daí $(AE + CG)/2 = (BF + DH)/2$.

**Questão 30** - Resposta: a
**Questão 31** - Resposta: d
**Questão 32** - Resposta: a
**Questão 33** - Resposta: a
**Questão 34** - Resposta: b
**Questão 35** - Resposta: d
**Questão 36** - Resposta: b
**Questão 37** - Resposta: b
**Questão 38** - Resposta: b
**Questão 39** - Resposta: $\dfrac{1 + \sqrt{5}}{2}$
**Questão 40** - Resposta: b

# UNIDADE 4

# POLÍGONOS

**SINOPSE TEÓRICA**

## 4.1) Linha poligonal

Linha poligonal é uma figura plana formada por segmentos de reta consecutivos e não colineares.

A linha poligonal pode ser aberta ou fechada.

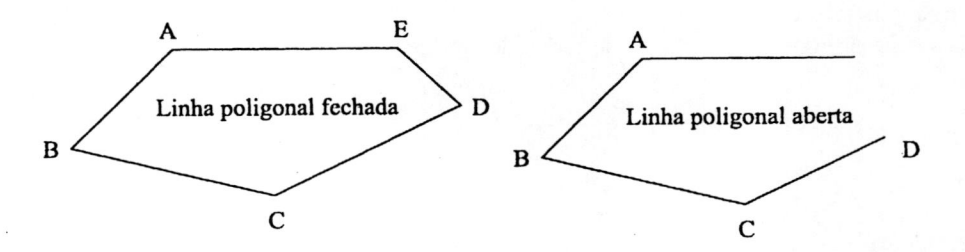

## 4.2) Polígono

É a figura formada por uma linha poligonal fechada.

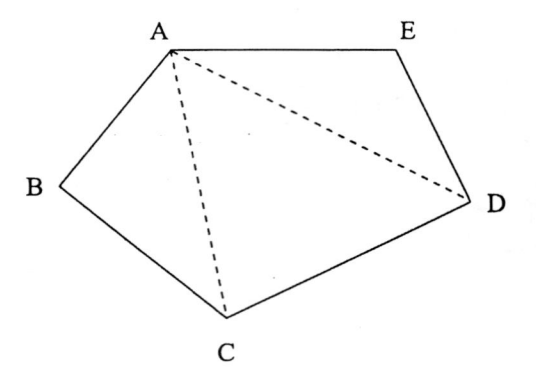

## Elementos de um polígono

Considerando a figura acima e abaixo, temos:
* $A, B, C, D$ e $E \to$ vértices
* $\overline{AB}, \overline{BC}, \overline{CD}, \overline{DE}$ e $\overline{EA} \to$ lados
* $\overline{AC}$ e $\overline{AD} \to$ diagonais que partem do vértice $A$.

* **Ângulo interno** $\to$ é todo ângulo formado por dois lados consecutivos e voltado para o interior do polígono.

* **Ângulo externo** $\to$ é todo ângulo formado por um lado do polígono e o prolongamento do lado adjacente.

* **Gênero** $\to$ é o número de lados do polígono.

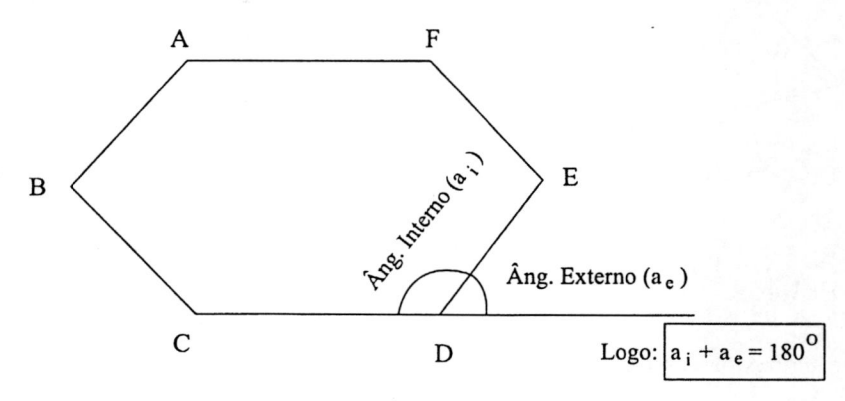

Logo: $a_i + a_e = 180°$

## 4.3) Polígono convexo e Polígono côncavo

Consideremos dois pontos $A$ e $B$ no interior de um polígono e o segmento de reta $\overline{AB}$.

Se o segmento $\overline{AB}$ estiver inteiramente contido no interior do polígono, esse polígono é convexo e, em caso contrário será côncavo.

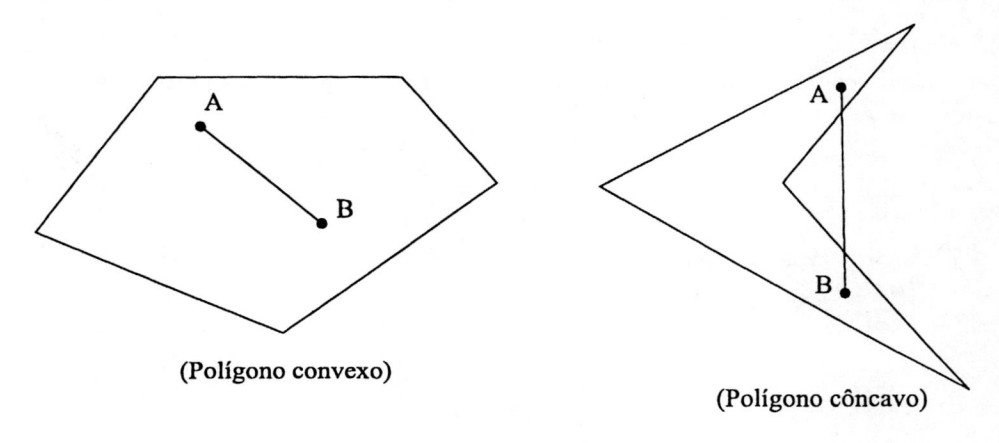

(Polígono convexo)

(Polígono côncavo)

## 4.4) Polígono regular

É todo polígono convexo que possui todos os lados e todos os ângulos com as mesmas medidas. (Eqüilátero e eqüiângulo).

## 4.5) Nomenclatura dos polígonos

De acordo com o númereo de lados (gênero) os polígonos recebem os seguintes nomes:

| | | |
|---|---|---|
| 3 lados | → | triângulo |
| 4 lados | → | quadrilátero |
| 5 lados | → | pentágono |
| 6 lados | → | hexágono |
| 7 lados | → | heptágono |
| 8 lados | → | octógono |
| 9 lados | → | eneágono |
| 10 lados | → | decágono |
| 11 lados | → | undecágono |
| 12 lados | → | dodecágono |
| 15 lados | → | pentadecágono |
| 20 lados | → | icoságono |

## 4.6) Número de diagonais de um polígono convexo

Seja um polígono de gênero $n$ e fixemos um de seus vértices.

É fácil perceber que por esse vértice podemos traçar exatamente $(n-3)$ diagonais, pois esse vértice não forma diagonal com ele próprio nem com os dois vértices vizinhos. Assim, dos $n$ vértices podemos traçar $\dfrac{n(n-3)}{2}$ diagonais. (A divisão por 2 deve-se ao fato de cada diagonal ter sido contada duas vezes, por exemplo diagonal $\overline{AC}$ e diagonal $\overline{CA}$.)

$$\boxed{D = \dfrac{n(n-3)}{2}}$$

### 4.7) Soma dos ângulos internos de um polígono convexo

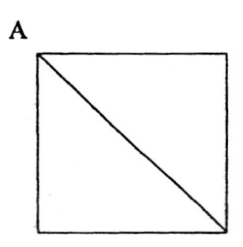

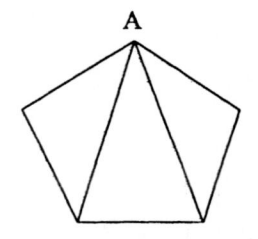

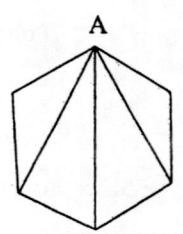

Observe que ao traçarmos todas as diagonais que partem de um mesmo vértice, o polígono fica dividido em $(n-2)$ triângulos.

A soma dos ângulos internos de todos esses $(n-2)$ triângulos é também a soma dos ângulos internos do polígono. Então:

$$\boxed{S_i = 180° \, (n-2)}$$

No caso de um polígono eqüiângulo, cada ângulo interno medirá:

$$\boxed{A_i = \dfrac{180° \, (n-2)}{n}}$$

### 4.8) Soma dos ângulos externos de um polígono convexo

Como cada ângulo externo é o suplemento do ângulo interno correspondente, podemos escrever:

$$\begin{aligned}
\widehat{A}_E &= 180° - \widehat{A} \\
\widehat{B}_E &= 180° - \widehat{B} \\
\widehat{C}_E &= 180° - \widehat{C} \\
&\vdots
\end{aligned}$$

como $d = 10$, temos:

$$d = \frac{n}{2} \Rightarrow 10 = \frac{n}{2} \Rightarrow n = 20 \quad \text{(icoságono = par)}$$

– Número de diagonais do polígono $\Rightarrow d = \frac{n(n-3)}{2}$.

como $n = 20$, temos:

$$d = \frac{n(n-3)}{2} \Rightarrow d = \frac{\overset{10}{\cancel{20}} \cdot 17}{\cancel{2}} = 170$$

Logo:

$$\begin{pmatrix} \text{Diagonais que não passam} \\ \text{pelo centro do polígono} \end{pmatrix} = \begin{pmatrix} \text{Número de diagonais} \\ \text{do polígono} \end{pmatrix} - \begin{pmatrix} \text{Diagonais que passam} \\ \text{pelo centro do polígono} \end{pmatrix}$$

$$\boxed{\text{Diagonais que não passam pelo centro do polígono} = 170 - 10 = 160}$$

## QUESTÕES DE FIXAÇÃO

**1.** Qual é o polígono regular cujo ângulo central mede 72° ?

**2.** Cada ângulo externo de um polígono regular mede 40°. Quantos lados tem o polígono?

**3.** Quanto mede um ângulo interno de um octógono regular?

**4.** O ângulo interno de um polígono regular é o triplo do ângulo externo. Qual é esse polígono?

**5.** O ângulo central de um polígono regular é $\frac{1}{4}$ do ângulo interno. Quantos lados tem o polígono?

**6.** Qual é o polígono cuja soma dos ângulos internos é 1260° ?

7. Calcule as medidas dos ângulos internos e externos dos polígonos:
   a) Pentágono regular.
   b) Icoságono regular.

8. Em um polígono regular a medida de cada ângulo interno é o quádruplo da medida de cada ângulo externo. Quantas diagonais tem esse polígono?

9. Do mesmo vértice de um octógono podemos traçar .................... diagonais.
   a) 2
   b) 3
   c) 4
   d) 5
   e) 6

10. O ângulo interno do dodecágono regular é:
    a) 120°
    b) 135°
    c) 144°
    d) 150°
    e) 122°30'

11. O polígono cuja soma dos ângulos internos vale 2340°, é o:
    a) Undecágono.
    b) Dodecágono.
    c) Polígono de 13 lados.
    d) Pentadecágono.
    e) Icoságono.

12. Um polígono apresenta a soma dos ângulos internos mais a soma dos ângulos externos igual a 2160°. O número de diagonais desse polígono é:
    a) 65
    b) 27
    c) 35
    d) 44
    e) 54

13. A diferença entre o ângulo interno e o ângulo externo de um polígono regular vale 100°. O número de diagonais que passam pelo centro desse polígono é:
    a) 0
    b) 18
    c) 22

d) 23
e) 27

**14.** O ângulo externo de um polígono regular é igual ao dobro do seu ângulo interno. Determine o número de diagonais desse polígono.
a) 2
b) 5
c) 9
d) 14
e) 0

**15.** Quantos lados possui o polígono cujo número de lados é igual a $\frac{2}{7}$ do número de diagonais?
a) 6 lados
b) 8 lados
c) 10 lados
d) 12 lados
e) 15 lados

**16.** "A soma dos ângulos internos de um polígono regular vale 1440°". A medida de cada um dos ângulos externos do polígono vale:
a) 24°
b) 38°
c) 32°
d) 36°
e) 40°

**17.** O número de diagonais que não passam pelo centro do polígono regular que apresenta soma dos ângulos internos 1800° é:
a) 48
b) 30
c) 70
d) 16
e) 54

**18.** Um polígono apresenta a soma dos ângulos internos mais a soma dos ângulos externos igual a 1980°. O número de diagonais desse polígono é:
a) 65
b) 27

c) 35
d) 44
e) 54

**19.** O polígono cuja soma do gênero (nº de lados) com o número de diagonais vale 45 é o:
a) Octógono.
b) Eneágono.
c) Decágono.
d) Undecágono.
e) Dodecágono.

**20.** Determine em que polígono regular, o ângulo formado pelas mediatrizes de dois lados consecutivos, formam um ângulo de 36°.
a) Hexágono.
b) Octógono.
c) Decágono.
d) Dodecágono.

## QUESTÕES DE APROFUNDAMENTO

**1. (UFJF)** Prolongando-se os lados $AB$ e $CD$ de um polígono convexo regular $ABCD\ldots$, obtém-se um ângulo de 132° conforme ilustra a figura. De acordo com o número de lados, esse polígono é um:

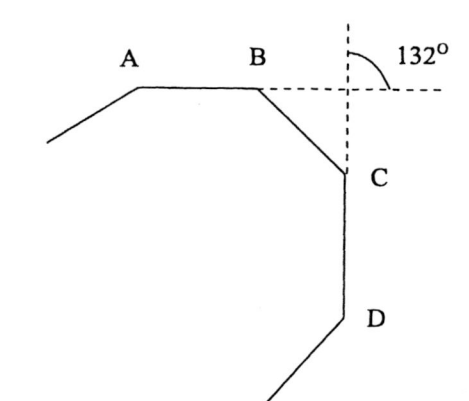

a) Octógono
b) Decágono
c) Undecágono
d) Pentadecágono
e) Icoságono

**2. (FEI-SP)** O ângulo interno do polígono regular em que o número de diagonais

excede de 3 o número de lados é:
a) 60°
b) 72°
c) 108°
d) 150°
e) 120°

**3. (UNIFOR-CE)** A moldura de um retrato é formada por trapézios congruentes, como está representado na figura abaixo. A moldura dá uma volta completa em torno do retrato. Quantos trapézios formam essa moldura?

a) 7
b) 8
c) 9
d) 10
e) 11

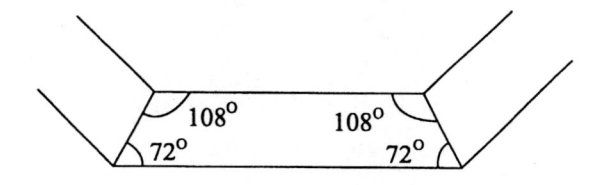

**4. (PUC-SP)** O ângulo interno de um polígono regular de 170 diagonais é igual a:
a) 80°
b) 170°
c) 162°
d) 135°
e) 81°

**5. (MACK-SP)** O polígono regular convexo cujo ângulo interno é $\frac{7}{2}$ do seu ângulo externo é o:
a) Icoságono.
b) Dodecágono.
c) Decágono.
d) Eneágono.
e) Octógono.

**6. (FUVEST-SP)** $A$, $B$, $C$ e $D$ são vértices consecutivos de um hexágono regular. A medida, em graus, de um dos ângulos formados pelas diagonais $\overline{AC}$ e $\overline{BD}$ é:
a) 90
b) 100

c) 110

d) 120

e) 150

**7. (UNB-DF)** Num polígono convexo, o número de lados é o dobro do número de diagonais. Calcule o número de lados do polígono.

**8. (UFGO)** $ABCDEF\ldots$ é um polígono convexo regular. Determine o número de lados desse polígono, sabendo que o ângulo $B\hat{D}E$ mede 144°.

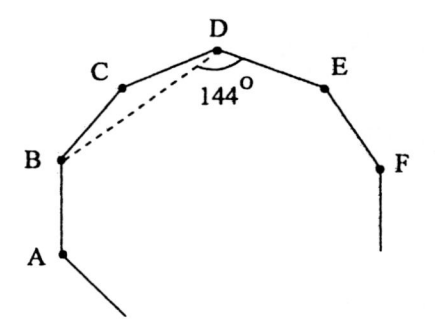

**9. (UFES)** Um polígono regular possui a partir de cada um de seus vértices tantas diagonais quantas são as diagonais de um hexágono. Cada ângulo interno deste polígono mede em graus:

a) 140

b) 150

c) 155

d) 160

e) 170

**10. (ITA-SP)** A soma das medidas dos ângulos internos de um polígono regular é 2160°. Então o número de diagonais desse polígono, que não passam pelo centro da

circunferência que o circunscreve, é:
- a) 50
- 2) 60
- c) 70
- d) 80
- e) 90

**11. (UFF)** Os pontos $M$, $N$, $P$, $Q$ e $R$ são vértices um pentágono regular:

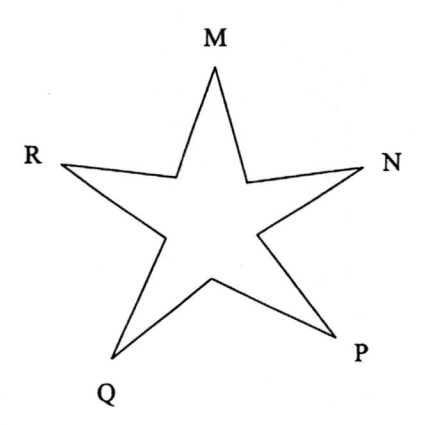

A soma $\widehat{M} + \widehat{N} + \widehat{P} + \widehat{Q} + \widehat{R}$ é:
- a) 360°
- b) 330°
- c) 270°
- d) 240°
- e) 180°

**12. (VUNESP)** A distância entre dois lados paralelos de um hexágono regular é igual a $2\sqrt{3}$ cm. A medida do lado desse hexágono, em centímetros, é:
- a) $\sqrt{3}$
- b) 2
- c) 2,5
- d) 3
- e) 4

**13. (UFF)** Certas imagens captadas por satélites espaciais, quando digitalizadas, são representadas por formas geométricas de aspecto irregular ou fragmentado, conhecidas por fractais. Pode-se obter tais fractais pela alteração da forma original de uma curva por meio de um processo em que os resultados de uma etapa são utilizados como ponto de partida para a etapa seguinte.

Considere o processo tal que, em todas as etapas, cada segmento de reta é transformado em uma poligonal cujo comprimento é quatro vezes a terça parte do segmento original, como ilustrado na figura a seguir:

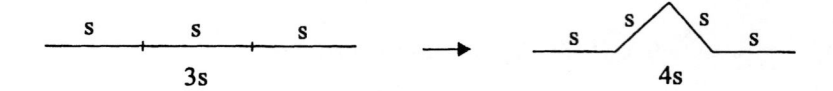

Por esse processo, a partir de um quadrado com 1 metro de lado, obtém-se a seqüência de figuras:

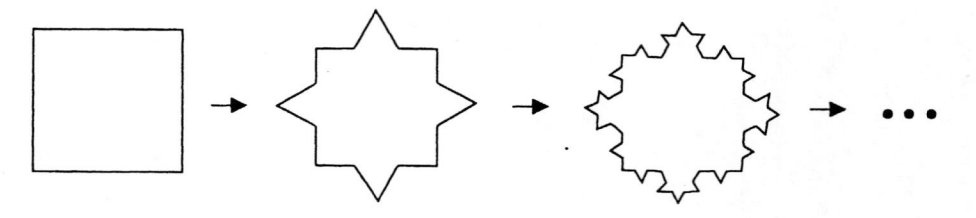

O perímetro, em metro, do quinto polígono dessa seqüência é:

a) $\dfrac{4^4}{3^4}$

b) $\dfrac{4^4}{3^5}$

c) $\dfrac{4^5}{3^4}$

d) $\dfrac{3^5}{4^5}$

e) $\dfrac{3^4}{4^4}$

**14. (UNICAP-PE)** Um dodecaedro convexo possui todas as faces pentagonais. Determine o número de vértices do poliedro.

**15. (UFPI)** Em um poliedro convexo de 30 arestas, a soma dos ângulos das faces é 6480°. O número de faces desse poliedro é:
a) 5
b) 10
c) 11

d) 12
e) 15

**16. (UNIFICADO)** A média aritmética dos ângulos internos de um eneágono convexo vale:
a) 40°
b) 70°
c) 120°
d) 135°
e) 140°

**17. (CEFET)** Em qual dos polígonos convexos a soma dos ângulos internos mais a soma dos ângulos externos é de 1080°?
a) Pentágono.
b) Hexágono.
c) Heptágono.
d) Octógono.
e) Eneágono.

**18. (COLÉGIO NAVAL)** Um polígono regular tem vinte diagonais. A medida em graus, de um de seus ângulos internos é:
a) 201°
b) 167°
c) 162°
d) 150°
e) 135°

**19. (COLÉGIO NAVAL)** O número de polígonos regulares, tais que quaisquer duas de suas diagonais, que passam pelo seu centro, formam entre si ângulo expresso em graus por número inteiro, é:
a) 17
b) 18
c) 21
d) 23
e) 24

**20. (COLÉGIO NAVAL)** Um polígono regular convexo tem o seu número de diagonais expresso por $n^2 - 10n + 8$, onde $n$ é o seu número de lados. O seu ângulo interno $x$ é tal que:
a) $x < 120°$
b) $120° < x < 130°$

c) $130° < x < 140°$
d) $140° < x < 150°$
e) $x > 150°$

## Gabarito das questões de fixação

**Questão 1** - Resposta: pentágono
**Questão 2** - Resposta: 9
**Questão 3** - Resposta: $135°$
**Questão 4** - Resposta: octógono
**Questão 5** - Resposta: 10 lados
**Questão 6** - Resposta: eneágono
**Questão 7** - Resposta: a) $a_i = 108°$ e $a_e = 72°$   b) $a_i = 162°$ e $a_e = 18°$
**Questão 8** - Resposta: 35 diagonais
**Questão 9** - Resposta: d
**Questão 10** - Resposta: d
**Questão 11** - Resposta: d
**Questão 12** - Resposta: e
**Questão 13** - Resposta: a
**Questão 14** - Resposta: e
**Questão 15** - Resposta: c
**Questão 16** - Resposta: d
**Questão 17** - Resposta: a
**Questão 18** - Resposta: d
**Questão 19** - Resposta: c
**Questão 20** - Resposta: c

## Gabarito das questões de aprofundamento

**Questão 1** - d
**Questão 2** - Resposta: e
**Questão 3** - Resposta: c
**Questão 4** - Resposta: c
**Questão 5** - Resposta: d
**Questão 6** - Resposta: d
**Questão 7** - Resposta: 4 lados
**Questão 8** - Resposta: 15 lados
**Questão 9** - Resposta: b
**Questão 10** - Resposta: c
**Questão 11** - Resposta: e
**Questão 12** - Resposta: b
**Questão 13** - Resposta: c

**Questão 14** - Resposta: $V = 20$
**Questão 15** - Resposta: d
**Questão 16** - Resposta: e
**Questão 17** - Resposta: b
**Questão 18** - Resposta: e
**Questão 19** - Resposta: a
**Questão 20** - Resposta: e

# UNIDADE 5

## CIRCUNFERÊNCIA e CÍRCULO

SINOPSE TEÓRICA

### 5.1) Circunferência

É o lugar geométrico dos pontos de um plano eqüidistantes de um ponto fixo chamado centro.

### 5.2) Círculo

É o conjunto de todos os pontos de um plano cujas distâncias a um ponto fixo é menor ou igual a um determinado valor chamado de raio.

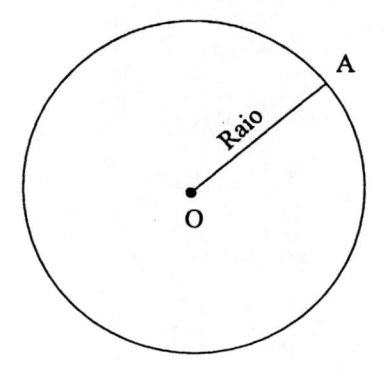

## 5.3) Elementos do círculo

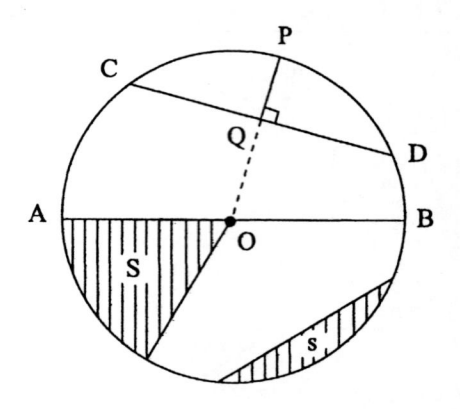

$O \to$ centro

$\overline{OA} = \overline{OB} \to$ raio

$\overline{AB} \to$ diâmetro

$\overline{CD} \to$ corda

$\overparen{CD} \to$ arco

$\overline{PQ} \to$ flecha

$S \to$ setor circular

$s \to$ segmento circular

## 5.4) Posições relativas entre reta e círculo

Seja $O$ o centro de um círculo de raio $R$ e seja $d$ a distância de $O$ a reta $r$.

a) Se $d < R$ a reta $r$ é secante ao círculo

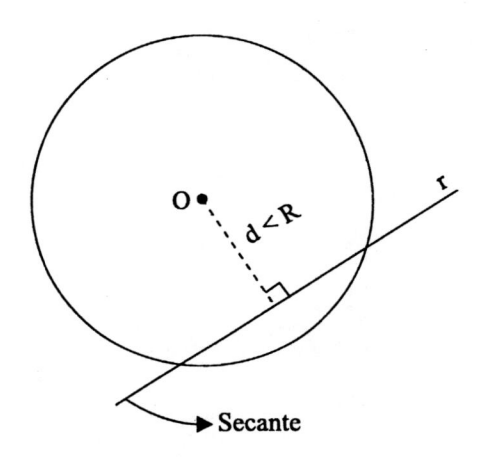

b) Se $d = r$ a reta $r$ é tangente ao círculo

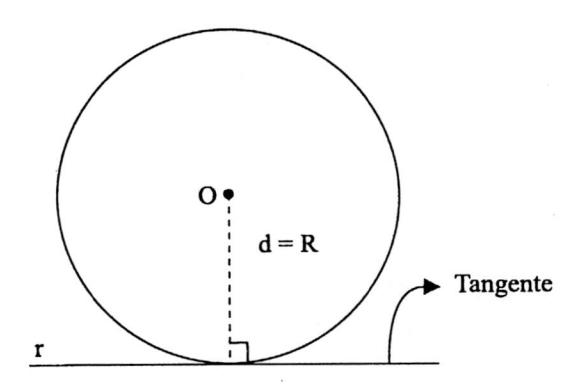

c) Se $d > R$ a reta $r$ é exterior ao círculo

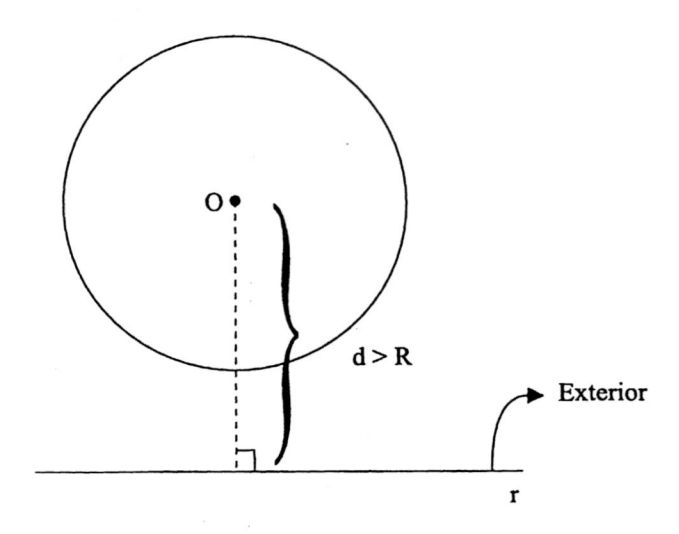

## 5.5) Teorema

Se de um ponto $P$, exterior a um círculo, traçarmos duas tangentes a esse círculo, os segmentos que ligam o ponto $P$ aos pontos de tangência são congruentes.

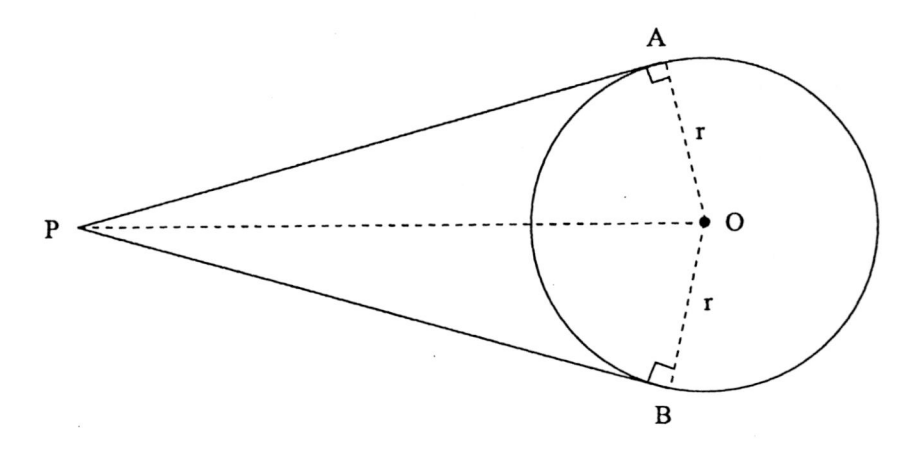

Como podemos notar os triângulos $APO$ e $OPB$ são congruentes pois, são triângulos retângulos com a mesma hipotenusa $\overline{OP}$ e dois catetos congruentes ($\overline{OA} = \overline{OB} = R$).

Portanto, podemos afirmar que:

$$\boxed{\overline{PA} = \overline{PB}}$$

## 5.6) Teorema de Pitot

Em todo quadrilátero circunscritível, a soma das medidas dos lados opostos são iguais.

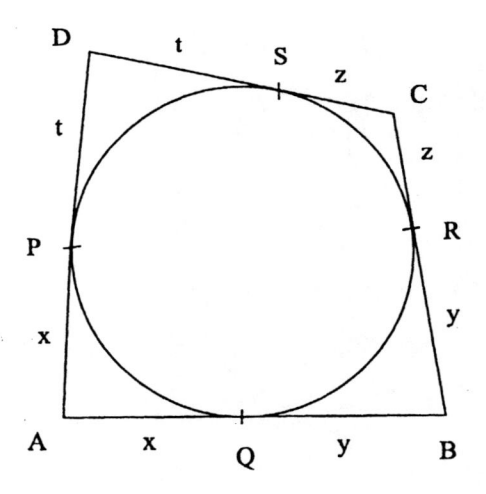

Pelo teorema anterior, temos:

$\overline{AP} = \overline{AQ} = x$

$\overline{BQ} = \overline{BR} = y$

$\overline{CR} = \overline{CS} = z$

$\overline{DS} = \overline{DP} = t$

Então:

$$\overline{AB} + \overline{CD} = \underbrace{x + y}_{\overline{BC}} + \overbrace{z + t}^{\overline{AD}}$$

Logo: $\boxed{\overline{AB} + \overline{CD} = \overline{BC} + \overline{AD}}$

## 5.7) Ângulo central

É o ângulo com o vértice no centro do círculo e cujos lados são raios.

Vamos definir a medida de curvatura de um arco, pela medida do ângulo central correspondente.

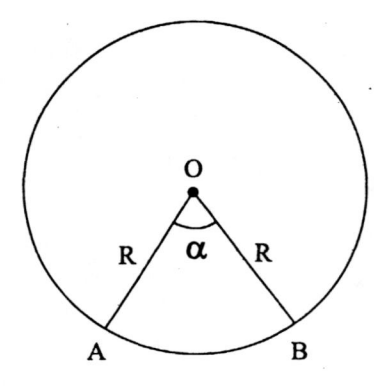

α é o ângulo central

α = $\widehat{AB}$

## 5.8) Ângulo inscrito

É o ângulo cujo vértice está na circunferência e seus lados são cordas.

Tem por medida a metade do arco compreendido entre seus lados.

α é o ângulo inscrito

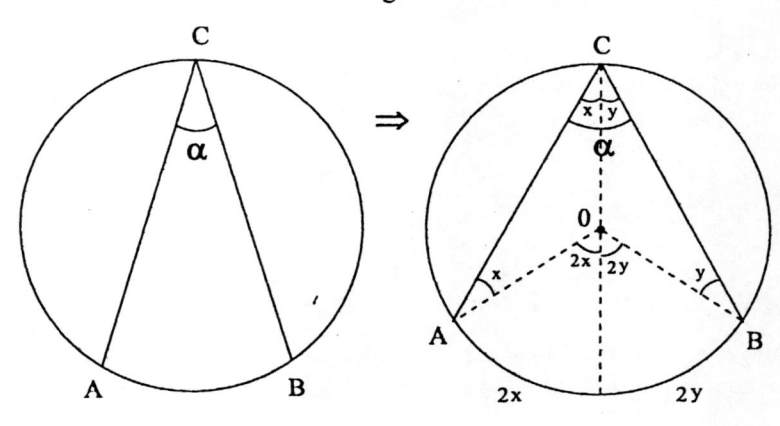

Como $\alpha = x+y$ e $\widehat{AB} = 2x + 2y$, temos que:

$$\alpha = \frac{\widehat{AB}}{2}$$

## 5.9) Ângulo de segmento

É o ângulo com o vértice na circunferência e seus lados são uma corda e uma tangente.

Tem por medida a metade do arco compreendido entre seus lados.

α é o ângulo de segmento

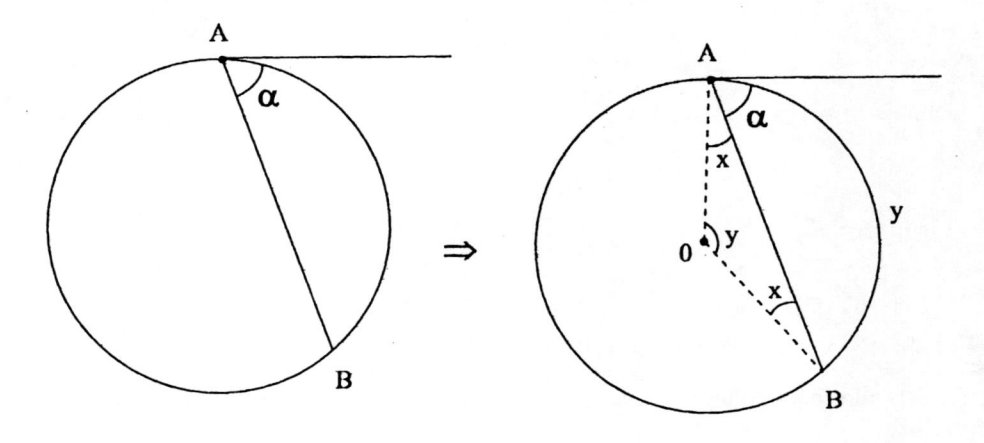

$x + \alpha = 90° \Rightarrow x = 90° - \alpha$
$2x + y = 180° \Rightarrow 2(90° - \alpha) + y = 180°$
$180° - 2\alpha + y = 180° \Rightarrow 2\alpha = y \Rightarrow \alpha = \dfrac{y}{2}$

ou seja: $\boxed{\alpha = \dfrac{\overset{\frown}{AB}}{2}}$

## 5.10) Ângulo excêntrico interno

É o ângulo formado entre duas cordas que se interceptam no interior do círculo. Tem por medida a semi-soma dos arcos que ficam compreendidos entre seus lados.

**α é o ângulo excêntrico interno**

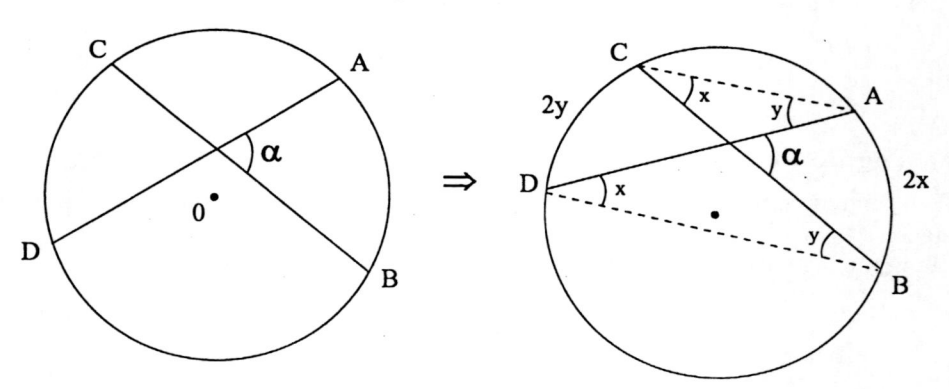

Como $\alpha = x + y$ e $\overset{\frown}{AB} + \overset{\frown}{CD} = 2x + 2y$, temos que:

$$\boxed{\alpha = \dfrac{\overset{\frown}{AB} + \overset{\frown}{CD}}{2}}$$

## 5.11) Ângulo excêntrico externo

É o ângulo formado entre duas secantes ou uma secante e uma tangente ou duas tangentes.

Tem por medida a semi-diferença dos arcos que ficam entre seus lados.

## Unidade 5 - Circunferência e Círculo | 121

$\alpha$ é o ângulo excêntrico externo

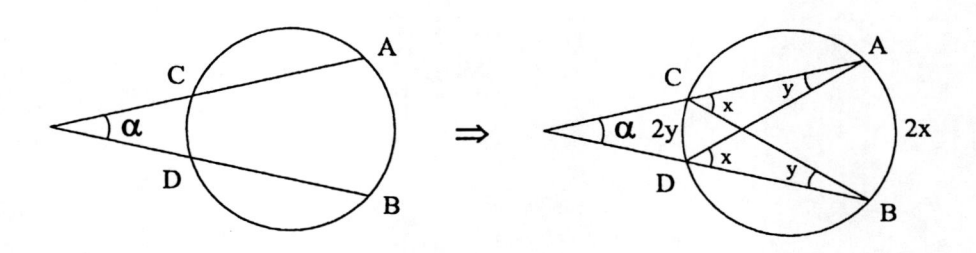

Como $x = \alpha + y$ ou $\alpha = x - y$ e $\widehat{AB} - \widehat{CD} = 2x - 2y$, temos:

$$\alpha = \frac{\widehat{AB} - \widehat{CD}}{2}$$

**Observação**: Quando o ângulo excêntrico externo é formado por duas tangentes ele é chamado de ângulo circunscrito.

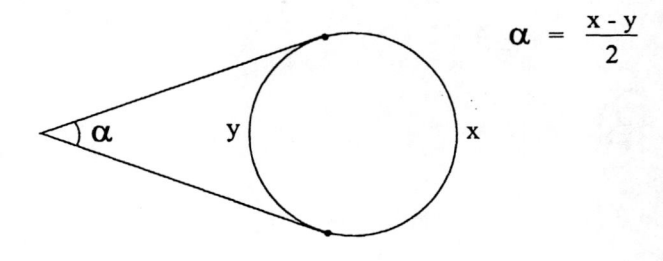

$$\alpha = \frac{x - y}{2}$$

## 5.12) Comprimento de uma circunferência e arco de circunferência

### 5.12.1) Comprimento de uma circunferência

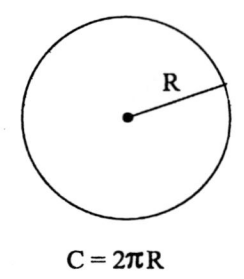

$$C = 2\pi R$$

### 5.12.2) Arco de circunferência

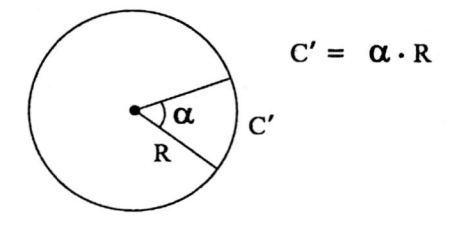

$$C' = \alpha \cdot R$$

**Observação:** $\alpha$ em radianos.

## QUESTÕES RESOLVIDAS

1. Qual a medida do arco $\overset{\frown}{AB}$ na figura abaixo:

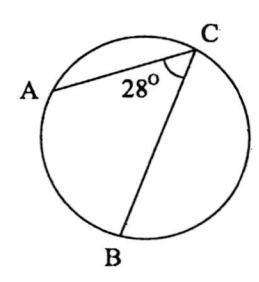

**Resolução**: O ângulo $\hat{C}$ da figura é um ângulo inscrito. Logo, vale a metade do arco compreendido entre seus lados.

$$\hat{C} = \frac{\widehat{AB}}{2} \Rightarrow 28° = \frac{\widehat{AB}}{2} \Rightarrow \widehat{AB} = 2 \cdot 28°$$

$$\boxed{\widehat{AB} = 56°}$$

**2.** Na figura abaixo, qual o perímetro do quadrilátero circunscritível $ABCD$?

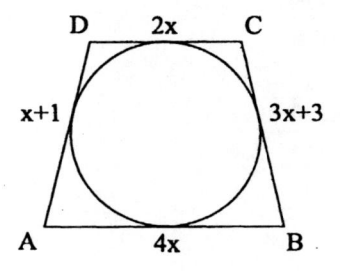

**Resolução**: Pelo Teorema de Pitot, temos:

$\overline{AB} + \overline{CD} = \overline{BC} + \overline{AD}$

$4x + 2x = 3x + 3 + x + 1 \Rightarrow x = 2$, logo:

$\overline{AB} = 8$; $\overline{BC} = 9$; $\overline{CD} = 4$ e $\overline{AD} = 3$, então:

$2p_{ABCD} = 8 + 9 + 4 + 3 \Rightarrow \boxed{2p_{ABCD} = 24}$

**3.** Uma circunferência de centro $O$ está inscrita num triângulo $MNP$ e $T$ é o ponto de tangência com o lado $\overline{NP}$. Sendo $\overline{MN} = 12$ cm, $\overline{NP} = 15$ cm e $\overline{MP} = 13$ cm, encontre $\overline{NT}$.

**Resolução**: Da figura, temos:

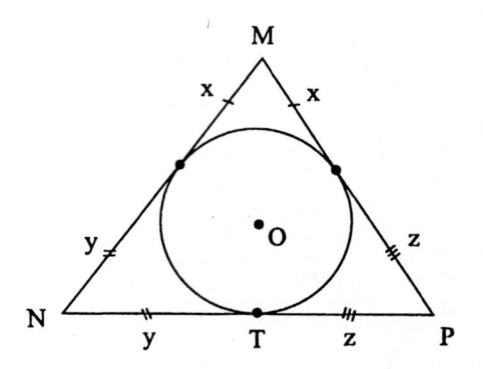

Logo: $\begin{cases} x + y = 12 \Rightarrow y = 12 - x & \text{(I)} \\ x + z = 13 \Rightarrow z = 13 - x & \text{(II)} \\ y + z = 15 & \text{(III)} \end{cases}$

Substituindo (I) e (II) em (III), fica:
$12 - x + 13 - x = 15$
$25 - 15 = 2x$
$\quad 2x = 10$
$\quad \boxed{x = 5\,\text{dm}}$

Para $\overline{NT}$: pela equação (I), fica:
$y = 12 - x$
$y = 12 - 5$
$\boxed{y = 7\,\text{cm} = \overline{NT}}$

**4.** Encontre $\alpha$ na figura seguinte:

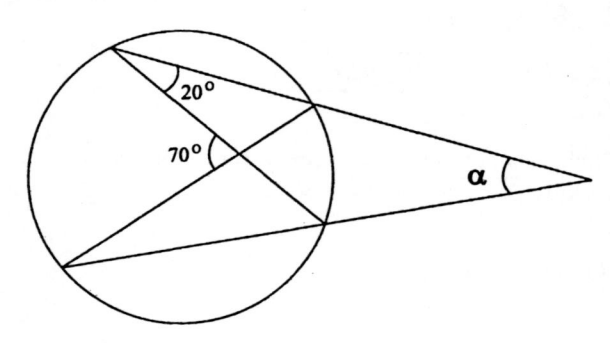

**Resolução**: Na figura, temos:

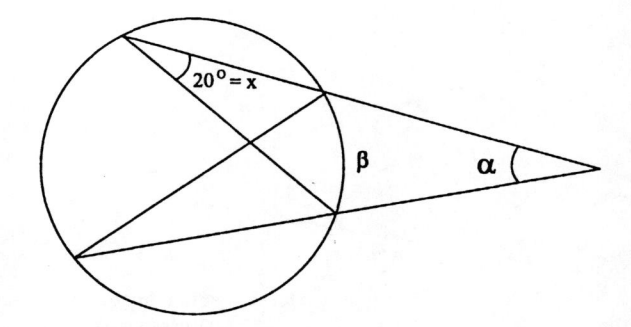

como $\hat{x} = 20°$ é um ângulo inscrito:

$$\hat{x} = \frac{\beta}{2} \Rightarrow 20° = \frac{\beta}{2} \Rightarrow \boxed{\beta = 40°}$$

– voltando na figura, fica:

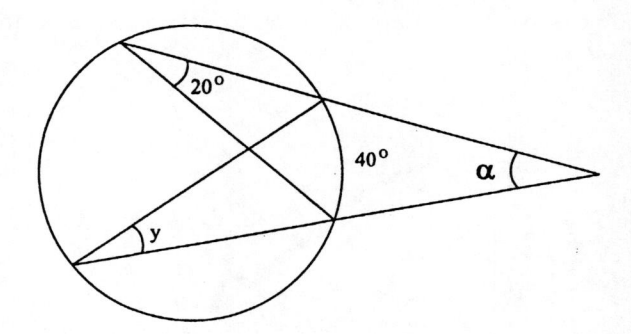

$y$ também é um ângulo inscrito e é a metade do arco de 40°, então:

$$y = \frac{40°}{2} \Rightarrow \boxed{y = 20°}$$

– Novamente na figura, temos como $\alpha$:

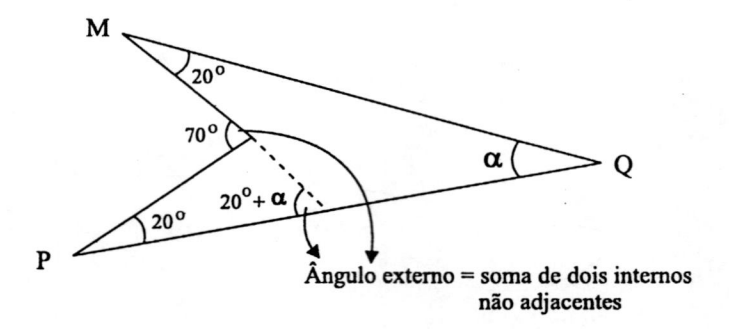

da mesma definição:
$$70° = 20° + 20° + \alpha$$
$$\alpha = 70° - 40°$$
$$\boxed{\alpha = 30°}$$

**5.** Ache o raio do círculo inscrito em um triângulo retângulo de semiperímetro $p$ e hipotenusa $a$.

**Resolução:**

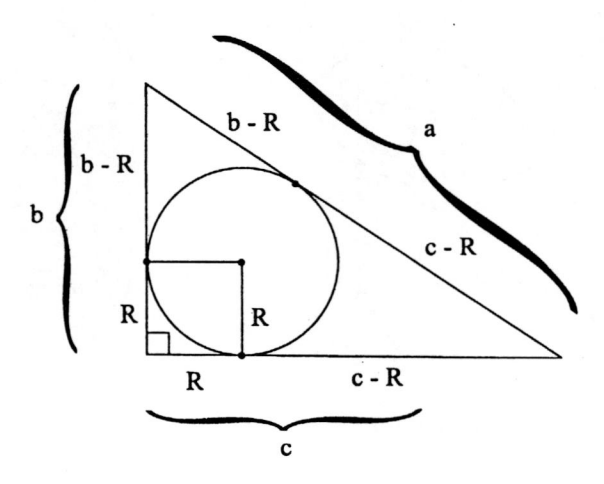

Da figura, temos:
$$a = b - R + c - R$$
$$a = b + c - 2R$$

Somando-se **a** aos dois membros em:
$a + a = a + b + c - 2R$
$2a = 2p - 2R$ ou $a = p - R$
$$\boxed{R = p - a}$$

**6.** Encontre a posição relativa de duas circunferências de raios 8 cm e 3 cm, sabendo que a distância entre os centros é de 5 cm.

**Resolução:** $d = 5$, $R = 8$ e $r = 3$
veja que: $R - r = d$
$8 - 3 = 5$
Por definição, quando $d = R - r$, temos circunferências de tangentes interiores.

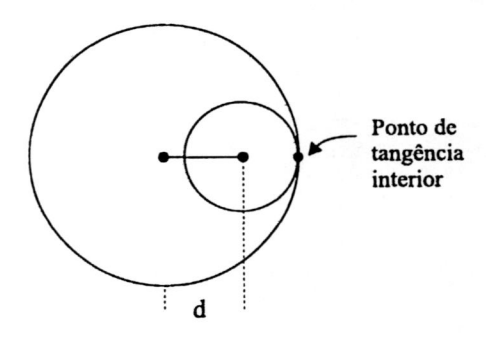

**7.** Na figura, $\alpha = 1,5$ rad, $\overline{AC} = 1,5$ e o comprimento do arco $\overarc{AB}$ é 3. Qual é a medida do arco $\overarc{CD}$?

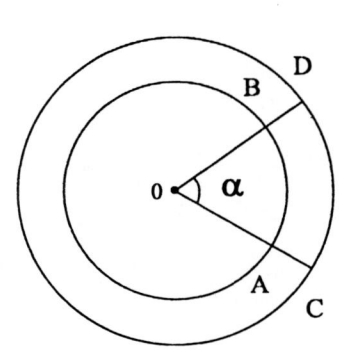

**Resolução:**

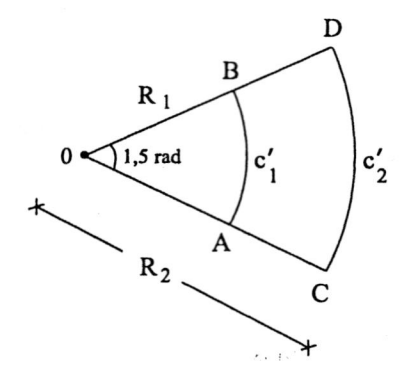

– Para $c'_1$, temos:
$$\alpha = \frac{c'}{R_1} \Rightarrow 1,5 = \frac{3}{R_1} \Rightarrow \boxed{R_1 = 2}$$

– Para $c'_2$, temos:
$R_2 = 1,5 + 2 = 3,5$
$$\alpha = \frac{c'_2}{R_2} \Rightarrow 1,5 = \frac{c'_2}{3,5} \Rightarrow \boxed{c'_2 = 5,25}$$

## QUESTÕES DE FIXAÇÃO

1. A medida do menor arco $\widehat{AB}$ é 19°. Determine $\alpha$:

a) 19°
b) 59° 30'
c) 40° 30'
d) 50°

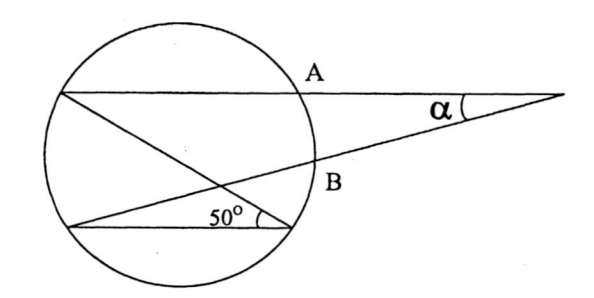

**2.** As semiretas $\overline{PA}$ e $\overline{PB}$ são tangentes a circunferência, respectivamente em $A$ e $B$, formando um ângulo de 70°. Quanto mede o arco $\widehat{AB}$?

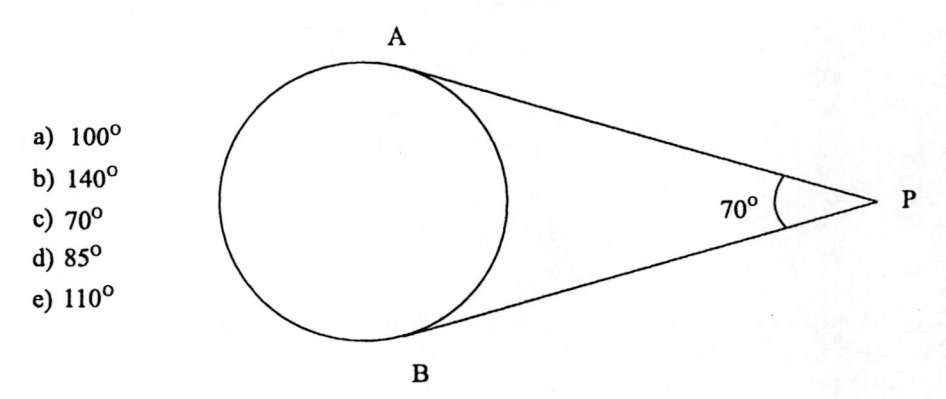

a) 100°
b) 140°
c) 70°
d) 85°
e) 110°

**3.** Na figura abaixo, a medida do arco $\widehat{AB}$ é o quádruplo da medida do arco $\widehat{CD}$. O valor de $\beta$ é:

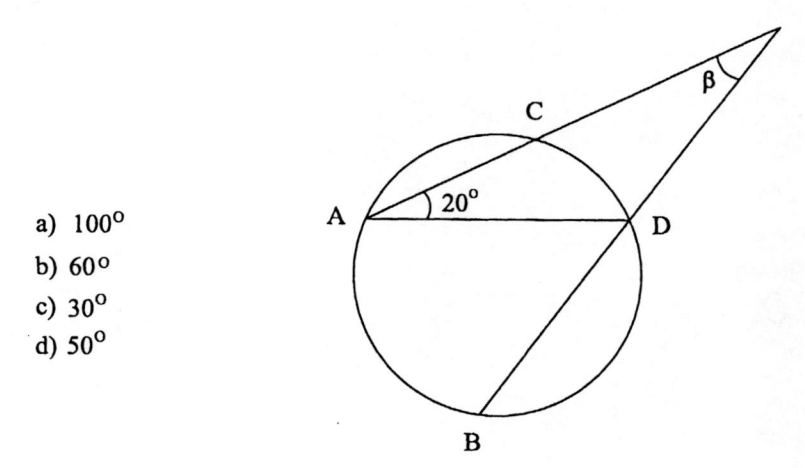

a) 100°
b) 60°
c) 30°
d) 50°

**4.** Na figura seguinte, $x = 42°22'$ e $y = 22°10'$. Encontre $\alpha$:

a) 18° 10'
b) 20° 10'
c) 20° 12'
d) 18° 12'
e) 24° 10'

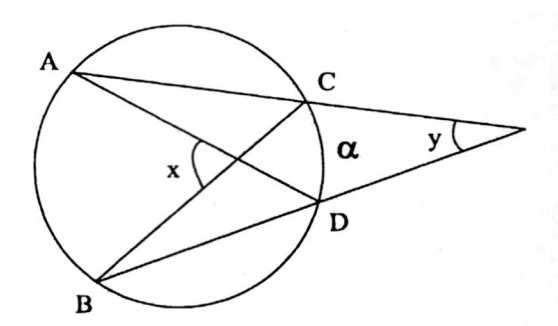

**5.** Um diâmetro de 12 cm intercepta uma corda de 8 cm no ponto médio desta. É verdadeiro afirmar-se que:
   a) O diâmetro e a corda são perpendiculares.
   b) O centro da circunferência pertence à corda.
   c) A corda e o diâmetro formam dois ângulos agudos congruentes.
   d) A corda determina segmentos congruentes sobre o diâmetro.

**6.** Na figura abaixo, o ângulo $A\hat{E}C$ mede 80° e o arco $\overarc{AC}$ mede 100°. A medida de $\overarc{BC}$ é:

a) 45°
b) 50°
c) 60°
d) 75°
e) 90°

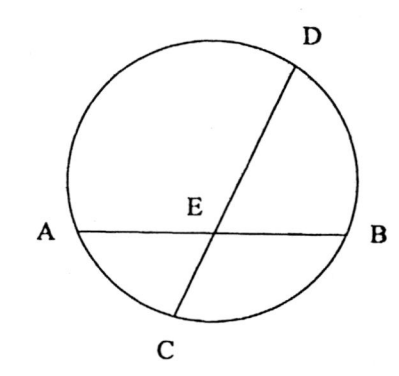

**7.** O ângulo formado por duas secantes a uma circunferência mede 32°. Qual o valor do maior arco interceptado pelas referidas secantes, sabendo-se que o menor arco mede 56°?
   a) 8°
   b) 44°
   c) 88°
   d) 120°
   e) 60°

**8.** Os vértices de um triângulo inscrito numa circunferência dividem-na em três partes tais que a primeira é o dobro da segunda e esta o triplo da terceira. Qual o maior ângulo desse triângulo?

a) 108°

b) 116°

c) 120°

d) 124°

**9.** Na figura abaixo o segmento $\overline{AB}$, corda do círculo, é lado de um polígono regular inscrito nesse círculo. Esse polígono é o:

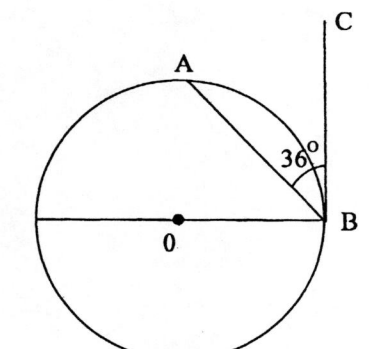

a) Triângulo equilátero

b) Quadrado

c) Pentágono regular

d) Hexágono regular

**10.** A soma da medida de um ângulo inscrito com $\frac{5}{3}$ da medida do ângulo central correspondente ao mesmo arco, vale 170°31'. Qual a medida do ângulo central?

a) 39°21'

b) 78°42'

c) 157°34'

d) 315°18'

**11.** O ângulo α da figura mede: Dados: $a = 90°$, $b = 40°$ e $c = 15°$

a) 20°
b) 22°
c) 25°
d) 50°

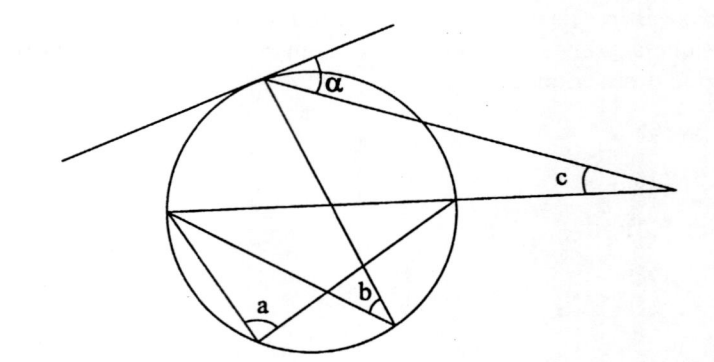

**12.** Na figura abaixo, determine a medida do ângulo α.

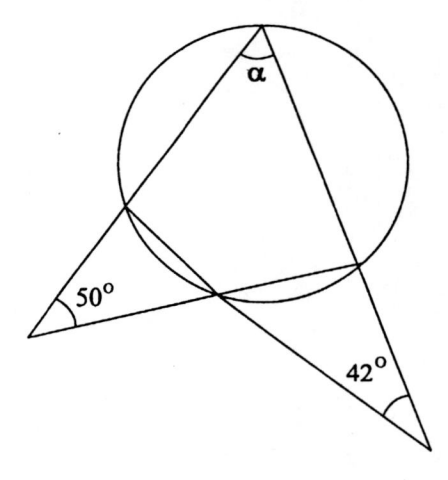

**13.** Na figura, calcule $x$ e $y$.

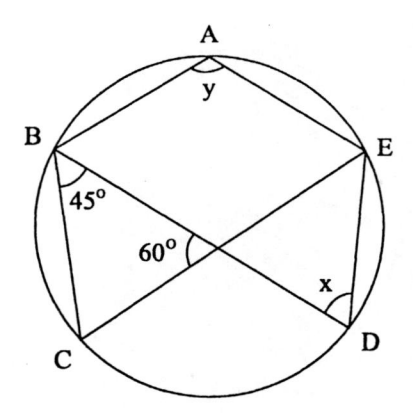

**14.** Na figura abaixo, os pontos $M$, $N$ e $P$ são vértices de um triângulo equilátero e os pontos $M$, $Q$, $R$ e $S$ são vértices de um quadrado. $\overline{QN}$ corresponde ao lado do:

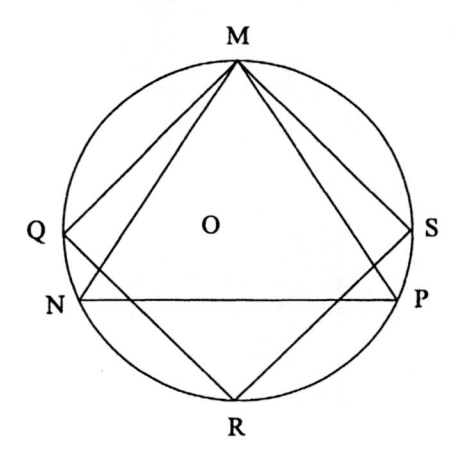

a) Hexágono regular.
b) Octógono regular.
c) Eneágono regular.
d) Decágono regular.
e) Dodecágono regular.

**15.** As semi-retas $\overrightarrow{PL}$ e $\overrightarrow{PM}$ são tangentes à circunferência de centro $A$. Sabendo-se que a medida do arco $\overparen{LKM}$ é o quádruplo da medida do arco menor $\overparen{LM}$, calcular as medidas, em graus, dos ângulos do quadrilátero convexo $LAMP$.

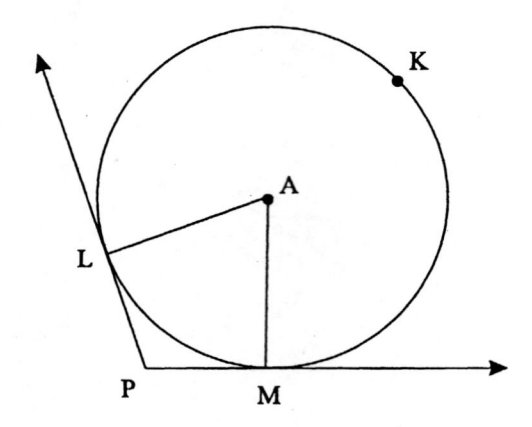

**16.** Calcule α nas figuras.

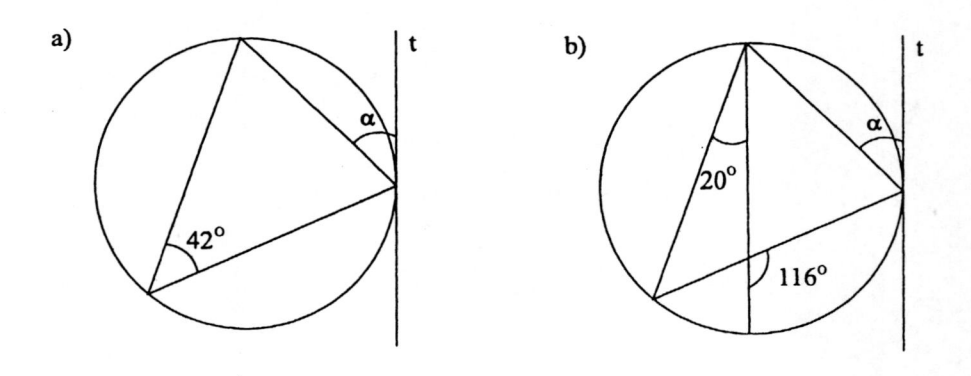

a)

b)

**17.** O pentágono $ABCDE$ da figura está inscrito em um círculo de centro $O$. O ângulo central de $C\hat{O}D$ mede 60°, então $x + y$ é igual a:

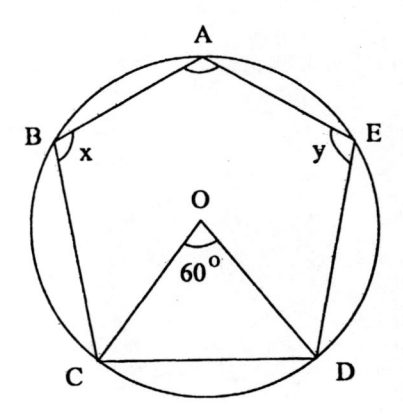

**18.** $A$, $B$, $C$, $D$ são vértices consecutivos de um hexágono regular. A medida de um dos ângulos formados pelas diagonais $\overline{AC}$ e $\overline{BD}$ é:

a) 90°

b) 100°

c) 110°

d) 120°

e) 130°

**19.** Na figura $\overline{AD}$ é uma das diagonais do polígono regular convexo $ABCDEF\ldots$, inscrito em um círculo e com $n$ lados.
Se $B\widehat{A}D$ mede 20°, calcule $n$.

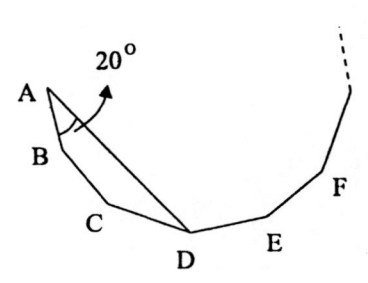

**20.** $ABCD$ é um quadrado cujas diagonais cortam-se no ponto $I$. Constrói-se exteriormente um triângulo equilátero $ABM$. Calcule o ângulo $A\hat{I}J$, sabendo-se que $J$ é o ponto médio do lado $\overline{AM}$.

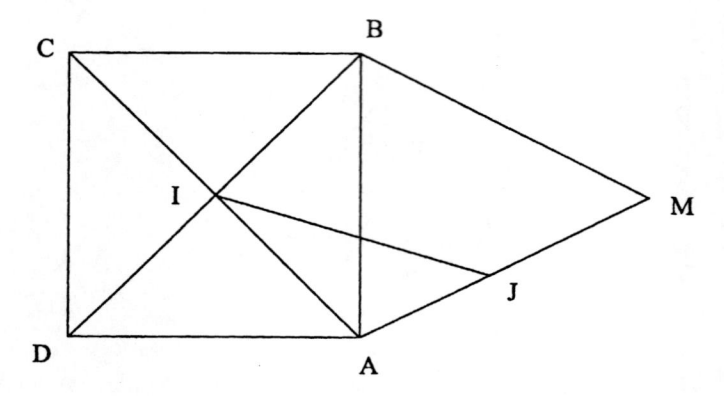

## QUESTÕES DE APROFUNDAMENTO

**1. (CESGRANRIO)** Um círculo de raio 5 está inscrito um quadrilátero $ABCD$. Sobre a soma dos ângulos opostos $B\hat{A}D$ e $B\hat{C}D$, podemos afirmar que vale:

a) $5 \times 180°$

b) $3 \times 180°$

c) $2 \times 180°$

d) $180°$

e) $90°$

**2. (UFRJ)** Na figura dada a seguir:

- $\overline{AB}$ é lado de um octógono regular inscrito;
- $t$ é uma tangente.

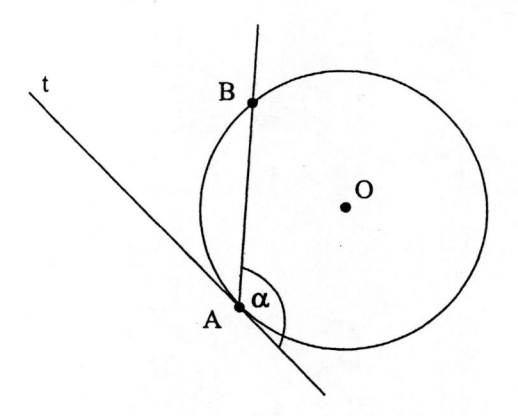

Qual a medida de α?

3. (CESGRANRIO) Na figura abaixo, $AB$ é um diâmetro do círculo. Se o arco $\overset{\frown}{AC}$ mede 110°, o ângulo α mede:

a) 20°
b) 25°
c) 30°
d) 35°
e) 40°

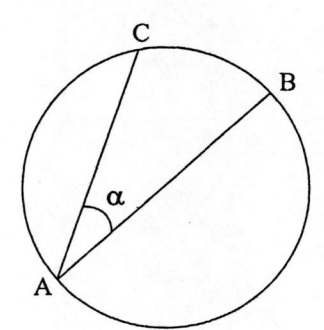

4. (PUC-MG) No círculo representado na figura a seguir, o raio mede 3 m e a corda $\overline{AB}$ dista 2 m do centro $O$. A medida da corda $\overline{AB}$, em metros, é:

a) $\sqrt{5}$
b) $2\sqrt{5}$
c) $3\sqrt{2}$
d) 4
e) 5

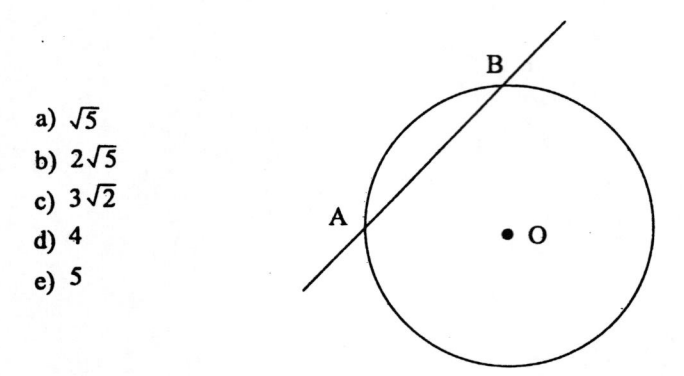

**5. (FAAP-SP)** Na circunferência de centro $O$, abaixo, $A$ é ponto de tangência. Calcule a medida $x$ do ângulo $A\widehat{P}C$.

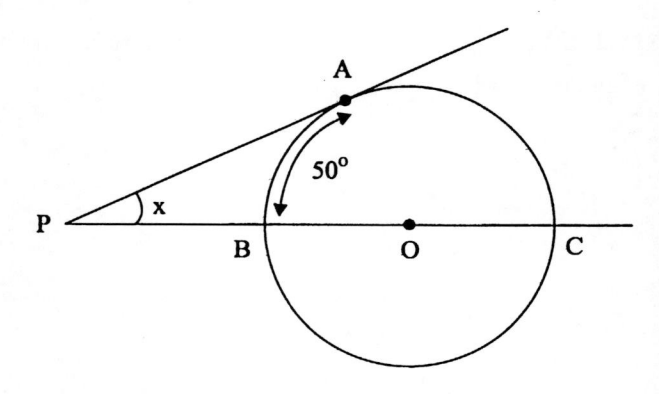

**6. (UFGO)** Os arcos $\overset{\frown}{AB}$ e $\overset{\frown}{CD}$ da circunferência a seguir tem medidas, em graus, iguais a *a* e *b*, respectivamente. A medida do ângulo $A\widehat{P}B$ é:

a) $\dfrac{a+b}{2}$

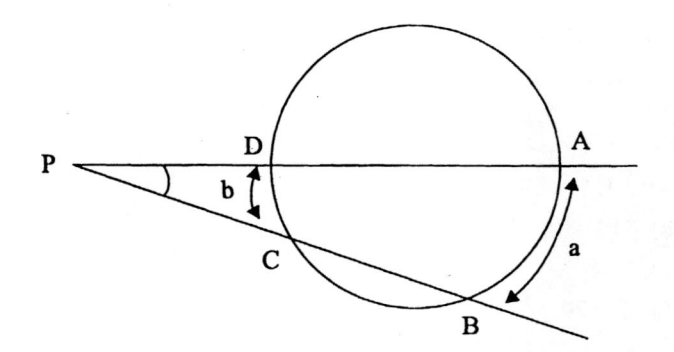

b) $\dfrac{a-b}{2}$

c) $\dfrac{2(a+b)}{3}$

d) $\dfrac{3(a+b)}{2}$

e) $\dfrac{a-b}{3}$

7. (VUNESP-SP) Seja $ABCD$ um retângulo cujos lados têm as seguintes medidas: $\overline{AB} = \overline{CD} = 6$ cm e $\overline{AC} = \overline{BD} = 1,2$ cm. Se $M$ é o ponto médio de $\overline{AB}$, então o raio da circunferência determinada pelos pontos $C$, $M$ e $D$ mede:
   a) 4,35 cm
   b) 5,35 cm
   c) 3,35 cm
   d) 5,34 cm
   e) 4,45 cm

8. (FUVEST-SP) Os pontos $A$, $B$ e $C$ pertencem a uma circunferência de centro $O$. Sabe-se que $\overleftrightarrow{OA}$ é perpendicular a $\overleftrightarrow{OB}$ e forma com $\overleftrightarrow{BC}$ um ângulo de 70°. Então, a tangente à circunferência no ponto $C$ forma com a reta $\overleftrightarrow{OA}$ um ângulo de:
   a) 10°
   b) 20°
   c) 30°
   d) 40°
   e) 50°

9. (ITA-SP) Considere uma circunferência de centro em $O$ e diâmetro $AB$. Tome um segmento $\overline{BC}$ tangente à circunferência, de modo que o ângulo $B\widehat{C}A$ meça 30°. Seja $D$ o ponto de encontro da circunferência com o segmento $\overline{AC}$ e $\overline{DE}$ o segmento paralelo a $\overline{AB}$, com extremidades sobre a circunferência. A medida do segmento $\overline{DE}$ será igual a:
   a) Metade da medida de $\overline{AB}$.
   b) Um terço da medida de $\overline{AB}$.
   c) Metade da medida de $\overline{DC}$.
   d) Dois terços da medida de $\overline{AB}$.
   e) Metade da medida de $\overline{AE}$.

**10. (MACK-SP)** Na figura, sabe-se que $m(C\hat{A}D) = 20°$ e $m(C\hat{E}D) = 70°$. Então $A\widehat{M}B$ é igual a:

a) 50°
b) 45°
c) 60°
d) 22° 30'
e) 30°

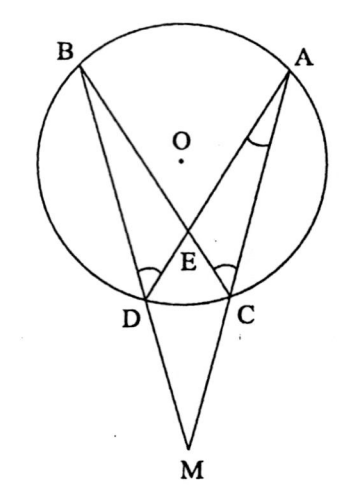

**11. (MACK-SP)** Na figura, o ângulo $A\hat{E}C$ mede 80° e o arco $\widehat{AC}$ mede 100°. A medida de $\widehat{BD}$ é:

a) 45°
b) 50°
c) 60°
d) 75°
e) 90°

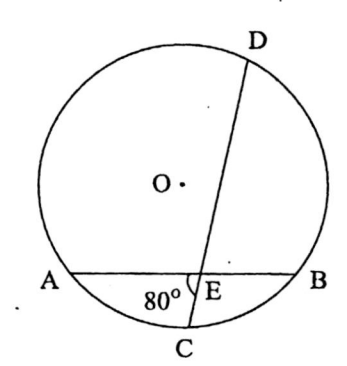

**12. (MACK-SP)** O quadrilátero $ABCD$ da figura é inscritível. O valor de $x$ é:

a) 36°
b) 48°
c) 50°
d) 52°
e) 54°

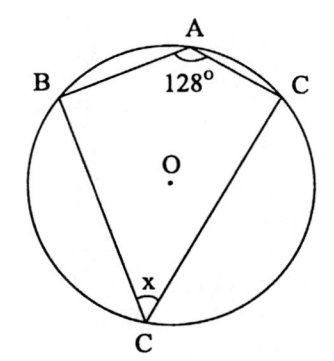

**13. (FGV-SP)** A medida do ângulo $A\hat{D}C$ inscrito na circunferência de centro $O$ é:

a) 125°
b) 110°
c) 120°
d) 100°
e) 135°

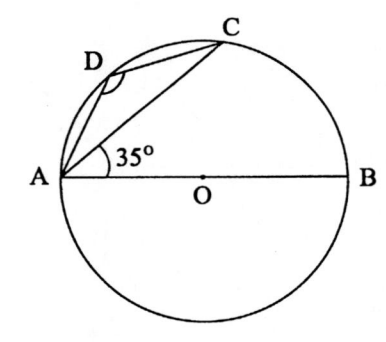

**14. (FATEC-SP)** Na figura, os pontos $A$, $B$ e $C$ pertencem à circunferência de centro $O$. Se $\beta = 150°$ e $\gamma = 50°$, então $\alpha$ é igual a:

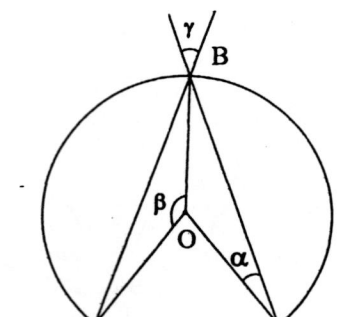

a) 30°
b) 45°
c) 35°
d) 15°
e) 29°

**15. (PUC-SP)** No círculo, $O$ é o centro, $\overline{AB} = 2$ e $\overline{AC} = \sqrt{3}$. Então $\alpha$ vale:

a) 75°
b) 60°
c) 45°
d) 30°
e) 15°

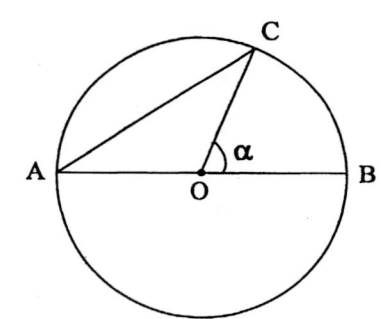

**16. (FESP-SP)** Os valores dos ângulos $a$, $b$ e $c$ são, respectivamente:

a) 58° , 32° , 116°
b) 32° , 58° , 64°
c) 58° , 32° 64°
d) 32° , 58° , 116°
e) n.r.a

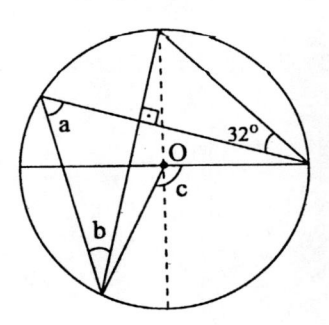

**17. (UNISANTOS-SP)** Na figura abaixo, o valor de $x$ é:

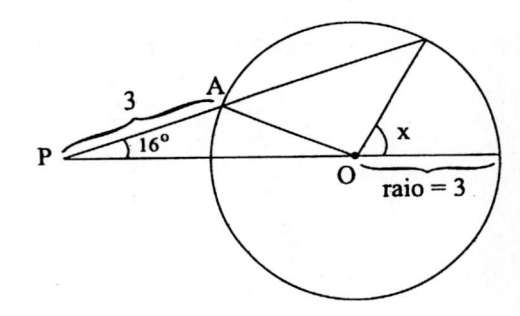

a) 31°
b) 38°
c) 48°
d) 50°

**18. (UFAL)** Seja a circunferência de centro $O$, representada na figura abaixo. A medida $\alpha$, do ângulo assinalado, é:

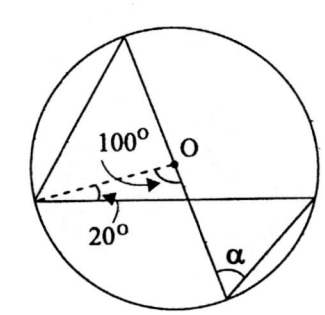

a) 30°
b) 40°
c) 50°
d) 60°
e) 70°

19. (UFES) Na figura, a medida de α, em graus, é:

a) 50°
b) 52°
c) 54°
d) 56°
e) 58°

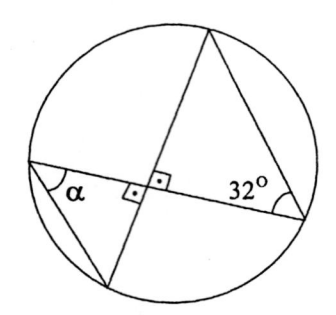

20. (CESGRANRIO) Em um círculo de centro $O$, está inscrito o ângulo α. Se o arco $\overparen{AMB}$ mede 130°, o ângulo α mede:

a) 25°
b) 30°
c) 40°
d) 45°
e) 50°

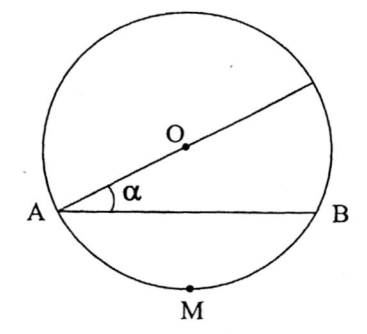

21. (UCBA) A medida do ângulo $x$, representado na figura, é:

a) 10°
b) 15°
c) 20°
d) 25°
e) 30°

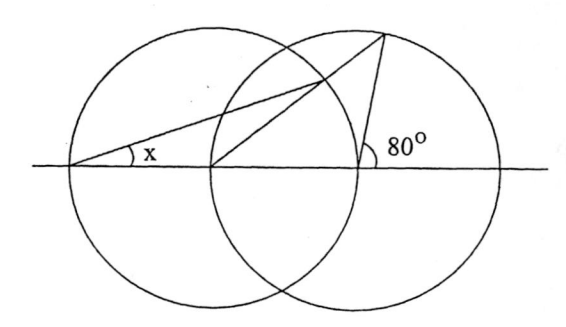

22. (UFSC) No teste a seguir dê o somatório das afirmações corretas.

Dada a circunferência de centro O, onde $\overline{AB}$ é uma corda e $t$ é uma tangente no ponto B, então, com base na figura abaixo é correto afirmar:

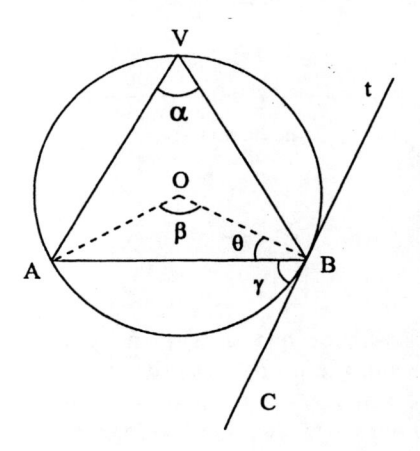

01. $\overline{OB}$ é perpendicular a $t$.
02. O ângulo $A\widehat{B}C(\gamma)$ é um ângulo de segmento, e o ângulo $A\widehat{V}B(\alpha)$ é um ângulo inscrito.
04. $\gamma + \theta = 90°$
08. $\alpha = \gamma$
16. $\alpha = \dfrac{1}{2}\beta$
32. $\alpha = \gamma = \dfrac{1}{2}\beta$

**23. (PUC-SP)** Com uma varinha de metal de 1,60 m, constrói-se um anel para cesta de basquete. Usando $\pi = 3,14$, o diâmetro da cesta, em metros, é aproximadamente:
   a) 0,40
   b) 0,43
   c) 0,48
   d) 0,51
   e) 0,57

**24. (PUC-MG)** João e Maria costumavam namorar atravessando um caminho reto que passava pelo centro de um canteiro circular, cujo raio mede 5 m. Veja a Figura 1.

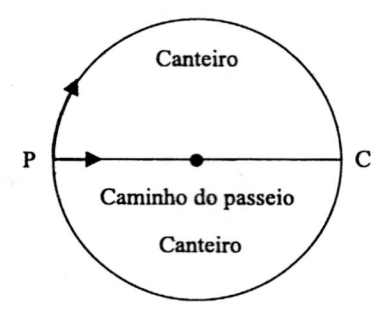

146 | *Matemática sem Mistérios - Geometria Plana e Espacial*

Certo dia, após uma desavença que tiveram no ponto de partida $P$, partiram emburrados, e, ao mesmo tempo, para o ponto de chegada $C$. Maria caminhou pelo diâmetro do canteiro e João andou ao longo do caminho que margeava o canteiro (sobre o círculo), cuidando para estar, sempre, à "mesma altura" de Maria, isto é, de modo que a reta $MJ$, formada por Maria e João, ficasse sempre perpendicular ao diâmetro do canteiro. Veja Figura 2.

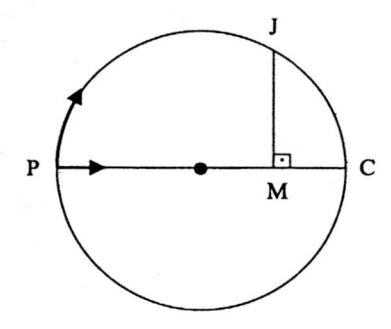

Quando a medida do segmento $PM$, percorrido por Maria, for igual a $7,5 = 5 + \dfrac{5}{2}$ metros, o comprimento do arco de circunferência $PJ$, percorrido por João, será igual a:

a) $\dfrac{10\pi}{3}$ m

b) $2\pi$ m

c) $\dfrac{5\pi}{3}$ m

d) $\dfrac{2\pi}{3}$ m

e) $\dfrac{\pi}{3}$ m

**25. (CESGRANRIO)** Um ciclista de uma prova de resistência deve percorrer 500 km sobre uma pista circular de raio 200 m. O número aproximado de voltas que ele deve dar é:
a) 100
b) 200
c) 300
d) 400
e) 500

**26. (UCPR)** Quando o comprimento de uma circunferência aumenta de 10 m para 15 m, o raio aumenta de:
a) $\dfrac{5}{2\pi}$ m
b) 2,5 m
c) 5 m
d) $\dfrac{\pi}{5}$ m
e) $5\pi$ m

**27. (UFCE)** Considere a circunferência abaixo, onde $\overline{AD}$ é um diâmetro, $\overline{AB}$, $\overline{CD}$, $\overline{BD}$ e $\overline{AC}$ são cordas.

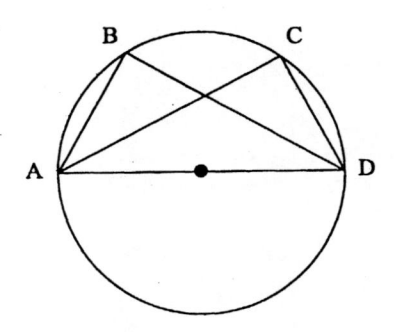

Se o raio dessa circunferência mede 6,5 cm, $|\overline{AB}| = 3$ cm e $|\overline{CD}| = 5$ cm, então as cordas $\overline{BD}$ e $\overline{AC}$ medem, em centímetros, respectivamente:
a) $4\sqrt{10}$ e 12
b) 16 e 8
c) 5 e 3
d) 6 e 4
e) 7 e 5

**28. (UFMG)** Observe a figura.

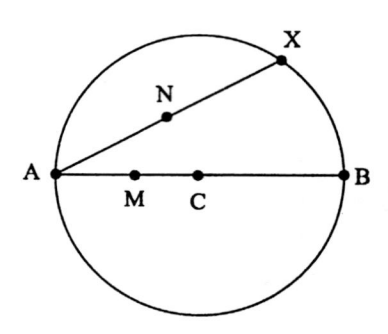

Nessa figura, $X$ é um ponto da circunferência de centro $C$ e diâmetro $\overline{AB}$, e $M$ e $N$ são pontos médios dos segmentos $\overline{AC}$ e $\overline{AX}$, respectivamente. A medida $MN$ em função do diâmetro $AB$ é:

a) $\dfrac{AB}{5}$

b) $\dfrac{2}{5}AB$

c) $\dfrac{AB}{4}$

d) $\dfrac{AB}{3}$

e) $\dfrac{AB}{2}$

**29. (UFMA)** O comprimento da curva representada pela figura é:

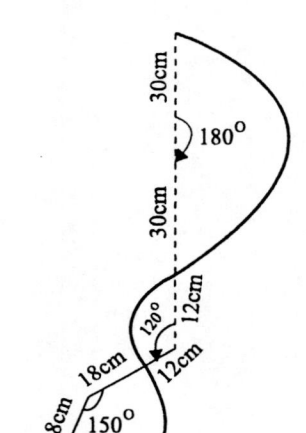

a) $53\pi$
b) $60\pi$
c) $120\pi$
d) $43\pi$
e) $96\pi$

**30. (FUVEST)** Na figura, $M$ é o ponto médio da corda $\overline{PQ}$ da circunferência e $PQ = 8$. O segmento $\overline{RM}$ é perpendicular a $\overline{PQ}$ e $RM = \dfrac{4\sqrt{3}}{3}$. Calcule:

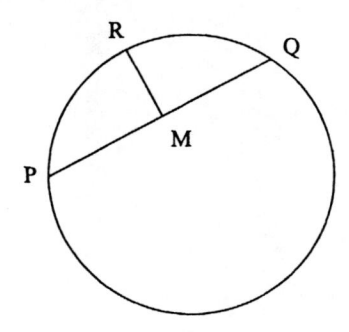

a) O raio da circunferência
b) A medida do ângulo $P\widehat{O}Q$, onde $O$ é o centro da circunferência.

### Gabarito das questões de fixação

**Questão 1** - Resposta: c
**Questão 2** - Resposta: e
**Questão 3** - Resposta: b
**Questão 4** - Resposta: c

**Questão 5** - Resposta: a
**Questão 6** - Resposta: c
**Questão 7** - Resposta: d
**Questão 8** - Resposta: a
**Questão 9** - Resposta: c
**Questão 10** - Resposta: b
**Questão 11** - Resposta: c
**Questão 12** - Resposta: 44°
**Questão 13** - Resposta: 75° e 105°
**Questão 14** - Resposta: e
**Questão 15** - Resposta: 90°, 90°, 72° e 108°,
**Questão 16** - Resposta: a) $\alpha = 42°$   b) $\alpha = 44°$
**Questão 17** - Resposta: 210°
**Questão 18** - Resposta: d
**Questão 19** - Resposta: $n = 18$
**Questão 20** - Resposta: $A\hat{I}J = 30°$

## Gabarito das questões de aprofundamento

**Questão 1** - d
**Questão 2** - Resposta: $157,5°$
**Questão 3** - Resposta: d
**Questão 4** - Resposta: b
**Questão 5** - Resposta: 40°
**Questão 6** - Resposta: b
**Questão 7** - Resposta: a
**Questão 8** - Resposta: d
**Questão 9** - Resposta: a
**Questão 10** - Resposta: e
**Questão 11** - Resposta: c
**Questão 12** - Resposta: d
**Questão 13** - Resposta: a
**Questão 14** - Resposta: c
**Questão 15** - Resposta: b
**Questão 16** - Resposta: a
**Questão 17** - Resposta: c
**Questão 18** - Resposta: e
**Questão 19** - Resposta: e
**Questão 20** - Resposta: a
**Questão 21** - Resposta: c
**Questão 22** - Resposta: $63(01 + 02 + 04 + 08 + 16 + 32)$
**Questão 23** - Resposta: d

**Unidade 5** - *Circunferência e Círculo*| 151

**Questão 24** - Resposta: a
**Questão 25** - Resposta: d
**Questão 26** - Resposta: a
**Questão 27** - Resposta: a
**Questão 28** - Resposta: c
**Questão 29** - Resposta: a
**Questão 30** - Resposta: a) $R = \dfrac{8\sqrt{3}}{3}$   b) $120°$

# UNIDADE 6

# LINHAS PROPORCIONAIS

SINOPSE TEÓRICA

## 6.1) Feixe de paralelas

É um conjunto de retas paralelas de um mesmo plano

A figura mostra um feixe de quatro paralelas.

## 6.2) Teorema

Se duas retas são transversais a um feixe de paralelas, os segmentos determinados pelo feixe na primeira transversal são proporcionais aos segmentos correspondentes na segunda transversal.

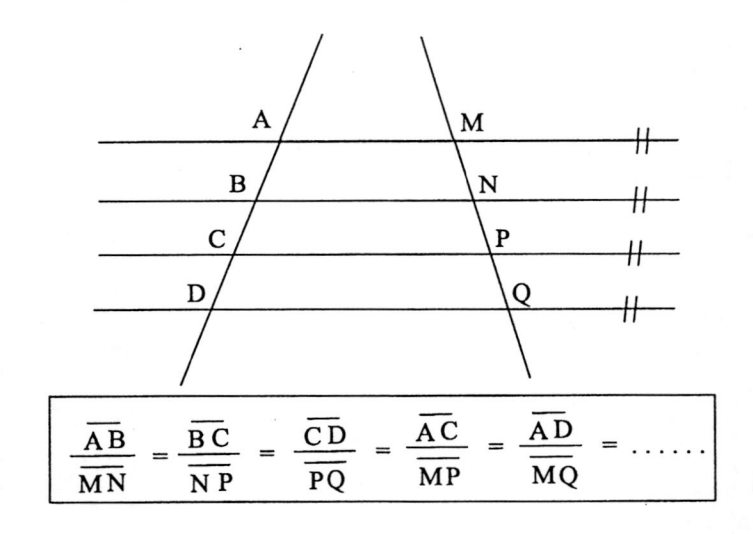

$$\frac{\overline{AB}}{\overline{MN}} = \frac{\overline{BC}}{\overline{NP}} = \frac{\overline{CD}}{\overline{PQ}} = \frac{\overline{AC}}{\overline{MP}} = \frac{\overline{AD}}{\overline{MQ}} = \ldots\ldots$$

## 6.3) Aplicação ao triângulo

Toda paralela a um dos lados de um triângulo, não passando pelo vértice, determina nos outros dois lados, segmentos respectivamente proporcionais.

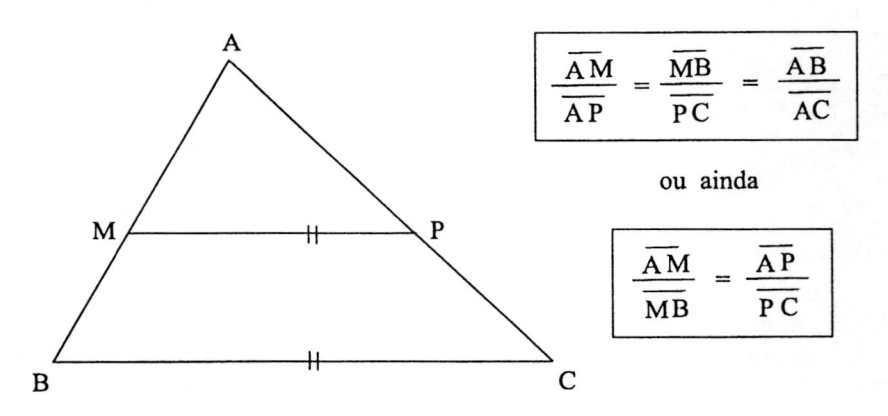

$$\frac{\overline{AM}}{\overline{AP}} = \frac{\overline{MB}}{\overline{PC}} = \frac{\overline{AB}}{\overline{AC}}$$

ou ainda

$$\frac{\overline{AM}}{\overline{MB}} = \frac{\overline{AP}}{\overline{PC}}$$

## 6.4) Teorema das bissetrizes

### 6.4.1) Bissetriz interna

Seja $\overline{AP}$ a bissetriz interna do triângulo $ABC$.

Traçando por $C$ uma paralela à bissetriz $AP$ e determinando um ponto $D$ na reta

$AB$, formamos um triângulo isósceles $ACD$, logo:

$$\overline{AC} = \overline{AD}$$

As paralelas $\overline{AP}$ e $\overline{CD}$ determinam:

$$\dfrac{\overline{PB}}{\overline{PC}} = \dfrac{\overline{AB}}{\overline{AD}} \quad \text{ou ainda} \quad \dfrac{\overline{PB}}{\overline{PC}} = \dfrac{\overline{AB}}{\overline{AC}}$$

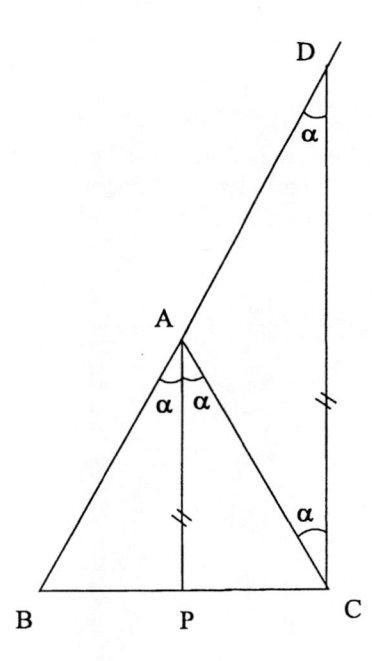

### 6.4.2) Bissetriz externa

Seja $\overline{AP}$ a bissetriz externa do triângulo $ABC$.

Traçando por $C$ uma paralela à bissetriz $\overline{AP}$ e determinando um ponto $D$ na reta $\overline{AB}$, formamos um triângulo isósceles $ACD$, logo:

$$\overline{AC} = \overline{AD}$$

As paralelas $\overline{AP}$ e $\overline{CD}$ determinam:

$$\dfrac{\overline{PB}}{\overline{PC}} = \dfrac{\overline{AB}}{\overline{AD}} \quad \text{ou ainda} \quad \dfrac{\overline{PB}}{\overline{PC}} = \dfrac{\overline{AB}}{\overline{AC}}$$

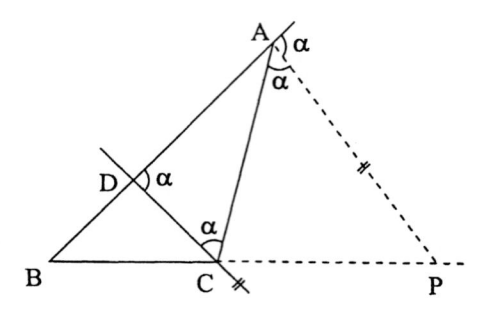

## 6.5) Triângulos semelhantes

Dois triângulos são semelhantes quando possuem ângulos respectivamente congruentes. Conseqüentemente os seus lados homólogos são proporcionais, bem como as demais linhas homólogas como medianas, alturas etc.

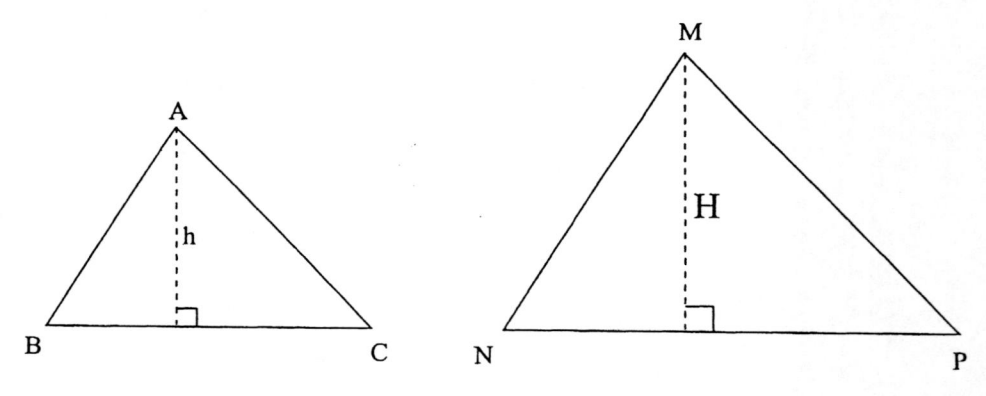

$$\left.\begin{array}{l} \widehat{A} = \widehat{M} \\ \widehat{B} = \widehat{N} \\ \widehat{C} = \widehat{P} \end{array}\right\} \quad \triangle ABC \sim \triangle MNP \quad \frac{\overline{AB}}{\overline{MN}} = \frac{\overline{AC}}{\overline{MP}} = \frac{\overline{BC}}{\overline{NP}} = \frac{2p_{ABC}}{2p_{MNP}} = \frac{h}{H} = \ldots$$

## 6.6) Relações métricas no círculo

### 6.6.1) Ponto interior à circunferência

* 1ª relação: entre duas cordas

Se duas cordas de uma mesma circunferência se interceptam, o produto das medi-

das das duas partes de uma é igual ao produto das medidas das duas partes da outra.
Então, temos:

$$\triangle ACP \sim \triangle PBD$$

$$\frac{\overline{PA}}{\overline{PD}} = \frac{\overline{PC}}{\overline{PB}} \text{, logo:}$$

$$\boxed{\overline{PA} \cdot \overline{PB} = \overline{PC} \cdot \overline{PD}}$$

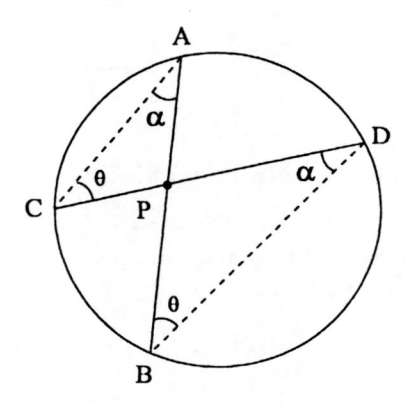

### 6.6.2) Ponto exterior à circunferência

* **2ª relação: das secantes**

Se por um ponto $P$, exterior à circunferência, traçarmos duas secantes $\overline{PA}$ e $\overline{PC}$, então o produto das medidas da primeira ($\overline{PA}$) pela sua parte externa ($\overline{PB}$) é igual ao produto das medidas da segunda ($\overline{PC}$) pela sua parte externa ($\overline{PD}$).
Então, temos:

$$\triangle PAD \sim \triangle PBC$$

$$\frac{\overline{PA}}{\overline{PC}} = \frac{\overline{PD}}{\overline{PB}} \text{, logo:}$$

$$\boxed{\overline{PA} \cdot \overline{PB} = \overline{PC} \cdot \overline{PD}}$$

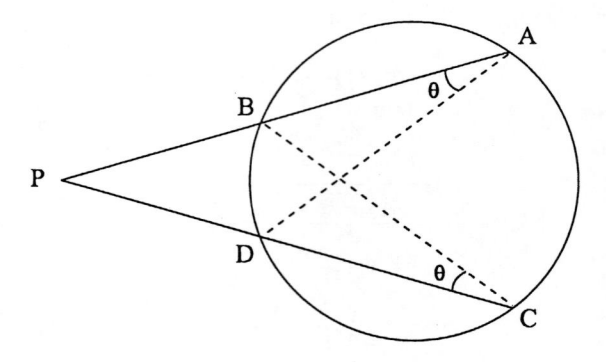

158 | *Matemática sem Mistérios - Geometria Plana e Espacial*

* **3ª relação: entre tangente e secante**

Se por um ponto $P$, exterior à circunferência, traçamos uma tangente $\overline{PT}$ e uma secante $\overline{PA}$, então o quadrado da medida do segmento $\overline{PT}$ é igual ao produto do segmento $\overline{PA}$ pela sua parte externa.

Então, temos:

$$\triangle PAT \sim \triangle PTB$$

$$\frac{\overline{PT}}{\overline{PA}} = \frac{\overline{PB}}{\overline{PT}}, \text{ logo:}$$

$$\boxed{\overline{PT}^2 = \overline{PA} \cdot \overline{PB}}$$

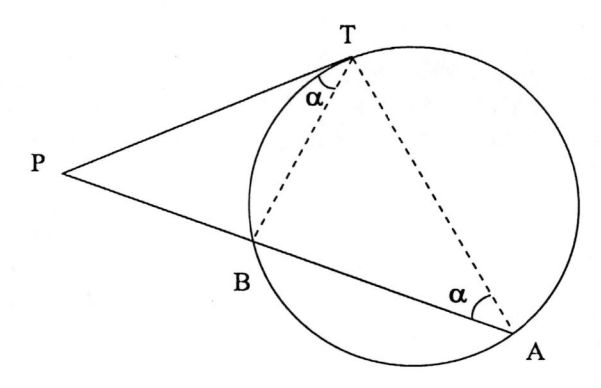

# QUESTÕES RESOLVIDAS

**1.** Um feixe de quatro paralelas determina sobre uma transversal três segmentos consecutivos que medem 10 cm, 12 cm e 18 cm. Calcule os comprimentos dos segmentos determinados pelo feixe noutra transversal, sabendo que o segmento desta, compreendido entre a primeira e a quarta paralela, é 120 cm.

**Resolução:**

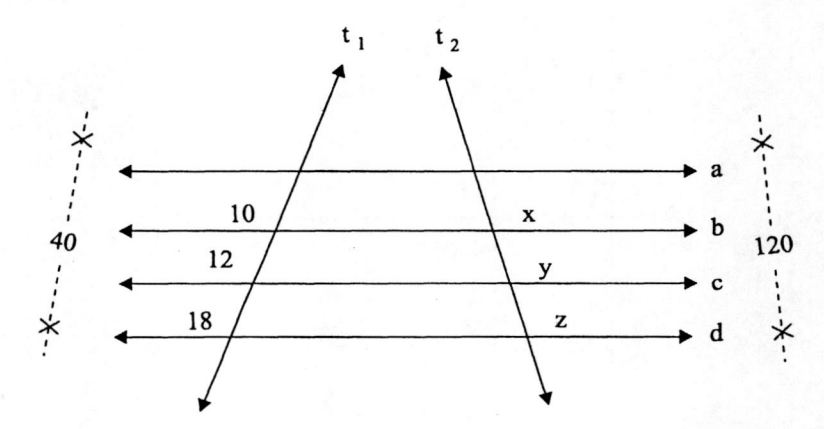

Sendo: $a // b // c // d$ onde $t_1$ e $t_2$ são transversais, temos:

$$\frac{10}{x} = \frac{12}{y} = \frac{18}{z} = \frac{40}{120}$$

logo: $\begin{cases} \dfrac{10}{x} = \dfrac{\cancel{40}^{\ 1}}{\cancel{120}_{\ 3}} \Rightarrow x = 30 \\ \dfrac{12}{y} = \dfrac{\cancel{40}^{\ 1}}{\cancel{120}_{\ 3}} \Rightarrow y = 36 \\ \dfrac{18}{z} = \dfrac{\cancel{40}^{\ 1}}{\cancel{120}_{\ 3}} \Rightarrow z = 54 \end{cases}$

Então: $x = 30$ cm, $y = 36$ cm e $z = 54$ cm

**2.** Seja $\overline{AN}$ uma bissetriz interna do triângulo $ABC$. Sendo $\overline{AB} = 2x+18$, $\overline{AC} = 4x$, $\overline{BN} = 24$ e $\overline{CN} = 30$, encontre $x$.

**Resolução:**

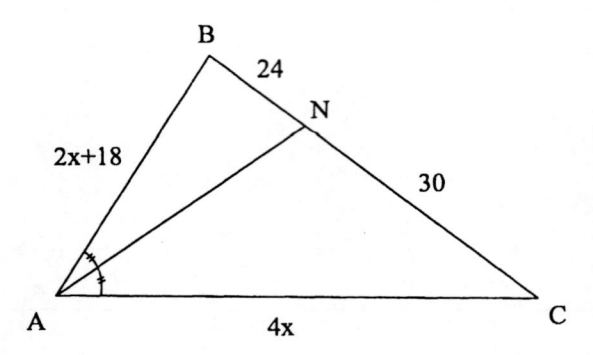

Sendo $\dfrac{\overline{BN}}{\overline{NC}} = \dfrac{\overline{AB}}{\overline{AC}}$, temos:

$$\dfrac{\cancel{24}^{\,4}}{\cancel{30}_{\,5}} = \dfrac{2x+18}{4x}$$

$16x = 10x + 90$
$6x = 90$
$x = \dfrac{90}{6} \;\Rightarrow\; \boxed{x = 15}$

**3.** Sendo $\overline{DE} \,//\, \overline{BC}$, encontre $x$ na figura seguinte:

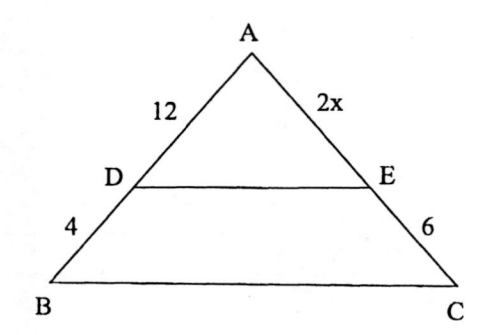

**Resolução:**

$$\frac{\overline{AD}}{\overline{AB}} = \frac{\overline{AE}}{\overline{AC}} \Rightarrow \frac{\cancel{12}^{\,3}}{\cancel{16}_{\,4}} = \frac{2x}{2x+6}$$
$$8x = 6x + 18 \Rightarrow 2x = 18$$
$$\boxed{x = 9}$$

**4.** Os lados de um triângulo medem 8 cm, 10 cm e 12 cm. De quanto precisamos prolongar o menor lado para que ele encontre a bissetriz externa do ângulo oposto a este lado?

**Resolução:**

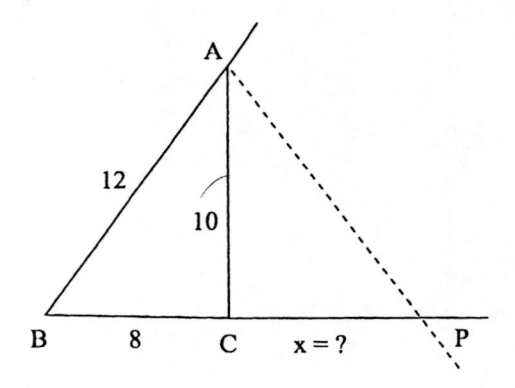

Pelo teorema da bissetriz, temos que:

$$\frac{\overline{PB}}{\overline{AB}} = \frac{\overline{PC}}{\overline{AC}} \quad \text{ou} \quad \frac{x+8}{12} = \frac{x}{10} \Rightarrow 12x = 10x + 80 \Rightarrow 2x = 80 \Rightarrow x = \frac{80}{2}$$

$$\boxed{x = 40 \text{ cm}}$$

**5.** Na figura, as cordas $\overline{AB}$ e $\overline{AC}$ medem 5 cm e 6 cm, respectivamente, e $\overline{AH} = 3$ cm. Calcule a medida do raio do círculo.

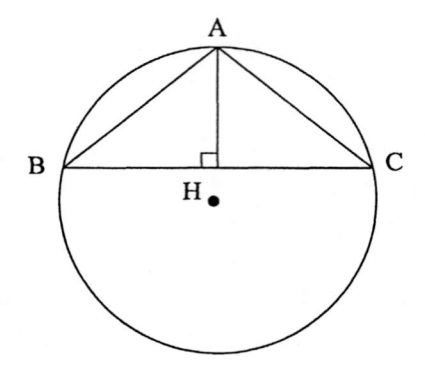

**Resolução:** Com a construção do triângulo retângulo $APC$ ($\overline{AP}$ é diâmetro), temos:

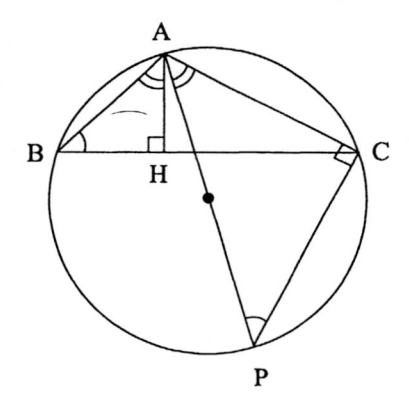

Sendo $\triangle ABH \sim \triangle APC$, temos:

$$\dfrac{\overline{AB}}{\overline{AP}} = \dfrac{\overline{AH}}{\overline{AC}}$$

$$\dfrac{5}{2r} = \dfrac{3}{6}$$

$$6r = 30$$

$$r = 5$$

$$\boxed{r = 5\,\text{cm}}$$

**Unidade 6** - *Linhas proporcionais* | 163

**6.** Duas cordas se cortam no círculo, como demonstra a figura abaixo:

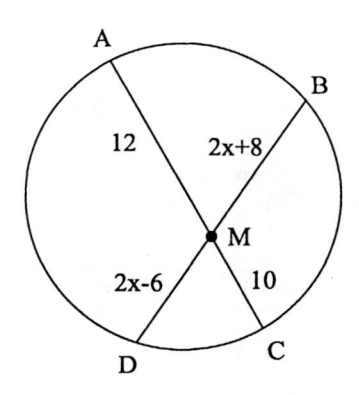

Encontre:
a) O valor de $x$.
b) a medida dos segmentos $\overline{MB}$ e $\overline{MD}$.

**Resolução:** Sendo

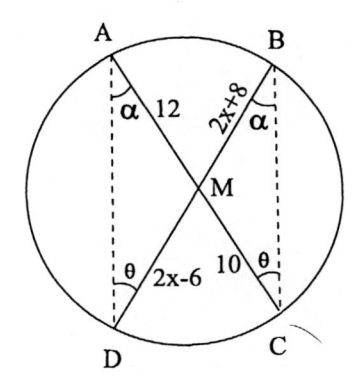

temos $\dfrac{\overline{MA}}{\overline{MB}} = \dfrac{\overline{MD}}{\overline{MC}}$ . Logo:

$$\overline{MA} \cdot \overline{MC} = \overline{MB} \cdot \overline{MD}$$
$$12 \cdot 10 = (2x+8) \cdot (2x-6)$$
$$120 = 4x^2 - 12x + 16x - 48$$

$4x^2 + 4x - 168 = 0 \; (\div 4)$
$x^2 + x - 42 = 0$

- pelo discriminante: $\quad \Delta = b^2 = 4ac$
$\Delta = (1)^2 - 4(1)(-42) = 1 + 168 = 169$

- por Báskara: $\quad x = \dfrac{-b \pm \sqrt{\Delta}}{2a}$

$x = \dfrac{-(+1) \pm \sqrt{169}}{2(1)}$

$x = \dfrac{-1 \pm 13}{2} \begin{cases} x' = -\dfrac{14}{2} = -7 \text{ (não satisfaz o enunciado)} \\ x'' = \dfrac{12}{2} = 6 \end{cases}$

Então:

a) $\boxed{x = 6}$

b) $\overline{MB} = 2x + 8 = 2(6) + 8 = 12 + 8 \Rightarrow \boxed{\overline{MB} = 20}$

$\overline{MD} = 2x - 6 = 2(6) - 6 = 12 - 6 \Rightarrow \boxed{\overline{MD} = 6}$

## QUESTÕES DE FIXAÇÃO

**1.** Na figura abaixo, $a \mathbin{//} b \mathbin{//} c$, encontre o valor de $x + y$:

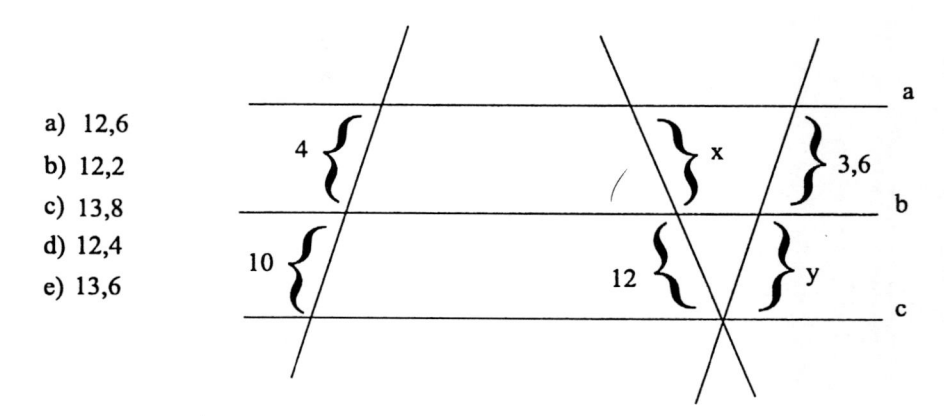

a) 12,6
b) 12,2
c) 13,8
d) 12,4
e) 13,6

**2.** Assinale a alternativa verdadeira:
  a) Dois triângulos isósceles são semelhantes.
  b) Dois triângulos retângulos são semelhantes.

c) Dois triângulos semelhantes são congruentes.
d) Dois triângulos congruentes são semelhantes.
e) n.r.a.

**3.** Sendo $t_1$ e $t_2$ transversais de um feixe de paralelas, encontre as medidas dos segmentos indicados por incógnitas.

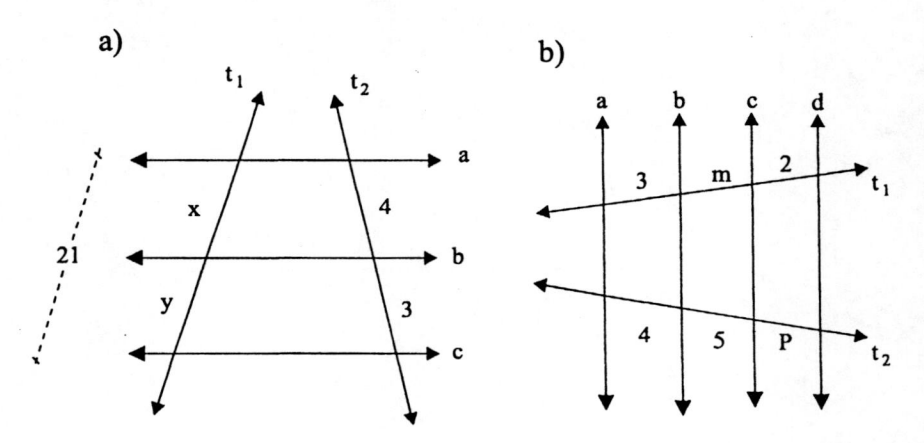

a)

b)

**4.** Um feixe de 3 paralelas determina, numa transversal, os pontos $M$, $N$ e $P$ e, numa outra transversal, os pontos correspondentes $M'$, $N'$ e $P'$. Se $\overline{MN} = 4$ cm, $\overline{NP} = 6$ cm e $\overline{M'N'} = 12$ cm, determine $\overline{N'P'}$.

**5.** Na figura abaixo, encontre $\overline{AD} + \overline{AB}$, sabendo que $\overline{AB} = x + 1$, $\overline{AC} = x$, $\overline{BD} = 6x + 2$ e $\overline{CE} = 5x$.

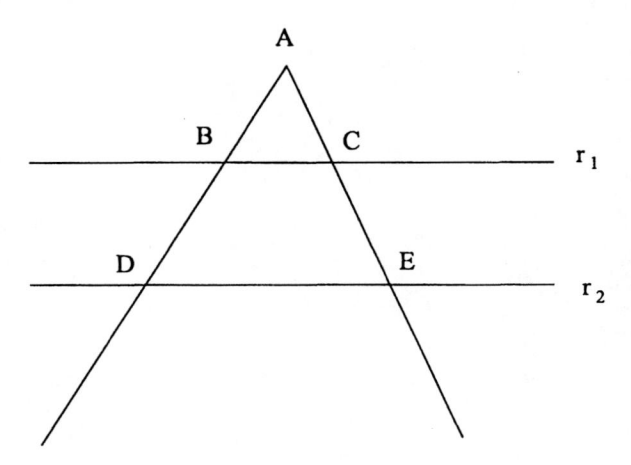

**6.** Na figura abaixo, $x + y = 45$, sendo $r_1 // r_2 // r_3$. Encontre a medida de $x$ e $y$, respectivamente.

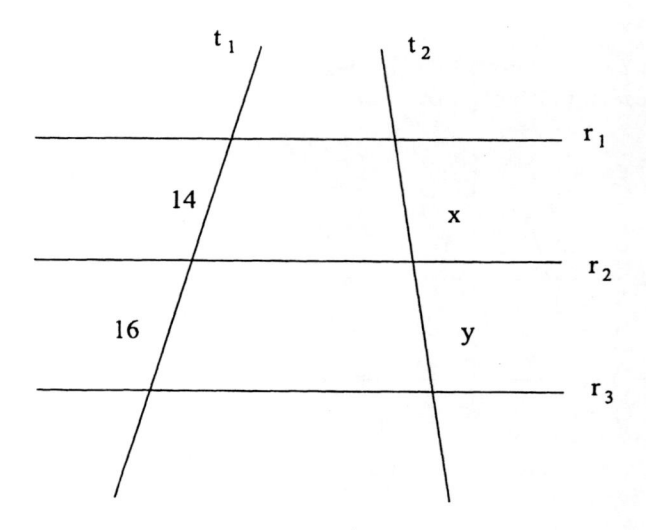

**7.** Dois triângulos são semelhantes. Os lados do primeiro triângulo medem 6 dm, 8,5 dm e 12,5 dm e o perímetro ($2p$) do segundo triângulo mede 81 dm. O maior lado do segundo triângulo mede?

**8.** Na figura temos $\overline{MN} = 12$ cm, $\overline{MP} = 13$ cm, $\overline{RS} = 5$ cm e $\overline{RS}$ é paralelo a $\overline{NP}$. Qual o valor de $x + y$?

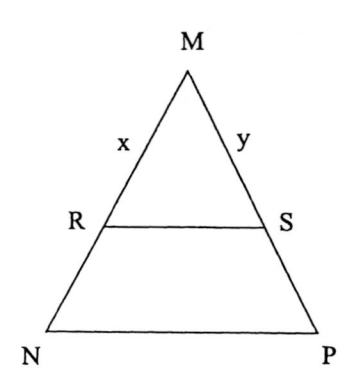

**9.** Encontre $x$ nas figuras seguintes:

a) $\overline{AB} \mathbin{/\mkern-6mu/} \overline{DE}$

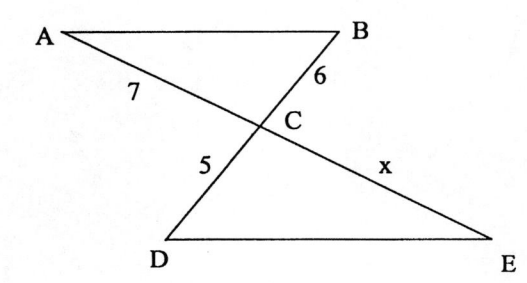

b) $\overline{AB} \mathbin{/\mkern-6mu/} \overline{DE}$

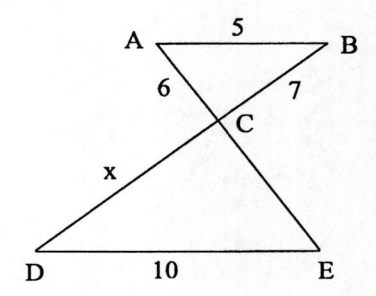

c)

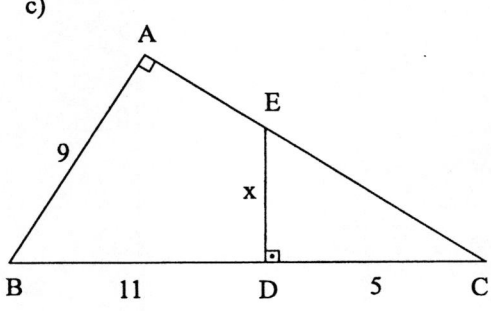

d)

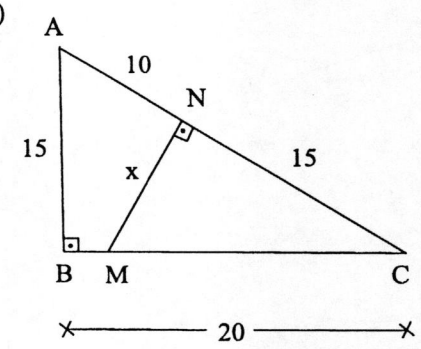

**10.** Nas figuras, determine o valor de $x$.

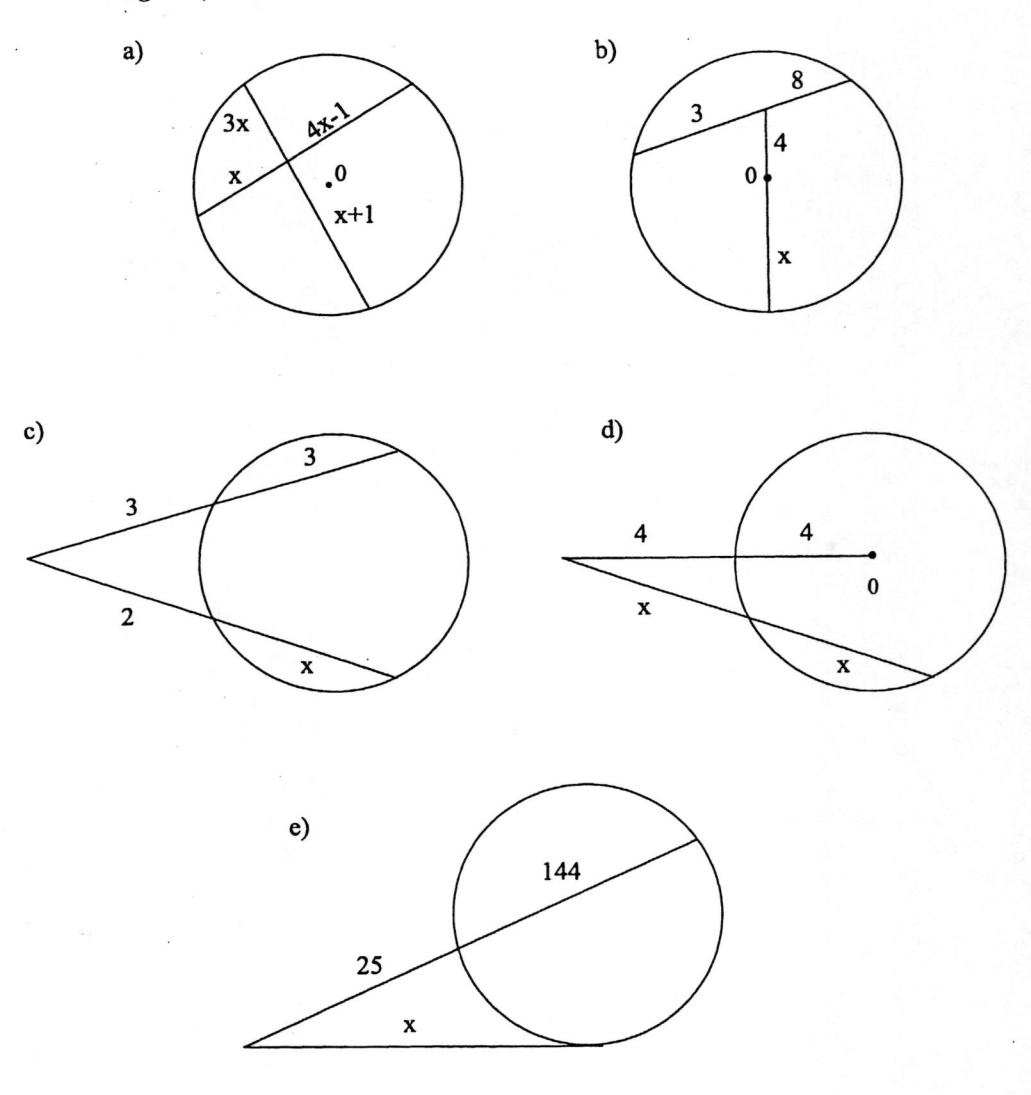

a)

b)

c)

d)

e)

**11.** Num pentágono regular um dos lados mede 12 cm. Qual a medida do lado do outro pentágono regular, maior, sendo a razão de semelhança entre eles de $\dfrac{3}{5}$?

**12.** Num triângulo $ABC$, $\overline{AB} = 12$ cm, $\overline{AC} = 18$ cm e $\overline{BC} = 15$ cm. Sendo $\overline{AD}$

a bissetriz de $\widehat{A}$, qual a medida do segmento $\overline{BD}$?

**13.** Na figura abaixo $\overline{AD}$ é bissetriz externa de $\widehat{A}$. Se $\overline{AB} = 8$, $\overline{AC} = 6$ e $\overline{BD} = 5$, encontre $\overline{CD}$.

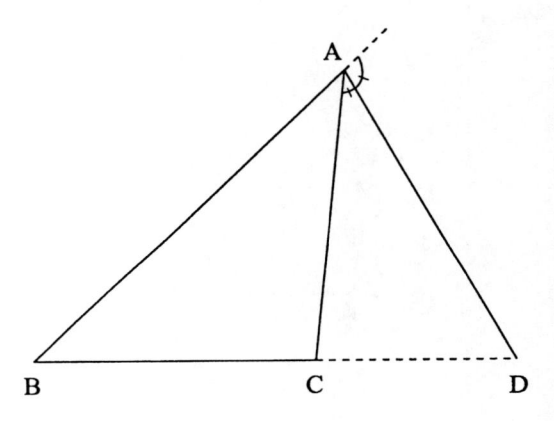

**14.** Na figura abaixo o $\triangle ABC$ é retângulo em $A$ e o $\triangle DEC$ é retângulo em $D$. Sabendo que $AB = 8$ cm, $AC = 15$ cm, $BC = 17$ cm e $CD = 5$ cm, determine $DE = x$.

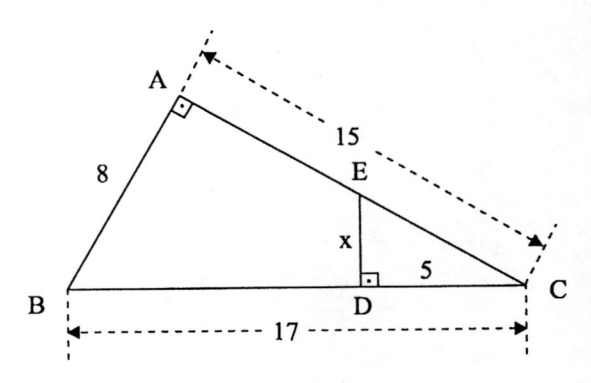

**15.** Na figura a seguir, sabe-se que $\widehat{S} = \widehat{B}$, $AR = 7$ cm, $AS = 5$ cm, $SR = 4$ cm e $AB = 10$ cm. Determine $AC = x$ e $BC = y$.

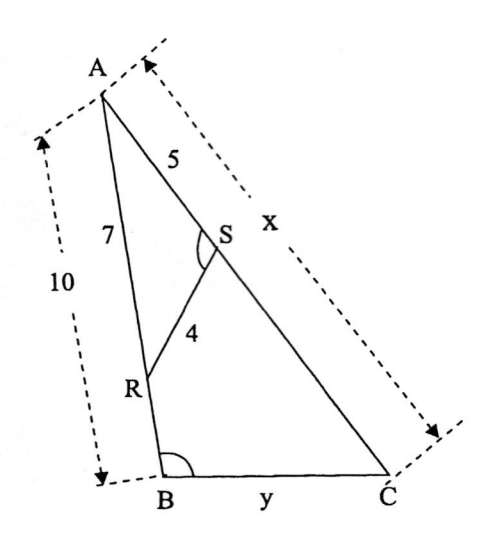

## QUESTÕES DE APROFUNDAMENTO

**1. (CESGRANRIO)** As retas $r_1$, $r_2$ e $r_3$ são paralelas e os comprimentos dos segmentos de transversais são indicados na figura. Então $x$ é igual a:

a) $4\dfrac{1}{5}$

b) $\dfrac{15}{2}$

c) $5$

d) $\dfrac{8}{5}$

e) $6$

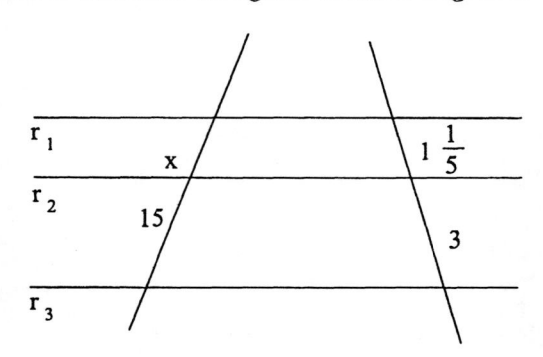

**2. (UNIRIO)** Considere dois triângulos $A$ e $B$, de tal modo que os lados de $B$ tenham comprimentos iguais ao dobro dos comprimentos dos lados $A$. Nesse caso, pode-se afirmar que:
  a) A área de $B$ é o dobro da área de $A$.
  b) Se o menor ângulo de $A$ é 20°, então o menor ângulo de $B$ é 40°.
  c) $A$ e $B$ possuem ângulos congruentes.

d) A área de B é o triplo da área de A.
e) Se A é eqüilátero, B poderá ser isósceles - não eqüilátero.

3. (MACK-SP) Na figura, sendo $a // b // c$, o valor de $x$ é:

a) $\dfrac{3}{2}$

b) 3

c) $\dfrac{4}{3}$

d) 2

e) 1

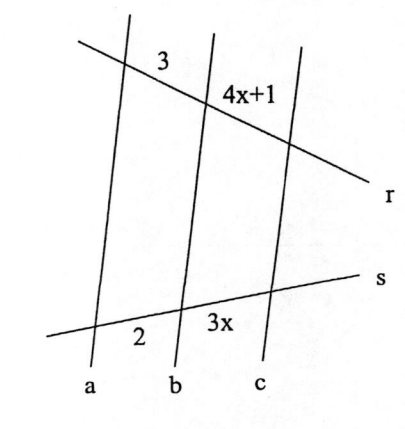

4. (UNIRIO)

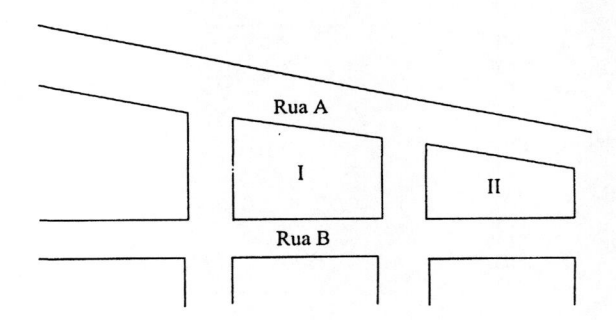

No desenho acima apresentado, as frentes para a rua A dos quarteirões I e II medem, respectivamente, 250 m e 200 m, e a frente do quarteirão I para a rua B mede 40 m a mais do que a frente do quarteirão II para a mesma rua. Sendo assim, pode-se afirmar que a medida, em metros, da frente do menor dos dois quarteirões para a rua B é:
a) 160
b) 180
c) 200
d) 220
e) 240

172 | *Matemática sem Mistérios - Geometria Plana e Espacial*

**5. (MAPFEI)** Três terrenos têm frente para a rua $A$ e para a rua $B$, como na figura. As divisas laterais são perpendiculares à rua $A$. Qual a medida de frente para a rua $B$ de cada lote, sabendo-se que a frente total para essa rua é 180 m.

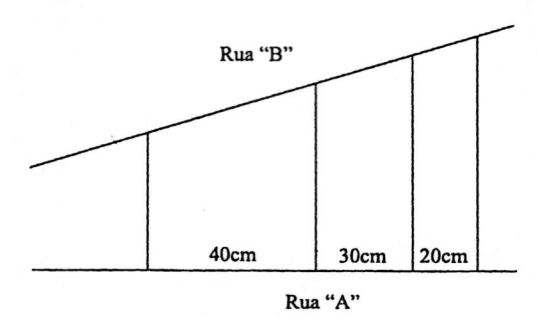

**6. (EESCUSP)** Na figura, $\overline{AB}$ e $\overline{DE}$ são paralelos. O valor de $x$ é:

a) 35

b) 6

c) Impossível calcular x

d) $x = 3(\overline{AB})$

e) $\dfrac{35}{6}$

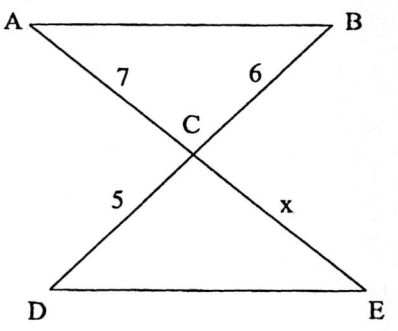

**7. (UNESP)** Na figura, $B$ é um ponto do segmento de reta $AC$ e os ângulos $DAB$, $DBE$ e $BCE$ são retos.

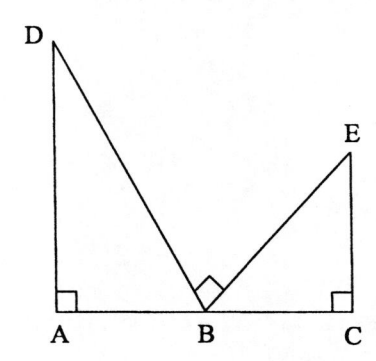

Se $\overline{AD}$ = 6 dm, $\overline{AC}$ = 11 dm e $\overline{EC}$ = 3 dm, as medidas possíveis de $\overline{AB}$ em dm, são:
a) 4,5 e 6,5
b) 7,5 e 3,5
c) 8 e 3
d) 7 e 4
e) 2 e 9

**8. (UNIRIO)** Numa cidade do interior, à noite surgiu um objeto voador não identificado, em forma de disco, que estacionou a 50 m do solo, aproximadamente. Um helicóptero do Exército, situado a aproximadamente 30 m acima do objeto, iluminou-o com um holofote, conforme mostra a figura abaixo.

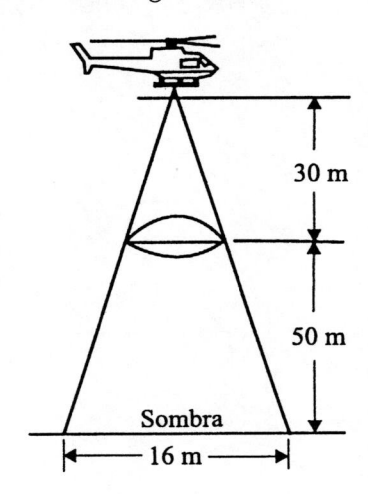

Sendo assim, pode-se afirmar que o raio do disco-voador mede, em m, aproximadamente:

a) 3,0
b) 3,5
c) 4,0
d) 4,5
e) 5,0

**9. (PUC-SP)** Na figura, as retas $\overleftrightarrow{AB}$ e $\overleftrightarrow{CD}$ são paralelas. $\overline{AB} = 136$, $\overline{CE} = 75$ e $\overline{CD} = 50$. Quanto mede o segmento $\overline{AE}$?

a) 136
b) 306
c) 204
d) 163
e) 122

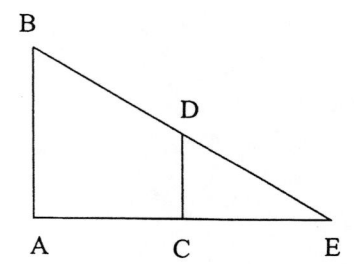

**10. (MACK-SP)** O triângulo $ABC$ da figura é eqüilátero. $\overline{AM} = \overline{MB} = 5$ e $\overline{CD} = 6$. O valor de $\overline{AE}$ é:

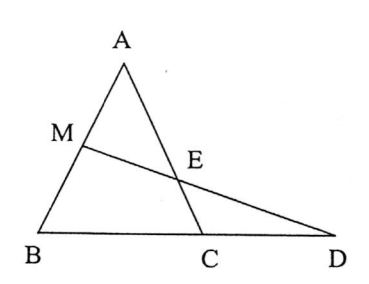

a) $\dfrac{76}{11}$

b) $\dfrac{77}{11}$

c) $\dfrac{78}{11}$

d) $\dfrac{79}{11}$

e) $\dfrac{80}{11}$

**11. (UFF)** Considere o triângulo isósceles $PQR$, da figura a seguir de lados congruentes $\overline{PQ}$ e $\overline{PR}$, cuja altura relativa ao lado $\overline{QR}$ é $h$.

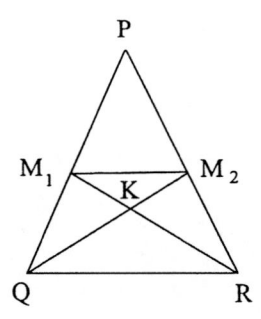

Sabendo-se que $M_1$ e $M_2$, são, respectivamente, pontos médios de $\overline{PQ}$ e $\overline{PR}$, a altura do triângulo $KM_1M_2$, relativa ao lado $\overline{M_1M_2}$, é:

a) $\dfrac{2h}{3}$

b) $\dfrac{h}{6}$

c) $\dfrac{h\sqrt{3}}{2}$

d) $\dfrac{h\sqrt{3}}{3}$

e) $\dfrac{h\sqrt{3}}{6}$

**12. (UFRJ)** A cada usuário de energia elétrica é cobrada uma taxa mensal de acordo com o seu consumo no período, desde que esse consumo ultrapasse um determinado nível. Caso contrário, o consumidor deve pagar uma taxa mínima referente a custos de manutenção. Em certo mês, o gráfico consumo (em Kwh) X preço (em R$) foi o apresentado a seguir.

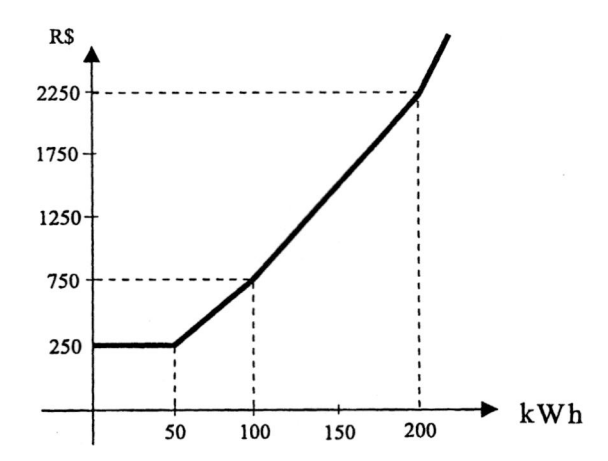

a) determine entre que valores de consumo em kWh é cobrada a taxa mínima.
b) determine o consumo correspondente à taxa de R$ 1950,00.

**13. (UFRJ)** Um poste tem uma lâmpada colocada a 4 m de altura. Um homem de 2 m de altura caminha, a partir do poste, em linha reta, em direção à porta de um edifício que está a uma distância de 28 m do poste.

Calcule o comprimento da sombra do homem que é projetada sobre a porta do edifício, no instante em que ele está a 10,5 m da porta.

Sua resposta deve vir acompanhada de um desenho ilustrativo da situação descrita.

**14. (UERJ)** Num cartão retangular, cujo comprimento é igual ao dobro de sua altura, foram feitos dois vincos $\overline{AC}$ e $\overline{BF}$, que formam, entre si, um ângulo reto.

Observe a figura, em que $B\hat{F}A = C\hat{A}B$.

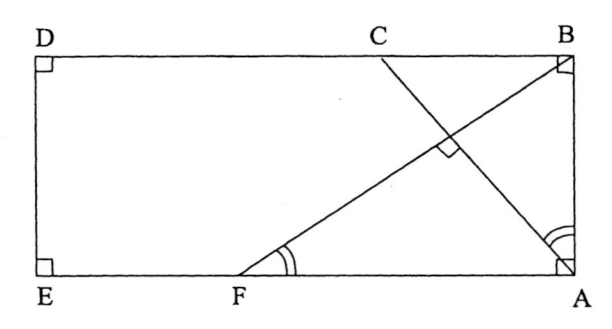

Considerando $\overline{AF} = 16$ cm e $\overline{CB} = 9$ cm, determine:

a) as dimensões do cartão;
b) o comprimento do vinco $\overline{AC}$.

**15. (CESGRANRIO)** No triângulo retângulo $ABC$ da figura, os seis quadrados têm o lado igual a 2 cm. A hipotenusa $\overline{BC}$ mede:

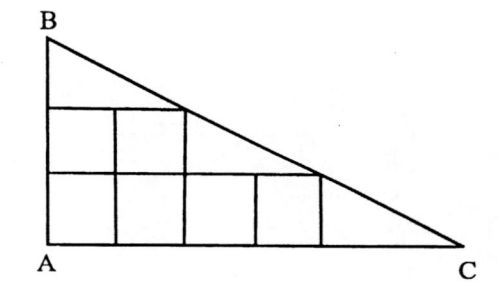

a) $6\sqrt{5}$ cm
b) 12 cm
c) $12\sqrt{2}$ cm
d) $12\sqrt{3}$ cm
e) 18

**16. (UFRGS)** Num trapézio cujos lados paralelos medem 4 e 6, as diagonais interceptam-se de tal modo que os menores segmentos determinados em cada uma delas medem 2 e 3. A medida da menor diagonal é:

a) 3
b) 4
c) $\dfrac{9}{2}$
d) 5
e) $\dfrac{15}{2}$

**17. (UFF)** Um prédio com a forma de um paralelepípedo retângulo tem 48 m de altura. No centro da cobertura desse prédio e perpendicularmente a essa cobertura, está instalado um pára-raios. No ponto $Q$ sobre a reta $r$ – que passa pelo centro da base do prédio e é perpendicular a $\overline{MN}$ – está um observador que avista somente uma parte do pára-raios (ver a figura).

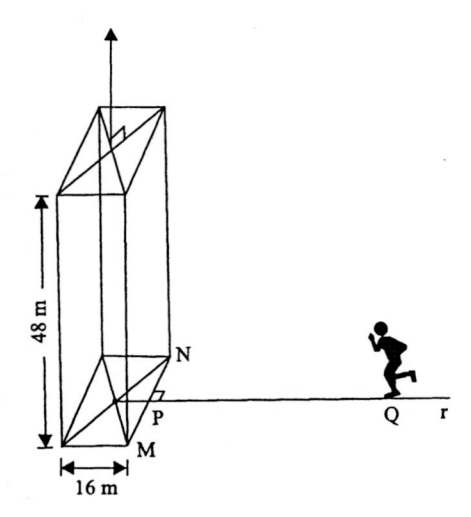

A distância do chão aos olhos do observador é 1,8 m e $\overline{PQ} = 61,6$ m. O comprimento da parte do pára-raios que o observador não consegue avistar é:

a) 16 m

b) 12 m

c) 8 m

d) 6 m

e) 3 m

**18. (UERJ)** Em uma partida, Vasco e Flamengo levaram ao Maracanã 90.000 torcedores. Três portões foram abertos às 12 horas e até às 15 horas entrou um número constante de pessoas por minuto. A partir desse horário, abriram-se mais três portões e o fluxo constante de pessoas aumentou. Os pontos que definem o número de pessoas dentro do estádio em função do horário de entrada estão contidos no gráfico a seguir:

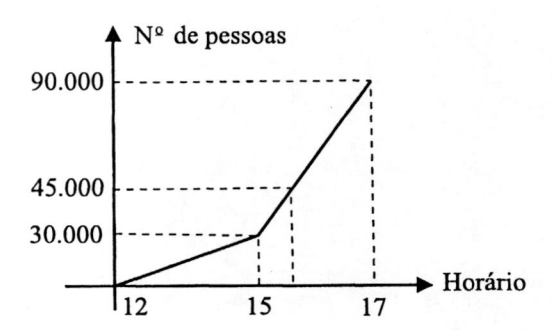

Quando o número de torcedores atingiu 45.000 o relógio estava marcando 15 horas e:

a) 20 min
b) 30 min
c) 40 min
d) 50 min

**19. (FUVEST-SP)** O valor de $x$ na figura é:

a) $\dfrac{20}{3}$

b) $\dfrac{3}{5}$

c) 1

d) 4

e) 5

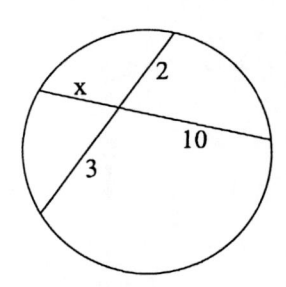

**20. (UEFS-BA)** Na figura, são dados $\dfrac{\overline{AE}}{\overline{EC}} = \dfrac{1}{3}$, $\overline{BE} = 8$ cm e $\overline{ED} = 6$ cm. O comprimento de $\overline{AC}$, em cm, é:

a) 10
b) 12
c) 16
d) 18
e) 20

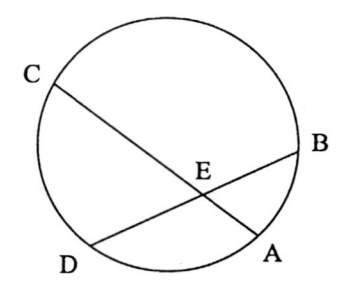

**21. (PUC-SP)** Na circunferência da figura de centro $O$ e raio igual a 9 m, sabe-se que a tangente $\overline{PB} = 2\overline{PA}$. A distância do ponto $P$ à circunferência é:

a) 12 m
b) 24 m
c) 6 m
d) 3 m
e) N.r.a.

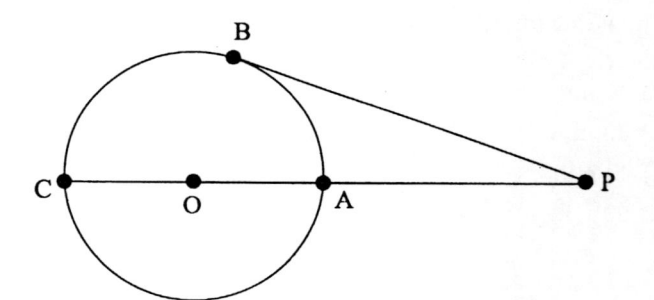

**22. (FUVEST)** Na figura abaixo, as distâncias dos pontos $A$ e $B$ à reta $r$ valem 2 e 4. As projeções ortogonais de $A$ e $B$ sobre essa reta são os pontos $C$ e $D$. Se a medida de $CD$ é 9, a que distância de $C$ deverá estar o ponto $E$, do segmento $\overline{CD}$, para que $C\widehat{E}A = D\widehat{E}B$?

a) 3
b) 4
c) 5
d) 6
e) 7

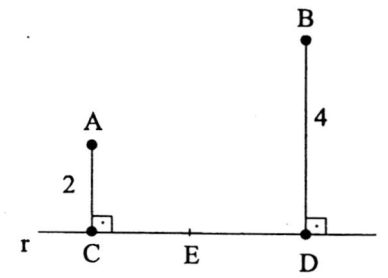

**23. (UNIRIO)**

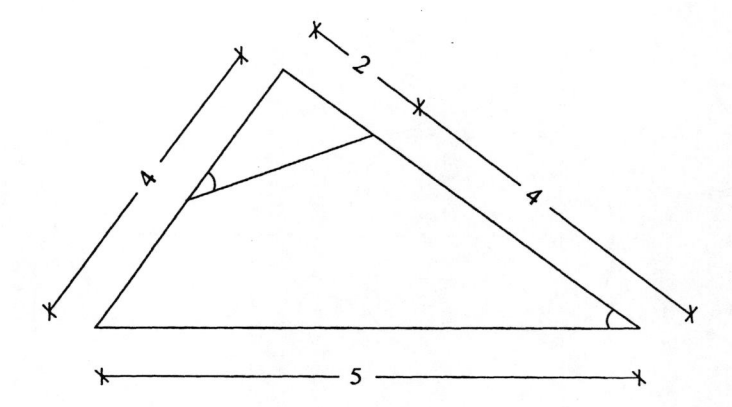

Observe os dois triângulos acima representados, onde os ângulos assinalados são congruentes. O perímetro do menor triângulo é:

a) 3

b) $\dfrac{15}{4}$

c) 5

d) $\dfrac{15}{2}$

e) 15

**24. (UNICAMP-SP)** Uma rampa de inclinação constante, como a que dá acesso ao Palácio do Planalto em Brasília, tem 4 metros de altura na sua parte mais alta. Uma pessoa, tendo começado a subi-la, nota que, após caminhar 12,3 metros sobe a rampa, está a 1,5 metro de altura em relação ao solo.
  a) Faça uma figura ilustrativa da situação descrita.
  b) Calcule quantos metros uma pessoa ainda deve caminhar para atingir o ponto mais alto da rampa.

**25. (UNIFICADO)** Na figura, $AB = 8$ cm, $BC = 10$ cm, $AD = 4$ cm e o ponto $O$ é o centro da circunferência. O perímetro do triângulo $AOC$ mede, em cm:
  a) 36
  b) 45

c) 48
d) 50
e) 54

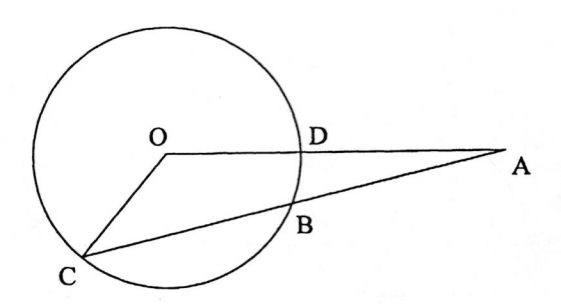

**26. (PUC-SP)** A figura é uma circunferência de centro *o* e o raio *a* com os segmentos de tangentes $\overline{CB}$ em $T$ e $\overline{BA}$ em $A$. Se $\overline{AB}$ mede *b*, a medida de $\overline{AC}$ é igual a:

a) $\dfrac{2ab}{b+a}$

b) $\dfrac{ab}{b-a}$

c) $\dfrac{2ab^2}{b^2-a^2}$

d) $\dfrac{a^2b}{b^2+a^2}$

e) $\dfrac{a^2b^2}{b^2-a^2}$

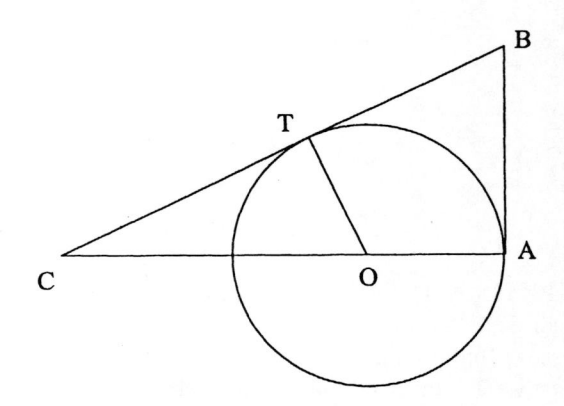

**27. (UFRRJ)** O raio de um círculo mede 6 m. Por um ponto $P$, distante 10 m do centro, traça-se uma tangente. O comprimento da tangente, compreendido entre $P$ e o ponto de contato, é:
a) 4 m
b) 6 m
c) 8 m
d) 10 m
e) 12 m

**28. (UFF)** O circuito triangular de uma corrida está esquematizado na figura a seguir:

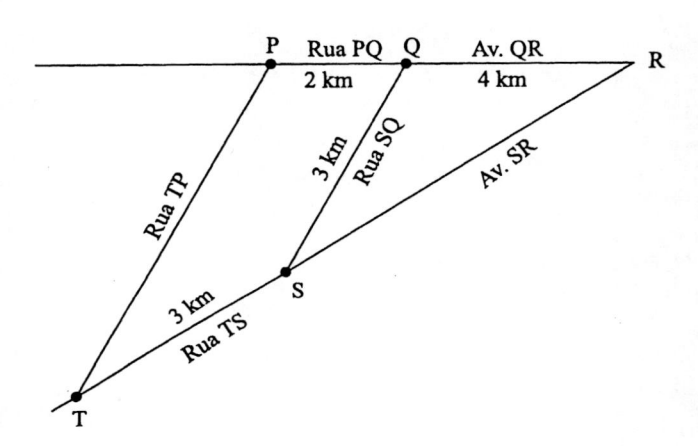

```
          P  Rua PQ  Q   Av. QR
          •————————•————————————• R
              2 km       4 km
        Rua TP    3 km  Rua SQ   Av. SR
                      •
                      S
              3 km
              Rua TS
         •
         T
```

As ruas $TP$ e $SQ$ são paralelas. Partindo de $S$, cada corredor deve percorrer o circuito passando, sucessivamente, por $R$, $Q$, $P$, $T$, retornando, finalmente, a $S$.

Assinale a opção que indica o perímetro do circuito.

a) 4,5 km

b) 19,5 km

c) 20,0 km

d) 22,5 km

e) 24,0 km

**29. (UFF)** A Cerâmica Marajó concede uma gratificação mensal a seus funcionários em função da produtividade de cada um convertida em pontos; a relação entre a gratificação e o número de pontos está representada no gráfico a seguir.

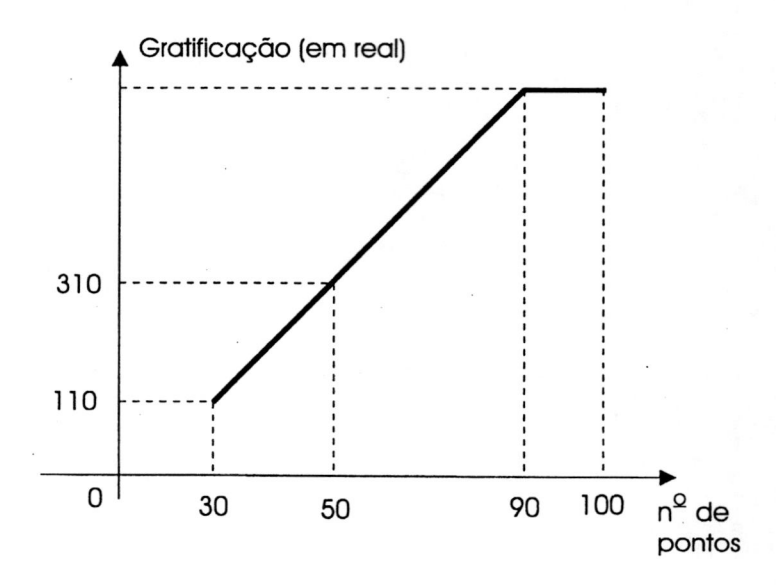

## 184 | Matemática sem Mistérios - Geometria Plana e Espacial

```
Gratificação (em real)
                                    ┌─────────
                                   /│
                                  / │
                                 /  │
                                /   │
                  310 ┌────────/    │
                      │       /│    │
                      │      / │    │
                  110 ┌─────/  │    │
                      │    │   │    │
                    0 └────┴───┴────┴─────▶ nº de
                          30   50  90  100   pontos
```

Observando que, entre 30 e 90 pontos, a variação da gratificação é proporcional à variação do número de pontos, determine a gratificação que um funcionário receberá no mês em que obtiver 100 pontos.

**30. (FUVEST)** Um lateral $L$ faz um lançamento para um atacante $A$, situado 32 m à sua frente em uma linha paralela à lateral do campo de futebol. A bola, entretanto, segue uma trajetória retilínea, mas não paralela à lateral e quando passa pela linha de meio do campo está a uma distância de 12 m da linha que une o lateral ao atacante. Sabendo-se que a linha de meio do campo está à mesma distância dos dois jogadores, a distância mínima que o atacante terá que percorrer para encontrar a trajetória da bola será de:

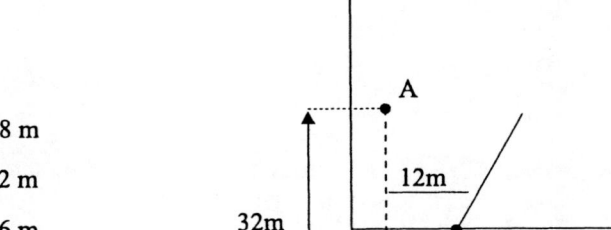

a) 18,8 m

b) 19,2 m

c) 19,6 m

d) 20 m

e) 20,4 m

**31. (ITA)** Considere a circunferência inscrita num triângulo isósceles com base de 6 cm e altura de 4 cm. Seja $t$ a reta tangente a esta circunferência e paralela à base do triângulo. O segmento de $t$ compreendido entre os lados do triângulo mede:

a) 1 cm

b) 1,5 cm

c) 2 cm

d) 2,5 cm

e) 3 cm

**32. (UFPE)** Num mapa duas cidades distam 4 cm e a distância real entre elas é de 144 km. Se duas outras cidades distam entre si 2,5 cm no mapa, qual a distância real, em km, entre elas?

**33. (UNIFOR-CE)** Na figura a seguir, as medidas estão dadas em centímetros.

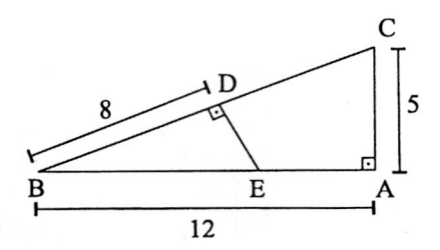

O comprimento do segmento $\overline{DE}$ é, em centímetros, aproximadamente igual a:

a) 2,4
b) 3,3
c) 3,5
d) 3,9
e) 4,0

**34. (UnG-SP)** Na figura abaixo, o segmento $\overline{AB}$ é paralelo ao segmento $\overline{DE}$. O valor de $x$ é:

a) $\dfrac{2}{3}$

b) $\dfrac{8}{3}$

c) $\dfrac{2}{7}$

d) $\dfrac{8}{7}$

e) 1

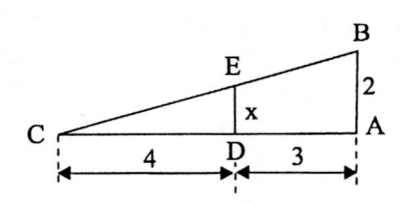

**35. (COVEST-PE)** A figura abaixo ilustra dois terrenos planos. Suponha que os lados $\overline{AB}$ e $\overline{BC}$ são paralelos, respectivamente, a $\overline{DE}$ e $\overline{EF}$ e que $A$, $D$, $F$, $C$ são pontos colineares.

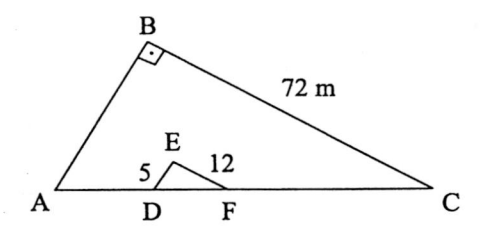

Qual a distância AC, em metros:

a) 75
b) 76
c) 78
d) 79
e) 80

**36. (UNAMA-PA)** A incidência dos raios solares faz com que os extremos das sombras do homem e da árvore coincidam. O homem tem 1,80 m de altura e sua sombra mede 2 m. Se a sombra da árvore mede 5 m, a altura mede:

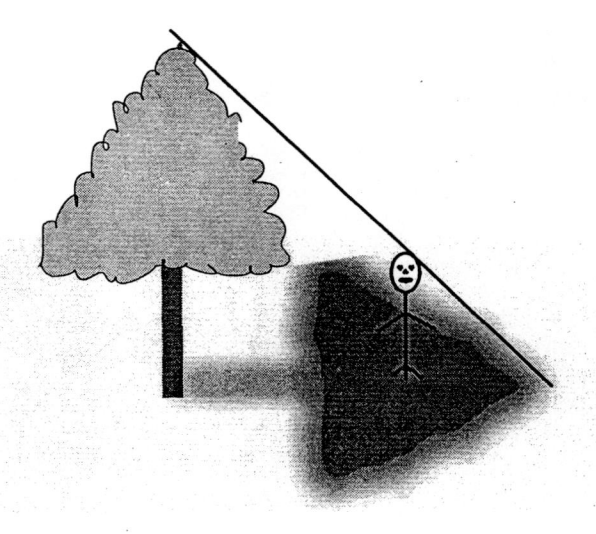

a) 6,3 m
b) 5,4 m
c) 4,5 m
d) 3,6 m
e) 2,7 m

**37. (UFCE)** Considere a figura seguinte, na qual $\overline{AB} \perp \overline{BC}$ e $\overline{BC} \perp \overline{CD}$, $\overline{CD} \perp \overline{DE}$. Se $AB = 3$ cm, $BC = 4$ cm e $DE = 8$ cm, então a medida, em cm, de $\overline{AE}$ será:

a) 17
b) 15
c) 13
d) 11
e) 6

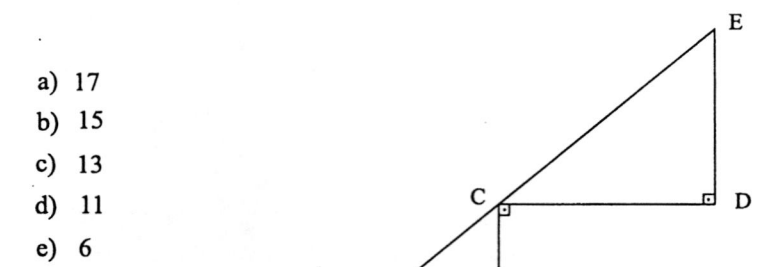

**38. (COLÉGIO NAVAL)** Na figura abaixo, $\overline{DE}$ é paralela a $\overline{BC}$ e $\overline{AM}$ é bissetriz interna do triângulo $ABC$. Então $x + y$ é igual a:

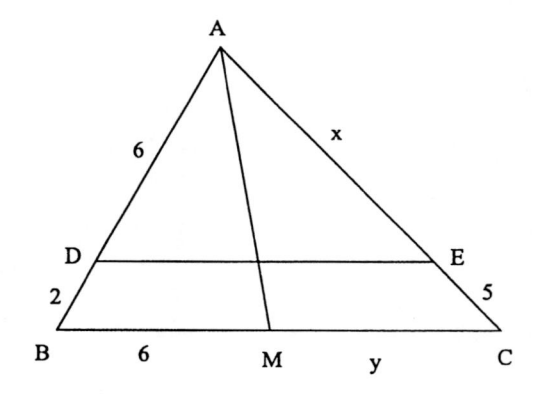

a) 15
b) 20
c) 25
d) 30
e) 35

**39. (CFS)** Na figura a seguir, o valor de $x + y$ é:

a) 12
b) 27/2
c) 25/2
d) 13
e) 29/2

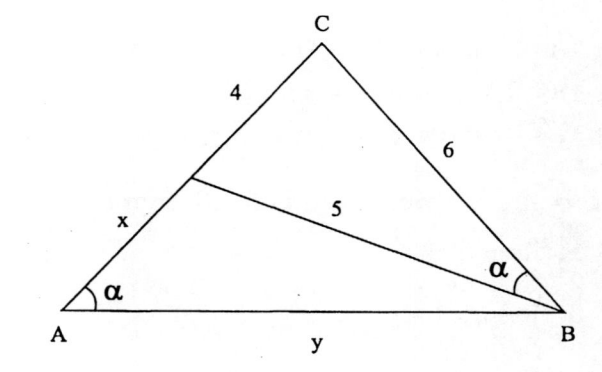

**40. (CFS)** Na figura abaixo, o valor de $x$ é igual a:

a) 21
b) 18
c) 14
d) 15
e) 24

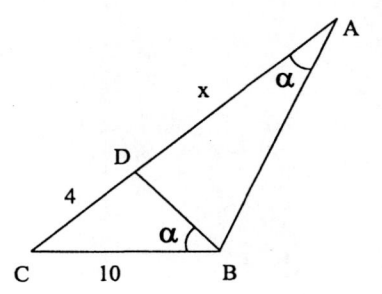

## Gabarito das questões de fixação

**Questão 1** - Resposta: c
**Questão 2** - Resposta: d
**Questão 3** - Resposta: a) $x = 12$ e $y = 9$.   b) $m = \dfrac{15}{4}$ e $p = \dfrac{8}{3}$
**Questão 4** - Resposta: $\overline{N'P'} = 18$ cm
**Questão 5** - Resposta: 28
**Questão 6** - Resposta: $x = 21$ e $y = 24$
**Questão 7** - Resposta: maior lado do segundo triângulo mede 37,5 dm
**Questão 8** - Resposta: $x + y = \dfrac{25}{3}$
**Questão 9** - Resposta: a) $x = \dfrac{35}{6}$   b) $x = 12$   c) $x = \dfrac{9\sqrt{7}}{7}$   d) $x = 11,25$
**Questão 10** - Resposta: a) $x = 4$   b) $x = 2\sqrt{10}$   c) $x = 7$   d) $x = 2\sqrt{6}$
e) $x = 65$
**Questão 11** - Resposta: 20 cm
**Questão 12** - Resposta: $\overline{BD} = 6$ cm

**Questão 13** - Resposta: $\overline{CD} = 15$
**Questão 14** - Resposta: $x = \dfrac{8}{3}$ cm
**Questão 15** - Resposta: $x = 14$ cm e $y = 8$ cm

## Gabarito das questões de aprofundamento

**Questão 1** - Resposta: e
**Questão 2** - Resposta: c
**Questão 3** - Resposta: d
**Questão 4** - Resposta: a
**Questão 5** - Resposta: 80 m, 60 m e 40 m
**Questão 6** - Resposta: e
**Questão 7** - Resposta: e
**Questão 8** - Resposta: a
**Questão 9** - Resposta: c
**Questão 10** - Resposta: e
**Questão 11** - Resposta: b
**Questão 12** - Resposta: a) 0 a 50   b) 180 Kwh
**Questão 13** - Resposta: 0,8 m  $\left(\dfrac{2-x}{4-x} = \dfrac{10,5}{28}\right)$

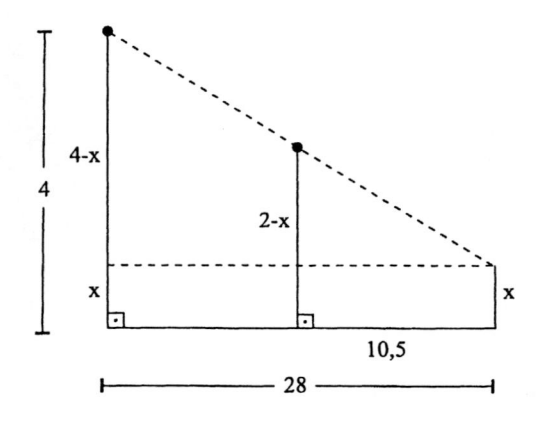

**Questão 14** - Resposta: a) 12 cm e 24 cm   b) 15 cm
**Questão 15** - Resposta: a
**Questão 16** - Resposta: d
**Questão 17** - Resposta: d
**Questão 18** - Resposta: b
**Questão 19** - Resposta: b
**Questão 20** - Resposta: c
**Questão 21** - Resposta: c

**Questão 22** - Resposta: a
**Questão 23** - Resposta: d
**Questão 24** - Resposta:

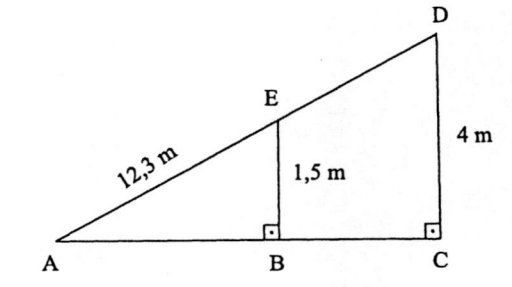

a)

```
                              D
                    E
            12,3 m      1,5 m      4 m
       A          B         C
```

b) 20,5 m

**Questão 25** - Resposta: e
**Questão 26** - Resposta: c
**Questão 27** - Resposta: c
**Questão 28** - Resposta: b
**Questão 29** - Resposta: a gratificação será de R$ 710,00
**Questão 30** - Resposta: b
**Questão 31** - Resposta: b
**Questão 32** - Resposta: 90 km
**Questão 33** - Resposta: b
**Questão 34** - Resposta: d
**Questão 35** - Resposta: c
**Questão 36** - Resposta: c
**Questão 37** - Resposta: b
**Questão 38** - Resposta: d
**Questão 39** - Resposta: c
**Questão 40** - Resposta: a

# UNIDADE 7

# RELAÇÕES MÉTRICAS NO TRIÂNGULO RETÂNGULO

SINOPSE TEÓRICA

## 7.1) Triângulo retângulo

Como já visto na Unidade 2, o triângulo retângulo é aquele que possui um ângulo reto. Os lados formadores desse ângulo reto são os catetos e o maior lado é a hipotenusa.

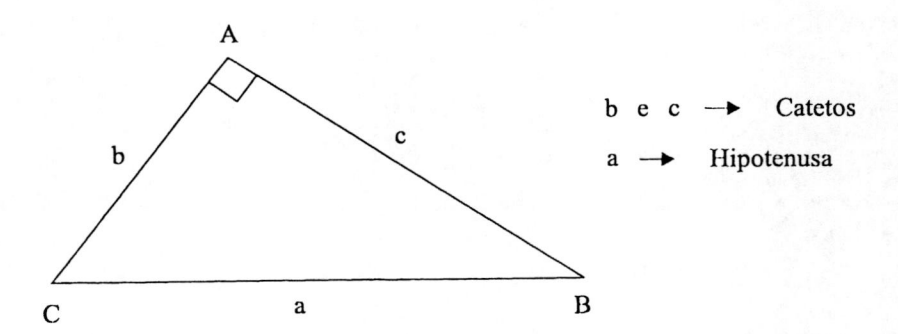

b e c → Catetos

a → Hipotenusa

## 7.2) Relações métricas no triângulo retângulo

Seja o triângulo $ABC$, retângulo em $\widehat{A}$, de hipotenusa $\overline{BC} = a$ e catetos $\overline{AC} = b$ e $\overline{AB} = c$.

A altura $\overline{AH}$, relativa a hipotenusa, divide essa hipotenusa em dois segmentos $m$ e $n$ que são, respectivamente, as projeções dos catetos $b$ e $c$ sobre a hipotenusa.

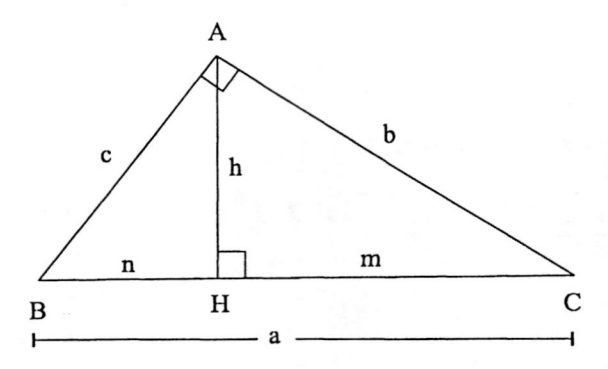

Os triângulos $ABC$, $ACH$ e $AHB$ são semelhantes, portanto podemos concluir que:

**1º)** Cada cateto é a média geométrica entre a hipotenusa e a sua projeção sobre ela.

$$\triangle ACH \sim \triangle ABC \Rightarrow \frac{b}{a} = \frac{m}{b} \Rightarrow \boxed{b^2 = a \cdot m}$$

$$\triangle AHB \sim \triangle ABC \Rightarrow \frac{c}{a} = \frac{n}{c} \Rightarrow \boxed{c^2 = a \cdot n}$$

**2º)** A altura relativa à hipotenusa é a média geométrica entre as projeções dos catetos sobre a hipotenusa.

$$\triangle ACH \sim \triangle AHB \Rightarrow \frac{h}{n} = \frac{m}{h} \Rightarrow \boxed{h^2 = m \cdot n}$$

**3º)** O produto dos catetos é igual ao produto da hipotenusa pela altura relativa à hipotenusa.

$$\triangle ACH \sim \triangle ABC \Rightarrow \frac{h}{c} = \frac{b}{a} \Rightarrow \boxed{b \cdot c = ah}$$

**4º) Teorema de Pitágoras**

O quadrado da hipotenusa é igual à soma dos quadrados dos catetos.

$$\boxed{a^2 = b^2 + c^2}$$

## 7.3) Triângulos retângulos particulares

### 7.3.1) Triângulo retângulo com ângulos de 30° e 60°

Neste caso, o cateto oposto ao ângulo de 30° mede a metade da hipotenusa e o cateto oposto ao ângulo de 60° mede a metade da hipotenusa multiplicada por $\sqrt{3}$.

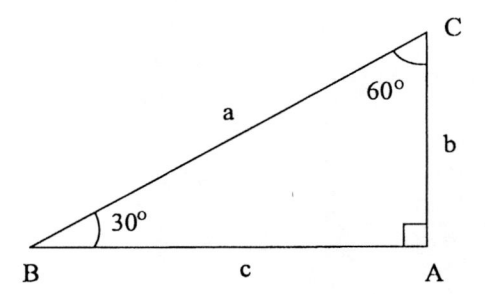

Como sen $30° = \dfrac{b}{a}$, vem $\dfrac{1}{2} = \dfrac{b}{a} \Rightarrow \boxed{b = \dfrac{a}{2}}$

Como sen $60° = \dfrac{c}{a}$, vem $\dfrac{\sqrt{3}}{2} = \dfrac{c}{a} \Rightarrow \boxed{c = \dfrac{a\sqrt{3}}{2}}$

Uma aplicação desse caso é o cálculo da altura de um triângulo eqüilátero em função do seu lado $\ell$. Veja:

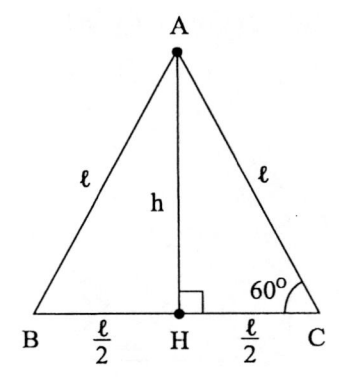

No triângulo retângulo $AHC$, $h$ é um cateto oposto ao ângulo de 60°, logo:

$$\boxed{h = \dfrac{\ell\sqrt{3}}{2}}$$

### 7.3.2) Triângulo retângulo com ângulos de 45° (isósceles)

Neste caso, os dois catetos são congruentes e a hipotenusa tem por medida, o cateto multiplicado por $\sqrt{2}$.

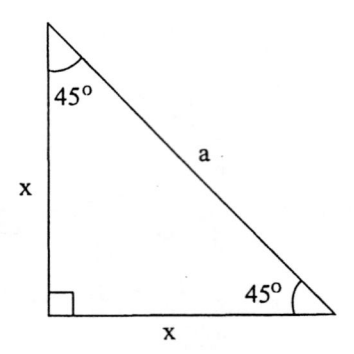

Pelo Teorema de Pitágoras temos:

$$a^2 = x^2 + x^2 \Rightarrow a^2 = 2x^2 \quad \text{ou ainda:}$$

$$\boxed{a = x\sqrt{2}}$$

Uma aplicação desse caso é o cálculo da diagonal do quadrado em função do seu lado $\ell$.

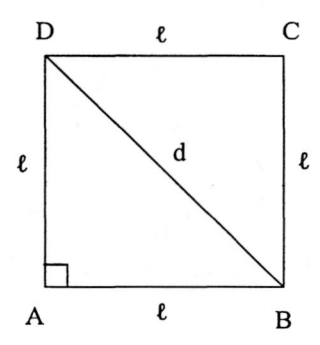

No triângulo retângulo $ABD$, os catetos são iguais a $\ell$, logo:

$$\boxed{d = \ell\sqrt{2}}$$

Unidade 7 - Relações métricas no triângulo retângulo |197

## QUESTÕES RESOLVIDAS

**1.** Na figura, encontre a hipotenusa $\overline{BC}$.

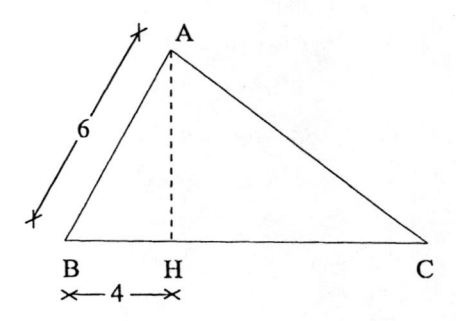

**Resolução:** O triângulo $ABC$ é retângulo, pois o enunciado pede a hipotenusa e a mesma só ocorre no triângulo retângulo.

– Pela relação métrica, temos:

$$c^2 = a \cdot n$$
$$\overline{AB}^2 = \overline{BC} \cdot \overline{BH}$$
$$6^2 = \overline{BC} \cdot 4$$
$$\overline{BC} = \frac{36}{4} \Rightarrow \boxed{\overline{BC} = 9}$$

**2.** Encontre $x$ na figura abaixo:

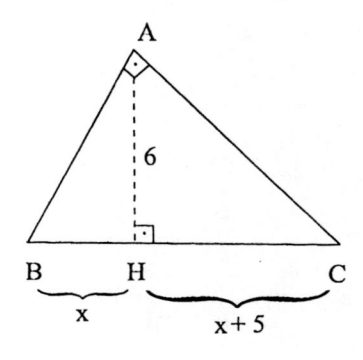

**Resolução:** Sendo $\triangle ABC$, retângulo, temos:
- pela relação métrica

$$h^2 = m \cdot n$$
$$AH^2 = BH \cdot HC$$
$$6^2 = x \cdot (x+5)$$
$$36 = x^2 + 5x$$
$$x^2 + 5x - 36 = 0$$

- pelo discriminante $\Rightarrow \Delta = b^2 - 4ac$
$$\Delta = 5^2 - 4(1)(-36)$$
$$\Delta = 25 + 144$$
$$\Delta = 169$$

- por Báskara $\Rightarrow x = \dfrac{-b \pm \sqrt{\Delta}}{2a} \Rightarrow \dfrac{-5 \pm \sqrt{169}}{2(1)}$

$\Rightarrow \dfrac{-5 \pm 13}{2} \begin{cases} x' = \dfrac{-18}{2} = -9 \quad \text{(não satisfaz o enunciado)} \\ x'' = \dfrac{8}{2} = 4 \end{cases}$

$\boxed{x = 4}$

**3.** Encontre a altura de um triângulo eqüilátero, sabendo que seu perímetro é de 48 dm.

**Resolução:**
- perímetro (soma dos lados) $\Rightarrow 2p = 48$ dm

$2p = 3\ell \Rightarrow 3\ell = 48 \Rightarrow \ell = \dfrac{48}{3} = 16$ dm

- pela altura $\Rightarrow h = \dfrac{\ell\sqrt{3}}{2} = \dfrac{16\sqrt{3}}{2} = 8\sqrt{3}$

$\boxed{h = 8\sqrt{3} \text{ dm}}$

**4.** Na figura $\overline{OA} = \overline{OB} = R$. Calcule o raio do círculo tangente aos semicírculos de diâmetros $\overline{AB}$, $\overline{OA}$ e $\overline{OB}$.

**Unidade 7** - *Relações métricas no triângulo retângulo* |199

**Resolução:**

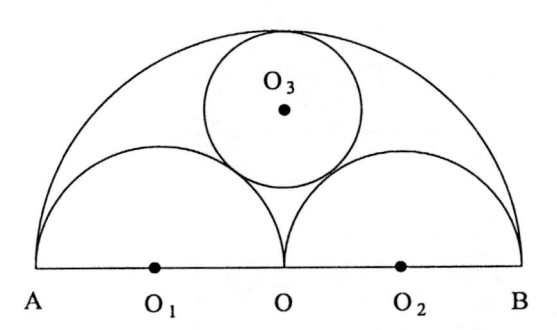

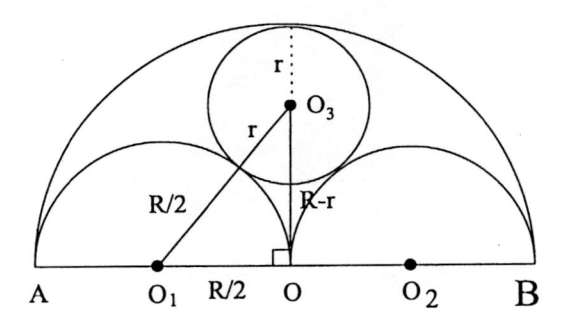

– Do $\triangle OO_1O_3$, por Pitágoras, temos:

$$\left(r+\frac{R}{2}\right)^2 = \left(\frac{R}{2}\right)^2 + (R-r)^2$$

$$\cancel{r^2} + rR + \cancel{\frac{R^2}{4}} = \cancel{\frac{R^2}{4}} + R^2 - 2rR + \cancel{r^2}$$

$$3rR = R^2 \Rightarrow \boxed{r = \frac{R}{3}}$$

**5.** Do mesmo lado de uma reta são traçados três círculos tangentes à reta e tangentes entre si dois a dois. Sabendo-se que os raios dos círculos maiores valem 12, calcule o raio do menor.

**Resolução:**

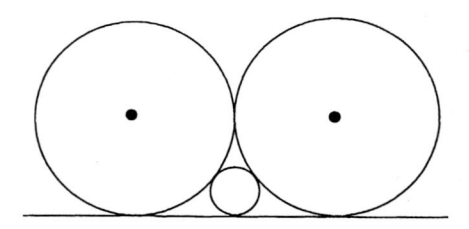

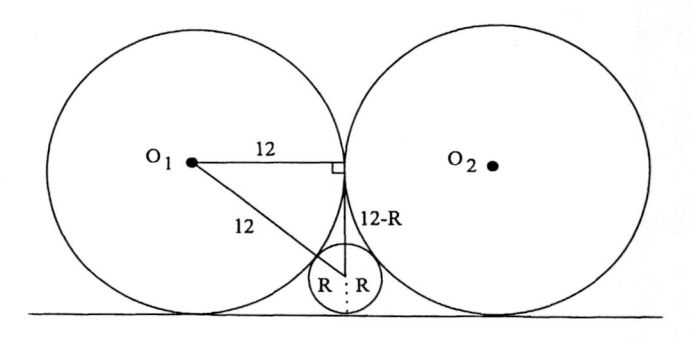

– Do triângulo assinalado, temos:

$(12 + R)^2 = (12 - R)^2 + 12^2$

$1\!\!\!/44 + 24R + \cancel{R^2} = 1\!\!\!/44 - 24R + \cancel{R^2} + 144$

$48R = 144 \Rightarrow \boxed{R = 3}$

**6.** Calcule o comprimento da tangente comum externa e dois círculos tangentes de raios 4 m e 1 m.

**Resolução:**

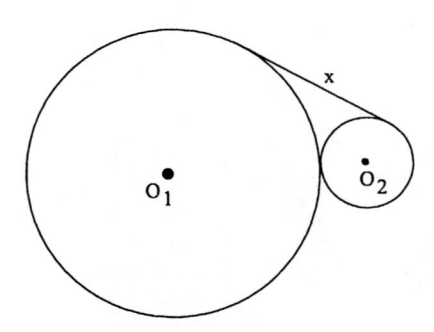

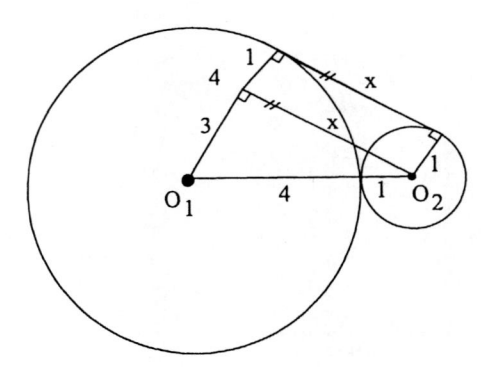

– Pelo centro de um dos círculos foi traçada uma paralela à tangente comum ($x$). Pelo triângulo assinalado, temos:

$$5^2 = 3^2 + x^2$$
$$\boxed{x = 4}$$

**7.** Uma das diagonais de um losango mede 30 cm e o seu lado mede 17 cm. Encontre a outra diagonal.

**Resolução**:

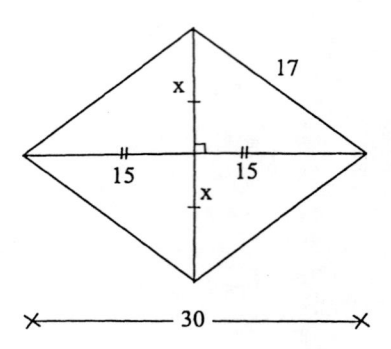

- Por Pitágoras, temos:

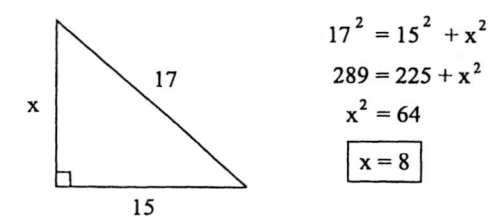

$$17^2 = 15^2 + x^2$$
$$289 = 225 + x^2$$
$$x^2 = 64$$
$$\boxed{x = 8}$$

- Logo: a outra diagonal vale $2x$

$d = 2x \Rightarrow d = 2.8 \Rightarrow d = 16$

$$\boxed{d = 16 \text{ cm}}$$

**8.** Sabendo que a diagonal de um quadrado é $5\sqrt{2}$ cm, encontre seu perímetro.

**Resolução**:

- da diagonal, temos:

**Unidade 7** - *Relações métricas no triângulo retângulo* |203

$d_\square = \ell\sqrt{2} \Rightarrow 5\sqrt{2} = \ell\sqrt{2} \Rightarrow \ell = 5$ cm

- do perímetro, temos:

$2p_\square = 4\ell \Rightarrow 2p_\square = 4.5 \Rightarrow 2p_\square = 20$

$\boxed{2p_\square = 20 \text{ cm}}$

## QUESTÕES DE FIXAÇÃO

**1.** No retângulo $ABCD$ de lados $\overline{AB} = 4$ e $\overline{BC} = 3$, o segmento $\overline{DM}$ é perpendicular à diagonal $\overline{AC}$. Quanto mede o segmento $\overline{AM}$?

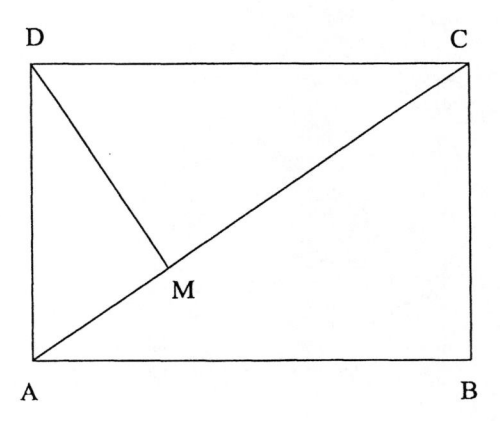

**2.** A hipotenusa de um triângulo retângulo isósceles mede $3\sqrt{2}$ m. Qual a medida de cada cateto?

**3.** A altura de um triângulo eqüilátero, cujo lado mede $2\sqrt{3}$ cm vale?

**4.** A altura de um triângulo eqüilátero cujo perímetro é 24 m vale?

5. Qual a medida de a e m na figura abaixo:

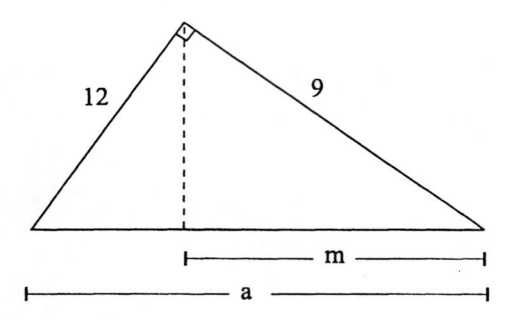

6. Ache o perímetro do quadrilátero $ABCD$, sendo que o triângulo $ABC$ é retângulo e o triângulo $ACD$ é eqüilátero.

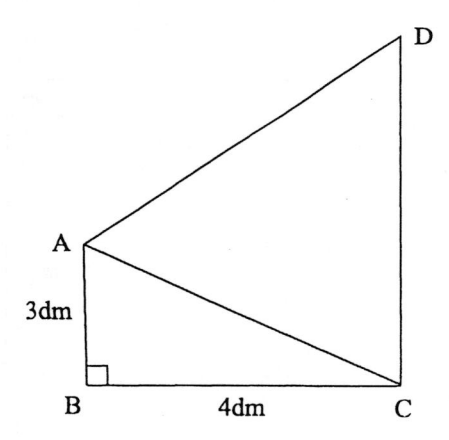

7. Num triângulo eqüilátero de altura $h$, seu perímetro é dado por _____ .

8. Se a diagonal de um quadrado é $3\sqrt{2}$ cm, qual é seu perímetro?

9. Em um triângulo retângulo seus catetos medem $(x-1)$ e $(2x)$. Sua hipotenusa mede $(2x+1)$. Qual o valor da soma das projeções dos catetos sobre a hipotenusa?

10. Num triângulo retângulo $ABC$, os catetos $\overline{BC}$ e $\overline{AB}$ medem, respectivamente, 18 m e 24 m. A mediatriz da hipotenusa $\overline{AC}$ intercepta o cateto $\overline{AB}$ em $M$. Qual a

medida do segmento $\overline{BM}$ ?

**11.** Qual o valor de $w$ na figura?

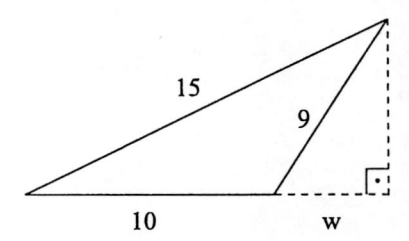

**12.** O ângulo obtuso formado pelas bissetrizes dos ângulos agudos de um triângulo retângulo mede?

**13.** Dois círculos de raios 2 m e 8 m são tangentes exteriormente e tangentes a uma reta nos pontos $A$ e $B$. Qual o comprimento de $\overline{AB}$ ?

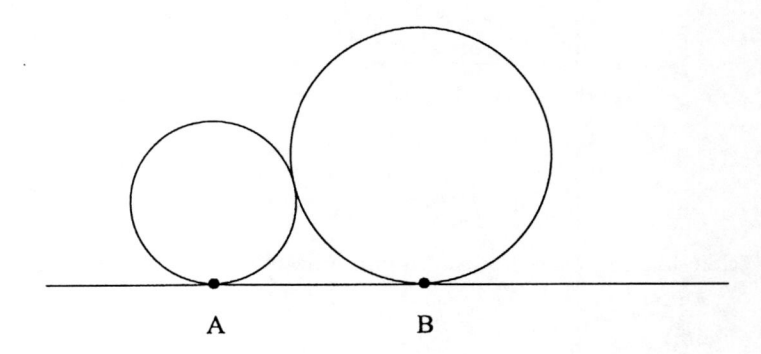

**14.** Duas circunferências são concêntricas (mesmo centro), e seus raios medem 1,5 cm e 1,2 cm. Encontre o comprimento da corda da circunferência maior, tangente à menor.

**15.** Na figura, determine os valores de $x$, $y$, $z$ e $t$.

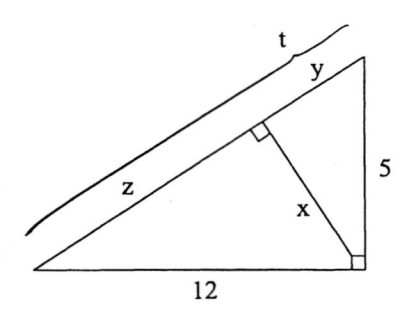

**16.** A altura de um triângulo retângulo determina sobre a hipotenusa segmentos de 4 cm e 9 cm. Encontre a altura e os catetos.

**17.** Encontre as medidas indicadas no triângulo retângulo abaixo:

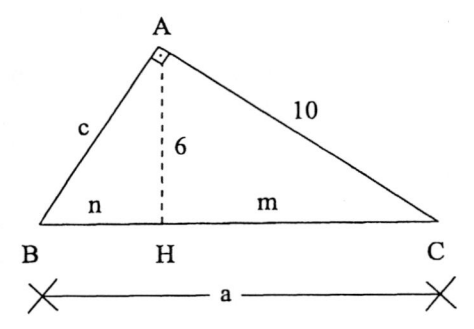

**18.** Num triângulo eqüilátreo de lado 6 cm, uma mediana qualquer vale?

**19.** Qual o valor:
  a) Da altura de um triângulo eqüilátero de lado 10 m?
  b) Da diagonal de um retângulo de lados 5 dm e 12 dm?
  c) Do lado de um quadrado de diagonal medindo $10\sqrt{2}$ cm?

**20.** Uma bola estava flutuando em um lago, quando este congelou. A bola foi então removida (sem quebrar o gelo), deixando um buraco de 24 cm de diâmetro e 8 cm de profundidade. Qual o raio da bola (em centímetros)?

**21.** O valor de $x$ na figura é:

a) $2\sqrt{5}$
b) $5\sqrt{2}$
c) $3\sqrt{6}$
d) $\sqrt{10}$
e) $2\sqrt{10}$

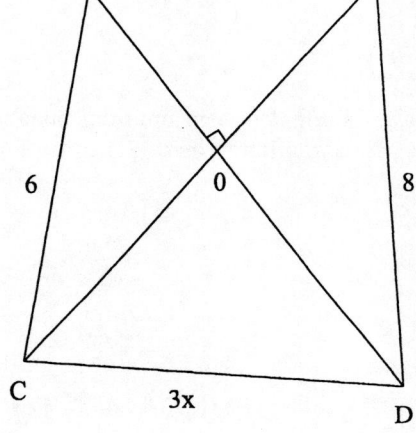

**22.** A hipotenusa de um triângulo retângulo isósceles mede $3\sqrt{2}$ m. A medida de cada cateto é:
a) 18 m
b) 12 m
c) 9 m
d) 3 m
e) 2 m

**23.** Calculando $x$ e $y$ na figura abaixo, obtemos respectivamente:

a) 13 e 6
b) 15 e 3
c) 13 e 4
d) 13 e 3
e) 20 e 3

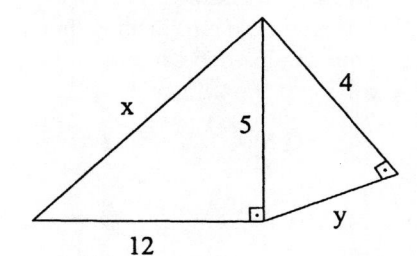

**24.** $\overline{AB}$ é hipotenusa de um triângulo retângulo $ABC$. A mediana $\overline{AD}$ mede 7 e a mediana $\overline{BE}$ mede 4. O comprimento de $\overline{AB}$ é igual a:

a) $2\sqrt{13}$
b) $5\sqrt{2}$
c) $5\sqrt{3}$
d) 10
e) $10\sqrt{2}$

**25.** Uma escada medindo 4 m tem uma das suas extremidades apoiadas no topo de um muro, e a outra extremidade dista 2,4 m da base do muro. A altura desse muro é:
a) 2,3 m
b) 3,0 m
c) 3,2 m
d) 3,4 m
e) 3,8 m

# QUESTÕES DE APROFUNDAMENTO

**1. (UERJ)** Millôr Fernandes, em uma bela homenagem à Matemática, escreveu um poema do qual extraímos o fragmento abaixo:

> Às folhas tantas de um livro de Matemática,
> um Quociente apaixonou-se um dia doidamente
> por uma Incógnita.
> Olhou-a com seu olhar inumerável
> e viu-a do ápice à base: uma figura ímpar;
> olhos rombóides, boca trapezóide,
> corpo retangular, seios esferóides.
> Fez da sua vida paralela à dela,
> até que se encontraram no Infinito.
> "Quem és tu?" – indagou ele em ânsia radical.
> "Sou a soma dos quadrados dos catetos.
> Mas pode me chamar de hipotenusa."

*(Millôr Fernandes.
Trinta Anos de Mim Mesmo)*

A incógnita se enganou ao dizer quem era. Para atender ao Teorema de Pitágoras, deveria dar a seguinte resposta:
a) "Sou a soma dos catetos. Mas pode me chamar de hipotenusa."
b) "Sou o quadrado da soma dos catetos. Mas pode me chamar de hipotenusa."
c) "Sou o quadrado da soma dos catetos. Mas pode me chamar de quadrado da hipotenusa."
d) "Sou a soma dos quadrados dos catetos. Mas pode me chamar de quadrado da hipotenusa."

**2. (UERJ)** Na análise dos problemas relativos aos trapézios, aprende-se que é muito útil traçar, por um dos vértices da base menor, um segmento paralelo a um dos lados do trapézio. Dessa forma, os trapézios podem ser estudados como sendo a união de paralelogramos e triângulos, conforme ilustração abaixo:

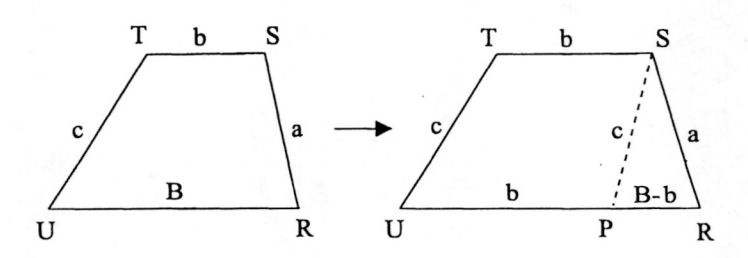

Assim, a análise do trapézio $RSTU$ passa, basicamente, para o triângulo de lados $a$, $c$ e $B - b$. A altura, a existência e os ângulos do trapézio $RSTU$ podem ser calculados a partir dos correspondentes, no triângulo $RSP$.

Considere então, um trapézio em que as bases medem 10 cm e 15 cm e os outros dois lados, 5 cm cada um.

Logo, o número inteiro de centímetros que mais se aproxima da medida da altura desse trapézio é:

a) 3

b) 4

c) 5

d) 6

e) 7

**3. (UNIRIO)** Na figura a seguir, determine o perímetro do triângulo $ABC$.

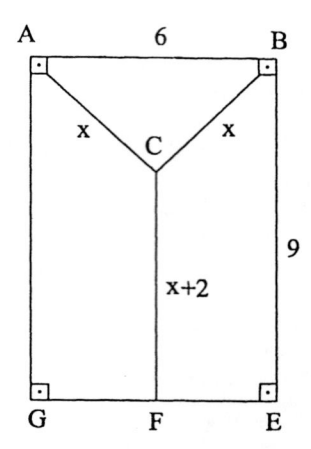

210 | Matemática sem Mistérios - Geometria Plana e Espacial

**4. (UFRJ)** Os pontos médios dos lados de um quadrado de perímetro $2p$ são vértices de um quadrado de perímetro

**5. (UFRJ)** Na figura, o triângulo $AEC$ é eqüilátero e $ABCD$ é um quadrado de lado 2 cm.

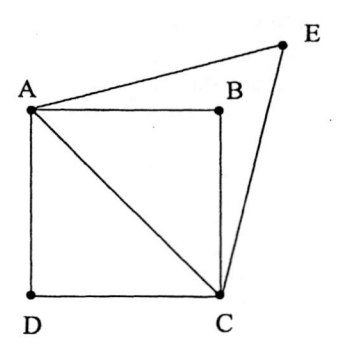

Calcule a distância $BE$.

**6. (MACK-SP)** O perímetro de um retângulo é 42 cm e os seus lados são proporcionais a 3 e 4. A diagonal desse retângulo mede:
 a) 5 cm
 b) 10 cm
 c) 15 cm
 d) 20 cm
 e) n.r.a.

**Unidade 7** - Relações métricas no triângulo retângulo |211

**7. (PUC-SP)** Na figura, os segmentos são medidos em $m$. O segmento de $x$ é:

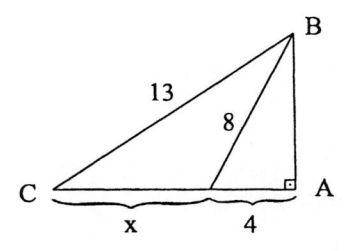

a) 11 m

b) 105 m

c) Impossível de ser calculado, pois 43 não tem raiz.

d) 7 m

e) n.r.a.

**8. (UFGO)** O perímetro de um triângulo isósceles de 3 cm de altura é 18 cm. Os lados deste triângulo, em cm, são:

a) 7, 7, 4

b) 5, 5, 8

c) 6, 6, 6

d) 4, 4, 10

e) 3, 3, 12

**9. (PUCCAMP-SP)** Os lados paralelos de um trapézio retângulo medem 6 cm e 8 cm, e a altura mede 4 cm. A distância entre o ponto de intersecção das retas-suporte dos lados não-paralelos e o ponto médio da maior base é:

a) $5\sqrt{15}$ cm

b) $2\sqrt{19}$ cm

c) $3\sqrt{21}$ cm

d) $4\sqrt{17}$ cm

e) n.r.a.

**10. (UFES)** Inscreve-se um triângulo numa semicircunferência cujo diâmetro coincide com um dos lados do triângulo. Os outros lados do triângulo medem 5 cm e

12 cm. O raio da semicircunferência mede:

a) $\dfrac{13}{2}$ cm

b) 13 cm

c) $\dfrac{15}{2}$ cm

d) 5 cm

e) Faltam dados para determinar tal raio.

**11. (FUVEST)** A secção transversal de um maço de cigarros é um retângulo que acomoda exatamente os cigarros como na figura.

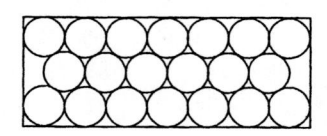

Se o raio dos cigarros é $r$, as dimensões do retângulo são:
a) $14r$ e $2r(1 + \sqrt{3})$
b) $7r$ e $3r$
c) $14r$ e $6r$
d) $14r$ e $3r$
e) $(2 + 3\sqrt{3})r$ e $2r\sqrt{3}$

**12. (UFF)** No triângulo isósceles $PQR$, da figura abaixo, $\overline{RH}$ é a altura relativa ao lado $\overline{PQ}$.

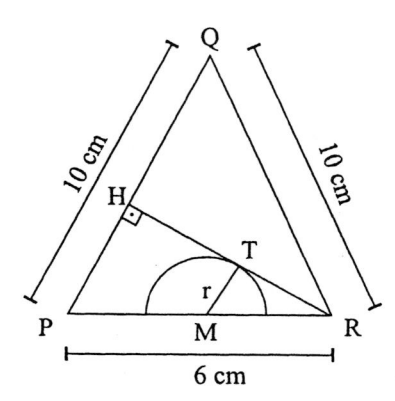

Se $M$ é o ponto médio de $\overline{PR}$, então a semicircunferência de centro $M$, e tangente a $\overline{RH}$ em $T$ tem raio $r$ igual a:

a) 0,50 cm
b) 0,75 cm
c) 0,90 cm
d) 1,00 cm
e) 1,50 cm

**13. (UNIRIO)**

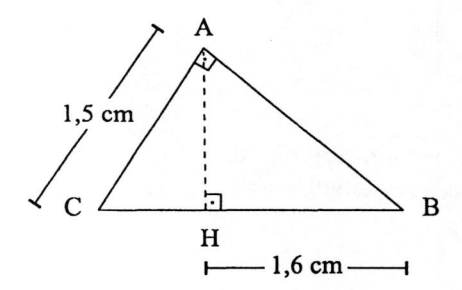

Na figura acima, o valor da secante do ângulo interno $C$ é igual a:

a) $\dfrac{5}{3}$

b) $\dfrac{4}{3}$

c) $\dfrac{5}{4}$

d) $\dfrac{7}{6}$

e) $\dfrac{4}{5}$

**14. (UNICAMP-SP)** A hipotenusa de um triângulo retângulo mede 1 metro e um dos ângulos é o triplo do outro.

a) Calcule os comprimentos dos catetos.

b) Mostre que o comprimento do cateto maior está entre 92 e 93 centímetros.

**15. (PUC-RJ)** Considere um triângulo de hipotenusa $a$ e catetos $b$ e $c$. Sejam $m$ e $n$ as projeções ortogonais dos catetos sobre a hipotenusa. Então a soma $\dfrac{1}{m} + \dfrac{1}{n}$ é igual a:

a) $\dfrac{1}{a}$

b) $\dfrac{1}{b} + \dfrac{1}{c}$

c) $\dfrac{1}{b+c}$

d) $\dfrac{a^3}{b^2 + c^2}$

e) $\dfrac{a^3}{b^2 c^2}$

**16. (PUC-MG)** As medidas dos catetos de um triângulo retângulo são 1 cm e 2 cm. A medida da altura do triângulo relativa à hipotenusa, em cm, é igual a:

a) $\dfrac{1}{2}$

b) $\dfrac{2}{\sqrt{2}}$

c) $\dfrac{3}{\sqrt{5}}$

d) $\dfrac{2}{\sqrt{5}}$

e) $\dfrac{3}{\sqrt{7}}$

**17. (FEI-SP)** O lado de um triângulo eqüilátero de 2 cm de altura mede:
a) $\sqrt{3}$ cm
b) $\sqrt{2}$ cm
c) $\dfrac{3\sqrt{2}}{2}$ cm
d) $\dfrac{4\sqrt{3}}{3}$ cm
e) $\sqrt{5}$ cm

**18. (FAFI-BH)** Considere um triângulo $ABC$ retângulo em $A$ e, nele, tome $\overline{AH}$ como sendo a altura relativa à hipotenusa desse triângulo. Se $\overline{BH} = 144$ cm e $\overline{AC} = 65$ cm, então o comprimento do segmento $\overline{AB}$, em cm, é:
a) 25
b) 60

c) 80
d) 156
e) 169

**19. (CESGRANRIO)** Num triângulo retângulo, a altura relativa à hipotenusa mede 12, e o menor dos segmentos que ela determina sobre a hipotenusa, 9. O menor lado do triângulo mede:
a) 12,5
b) 13
c) 15
d) 16
e) 16,5

**20. (FAAP-SP)** O triângulo $ABC$ da figura está inscrito na circunferência de centro $O$ e raio $R = 5$ cm. Se $b = 6$ cm e $c = 8$ cm, os valores de $m$, $n$ e $h$, em cm, são, respectivamente:

a) 3,2; 6,6 e 4,6
b) 2; 4 e 6
c) 3,6; 6,4 e 4,8
d) 1,8; 3,2 e 2,4
e) n.d.a.

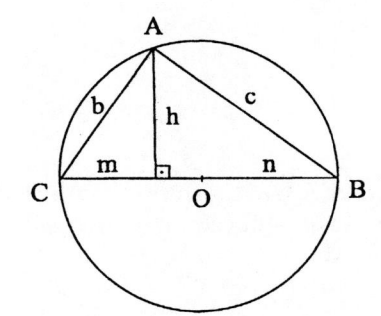

**21. (UFPA)** O perímetro do pentágono $PENTA$ da figura é, em cm, igual a:

a) 16
b) 24
c) 32
d) 64
e) 80

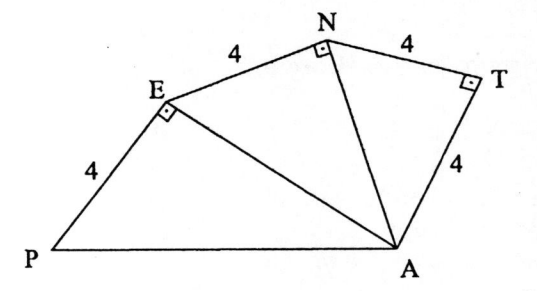

**22. (FGV-SP)** Qual o perímetro do quadrado que tem a diagonal igual a $3\sqrt{6}$ m?

a) $12\sqrt{3}$ m
b) $12\sqrt{6}$ m
c) $6\sqrt{3}$ m
d) $8\sqrt{3}$ m
e) $12\sqrt{2}$ m

**23. (PUC-SP)** O perímetro de um losango mede 20 cm e uma das diagonais mede 8 cm. Quanto mede a outra diagonal?
a) 3 cm
b) 6 cm
c) 5 cm
d) n.d.a.

**24. (FEI-SP)** Se em um triângulo os lados medem 9, 12 e 15 cm, então a altura relativa ao maior lado mede:
a) 8,0 cm
b) 7,2 cm
c) 6,0 cm
d) 5,6 cm
e) 4,3 cm

**25. (COLÉGIO NAVAL)** A distância entre os centros de dois círculos de raios iguais a 5 e 4 é 41. Assinale a opção que apresenta a medida de um dos segmentos tangentes aos dois círculos.
a) 38,5
b) 39
c) 39,5
d) 40
e) 40,5

## Gabarito das questões de fixação

**Questão 1** - Resposta: $\dfrac{9}{5}$
**Questão 2** - Resposta: 3 m
**Questão 3** - Resposta: 3 cm
**Questão 4** - Resposta: $4\sqrt{3}$ m
**Questão 5** - Resposta: $a = 15$ e $m = 5,4$
**Questão 6** - Resposta: 17 dm
**Questão 7** - Resposta: $2h\sqrt{3}$
**Questão 8** - Resposta: 12 cm
**Questão 9** - Resposta: 13

**Unidade 7** - *Relações métricas no triângulo retângulo* |217

**Questão 10** - Resposta: 5,25
**Questão 11** - Resposta: 1
**Questão 12** - Resposta: 135°
**Questão 13** - Resposta: 6 m
**Questão 14** - Resposta: 18 cm
**Questão 15** - Resposta: $x = \dfrac{60}{13}$, $y = \dfrac{25}{13}$, $z = \dfrac{144}{13}$ e $t = 13$
**Questão 16** - Resposta: 6 cm, $2\sqrt{13}$ cm e $3\sqrt{13}$ cm
**Questão 17** - Resposta: $m = 8$; $n = 4,5$; $c = 7,5$ e $a = 12$
**Questão 18** - Resposta: $3\sqrt{3}$ cm
**Questão 19** - Resposta: a) $5\sqrt{3}$ m    b) 13 dm    c) 10 cm
**Questão 20** - Resposta: 13
**Questão 21** - Resposta: d
**Questão 22** - Resposta: d
**Questão 23** - Resposta: d
**Questão 24** - Resposta: a
**Questão 25** - Resposta: c

### Gabarito das questões de aprofundamento

**Questão 1** - Resposta: d
**Questão 2** - Resposta: b
**Questão 3** - Resposta: $2p_{\triangle ABC} = \dfrac{100}{7}$
**Questão 4** - Resposta: $p\sqrt{2}$
**Questão 5** - Resposta: $(\sqrt{6} - \sqrt{2})$ cm
**Questão 6** - Resposta: c
**Questão 7** - Resposta: d
**Questão 8** - Resposta: b
**Questão 9** - Resposta: d
**Questão 10** - Resposta: a
**Questão 11** - Resposta: a
**Questão 12** - Resposta: c
**Questão 13** - Resposta: a
**Questão 14** - Resposta: a) $\dfrac{\sqrt{2+\sqrt{2}}}{2}$ m e $\dfrac{\sqrt{2-\sqrt{2}}}{2}$ m    b) cateto maior = $\dfrac{\sqrt{2+\sqrt{2}}}{2} =$ 0,8525 logo está entre 92 e 93 centímetros pois:

$$\begin{cases} 0,92^2 = 0,8464 \\ \quad\quad \boxed{0,8525} \Leftarrow \text{ entre 92 cm e 93 cm} \\ 0,93^2 = 0,8649 \end{cases}$$

**Questão 15** - Resposta: e

Questão 16 - Resposta: d
Questão 17 - Resposta: d
Questão 18 - Resposta: d
Questão 19 - Resposta: c
Questão 20 - Resposta: c
Questão 21 - Resposta: b
Questão 22 - Resposta: a
Questão 23 - Resposta: b
Questão 24 - Resposta: b
Questão 25 - Resposta: d

# UNIDADE 8

# RELAÇÕES MÉTRICAS NUM TRIÂNGULO QUALQUER

**SINOPSE TEÓRICA**

### 8.1) Lei dos cossenos

Em todo triângulo, o quadrado de um dos seus lados é igual a soma dos quadrados dos outros dois lados, menos o duplo produto desses lados pelo cosseno do ângulo formado entre eles.

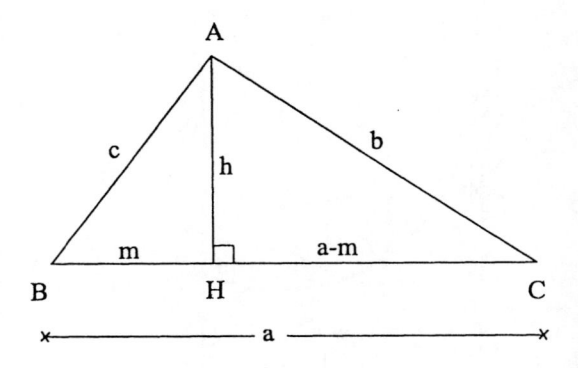

Do Triângulo $ABH$, temos:

$$c^2 = m^2 + h^2 \qquad (1)$$

$$\cos \widehat{B} = \frac{m}{c} \Rightarrow m = c \cos \widehat{B} \qquad (2)$$

Do triângulo $ACH$, temos:

$$b^2 = (a-m)^2 + h^2$$

$$b^2 = a^2 - 2am + m^2 + h^2 \qquad (3)$$

Substituindo as igualdades (1) e (2) em (3) vem:

$$b^2 = a^2 - 2ac \cos \widehat{B} + c^2$$

logo:

$$\boxed{b^2 = a^2 + c^2 - 2ac \cos \widehat{B}}$$

Analogamente temos:

$$\boxed{a^2 = b^2 + c^2 - 2bc \cos \widehat{A}}$$

$$\boxed{c^2 = a^2 + b^2 - 2ab \cos \widehat{C}}$$

## 8.2) Lei dos senos

A razão entre cada lado de um triângulo e o seno do ângulo oposto a ele é constante e igual ao diâmetro do círculo circunscrito ao triângulo.

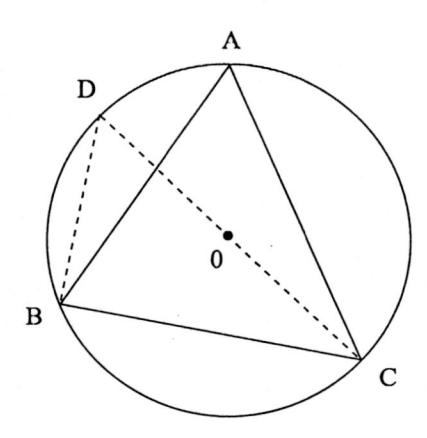

Considerando o círculo de raio $R$ circunscrito ao triângulo $ABC$ podemos notar que:

**Unidade 8** - *Relações métricas num triângulo qualquer* | 221

$$\widehat{A} = \frac{\overset{\frown}{BC}}{2} \quad e \quad \widehat{D} = \frac{\overset{\frown}{BC}}{2}, \quad \text{logo:} \quad \widehat{A} = \widehat{D}.$$

Do triângulo $DBC$, temos:

$$\operatorname{sen} \widehat{D} = \frac{\overline{BC}}{2R} \Rightarrow \operatorname{sen} \widehat{A} = \frac{\overline{BC}}{2R} \Rightarrow \frac{\overline{BC}}{\operatorname{sen} \widehat{A}} = 2R$$

Analogamente temos:

$$\frac{\overline{AC}}{\operatorname{sen} \widehat{B}} = 2R \quad e \quad \frac{\overline{AB}}{\operatorname{sen} \widehat{C}} = 2R$$

Então podemos escrever a expressão:

$$\boxed{\frac{\overline{BC}}{\operatorname{sen} \widehat{A}} = \frac{\overline{AC}}{\operatorname{sen} \widehat{B}} = \frac{\overline{AB}}{\operatorname{sen} \widehat{C}} = 2R}$$

## 8.3) Síntese de Clairaut

Sendo $a$ o maior lado de um triângulo de lados $a$, $b$ e $c$, podemos conhecer a natureza desse triângulo, com base nas equivalências seguintes:

$$\boxed{a^2 < b^2 + c^2} \rightarrow \text{o triângulo é acutângulo}$$
$$\boxed{a^2 = b^2 + c^2} \rightarrow \text{o triângulo é retângulo}$$
$$\boxed{a^2 > b^2 + c^2} \rightarrow \text{o triângulo é obtusângulo}$$

# QUESTÕES RESOLVIDAS

**1.** Encontre a medida de $\overline{MN}$ no triângulo da figura abaixo.

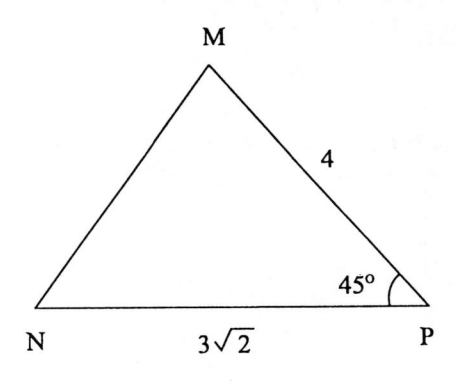

**Resolução:**

– pela lei dos cossenos, temos:

$$\overline{MN}^2 = \overline{NP}^2 + \overline{MP}^2 - 2 \cdot \overline{NP} \cdot \overline{MP} \cdot \cos 45°$$

$$\overline{MN}^2 = (3\sqrt{2})^2 + (4)^2 - \not{2} \cdot (3\sqrt{2}) \cdot (4) \cdot \frac{\sqrt{2}}{\not{2}}$$

$$\overline{MN}^2 = 18 + 16 - 24$$

$$\overline{MN}^2 = 10 \Rightarrow \boxed{\overline{MN} = \sqrt{10}}$$

**2.** Em um triângulo $ABC$, $\overline{AB} = 3$, $\overline{BC} = 4$ e $A\widehat{B}C = 60°$. Ache a medida do lado $AC$.

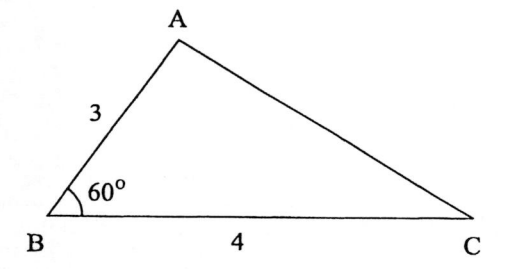

**Resolução:**

– pela lei dos cossenos temos:

$$\overline{AC}^2 = 3^2 + 4^2 - 2 \cdot 3 \cdot 4 \cos 60°$$

$$\overline{AC}^2 = 9 + 16 - \not{2} \cdot 3 \cdot 4 \cdot \frac{1}{\not{2}}$$

$$\overline{AC}^2 = 13 \Rightarrow \boxed{\overline{AC} = \sqrt{13}}$$

**3.** Num triângulo $ABC$, $\overline{AB} = \sqrt{6}$, $A\widehat{B}C = 60°$ e $A\widehat{C}B = 45°$. Calcule a medida do lado $\overline{AC}$.

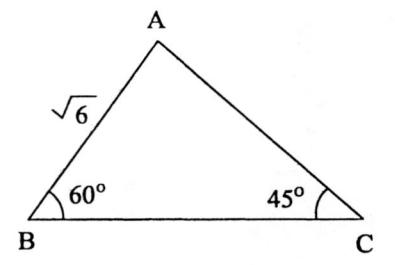

**Unidade 8** - *Relações métricas num triângulo qualquer* | 223

$$\text{(triângulo ABC com } \overline{AB}=\sqrt{6}, \angle B = 60°, \angle C = 45°)$$

**Resolução:**

– pela lei dos senos, temos:

$$\frac{\overline{AC}}{\text{sen}\,60°} = \frac{\sqrt{6}}{\text{sen}\,45°}$$

$$\frac{\overline{AC}}{\frac{\sqrt{3}}{\cancel{2}}} = \frac{\sqrt{6}}{\frac{\sqrt{2}}{\cancel{2}}} \Rightarrow \overline{AC} = \frac{\sqrt{3}\cdot\sqrt{6}}{\sqrt{2}} \Rightarrow \boxed{\overline{AC} = 3}$$

**4.** Num triângulo $MNP$, temos $\overline{MP} = 3$ cm, $\overline{NP} = 4$ cm e $\alpha = N\widehat{M}P$. Se $\overline{MN} = 3$ cm, encontre $\cos\alpha$.

**Resolução:**

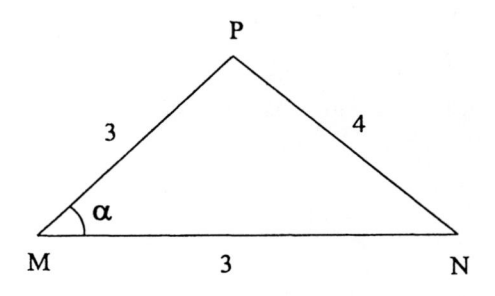

- pela lei dos cossenos, temos:

$\overline{PN}^2 = \overline{MN}^2 + \overline{PM}^2 - 2 \cdot \overline{MN} \cdot \overline{PM} \cdot \cos\alpha$

$4^2 = 3^2 + 3^2 - 2 \cdot 3 \cdot 3 \cdot \cos\alpha$

$16 = 9 + 9 - 18\cos\alpha$

$18\cos\alpha = 18 - 16$

$18\cos\alpha = 2$

$\cos\alpha = \dfrac{2}{18}$

$\boxed{\cos\alpha = \dfrac{1}{9}}$

**5.** Classifique quantos aos ângulos, o triângulo de lados:
a) 3, 4 e 5
b) 5, 7 e 6
c) 10, 12 e 6

**Resolução**:
a) $a^2 = b^2 + c^2 \Rightarrow 5^2 = 3^2 + 4^2 \Rightarrow 25 = 9 + 16 \Rightarrow \overline{25 = 25}$
O triângulo é retângulo
b) $a^2 < b^2 + c^2 \Rightarrow 7^2 < 5^2 + 6^2 \Rightarrow 49 < 25 + 36 \Rightarrow \overline{49 < 61}$
O triângulo é acutângulo
c) $a^2 > b^2 + c^2 \Rightarrow 12^2 > 10^2 + 6^2 \Rightarrow 144 > 100 + 36 \Rightarrow \overline{144 > 136}$
O triângulo é obtusângulo

## QUESTÕES DE FIXAÇÃO

**1.** O lado oposto ao ângulo obtuso de um triângulo tem 11 cm e outro lado mede 8 cm. A projeção do terceiro lado sobre o lado de medida 8 cm tem 6 cm. Quanto mede o terceiro lado?

**2.** Os lados de um triângulo medem $2\sqrt{3}$ cm, $\sqrt{6}$ cm e $(3 + \sqrt{3})$ cm. Encontre o ângulo oposto ao lado que mede $\sqrt{6}$.

**3.** Num triângulo $MNP$, $\overline{NP} = m$, $\overline{MP} = n$, $\widehat{M} = 45°$ e $\widehat{N} = 30°$. Sendo $m + n = 1 + \sqrt{2}$, ache $m$ e $n$.

**4.** Sendo um triângulo retângulo $MNP$ os ângulos $\widehat{N}$ e $\widehat{P}$ são agudos. Se a hipotenusa mede 3 cm e sen $\widehat{P} = \dfrac{1}{2}$ sen $\widehat{N}$, ache a medida dos catetos.

**5.** Classifique quanto aos ângulos pela síntese de Clairaut, o triângulo quanto aos lados:

a) 17, 15 e 8

b) 17, 9 e 15

c) 6, 10 e 12

d) 14, 8 e 17

e) 5, 12 e 13

f) 15, 17 e 9

g) 24, 25 e 7

**6.** Dado o triângulo abaixo, encontre $m$ e $n$.

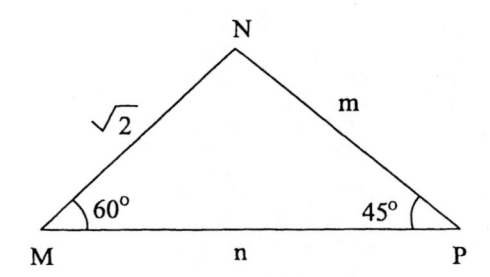

**7.** Na figura seguinte, ache sen $\theta$:

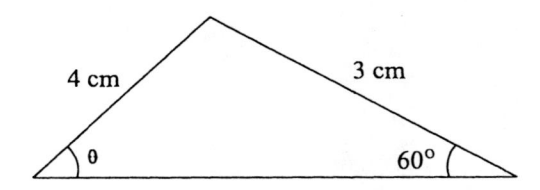

**8.** Encontre nas figuras seguintes, as medidas indicadas:

a)

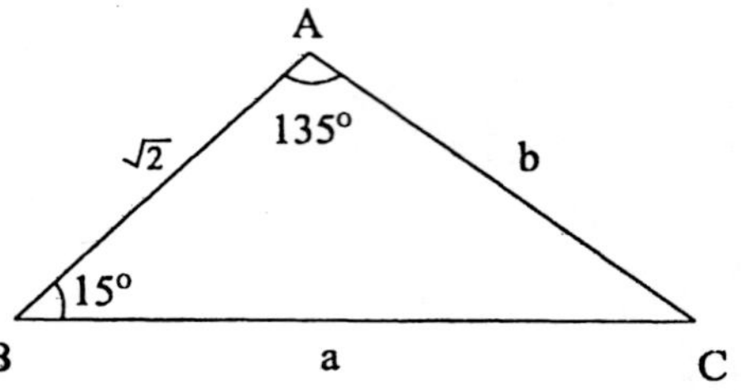


b)

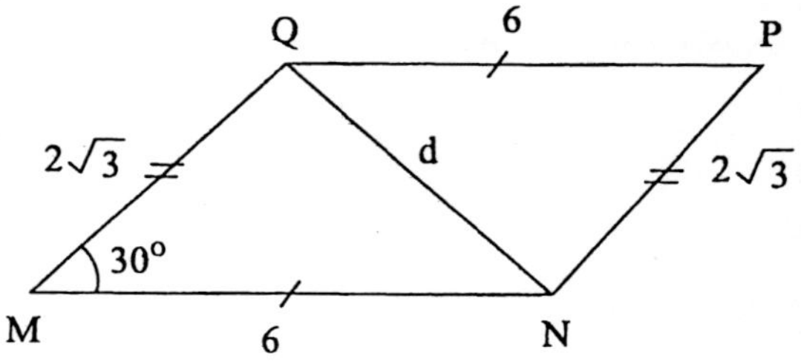


**9.** Ache $\cos\theta$ na figura abaixo:

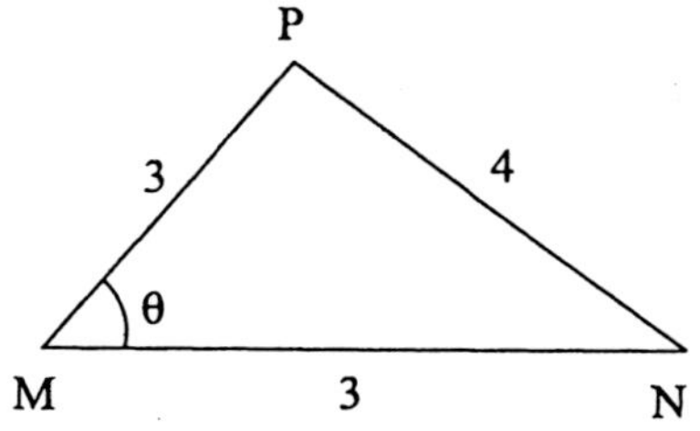

**10.** Encontre $\theta$ na figura:

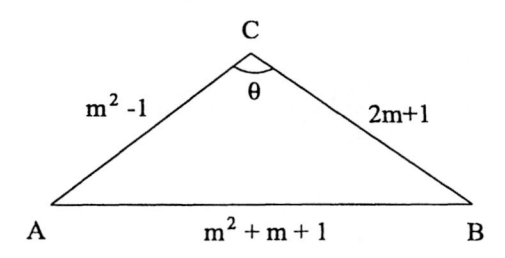

```
            C
         θ
   m²-1 /   \ 2m+1
       /     \
      A───────B
       m²+m+1
```

## QUESTÕES DE APROFUNDAMENTO

**1. (UNIRIO)**

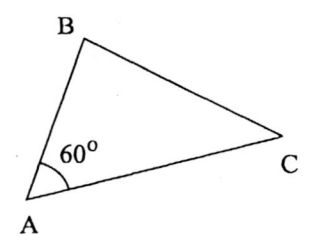

```
        B
       /\
      /  \
     /60° \
    A──────C
```

Deseja-se medir a distância entre duas cidades $B$ e $C$ sobre um mapa, sem escala. Sabe-se que $AB = 80$ km e $AC = 120$ km, onde $A$ é uma cidade conhecida, como mostra a figura acima. Logo, a distância entre $B$ e $C$, em km, é:
a) Menor que 90.
b) Maior que 90 e menor que 100.
c) Maior que 100 e menor que 110.
d) Maior que 110 e menor que 120.
e) Maior que 120.

**2. (UFRJ)** Os ponteiros de um relógio circular medem, do centro às extremidades, 2 metros, o dos minutos, e 1 metro, o das horas.
Determine a distância entre as extremidades dos ponteiros quando o relógio marca 4 horas.

**3. (UNICAMP)** A água, utilizada na casa de um sítio, é captada e bombeada do rio para uma caixa d'água a 50 m de distância. A casa está a 80 m de distância da caixa d'água e o ângulo formado pelas direções caixa d'água-bomba e caixa d'água-casa é de 60°. Se se pretende bombear água no mesmo ponto de captação até a casa, quantos metros de encanamento serão necessários?

**4. (MACK-SP)** Dois lados consecutivos de um paralelogramo medem 8 e 12 e formam um ângulo de 60°. As diagonais medem:

a) $4$ e $4\sqrt{7}$

b) $4\sqrt{7}$ e $4\sqrt{19}$

c) $4\sqrt{7}$ e $4\sqrt{17}$

d) $4\sqrt{17}$ e $4\sqrt{19}$

e) $4$ e $4,5$

**5. (ITA-SP)** Num losango $ABCD$, a soma das medidas dos ângulos obtusos é o triplo da soma das medidas dos ângulos agudos. Se a sua diagonal menor mede $d$ cm, então sua aresta medirá:

a) $\dfrac{d}{\sqrt{2+\sqrt{2}}}$

b) $\dfrac{d}{\sqrt{2-\sqrt{2}}}$

c) $\dfrac{d}{\sqrt{2+\sqrt{3}}}$

d) $\dfrac{d}{\sqrt{3-\sqrt{3}}}$

e) $\dfrac{d}{\sqrt{3-\sqrt{2}}}$

**6. (ITA-SP)** Os lados de um triângulo medem $a$, $b$ e $c$ centímetros. Qual o valor do ângulo interno deste triângulo, oposto ao lado que mede $a$ centímetros, se forem satisfeitas as relações:

$3a = 7c$ e $3b = 8c$

a) 30°

b) 60°

c) 45°

d) 120°

e) 135°

**7. (CESGRANRIO)** Em um triângulo $ABC$, $\overline{AB} = 3$, $\overline{BC} = 4$ e $B = 60°$. O lado $\overline{AC}$ mede:

a) $\sqrt{13}$

b) 5

c) $2\sqrt{3}$

d) $\sqrt{3}$

e) $\sqrt{37}$

**8. (CESGRANRIO)** Um dos ângulos internos de um paralelogramo de lados 3 e 4 mede 120°. A maior diagonal desse paralelogramo mede:

a) 5

b) 6

c) $\sqrt{40}$

d) $\sqrt{37}$

e) 6,5

**9. (UNIRIO)** Os lados de um triângulo são 3, 4 e 6. O cosseno do maior ângulo interno desse triângulo vale:

a) $\dfrac{11}{24}$

b) $-\dfrac{11}{24}$

c) $\dfrac{3}{8}$

d) $-\dfrac{3}{8}$

e) $-\dfrac{3}{10}$

**10. (FUMEC-MG)** Em um triângulo de hipotenusa $a = 10$, tem-se sen $\widehat{B} = 2$ sen $\widehat{C}$. Sendo $c$ o cateto oposto ao ângulo $\widehat{C}$, tem-se, também, que:

a) $c = 4\sqrt{5}$

b) $c = 10\sqrt{3}$

c) $c$ não pode ser calculado por falta de dados.

d) $c = 5\sqrt{3}$

e) $c = 2\sqrt{5}$

**11. (UFGO )** No triângulo abaixo, os valores de $x$ e $y$, nesta ordem, são:

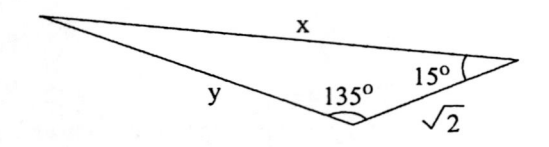

a) $2$ e $\sqrt{3}$

b) $\sqrt{3} - 1$ e $2$

c) $\dfrac{2\sqrt{3}}{3}$ e $\dfrac{\sqrt{6} - \sqrt{2}}{3}$

d) $\dfrac{\sqrt{6} - \sqrt{2}}{3}$ e $\dfrac{2\sqrt{3}}{3}$

e) $2$ e $\sqrt{3} - 1$

**12. (FUVEST-SP)** Na figura abaixo, $\overline{AD} = 2$ cm, $\overline{AB} = \sqrt{3}$ cm, a medida do ângulo $B\hat{A}C$ é $30°$ e $\overline{BD} = \overline{DC}$, onde $D$ é ponto do lado $\overline{AC}$. A medida do lado $\overline{BC}$, em cm é:

a) $\sqrt{3}$

b) $2$

c) $\sqrt{5}$

d) $\sqrt{6}$

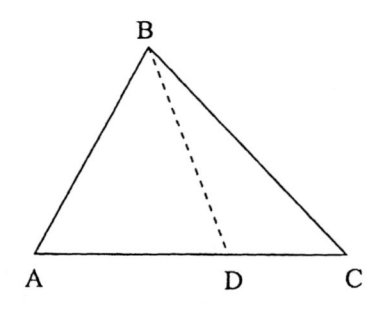

e) $\sqrt{7}$

**13. (UFRJ)** O objetivo desta questão é que você demonstre a lei dos cossenos. Mais especificamente, considerando o triângulo da figura a seguir, mostre que

$$a^2 = b^2 + c^2 - 2bc \cos\theta$$

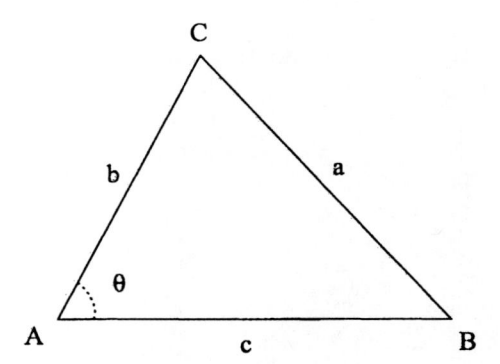

**14. (PUC-SP)** Na figura abaixo, o cos α vale:

a) 2/3
b) 1/3
c) 1/4
d) 3/4
e) 1/2

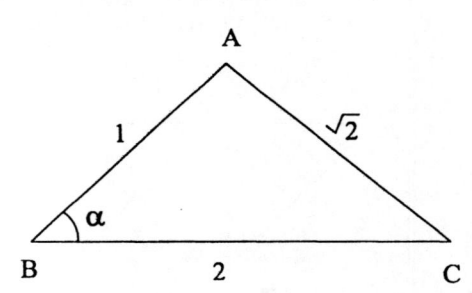

**15. (FGV-SP)** Em um triângulo $ABC$, os ângulos $A$ e $B$ medem, respectivamente, 60° e 45°, e o lado $\overline{BC}$ mede $5\sqrt{6}$ cm. Então, a medida do lado $\overline{AC}$ é:

a) 18 cm
b) $5\sqrt{12}$ cm
c) 12 cm
d) 9 cm
e) 10 cm

**16. (UNIFOR-CE)** As diagonais de um paralelogramo formam entre si um ângulo de 30° e seus comprimentos são $2\sqrt{3}$ cm e 4 cm. O perímetro desse paralelogramo, em centímetros, é:

a) $2\sqrt{13}$
b) $4\sqrt{13}$
c) $1 + \sqrt{13}$
d) $2 + 2\sqrt{13}$
e) $4 + 2\sqrt{13}$

232 | Matemática sem Mistérios - Geometria Plana e Espacial

**17. (PUC-MG)** O cosseno do menor ângulo interno do triângulo cujos lados medem 2 cm, 1 cm e 2 cm é igual a:

a) $\dfrac{1}{2}$

b) $\dfrac{1}{4}$

c) $\dfrac{3}{4}$

d) $\dfrac{6}{7}$

e) $\dfrac{7}{8}$

**18.** Dado o triângulo abaixo, podemos afirmar que o valor de $\cos \alpha$ é:

a) 1/7

b) $-\sqrt{3}/8$

c) $\sqrt{7}/4$

d) $-1/8$

e) $3\sqrt{7}/8$

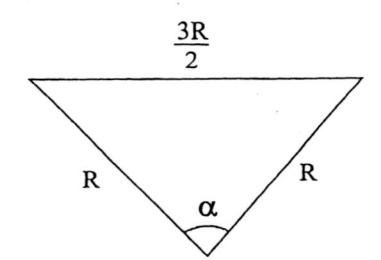

**19. (FUVEST)** As páginas de um livro medem 1 dm de base e $\sqrt{1+\sqrt{3}}$ dm de altura. Se este livro foi parcialmente aberto, de tal forma que o ângulo entre duas páginas de 60°, a medida do ângulo $\alpha$, formado pelas diagonais das páginas, será:

a) 15°

b) 30°

c) 45°

d) 60°

e) 75°

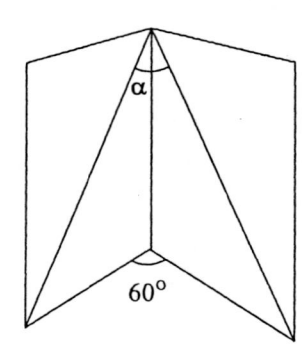

**20. (UERJ)** Considere o triângulo $ABC$ a seguir, onde os ângulos $A$, $B$ e $C$ estão em progressão aritmética crescente. Determine os valores de cada um desses ângulos, respectivamente, nas seguintes condições:

a) $\text{sen } A + \text{sen } B + \text{sen } C = \dfrac{3+\sqrt{3}}{2}$

b) $\overline{AB} = 2\overline{BC}$

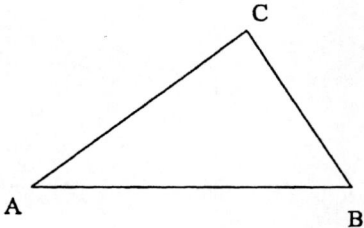

21. (FUVEST) Em uma semi-circunferência de centro $C$ e raio $R$, inscreve-se um triângulo eqüilátero $ABC$. Seja $D$ o ponto onde a bissetriz do ângulo $A\widehat{C}B$ intercepta a semi-circunferência da corda $\overline{AD}$. Calcule $\overline{BD}$.

a) $R\sqrt{2-\sqrt{3}}$

b) $R\sqrt{\sqrt{3}-\sqrt{2}}$

c) $R\sqrt{\sqrt{2}-1}$

d) $R\sqrt{\sqrt{3}-1}$

e) $R\sqrt{3}-\sqrt{2}$

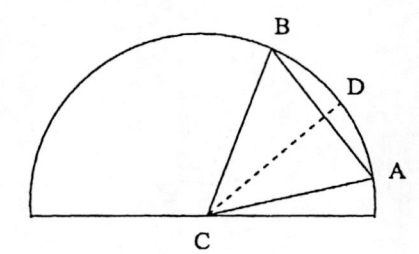

**22. (UCSAL-BA)** Na figura tem-se um triângulo eqüilátero $ABC$ sobre cujos lados foram construídos quadrados.

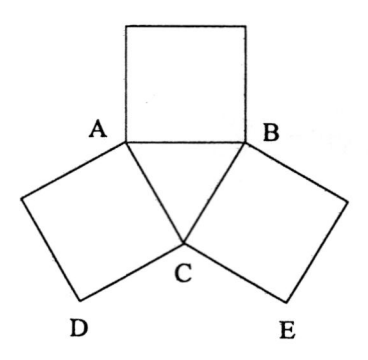

Se o lado do triângulo mede 10 cm, qual é a distância de $D$ a $E$?
a) $5\sqrt{2}$ cm
b) $5\sqrt{3}$ cm
c) 10 cm
d) $10\sqrt{2}$ cm
e) $10\sqrt{3}$ cm

**23. (MACK-SP)** A área do triângulo da figura abaixo é:

a) $10\sqrt{3}$
b) $20\sqrt{3}$
c) $15\sqrt{3}$
d) $12\sqrt{3}$
e) $18\sqrt{3}$

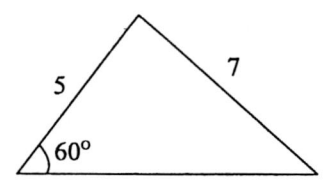

**24. (UFPI)** Em um triângulo, um dos ângulos mede $60°$ e os lados adjacentes a este ângulo medem 1 cm e 2 cm. O valor do perímetro desse triângulo, em centímetros, é:
a) $3 + \sqrt{5}$
b) $5 + \sqrt{3}$
c) $3 + \sqrt{3}$
d) $3 + \sqrt{7}$
e) $5 + \sqrt{7}$

**Unidade 8** - *Relações métricas num triângulo qualquer* | 235

**25. (UFPI)** O perímetro de um paralelogramo cujas diagonais medem $8\sqrt{3}$ cm e 10 cm e formam um ângulo de 30° é:

a) $2(8\sqrt{3} + 10)$ cm
b) $2(\sqrt{73} + \sqrt{13})$ cm
c) $2(\sqrt{3} + \sqrt{13})$ cm
d) $2(\sqrt{133} + \sqrt{13})$ cm
e) $2(\sqrt{233} + \sqrt{3})$ cm

**26. (U.F. UBERLÂNDIA-MG)** Uma pessoa se encontra numa planície às margens de um rio e vê, do outro lado do rio, o topo $T$ de uma torre de telefone. Com o objetivo de determinar a altura $H$ da torre, ela marca dois pontos $A$ e $B$ na planície e calcula $AB = 200$ m, $T\hat{A}B = 30°$, $T\hat{B}A = 105°$ e $T\hat{B}P = 30°$, sendo $P$ o pé da torre.

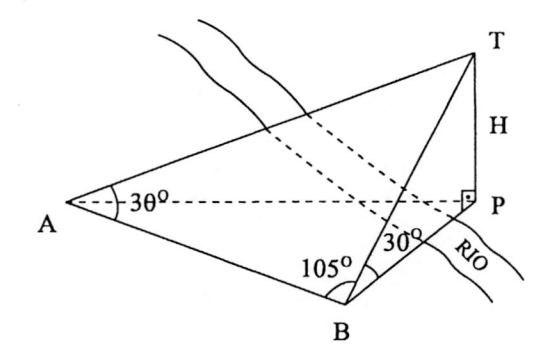

Então, $H$ é igual a:

a) $\dfrac{100\sqrt{3}}{3}$ m
b) $50\sqrt{2}$ m
c) $50\sqrt{3}$ m
d) $100\sqrt{2}$ m
e) $100$ m

**27. (FUVEST-SP)** No triângulo $ABC$, $AB = 20$ cm, $BC = 5$ cm e o ângulo $A\hat{B}C$ é obtuso. O quadrilátero $MBNP$ é um losasngo de área $8 cm^2$. A medida, em graus, do ângulo $B\hat{N}P$ é:

a) 15
b) 30
c) 45
d) 60
e) 75

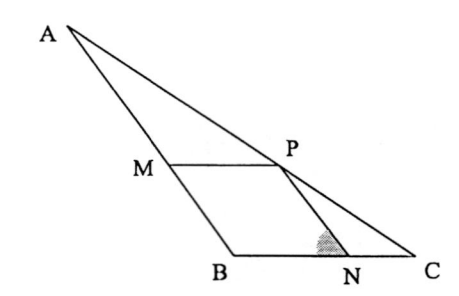

**28. (MAUÁ-SP)** Num triângulo $ABC$, temos $AC = 3$ m, $BC = 4$ m e $\alpha = B\hat{A}C$.

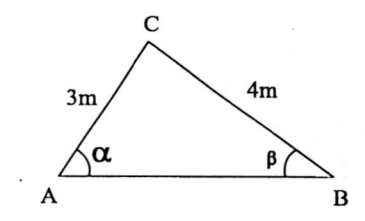

a) Se $AB = 3$ m, calcule $\cos \alpha$:

b) Noutra hipótese, sendo $\beta = 60°$, calcule $\sen \alpha$:

**29. (ULBRA-RS)** A medida da soma dos lados $\overline{AC}$ e $\overline{BC}$ do triângulo abaixo é:

a) 14,2
b) 6
c) 8
d) $2\sqrt{3} + 6$
e) 16,2

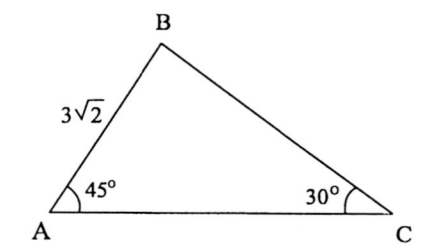

**30. (UFES)** No triângulo $ABC$ da figura abaixo, o cosseno do ângulo obtuso $\alpha$ é igual a:

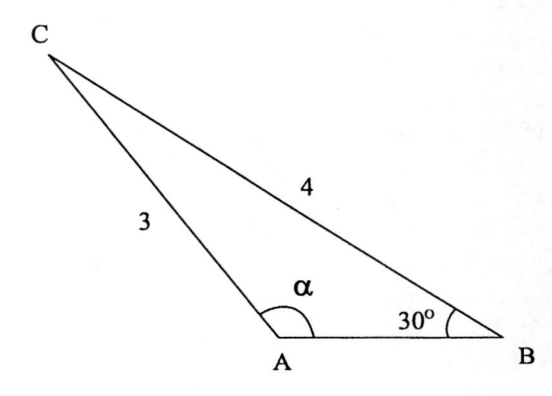

a) $\dfrac{1}{9}$

b) $-\dfrac{1}{2}$

c) $-\dfrac{\sqrt{3}}{2}$

d) $-\dfrac{\sqrt{5}}{3}$

e) $\dfrac{\sqrt{5}}{2}$

## Gabarito das questões de fixação

**Questão 1** - Resposta: 5 cm
**Questão 2** - Resposta: $\alpha = 30°$
**Questão 3** - Resposta: $m = \sqrt{2}$ e $n = 1$
**Questão 4** - Resposta: $\dfrac{3\sqrt{5}}{5}$ cm e $\dfrac{6\sqrt{5}}{5}$ cm
**Questão 5** - Resposta: a) retângulo   b) acutângulo   c) obtusângulo   d) obtusângulo   e) retângulo   f) acutângulo   g) retângulo
**Questão 6** - Resposta: $m = \sqrt{3}$ e $n = \dfrac{\sqrt{6} + \sqrt{2}}{2}$
**Questão 7** - Resposta: $\operatorname{sen}\theta = \dfrac{3\sqrt{3}}{8}$
**Questão 8** - Resposta: a) $a = 2$ e $b = \sqrt{3} - 1$   b) $d = 2\sqrt{3}$
**Questão 9** - Resposta: $\cos\alpha = \dfrac{1}{9}$
**Questão 10** - Resposta: $\alpha = 120°$

## Gabarito das questões de aprofundamento

**Questão 1** - Resposta: c
**Questão 2** - Resposta: $\sqrt{7}$ m
**Questão 3** - Resposta: 70 m
**Questão 4** - Resposta: b

**Questão 5** - Resposta: b
**Questão 6** - Resposta: b
**Questão 7** - Resposta: a
**Questão 8** - Resposta: d
**Questão 9** - Resposta: b
**Questão 10** - Resposta: e
**Questão 11** - Resposta: e
**Questão 12** - Resposta: a
**Questão 13** - Resposta: Seja $h$ a altura relativa ao lado $c$ e sejam $x$ e $y$ as projeções de $a$ e $b$ sobre $c$, respectivamente. Então: $y = b\cos\theta$ e $x = c - b\cos\theta$.
Pelo Teorema de Pitágoras:
$$b^2 = b^2\cos^2\theta + h^2$$
$$a^2 = (c - b\cos\theta)^2 + h^2 = c^2 - 2bc\cos\theta + b^2\cos^2\theta + h^2$$

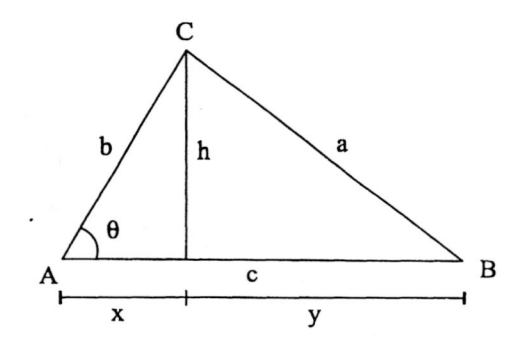

Logo: $\boxed{a^2 = b^2 + c^2 - 2bc\cos\theta}$

**Questão 14** - Resposta: d
**Questão 15** - Resposta: e
**Questão 16** - Resposta: d
**Questão 17** - Resposta: e
**Questão 18** - Resposta: d
**Questão 19** - Resposta: b
**Questão 20** - Resposta: $\widehat{A} = 30°$, $\widehat{B} = 60°$ e $\widehat{C} = 90°$
**Questão 21** - Resposta: a
**Questão 22** - Resposta: e
**Questão 23** - Resposta: a
**Questão 24** - Resposta: c
**Questão 25** - Resposta: d
**Questão 26** - Resposta: b

**Questão 27** - Resposta: b

**Questão 28** - Resposta: a) $\dfrac{1}{9}$  b) $\dfrac{2\sqrt{3}}{3}$

**Questão 29** - Resposta: a

**Questão 30** - Resposta: d

# UNIDADE 9

# POLÍGONOS REGULARES INSCRITOS E CIRCUNSCRITOS

SINOPSE TEÓRICA

## 9.1) Polígonos regulares inscritos

Um polígono regular está inscrito em um círculo quando todos os seus vértices estão na circunferência.

Chamamos de apótema de um polígono regular, a distância do centro do polígono ao lado desse polígono.

### 9.1.1) Triângulo eqüilátero inscrito

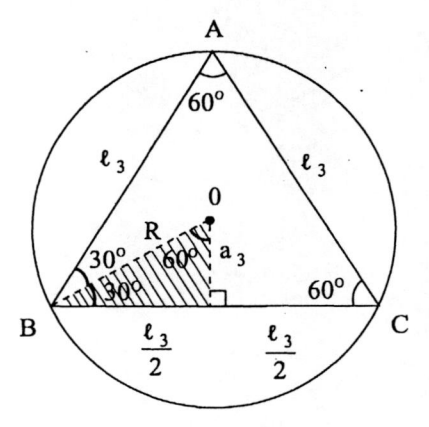

No triângulo retângulo assinalado $a_3$ (apótema do triângulo) é um cateto oposto ao ângulo de 30°, logo:

$$\boxed{a_3 = \frac{R}{2}}$$

e, $\dfrac{\ell_3}{2}$ é um cateto oposto ao ângulo de 60°, logo $\dfrac{\ell_3}{2} = \dfrac{R\sqrt{3}}{2}$ ou ainda:

$$\boxed{\ell_3 = R\sqrt{3}}$$

## 9.1.2) Quadrado inscrito

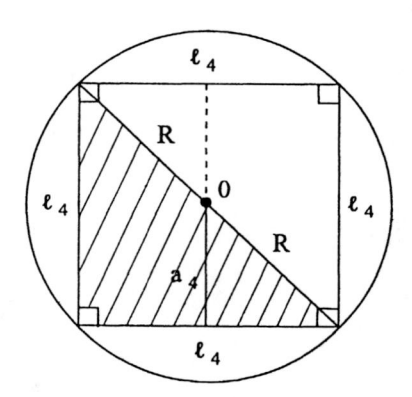

Observe que o triângulo retângulo assinalado é isósceles, então:

$$2R = \ell_4\sqrt{2} \Rightarrow \ell_4 = \dfrac{2R}{\sqrt{2}} \cdot \dfrac{\sqrt{2}}{\sqrt{2}} \quad \text{ou ainda:}$$

$$\boxed{\ell_4 = R\sqrt{2}} \quad \text{e} \quad \boxed{a_4 = \dfrac{\ell_4}{2} = \dfrac{R\sqrt{2}}{2}}$$

### 9.1.3) Hexágono regular inscrito

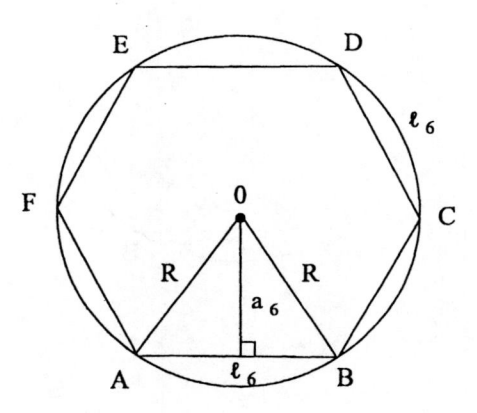

O triângulo $OAB$ é eqüilátero pois o ângulo central $A\widehat{O}B = \widehat{AB} = \dfrac{360°}{6} = 60°$. Logo:

$$\boxed{\ell_6 = R} \quad \text{e} \quad \boxed{a_6 = \dfrac{R\sqrt{3}}{2}}$$

**Observação**: O triângulo eqüilátero, o quadrado e o hexágono regular inscritos nós já estabelecemos fórmulas para o cálculo de seus lados em função do raio $R$.

E os demais polígonos regulares?

Com a utilização da lei dos cossenos e com a ajuda de uma tabela trigonométrica, podemos calcular os lados de qualquer polígono regular. Veja:

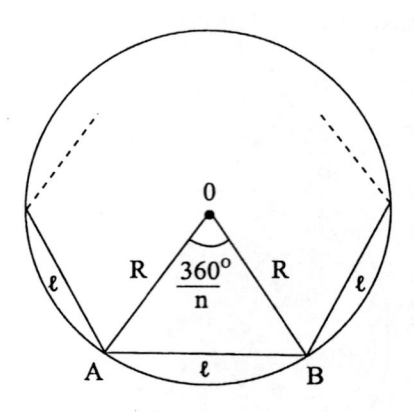

Sendo $\ell$ o lado do polígono de $n$ lados, o ângulo central $A\widehat{O}B$ será igual a $\dfrac{360°}{n}$.

Pela lei dos cossenos temos:

$$\ell^2 = R^2 + R^2 - 2RR \cos \dfrac{360°}{n}$$

$$\ell^2 = 2R^2 - 2R^2 \cos \dfrac{360°}{n} \quad \text{ou ainda:}$$

$$\boxed{\ell = R\sqrt{2 - 2\cos \dfrac{360°}{n}}}$$

## 9.2) Polígonos regulares circunscritos

Um polígono regular está circunscrito a um círculo, quando todos os seus lados tangenciam a circunferência.

## 9.2.1) Triângulo eqüilátero circunscrito

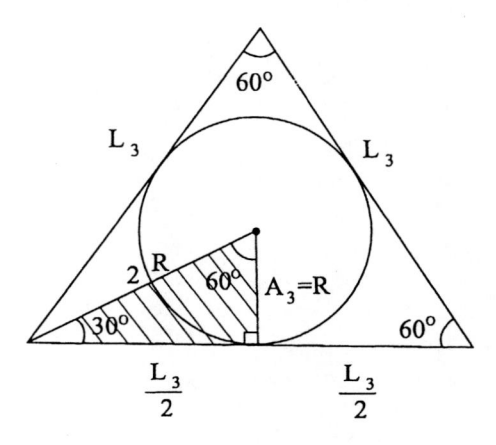

No triângulo retângulo assinalado $R$ é o cateto oposto a 30° então a hipotenusa é igual a $2R$. Já $\dfrac{L_3}{2}$ é o cateto oposto a 60°, então:

$$\frac{L_3}{2} = \frac{2R\sqrt{3}}{2} \quad \text{ou ainda}$$

$$\boxed{L_3 = 2R\sqrt{3}}$$

## 9.2.2) Quadrado circunscrito

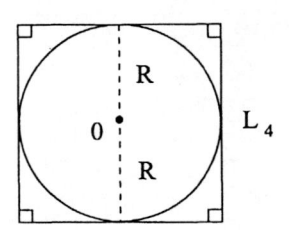

Pela figura observa-se de imediato que:

$$\boxed{L_4 = 2R}$$

### 9.2.3) Hexágono regular circunscrito

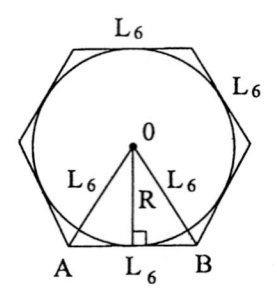

Pelo fato do triângulo $OAB$ ser eqüilátero, o raio $R$ é a sua altura, logo:

$$R = \frac{L_6\sqrt{3}}{2} \Rightarrow \frac{2R}{\sqrt{3}} = L_6 \quad \text{ou ainda}$$

$$\boxed{L_6 = \frac{2R\sqrt{3}}{3}}$$

**Observação**: O apótema de um polígono regular circunscrito tem sempre a mesma medida do raio.

### RESUMINDO

#### POLÍGONOS REGULARES INSCRITOS

| Polígono | Lado | Apótema |
|---|---|---|
| Triângulo eqüilátero | $\ell_3 = R\sqrt{3}$ | $ap_3 = \dfrac{R}{2}$ |
| Quadrado | $\ell_4 = R\sqrt{2}$ | $ap_4 = \dfrac{R\sqrt{2}}{2}$ |
| Hexágono | $\ell_6 = R$ | $ap_6 = \dfrac{R\sqrt{3}}{2}$ |

#### POLÍGONOS REGULARES CIRCUNSCRITOS

| Polígono | Lado | Apótema |
|---|---|---|
| Triângulo eqüilátero | $\ell_3 = 2R\sqrt{3}$ | $ap_3 = R$ |
| Quadrado | $\ell_4 = 2R$ | $ap_4 = R$ |
| Hexágono | $\ell_6 = \dfrac{2R\sqrt{3}}{3}$ | $ap_6 = R$ |

## QUESTÕES RESOLVIDAS

**1.** O apótema de um hexágono regular inscrito em um círculo mede $4\sqrt{3}$ cm. Encontre o diâmetro desse círculo.
**Resolução:**

$$a_{P_6} = 4\sqrt{3} \Rightarrow \frac{R\sqrt{3}}{2} = 4\sqrt{3} \Rightarrow R = 8$$

$$d = 2R \Rightarrow d = 2 \cdot 8 \Rightarrow \boxed{d = 16 \text{ cm}}$$

**2.** Calcule o lado e o apótema do triângulo eqüilátero inscrito numa circunferência de raio $R$.
**Resolução:**
Por demonstração:

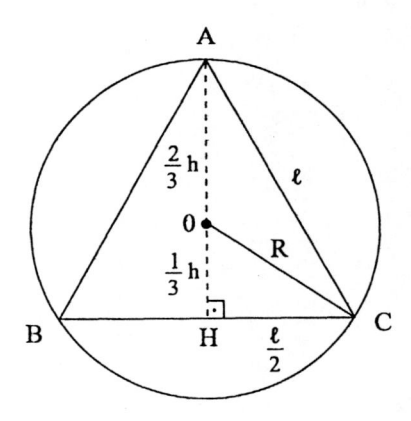

Da figura, temos:
 O ponto $O$ é baricentro, incentro, circuncentro e ortocentro.
- Cálculo de $h$:

$$\triangle AHC \Rightarrow \ell^2 = h^2 + \left(\frac{\ell}{2}\right)^2$$

$$\ell^2 = h^2 + \frac{\ell^2}{4}$$

$$h^2 = \frac{3\ell^2}{4}$$

$$\boxed{h = \frac{\ell\sqrt{3}}{2}}$$

– Cálculo de $\ell$:

$$\triangle OHC \Rightarrow R^2 = \left(\frac{h}{3}\right)^2 + \left(\frac{\ell}{2}\right)^2$$

$$R^2 = \left(\frac{\ell\sqrt{3}}{6}\right)^2 + \frac{\ell^2}{4}$$

$$R^2 = \frac{3\ell^2}{36} + \frac{\ell^2}{4}$$

$$36R^2 = 12\ell^2$$

$$3R^2 = \ell^2$$

$$\ell = \sqrt{3R^2}$$

$$\boxed{\ell = R\sqrt{3}}$$

– Cálculo do apótema:
O apótema de um polígono regular é a distância do centro do polígono a qualquer um dos lados; logo:

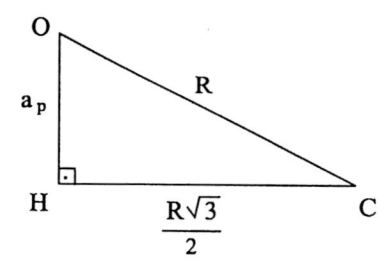

$$R^2 = a_p^2 + \left(\frac{R\sqrt{3}}{2}\right)^2$$

$$R^2 = a_p^2 + \frac{3R^2}{4}$$

$$a_p^2 = \frac{R^2}{4}$$

$$\boxed{a_p = \frac{R}{2}}$$

**3.** São dados dois quadrados: um inscrito e outro circunscrito ao mesmo círculo. Determine a razão entre os perímetros dos quadrados inscrito e circunscrito.

**Resolução:**
− Da figura, temos:

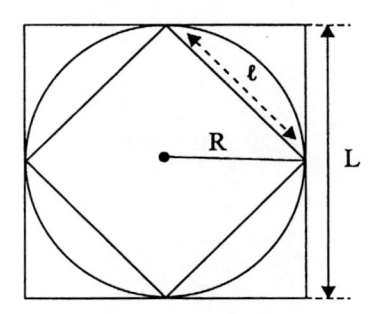

Como a razão entre os perímetros é a razão entre os lados, desenvolvemos:

$$\frac{\ell}{L} = \frac{R\sqrt{2}}{2R} \Rightarrow \boxed{\frac{\ell}{L} = \frac{\sqrt{2}}{2}}$$

**4.** Sendo $a$ a medida do apótema de um hexágono regular, a área desse hexágono mede:

**Resolução:**
− Pela figura, temos:

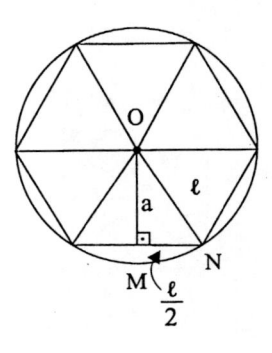

− O triângulo retângulo $OMN$.

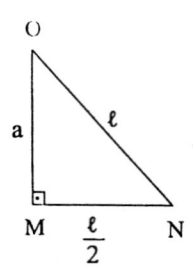

$\ell^2 = a^2 + \left(\dfrac{\ell}{2}\right)^2$

$\ell^2 = a^2 + \dfrac{\ell^2}{4}$

$4a^2 = 3\ell^2 \Rightarrow \ell^2 = \dfrac{4a^2}{3}$

$\ell = \dfrac{2a\sqrt{3}}{3}$

$A_{\text{hexágono}} = 6A_\triangle = \dfrac{6 \cdot \ell^2 \sqrt{3}}{4}$

$= 6 \cdot \dfrac{4a^2}{3} \cdot \dfrac{\sqrt{3}}{4} \Rightarrow \boxed{A_{\text{hexágono}} = 2a^2\sqrt{3}}$

**5.** Se $A$ for a área de um quadrado inscrito em uma circunferência, então a área do quadrado circunscrito à mesma circunferência é equivalente a:
**Resolução:**
– Da figura, temos:

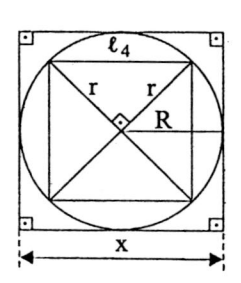

$\ell_4$ = lado do quadrado inscrito
$x$ = lado do quadrado circunscrito

**Unidade 9** - *Polígonos regulares inscritos e circunscritos* | 251

Do lado do quadrado inscrito na circunferência, desenvolvemos:

$$\ell_4 = R\sqrt{2} \Rightarrow R = \frac{\ell_4}{\sqrt{2}} \quad \text{(racionalizando)}$$

$$R = \frac{\ell_4}{\sqrt{2}} \cdot \frac{\sqrt{2}}{\sqrt{2}} \Rightarrow R = \frac{\ell_4\sqrt{2}}{2}$$

Como $x = 2R \Rightarrow x = \cancel{2} \cdot \dfrac{\ell_4\sqrt{2}}{\cancel{2}} \Rightarrow x = \ell_4\sqrt{2}$

Pela área do quadrado circunscrito $\Rightarrow A_4 = x^2$

$$A_4 = (\ell_4\sqrt{2})^2$$
$$A_4 = 2\,\ell_4^2$$

| Logo: a área do quadrado circunscrito é duas vezes a área do quadrado inscrito. |
|---|

**6.** Determine:
  a) O lado de um quadrado circunscrito a um círculo de $625\pi$ cm² de área.
  b) O lado de um hexágono regular circunscrito a um círculo de raio 21 cm.
  c) O apótema de um triângulo eqüilátero circunscrito a um círculo, onde este mesmo triângulo, possui 18 cm de perímetro.

**Resolução**:
a) – Área do círculo $= \pi R^2$

$$A_{\text{CIR}} = 625\pi \text{ cm}^2$$
$$\pi R^2 = 625\pi$$
$$R = 25$$
$$\ell_4 = 2R \Rightarrow \boxed{\ell_4 = 50 \text{ cm}}$$

b) – Lado do hexágono circunscrito

$$\Rightarrow \ell_6 = \frac{2R\sqrt{3}}{3}$$

$$\ell_6 = \frac{2 \cdot \cancel{21}^{\,7}\sqrt{3}}{\cancel{3}} = 14\sqrt{3} \text{ cm}$$

$$\boxed{\ell_6 = 14\sqrt{3} \text{ cm}}$$

c) – Perímetro do triângulo eqüilátero

$$\Rightarrow 2p_3 = 18 \text{ cm}$$
$$\ell_3 = \frac{2p_3}{3} = \frac{18}{3} = 6 \text{ cm}$$

- Lado do triângulo eqüilátero circunscrito $\Rightarrow \ell_3 = 2R\sqrt{3} \Rightarrow 6 = 2R\sqrt{3} \Rightarrow R = \dfrac{6}{2\sqrt{3}}$ (racionalizando)

$$R = \dfrac{6}{2\sqrt{3}} \dfrac{\sqrt{3}}{\sqrt{3}} \Rightarrow R = \dfrac{\cancel{6}\sqrt{3}}{\cancel{6}} \Rightarrow R = \sqrt{3} \text{ cm}$$

- Apótema do Triângulo Eqüilátero Circunscrito

$$\Rightarrow ap_3 = R$$
$$ap_3 = \sqrt{3}$$

$$\boxed{ap_3 = \sqrt{3} \text{ cm}}$$

**7.** Determine o raio do círculo e o lado do polígono regular inscrito nele, sendo 10 cm o apótema do polígono nos casos:
  a) Triângulo.
  b) Quadrado.
  c) Hexágono.

**Resolução:**

a) $-ap_3 = \dfrac{R}{2} \Rightarrow 10 = \dfrac{R}{2} \Rightarrow R = 20$
  $-\ell_3 = R\sqrt{3} \Rightarrow \ell_3 = 10\sqrt{3}$

$$\boxed{R = 20 \text{ cm e } \ell_3 = 10\sqrt{3} \text{ cm}}$$

b) $-ap_4 = \dfrac{R\sqrt{2}}{2} \Rightarrow 10 = \dfrac{R\sqrt{2}}{2} \Rightarrow 20 = R\sqrt{2} \Rightarrow R = \dfrac{20}{\sqrt{2}}$ (racionalizando)

$$R = \dfrac{20}{\sqrt{2}} \dfrac{\sqrt{2}}{\sqrt{2}} \Rightarrow R = \dfrac{20\sqrt{2}}{2} \Rightarrow R = 10\sqrt{2}$$

$-\ell_4 = R\sqrt{2} \Rightarrow \ell_4 = 10\sqrt{2} \cdot \sqrt{2} \Rightarrow \ell_4 = 10 \cdot 2 \Rightarrow \ell_4 = 20$

$$\boxed{R = 10\sqrt{2} \text{ cm e } \ell_4 = 20 \text{ cm}}$$

c) $-ap_6 = \dfrac{R\sqrt{3}}{2} \Rightarrow 10 = \dfrac{R\sqrt{3}}{2} \Rightarrow 20 = R\sqrt{3} \Rightarrow R = \dfrac{20}{\sqrt{3}}$ (racionalizando)

$$R = \dfrac{20}{\sqrt{3}} \dfrac{\sqrt{3}}{\sqrt{3}} \Rightarrow R = \dfrac{20\sqrt{3}}{3}$$

$-\ell_6 = R \Rightarrow \ell_6 = \dfrac{20\sqrt{3}}{3}$

$$\boxed{R = \ell_6 = \dfrac{20\sqrt{3}}{3} \text{ cm}}$$

# QUESTÕES DE FIXAÇÃO

1. O valor do apótema de um triângulo eqüilátero circunscrito a um círculo de raio 2 cm é?

2. O apótema de um hexágono regular inscrito em um círculo mede $4\sqrt{3}$ cm. Qual a medida do diâmetro desse círculo?

3. Quanto mede o raio do círculo inscrito em um quadrado, de 8 cm de perímetro?

4. Qual a razão entre o lado de um quadrado inscrito e o de outro, circunscrito a uma mesma circunferência?

5. Um quadrado que tem por medida da diagonal $2\sqrt{2}$ cm, está circunscrito a um círculo. Qual a medida do apótema do hexágono inscrito nesse círculo?

6. Determine o raio do círculo circunscrito a um:
   a) Quadrado de 16 m² de área.
   b) Hexágono regular de $54\sqrt{3}$ m² de área.
   c) Triângulo eqüilátero de $36\sqrt{3}$ m² de área.

7. Encontre o lado do quadrado circunscrito a uma circunferência de raio 5 dm.

8. Os pontos $P_1$, $P_2$, $P_3$, $P_4$, $P_5$, $P_6$ dividem a circunferência em seis arcos congruentes. Usando alguns ou todos desses pontos como vértices, a figura que não pode ser formada é:
   a) Triângulo eqüilátero.
   b) Triângulo retângulo.
   c) Hexágono regular.
   d) Triângulo.
   e) Quadrado.

9. Qual o perímetro de um hexágono regular inscrito em um círculo de 6 dm de raio?

10. A altura de um triângulo eqüilátero, inscrito numa circunferência de 4 m de raio vale?

11. Os catetos de um triângulo retângulo, inscrito numa circunferência, medem 6 m

e 8 m. Encontre o perímetro do hexágono regular inscrito na mesma circunferência.

**12.** O lado de um quadrado inscrito em um círculo mede $\sqrt{2}$ m. O lado do triângulo eqüilátero inscrito no mesmo círculo mede?

**13.** A diagonal de um quadrado circunscrito a uma circunferência mede 8 dm. Qual o raio dessa circunferência?

**14.** Determine o raio do círculo e o apótema do polígono regular inscrito nele, sendo 6 m o lado do polígono, nos casos:
a) Quadrado.
b) Hexágono.
c) Triângulo.

**15.** O lado de um quadrado inscrito numa circunferência mede $5\sqrt{6}$ cm. Determine o apótema do hexágono regular inscrito na mesma circunferência.

**16.** Determine o raio do círculo e o lado do polígono regular inscrito nele, sendo 6 cm o apótema do polígono, nos casos:
a) Quadrado.
b) Hexágono.
c) Triângulo.

**17.** O lado de um triângulo eqüilátero inscrito numa circunferência mede $8\sqrt{3}$ cm. Determine o perímetro do hexágono regular inscrito na mesma circunferência.

**18.** Determine o raio do círculo inscrito no polígono regular de lado 6 cm, nos casos:
a) Quadrado.
b) Hexágono.
c) Triângulo.

**19.** A menor diagonal de um hexágono regular, inscrito num círculo, mede $5\sqrt{3}$ m. A diagonal do quadrado inscrito no mesmo círculo mede?

**20.** Encontre a altura de um trapézio inscrito em um semi-círculo de 2 cm de raio, cujas bases são, respectivamente, o lado do triângulo eqüilátero e o do hexágono regular inscritos no mesmo círculo.

# QUESTÕES DE APROFUNDAMENTO

**1. (UFRGS)** A razão entre os comprimentos das circunferências circunscrita e inscrita a um quadrado é:

a) $\dfrac{1}{2}$

b) $\sqrt{2}$

c) $\sqrt{3}$

d) $2\sqrt{2}$

e) 2

**2. (ITA)** Um hexágono regular e um quadrado estão inscritos no mesmo círculo de raio $R$ e o hexágono possui uma aresta paralela a uma aresta do quadrado. A distância entre estas arestas paralelas será:

a) $\dfrac{\sqrt{3}-\sqrt{2}}{2}R$

b) $\dfrac{\sqrt{2}+1}{2}R$

c) $\dfrac{\sqrt{3}+1}{2}R$

d) $\dfrac{\sqrt{2}-1}{2}R$

e) $\dfrac{\sqrt{3}-1}{2}R$

**3. (UFF)** A razão entre o lado do quadrado inscrito e o lado do quadrado circunscrito em uma circunferência de raio $R$ é:

a) $\dfrac{1}{3}$

b) $\dfrac{1}{2}$

c) $\dfrac{\sqrt{3}}{3}$

d) $\dfrac{\sqrt{2}}{2}$

e) $\sqrt{2}$

**4. (PUC-CAMP/SP)** Na figura abaixo têm-se um triângulo eqüilátero e um hexágono regular, respectivamente, circunscrito e inscrito numa circunferência de centro $O$ e raio $r$. A razão entre as medidas dos lados do hexágono e do triângulo, nessa ordem, é:

a) $\dfrac{\sqrt{3}}{2}$

b) $\dfrac{\sqrt{3}}{3}$

c) $\dfrac{\sqrt{3}}{4}$

d) $\dfrac{\sqrt{3}}{6}$

e) $\dfrac{\sqrt{3}}{12}$

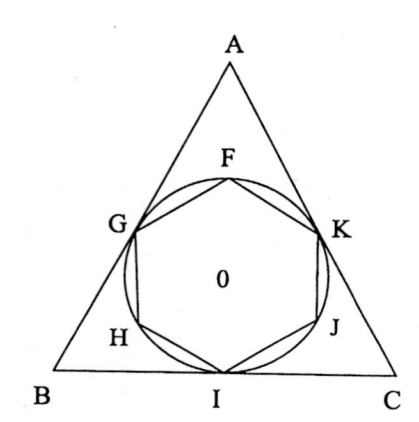

**5. (PUC-RJ)** Qual a razão entre os raios dos círculos circunscrito e inscrito de um triângulo eqüilátero de lado $a$?

a) 2

b) $\sqrt{3}$

c) $\sqrt{2}$

d) $3a$

e) $\sqrt{3a^2}$

**6. (CFS)** O lado de um triângulo eqüilátero inscrito mede 3 m. O lado do quadrado inscrito no mesmo círculo mede:

a) $\sqrt{2}$ m

b) $\sqrt{3}$ m

c) 2 m

d) $\sqrt{6}$ m

e) 4 m

7. **(CFS)** O apótema de um hexágono regular de lado 4 m, mede:

a) $4\sqrt{3}$ m

b) 4 m

c) $8\sqrt{3}$ m

d) 2m

e) $2\sqrt{3}$ m

8. **(UNIRIO)** Um carimbo com o símbolo de uma empresa foi encomendado a uma fábrica. Ele é formado por um triângulo eqüilátero que está inscrito numa circunferência e que circunscreve um hexágono regular. Sabendo-se que o lado do triângulo deve medir 3 cm, então a soma das medidas, em cm, do lado do hexágono com a do diâmetro da circunferência deve ser:

a) 7

b) $2\sqrt{3} + 1$

c) $2\sqrt{3}$

d) $\sqrt{3} + 1$

e) $\dfrac{77}{32}$

9. **(PUC)** Qual é a medida do lado de um polígono regular de 12 lados, inscrito

num círculo de raio unitário?

a) $2 + \sqrt{3}$

b) $\sqrt{2 - \sqrt{3}}$

c) $\sqrt{3} - 1$

d) $\dfrac{1}{2} + \dfrac{\sqrt{3}}{2}$

e) $\dfrac{\sqrt{3}}{2} - \dfrac{1}{2}$

**10. (COLÉGIO NAVAL)** O perímetro do heptágono regular convexo inscrito num círculo de raio 2,5, é um número $x \in \mathbb{R}$, tal que:

a) $14 < x < 15$
b) $15 < x < 16$
c) $16 < x < 17$
d) $17 < x < 18$
e) $18 < x < 19$

### Gabarito das questões de fixação

**Questão 1** - Resposta: $ap_3 = 2$ cm
**Questão 2** - Resposta: $d = 16$ cm
**Questão 3** - Resposta: $R = 1$ cm
**Questão 4** - Resposta: $\dfrac{\sqrt{2}}{2}$
**Questão 5** - Resposta: $ap_6 = \dfrac{\sqrt{3}}{2}$ cm
**Questão 6** - Resposta: a) $R = 2\sqrt{2}$ m   b) $R = 6$ m   c) $R = 4\sqrt{3}$ m
**Questão 7** - Resposta: $\ell_4 = 10$ dm
**Questão 8** - Resposta: e) quadrado
**Questão 9** - Resposta: $2p_6 = 36$ dm
**Questão 10** - Resposta: $h_3 = 6$ m
**Questão 11** - Resposta: $2p_6 = 30$ m
**Questão 12** - Resposta: $\ell_3 = \sqrt{3}$ cm
**Questão 13** - Resposta: $R = 2\sqrt{2}$ dm
**Questão 14** - Resposta: a) $3\sqrt{2}$ m e 3 m   b) 6 m e $3\sqrt{3}$ m   c) $2\sqrt{3}$ m e $\sqrt{3}$ m
**Questão 15** - Resposta: 7,5 cm

**Questão 16** - Resposta: a) $6\sqrt{2}$ m e 12 m   b) $4\sqrt{3}$ m e $4\sqrt{3}$ m   c) 12 m e $12\sqrt{3}$ m
**Questão 17** - Resposta: 48 cm
**Questão 18** - Resposta: a) 3 m   b) $3\sqrt{3}$ m   c) $\sqrt{3}$ m
**Questão 19** - Resposta: 10 m
**Questão 20** - Resposta: $(\sqrt{3} - 1)$ cm

## Gabarito das questões de aprofundamento

**Questão 1** - Resposta: b
**Questão 2** - Resposta: a
**Questão 3** - Resposta: d
**Questão 4** - Resposta: d
**Questão 5** - Resposta: a
**Questão 6** - Resposta: d
**Questão 7** - Resposta: e
**Questão 8** - Resposta: b
**Questão 9** - Resposta: b
**Questão 10** - Resposta: b

# UNIDADE 10

# ÁREAS DAS FIGURAS PLANAS

## SINOPSE TEÓRICA

### 10.1) Introdução

Dizemos que a superfície de uma figura $F$ é a extensão do plano limitado por $F$ e, área de uma figura é o número que mede a superfície dessa figura.

Medir a área de uma superfície significa compará-la com uma superfície tomada como unidade.

A unidade de medida de uma superfície é a superfície de um quadrado cujo lado é a unidade de comprimento.

```
         1m
      ┌──────┐
  1m  │S=1m² │ 1m
      └──────┘
         1m
```

Analogamente, tem-se: $km^2$, $hm^2$, $dam^2$, $dm^2$, $cm^2$ e $mm^2$.

### 10.2) Cálculo das áreas das principais figuras planas

#### 10.2.1) Retângulo

A área de um retângulo é obtida multiplicando-se a medida da sua base pela medida da sua altura.

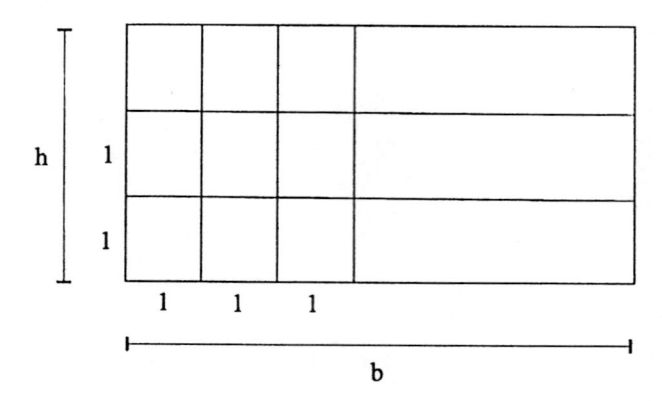

Todo retângulo de dimensões $b$ e $h$ pode ser dividido em $b \times h$ quadrados de área unitária, logo:
$$\boxed{S = b \times h}$$

### 10.2.2) Quadrado

A área de um quadrado é igual ao quadrado da medida do seu lado.

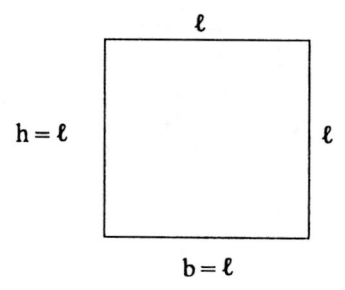

De fato, como um quadrado é um retângulo a sua área é a medida da base ($\ell$) multiplicada pela medida da sua altura ($\ell$).

$$S = \ell \times \ell$$
$$\boxed{S = \ell^2}$$

### 10.2.3) Paralelogramo

A área de um paralelogramo é obtida multiplicando-se a medida da sua base pela medida da sua altura.

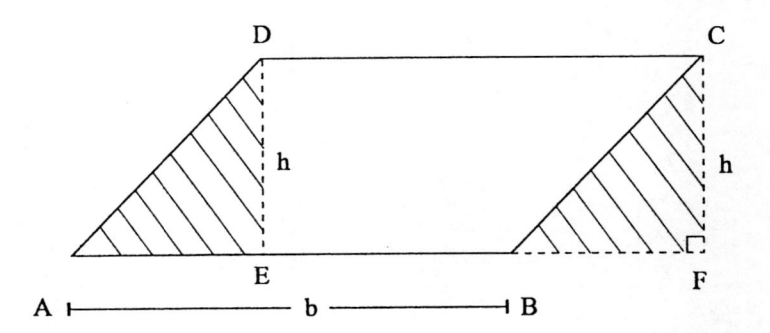

De fato, como o triângulo $ADE$ é congruente ao triângulo $BCF$, temos que:

$$S_{ADE} = S_{BCF} \quad \text{ou ainda} \quad S_{ABCD} = S_{DEFC} = b \times h$$

$$\boxed{S = b \times h}$$

### 10.2.4) Triângulo

A área de um triângulo é obtida como sendo a metade do produto da medida da sua base pela medida da sua altura.

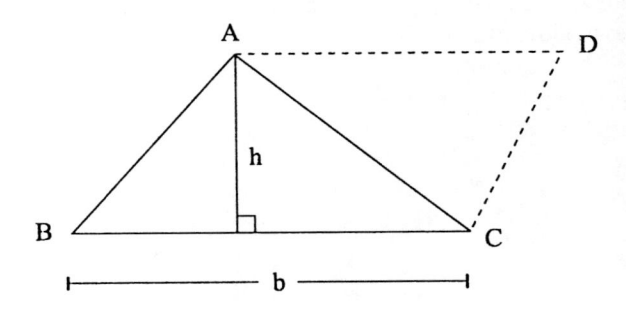

De fato, podemos observar que a área do triângulo $ABC$ é a metade da área do paralelogramo $ABCD$, logo:

$$\boxed{S = \frac{b \times h}{2}}$$

**Observações**:

1ª) Num triângulo retângulo podemos considerar um dos catetos como base e o outro como altura. Logo, a sua área pode ser obtida pela metade do produto das medidas dos seus catetos.

$$S = \frac{b \times c}{2}$$

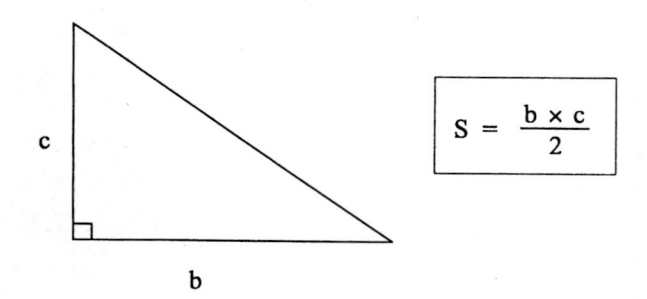

2ª) Num triângulo eqüilátero de lado $\ell$ e altura $h = \frac{\ell\sqrt{3}}{2}$ temos:

$S = \dfrac{\ell \cdot \frac{\ell\sqrt{3}}{2}}{2}$   ou ainda:

$$S = \frac{\ell^2\sqrt{3}}{4}$$

3ª) Conhecendo-se as medidas de dois lados de um triângulo e a medida do ângulo formado entre esses lados, temos:

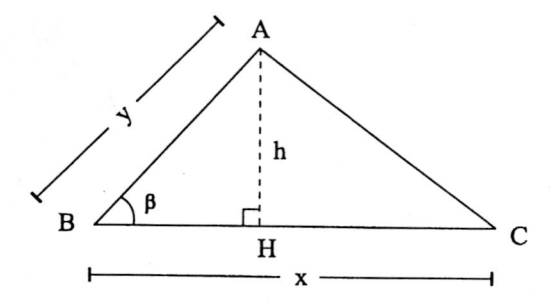

Considerando a base $x$ e a altura $h$, temos no triângulo $ABH$ que:

$\operatorname{sen}\beta = \dfrac{h}{y} \Rightarrow h = y\operatorname{sen}\beta,$  então:

$S = \dfrac{\text{base} \cdot \text{altura}}{2} = \dfrac{x \cdot h}{2}$,  ou ainda:

$$S = \frac{x \cdot y \cdot \operatorname{sen}\beta}{2}$$

## 10.2.5) Losango

A área de um losango é obtida como sendo a metade do produto das medidas das suas diagonais.

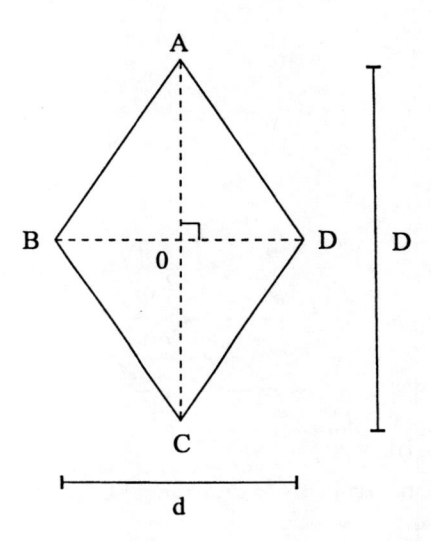

De fato, a área do triângulo $ABD$ é igual a área do triângulo $BCD$.

$$S_{ABD} = S_{BCD} = \frac{d \cdot \frac{D}{2}}{2} = \frac{d \cdot D}{4}$$

$$S_{ABCD} = 2 \times \frac{d \times D}{4}, \quad \text{ou ainda:}$$

$$\boxed{S = \frac{d \cdot D}{2}}$$

## 10.2.6) Trapézio

A área de um trapézio é obtida multiplicando-se a média aritmética das medidas das suas bases, pela medida da altura.

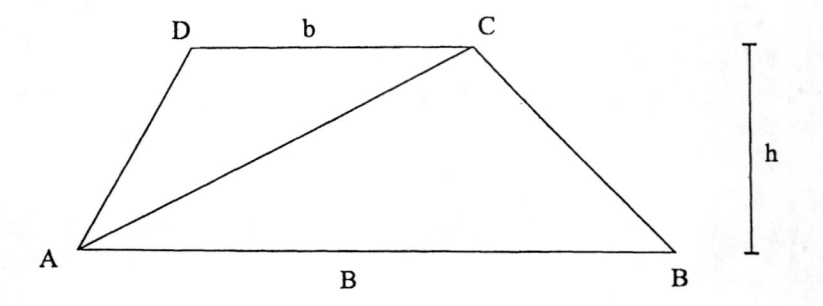

De fato, temos:
$$S = S_{ABC} + S_{ACD} = \frac{Bh}{2} + \frac{bh}{2} = \frac{B+b}{2} \cdot h,\quad \text{ou ainda:}$$

$$\boxed{S = \frac{(B+b)h}{2}}$$

## 10.2.7) Polígono regular

A área de um polígono regular é obtida multiplicando-se a medida do seu semi-perímetro pela medida do seu apótema.

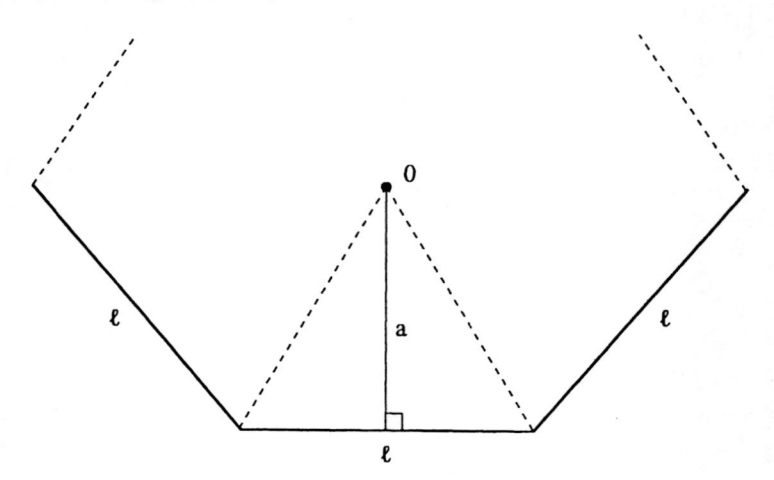

De fato, sendo $\ell$ a medida do lado de um polígono regular de $n$ lados e $a$ o seu apótema, podemos dividir esse polígono em $n$ triângulos de base $\ell$ e altura $a$, logo:

$S = n \cdot \dfrac{\ell \cdot a}{2}$, como $\dfrac{n\ell}{2}$ é o semi-perímetro $p$, temos:

$$\boxed{S = p \cdot a}$$

### 10.2.8) Círculo

A área de um círculo é obtida multiplicando-se o número $\pi$ pelo quadrado da medida do seu raio.

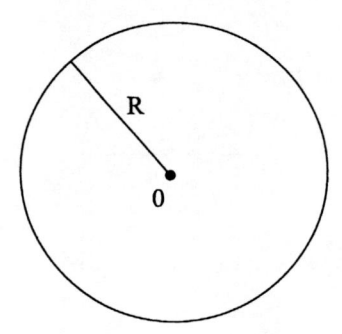

De fato, podemos dizer que o círculo é o limite de um polígono regular cujo número de lados cresce indefinidamente. Então, $p = \pi R$ (semi perímetro) e $a = R$ (apótema), logo:

$S = p \cdot a \quad \Rightarrow \quad S = \pi R \cdot R$, ou ainda:

$$\boxed{S = \pi R^2}$$

### 10.2.9) Coroa circular

A área de uma coroa circular é obtida pela diferença entre as áreas dos dois círculos.

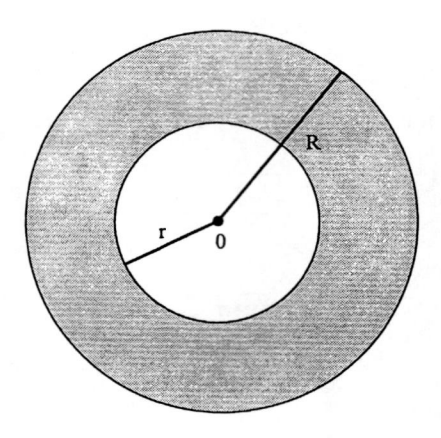

De fato $S = \pi R^2 - \pi r^2$, ou ainda:

$$S = \pi(R^2 - r^2)$$

### 10.2.10) Setor circular

A área de um setor circular é o produto da área do círculo por $\dfrac{1}{360°}$ do ângulo (em graus) do setor.

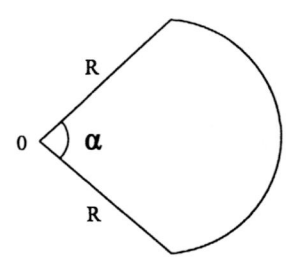

De fato, sendo $\alpha$ o ângulo do setor de raio $R$, temos:

**Ângulo central**                      **Área**

    360° _____ $\pi R^2$

    $\alpha$ _____ $S$

Logo:     $360° \, S = \alpha \, \pi \, R^2$ ,     ou ainda:

$$S = \dfrac{\alpha \pi R^2}{360°}$$

## 10.3) Razão entre áreas de figuras semelhantes

A razão entre as áreas de duas figuras semelhantes é igual ao quadrado da razão de semelhança.

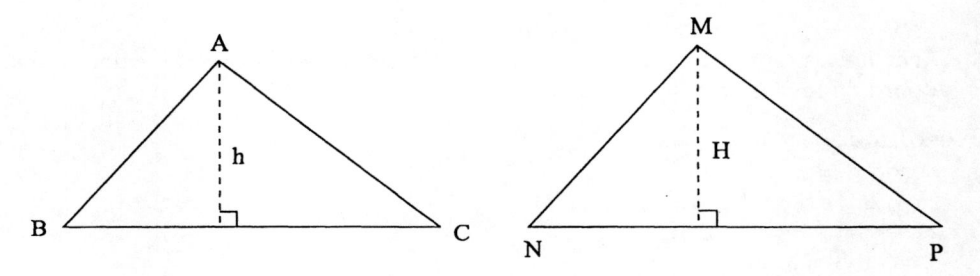

De fato, sendo os triângulos $ABC$ e $MNP$ semelhantes de razão $K$, então:

$$\frac{\overline{BC}}{\overline{NP}} = \frac{h}{H} = K$$

$$\frac{S_{ABC}}{S_{MNP}} = \frac{\frac{\overline{BC} \cdot h}{2}}{\frac{\overline{NP} \cdot H}{2}} = \frac{\overline{BC} \cdot h}{\overline{NP} \cdot H} = K \cdot K = K^2, \quad \text{ou ainda:}$$

$$\boxed{\frac{S_{ABC}}{S_{MNP}} = K^2}$$

# QUESTÕES RESOLVIDAS

**1.** Ache a área do quadrado inscrito em um círculo de raio 6 m.

**Resolução**:
$$\ell_4 = R\sqrt{2} \Rightarrow \ell_4 = 6\sqrt{2} \Rightarrow S = \ell_4^2 \Rightarrow S = \left(6\sqrt{2}\right)^2 \Rightarrow \boxed{S = 72\text{m}^2}$$

**2.** Se aumentarmos em 2 cm o lado de um quadrado sua área aumentará em 16 cm². Quanto mede o lado?

$\quad$ 1º **quadrado** $\qquad\qquad$ 2º **quadrado**

$\qquad S = \ell^2 \qquad\qquad\quad\ S + 16 = (\ell + 2)^2$

Substituindo o 1º no 2º temos:

$\ell^2 + 16 = \ell^2 + 4\ell + 4$
$4\ell = 12$
$\ell = \dfrac{12}{4} \Rightarrow \boxed{\ell = 3 \text{ cm}}$

**3.** Ache a área de um retângulo de perímetro 18 cm, sabendo que a medida da base é o dobro da medida da altura.

**Resolução:**
Sendo $h = x$ e $b = 2x$, temos:
$2b + 2h = 18 \Rightarrow b + h = 9$ ou
$2x + x = 9 \Rightarrow x = 3$, logo:
$b = 6$ e $h = 3$, finalmente

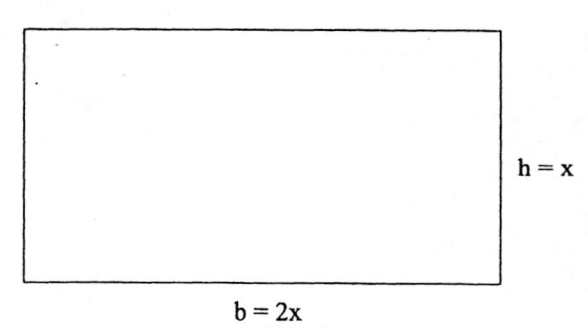

b = 2x, h = x

$S = b \cdot h \Rightarrow S = 6 \times 3 \Rightarrow \boxed{S = 18 \text{ cm}^2}$

**4.** Encontre as medidas dos lados de um retângulo, sabendo que sua base vale $(x+1)$ cm, sua altura $(2x-3)$ cm e sua área 187 cm².

**Resolução:**

$S = b \cdot h \Rightarrow 187 = (x+1) \cdot (2x-3)$

$187 = 2x^2 - 3x + 2x - 3$

$2x^2 - x - 190 = 0$

– por Báskara:
$\Delta = b^2 - 4ac = (-1)^2 - 4(2)(-190) = 1 + 1520 = 1521$

– pelo discriminante:

$$x = \frac{-b \pm \sqrt{\Delta}}{2a} = \frac{-(-1) \pm \sqrt{1521}}{2(2)} \Rightarrow \frac{1 \pm 39}{4} \begin{cases} x' = -\frac{38}{4} \text{ (não satisfaz o enunciado)} \\ x'' = \frac{40}{4} = 10 \end{cases}$$

– então:
base $\Rightarrow x + 1 \Rightarrow 10 + 1 \Rightarrow 11$
altura $\Rightarrow 2x - 3 \Rightarrow 2(10) - 3 \Rightarrow 17$

$\boxed{b = 11 \text{ cm} \quad \text{e} \quad h = 17 \text{ cm}}$

**5.** Ache a área de um triângulo eqüilátero inscrito em um círculo de raio 2 cm.

**Resolução**:

$\ell = R\sqrt{3} \Rightarrow \ell = 2\sqrt{3}$

$S = \frac{\ell^2 \sqrt{3}}{4} \Rightarrow S = \frac{(2\sqrt{3})^2 \cdot \sqrt{3}}{4} \Rightarrow S = \frac{4 \cdot 3 \cdot \sqrt{3}}{4}$

$\boxed{S = 3\sqrt{3} \text{ cm}^2}$

**6.** Determine a área do triângulo $ABC$ da figura:

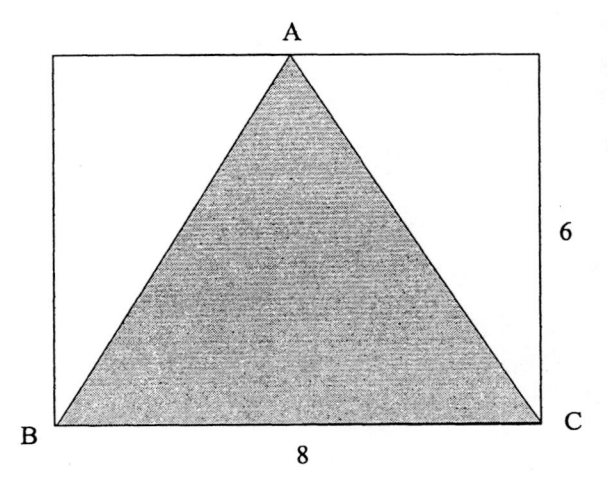

**Resolução**:
O triângulo $ABC$ tem base $b = 8$ e altura $h = 6$, logo:

$$S = \frac{b \cdot h}{2} \Rightarrow S = \frac{8 \cdot 6}{2}$$

$$\boxed{S = 24}$$

**7.** Ache a área do triângulo de lados medindo 4 cm, 6 cm e 8 cm.

**Resolução:**

— Pela fórmula de Heron:
$$S = \sqrt{p(p-a) \cdot (p-b) \cdot (p-c)}$$

— semi-perímetro $(p) = \dfrac{4+6+8}{2} = \dfrac{18}{2}$ cm $= 9$ cm

— Área: $S = \sqrt{9 \cdot (9-4) \cdot (9-6) \cdot (9-8)} = \sqrt{9 \cdot 5 \cdot 3 \cdot 1} = 3\sqrt{15}$

$$\boxed{S = 3\sqrt{15} \text{ cm}^2}$$

**8.** Na figura, $ABCD$ é um trapézio retângulo onde $\overline{AB} = 7$ cm, $\overline{BC} = 5$ cm e $\overline{CD} = 3$ cm. Calcule a área deste trapézio.

**Resolução:**

$$S = \frac{(\overline{AB} + \overline{CD})h}{2}$$

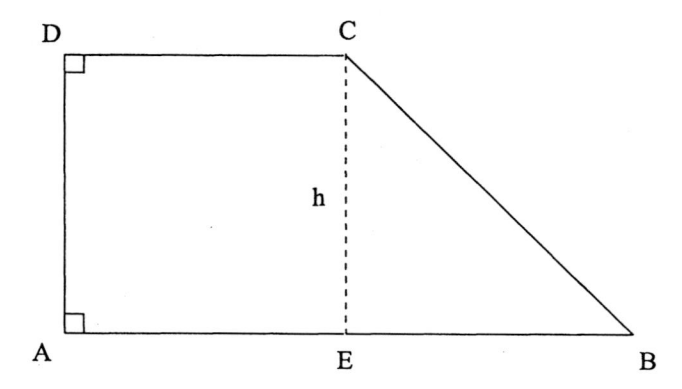

**Cálculo de $h$**

$\overline{BC}^2 = \overline{EB}^2 + h^2 \Rightarrow h^2 = \overline{BC}^2 - \overline{EB}^2$.

Mas $\overline{EB} = \overline{AB} - \overline{AE} = 7 - 3 = 4$, logo:

$h^2 = 25 - 16 \Rightarrow h^2 = 9 \Rightarrow h = 3$, então:

$S = \dfrac{(7+3)3}{2} \Rightarrow \boxed{S = 15 \text{ cm}^2}$

**9.** Encontre a área do trapézio da figura seguinte:

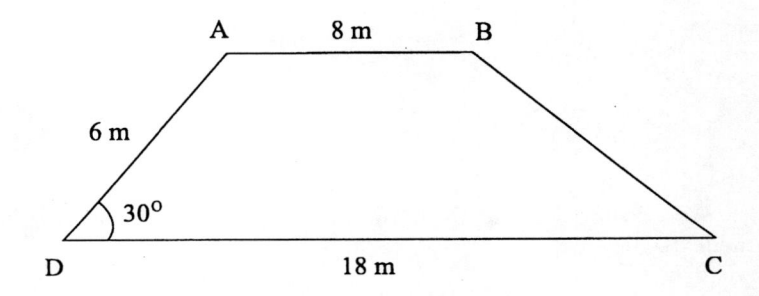

**Resolução:**

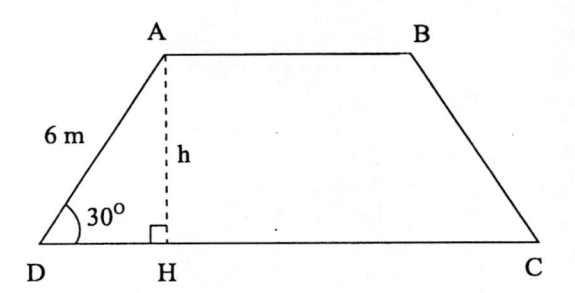

pelo riângulo retângulo $ADH$, temos:

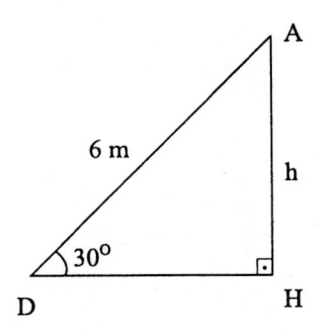

**Lembre-se que:** Em todo triângulo retângulo, o lado oposto ao ângulo de 30° é metade da hipotenusa.

Logo: $h = 3$ m

– pela área, temos:

$$S = \frac{(B+b)\cdot h}{2} \Rightarrow S = \frac{(18+8)\cdot 3}{2} \Rightarrow S = \frac{\cancel{26}^{13}\cdot 3}{\cancel{2}} = 39$$

$$\boxed{S = 39 \text{ m}^2}$$

**10.** Ache a área de um losango de perímetro 40 m, sabendo-se que uma de suas diagonais mede 16 m.

**Resolução:**

$2p = 4\ell = 40 \Rightarrow \ell = 10$

Sendo a diagonal $AC = 16$, temos $\overline{AO} = 8$

Do $\triangle AOD$, vem:

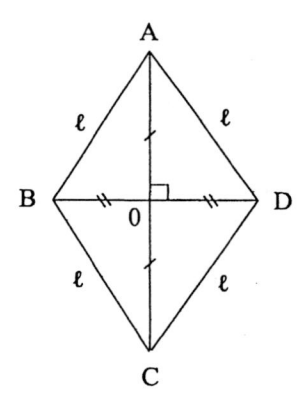

$\ell^2 = \overline{AO}^2 + \overline{OD}^2$

$100 = 64 + \overline{OD}^2 \Rightarrow \overline{OD}^2 = 36 \Rightarrow \overline{OD} = 6$

Então, a diagonal $\overline{BD} = 2 \times 6 = 12$, daí

$$S = \frac{(16\cdot 12)}{2} \Rightarrow \boxed{S = 96 \text{ m}^2}$$

**11.** Ache a área do losango da figura:

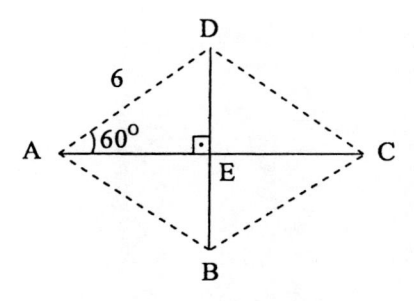

**Resolução:**

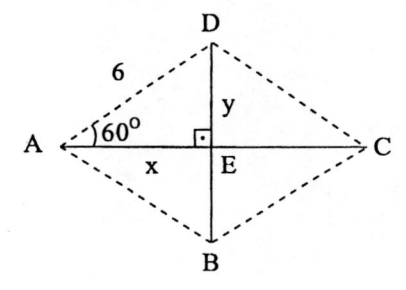

– pelo triângulo retângulo $ADE$, temos:

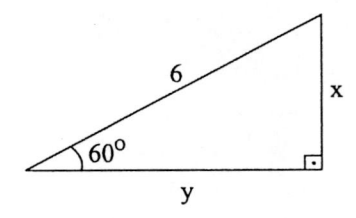

$$\operatorname{sen} 60° = \frac{x}{6} \Rightarrow \frac{\sqrt{3}}{2} = \frac{x}{6} \Rightarrow 2x = 6\sqrt{3} \Rightarrow x = \frac{6\sqrt{3}}{2} \Rightarrow x = 3\sqrt{3}$$

$$\cos 60° = \frac{y}{6} \Rightarrow \frac{1}{2} = \frac{y}{6} \Rightarrow 2y = 6 \Rightarrow y = \frac{6}{2} \Rightarrow y = 3$$

– pelas diagonais, temos:
$D = \overline{AC} = 2x \Rightarrow D = 2 \cdot 3\sqrt{3} \Rightarrow D = 6\sqrt{3}$

$d = \overline{DB} = 2y \Rightarrow d = 2 \cdot 3 \Rightarrow d = 6$

– pela área, temos:

$$S = \frac{D \cdot d}{2} = \frac{6\sqrt{3} \cdot \cancel{6}^3}{\cancel{2}} = 18\sqrt{3}$$

$$\boxed{S = 18\sqrt{3}}$$

**12.** Ache a área de um hexágono regular inscrito em um círculo de raio 2 cm.

**Resolução:**

$$a_{p_6} = \frac{R\sqrt{3}}{2} = \frac{2\sqrt{3}}{2} \Rightarrow a_{p_6} = \sqrt{3}$$

$$\ell_6 = R \Rightarrow \ell_6 = 2 \Rightarrow p = \frac{6 \cdot 2}{2} = 6$$

$$\boxed{S = p \cdot a \Rightarrow S = 6\sqrt{3} \text{ cm}^2}$$

**13.** Ache a área do círculo sabendo que sua circunferência mede $20\pi$ cm.

**Resolução:**

$C = 20\pi; \quad S = ?$

$2\cancel{\pi}R = 20\cancel{\pi} \Rightarrow R = 10$

$S = \pi R^2 \Rightarrow S = \pi \cdot 10^2 \Rightarrow \boxed{S = 100\pi \text{ cm}^2}$

**14.** Ache a área de um setor circular de raio 3 cm e ângulo central de 120°.

**Resolução:**

$$S = \frac{\pi R^2 \alpha}{360°} \begin{cases} R = 3 \\ \alpha = 120° \end{cases} \quad \Big| \quad S = \frac{\pi \cdot 3^3 \cdot \cancel{120°}}{\cancel{360°}} \Rightarrow \boxed{S = 3\pi \text{ cm}^2}$$

**15.** A razão entre os perímetros de dois polígonos semelhantes é 3. Ache a razão entre suas áreas.

**Resolução:**

$$\frac{S_1}{S_2} = \left(\frac{2p_1}{2p_2}\right) \Rightarrow \frac{S_1}{S_2} = 3^2 \Rightarrow \boxed{\frac{S_1}{S_2} = 9}$$

# QUESTÕES DE FIXAÇÃO

1. Determine a área de um quadrado cujo perímetro vale 56 dm?

2. As diagonais de um quadrilátero convexo são perpendiculares e medem respectivamente 12 dm e 18 dm. Qual a área desse quadrilátero?

3. As diagonais de um losango medem 6 dm e 4 dm, respectivamente. Qual é sua área?

4. Qual a área de um triângulo eqüilátero que possui 12 m de lado?

5. Se a área de um quadrado vale 25 dm², determine sua diagonal.

6. A medida da superfície de um quadrado de 1,4 cm de lado é:
    a) 196 mm²
    b) 1,96 dm²
    c) 19,6 cm²
    d) 0,0196 m²
    e) 0,000196 cm²

7. Sabendo que a altura de um triângulo eqüilátero é 6 m, qual é sua área?

8. Sendo o lado oblíquo de um trapézio isósceles igual a 5 cm e bases 12 cm e 18 cm, quanto vale a sua área?
    a) 60 dm²
    b) 600 cm²
    c) 0,6 dm²
    d) 6 cm²
    e) 0,6 m²

9. O perímetro de um losango mede 32 dm e a diagonal menor tem a mesma medida

do lado, então, qual a sua área?

**10.** A base de um retângulo mede $(a+3)$ cm e a altura $a$ cm. Se sua área vale 180 cm², então seu perímetro será:

**11.** Encontre a área de um triângulo eqüilátero, sabendo que seu perímetro vale 45 cm.

**12.** Num triângulo retângulo, um cateto mede 5 m e a altura relativa à hipotenusa mede $2\sqrt{5}$ m. Determine a área desse triângulo.

**13.** Ache a área do hexágono regular de lado $\ell$ inscrito na circunferência de raio $r$.

**14.** Uma escola de educação artística tem seus canteiros de forma geométrica. Um deles é o trapézio retângulo, com as medidas indicadas na figura. Calcule a sua área.

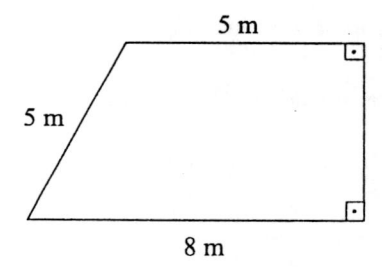

**15.** Deseja-se construir um anel rodoviário circular em torno da cidade de São Paulo, distando aproximadamente 20 km da Praça da Sé.
   a) Quantos quilômetros deverá ter esssa rodovia?
   b) Qual a densidade demográfica da região interior ao anel (em habitantes por km²), supondo que lá residam 12 milhões de pessoas?
   (Adote o valor $\pi = 3$)

## QUESTÕES DE APROFUNDAMENTO

**1.** (UFES) Na figura, $E$ é o ponto médio de $\overline{AB}$ no paralelogramo $ABCD$. Sabendo-se que $\overline{AC}$ mede 6,9 cm, então, $\overline{AM}$ mede, em cm:

a) 2,4
b) 2,3
c) 2,2
d) 2,1
e) 2,0

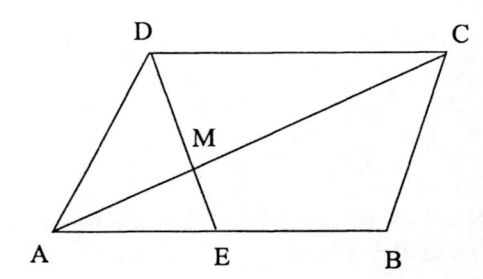

**2. (FUVEST-SP)** No quadrilátero $ABCD$ abaixo, $A\hat{B}C = 150°$, $\overline{AD} = \overline{AB} = 4$ cm, $\overline{BC} = 10$ cm, $\overline{MN} = 2$ cm, sendo $M$ e $N$, respectivamente, os pontos médios de $\overline{CD}$ e $\overline{BC}$.

A medida, em cm², da área do triângulo $BCD$ é:

a) 10
b) 15
c) 20
d) 30
e) 40

**3. (UFV-MG)** Considere a figura seguinte:

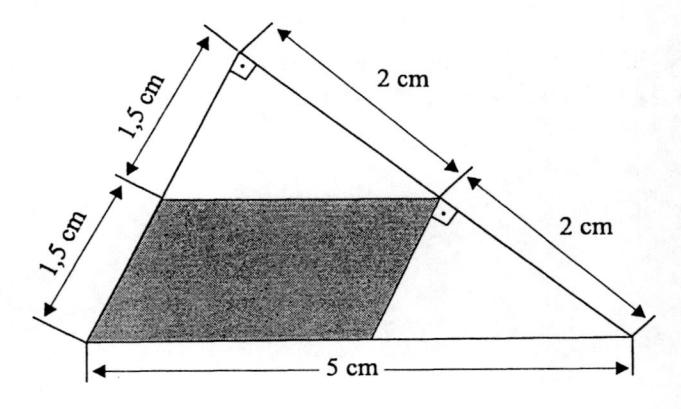

A área hachurada vale:
   a) 2 cm²
   b) 3 cm²

c) 5 cm²

d) 1 cm²

**4. (CESCEM-SP)** Na figura a seguir, está representado o retângulo $ABCD$ com 105 m²; Usando as medidas indicadas ($DG = 10$ m e $BF = 2$ m) verificamos que o lado do quadrado $EFCG$ mede:

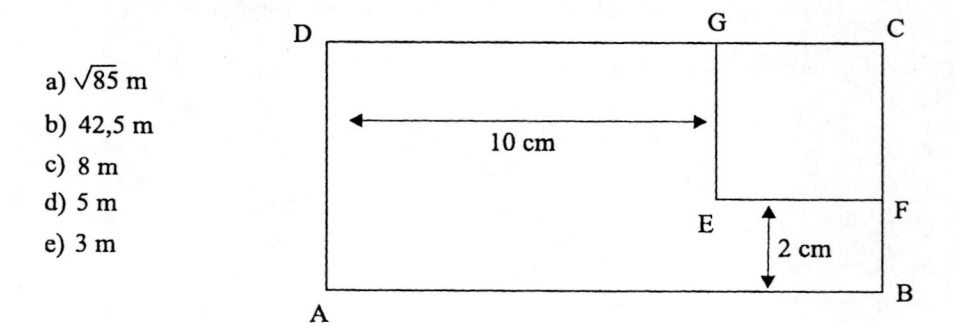

a) $\sqrt{85}$ m

b) 42,5 m

c) 8 m

d) 5 m

e) 3 m

**5. (MACK-SP)** Em um trapézio, os lados paralelos medem 16 e 44, e os lados não-paralelos, 17 e 25. A área do trapézio é:

a) 250

b) 350

c) 450

d) 550

e) 650

**6. (UNB-DF)** Na figura seguinte, temos que o quadrado menor $abcd$ tem área 32 u.a. Determinar a área do quadrado maior $ABCD$.

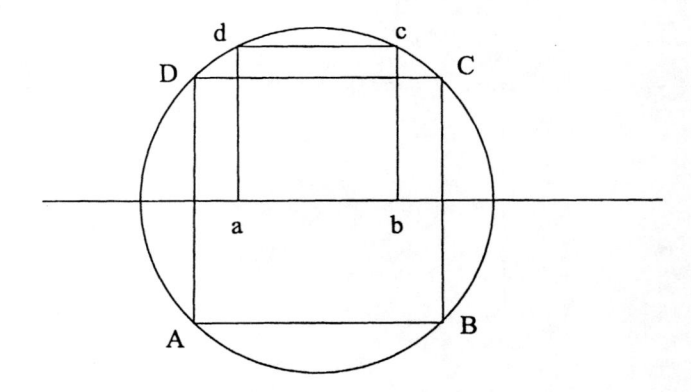

7. (**UNICAMP**) Um octógono regular cujo lado mede $\ell$ está inscrito em um quadrado (ver figura). Calcule a área da região hachurada, interior ao quadrado e exterior ao octógono.

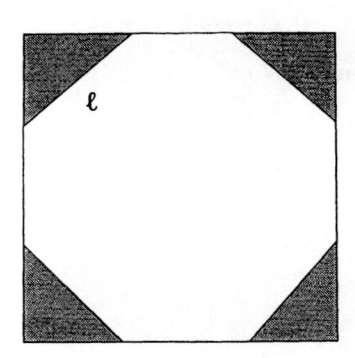

8. (**CESGRANRIO**) No quadrado $ABCD$ da figura, os pontos $M$, $N$, $P$ e $Q$ dividem os respectivos lados ao meio. Os quatro segmentos $AQ$, $BM$, $CN$ e $DP$ determinam um quadrado hachurado, como se vê na figura. Se o lado do quadrado $ABCD$ mede $a$, determine a área do quadrado hachurado.

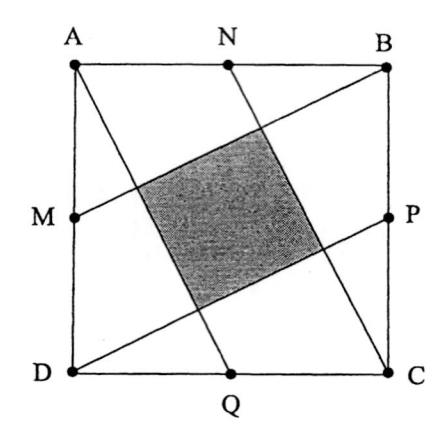

**9. (UFPI)** A área do quadrado $ABCD$ inscrito no triângulo retângulo $DEF$ abaixo é:

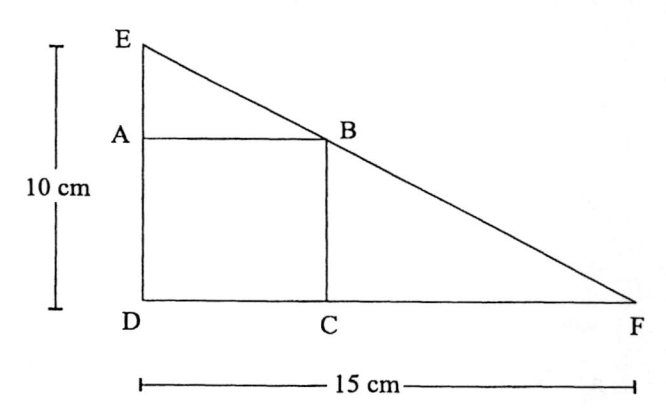

a) $42,25 \text{ cm}^2$
b) $36 \text{ cm}^2$
c) $46,24 \text{ cm}^2$
d) $39,32 \text{ cm}^2$
e) $49 \text{ cm}^2$

**10. (UFMA)** Num triângulo retângulo, as projeções dos catetos sobre a hipotenusa medem 4 cm e 1 cm, respectivamente. A área desse triângulo mede:

a) $2 \text{ cm}^2$
b) $5\sqrt{2} \text{ cm}^2$
c) $4 \text{ cm}^2$
d) $5 \text{ cm}^2$
e) $10 \text{ cm}^2$

**11. (UFRS)** A altura de um triângulo eqüilátero inscrito numa circunferência é $2\sqrt{3}$ cm. A razão entre a área desse triângulo e a área de um quadrado inscrito nessa circunferência é:

a) $\dfrac{\sqrt{3}}{4}$

b) $\dfrac{3\sqrt{3}}{4}$

c) $\dfrac{3}{8}$

d) $\dfrac{\sqrt{3}}{8}$

e) $\dfrac{3\sqrt{3}}{8}$

**12. (FUVEST-SP)** Na figura, $\overline{BC}$ é paralelo a $\overline{DE}$, $\overline{AB} = 4$ e $\overline{BD} = 5$. Determine a razão entre as áreas do triângulo $ABC$ e do trapézio $BCED$.

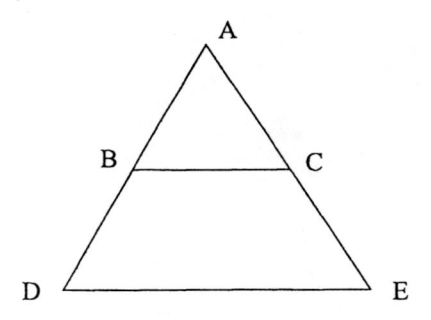

**13. (UFV-MG)** Uma praça quadrada tem 400 m² de área. Numa planta de escala 1 : 500, o lado da praça deve medir:

a) 3 cm
b) 6 cm
c) 4 cm
d) 5 cm
e) 2 cm

**14. (CESGRANRIO)** Numa cozinha de 3 m de comprimento, 2 m de largura e de 2,80 m de altura, as portas e janelas ocupam uma área de 4 m². Para azulejar as quatro paredes, o pedreiro aconselha a compra de 10% a mais da metragem a ladrilhar. A metragem de ladrilhos a comprar é:

a) 24,40 m²
b) 24,80 m²
c) 25,50 m²
d) 26,40 m²
e) 26,80 m²

**15. (ITA-SP)** Considere as circunferências inscrita e circunscrita a um triângulo eqüilátero de lado $\ell$. A área da coroa circular formada por estas circunferências é dada por:

a) $\dfrac{\pi}{4} \ell^2$

b) $\dfrac{\sqrt{6}}{2} \pi \ell^2$

c) $\dfrac{\sqrt{3}}{3} \pi \ell^2$

d) $\sqrt{3} \pi \ell^2$

e) $\dfrac{\pi}{2} \ell^2$

**16. (ITA-SP)** Se os lados de um triângulo $ABC$ medem, respectivamente, 30 cm, 40 cm e 50 cm, então a área do círculo inscrito neste triângulo mede:

a) $10\pi$ cm²
b) $5\sqrt{2}\,\pi$ cm²
c) $5\pi$ cm²
d) $100\pi$ cm²
e) $25\pi$ cm²

**17. (PUC-SP)** Em um quadrado de 10 m de lado inscreve-se o número máximo de círculos de raio 1 m, de modo que dois círculos "vizinhos" sejam tangentes. A porcentagem da área do quadrado ocupada pelos círculos é de, aproximadamente:

a) 3,1%
b) 9,3%
c) 50%
d) 62,8%
e) 78,5%

**18. (EPCAR-SP)** Os dois círculos da figura são concêntricos, e a secante $\overline{PB}$ contém seus diâmetros.

Se $\overline{PA} = 2$ cm, $\overline{BF} = 1$ cm, $\overline{PC} = \dfrac{16}{7}$ cm e $\overline{CD} = \dfrac{33}{7} cm$, então a área da coroa circular mede, em cm²:

a) 3π
b) 4π
c) 5π
d) 6π
e) 7π

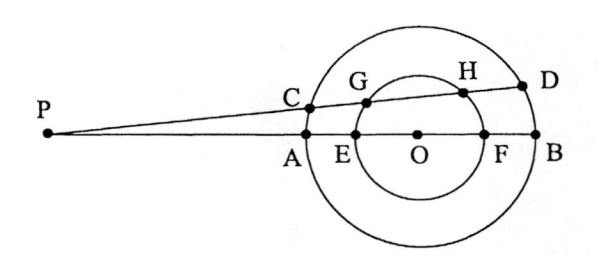

**19. (FAAP-SP)** Na figura abaixo, $ABCD$ é um quadrado de centro $O$ e a parte hachurada é limitada por quartos de circunferências centradas nos vértices e passando por $O$. Calcule a área da figura hachurada.

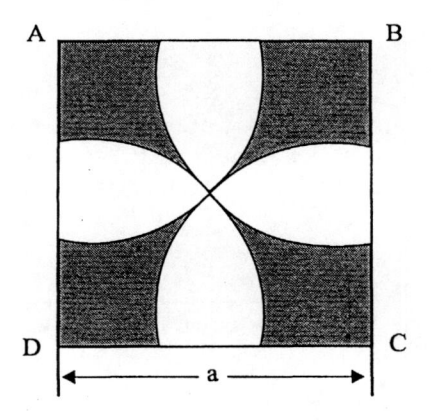

**20. (ITA-SP)** A razão entre as áreas de um triângulo eqüilátero inscrito numa circunferência e a de um hexágono regular, cujo apótema mede 10 cm, circunscrito a esta mesma circunferência é:

a) $\dfrac{1}{2}$

b) 1

c) $\dfrac{1}{3}$

d) $\dfrac{3}{8}$

e) n.d.a.

**21. (UEM-PR)** Do retângulo abaixo foram retirados os quatro triângulos retângulos hachurados, formando assim um hexágono regular de lado 4 cm. Então, a área do retângulo $ABCD$ é:

a) $16\sqrt{3}$ cm²

b) $24\sqrt{3}$ cm²

c) $32\sqrt{3}$ cm²

d) $40\sqrt{3}$ cm²

e) $48\sqrt{3}$ cm²

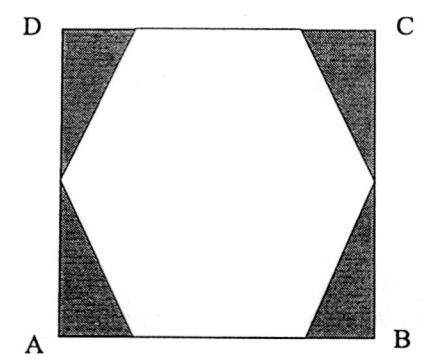

**22. (UNB-DF)** Para analisar a transpiração das plantas, os botânicos precisam conhecer a área de suas folhas. Essas área pode ser obtida pelo seguinte processo: coloca-se a folha da planta sobre uma cartolina e traça-se seu contorno. Na mesma cartolina, desenha-se um quadrado com 10 cm de lado, como mostram as figuras a seguir.

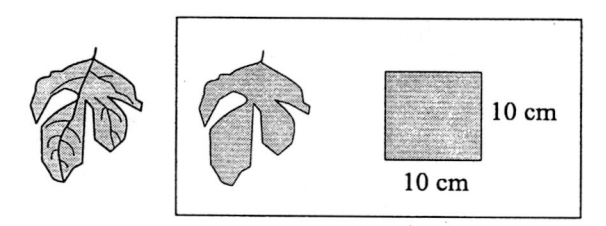

Após serem recortadas, as duas figuras são pesadas em uma balança de alta precisão, que indica uma massa de 1,44 g para o quadrado de cartolina. Desse modo, usando grandezas proporcionais, os botânicos podem determinar a área da folha.

Usando as informações do texto, classifique como V (verdadeira) ou F (falsa) cada uma das seguintes afirmações:

a) Se a figura da folha tem massa de 3,24 g, então a área da folha é de 225 cm².

b) Suponha que o mesmo processo descrito no texto tenha sido utilizado para estimar a área do estado de Minas Gerais da seguinte forma: em um mapa traçado com escala 1 : 5.000.000, a figura desse estado, recortada na mesma cartolina, apresentou massa de 3,30 g. Então, é correto concluir que a área do estado é maior que 580.000 km².

c) Um estudante utilizou, para determinar a área de uma folha, um processo diferente: contornou a folha com um barbante e, em seguida, formou com ele um retângulo. Dessa forma, o estudante estava certo ao concluir que, quaisquer que fossem as dimensões do retângulo, a sua área seria igual à área da folha.

**23. (UFF-RJ)** Os raios (em cm) dos três círculos concêntricos da figura são números naturais e consecutivos.

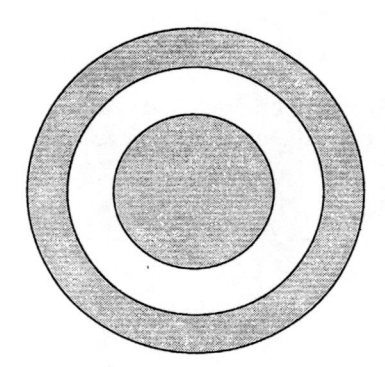

Sabendo que as áreas assinaladas são iguais, pode-se afirmar que a soma dos três raios é:
a) 6 cm
b) 12 cm
c) 18 cm
d) 9 cm
e) 15 cm

**24. (FATEC-SP)** Na figura, os arcos $\widehat{BD}$ são arcos de circunferências de centros em $A$ e $C$. A área da região hachurada, em cm², é:

a) $\dfrac{25\sqrt{3}}{2}$

b) $\dfrac{25\pi}{3}$

c) $\dfrac{25\pi}{6}$

d) $\dfrac{25}{6}(2\pi - 3\sqrt{3})$

e) $\dfrac{25}{12}(2\pi - 3\sqrt{3})$

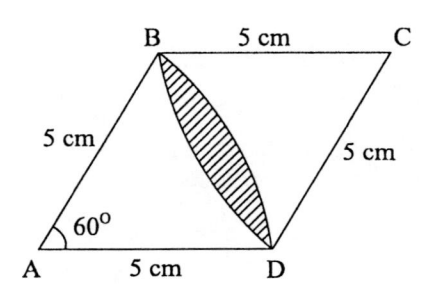

**25. (SANTA CASA-SP)** Um lago circular de 20 m de diâmetro é circundado por um passeio, a partir das margens do lago, de 2 m de largura. A área do passeio representa a seguinte porcentagem da área do lago:

a) 10%
b) 20%
c) 15%
d) 32%
e) 44%

**26. (FUVEST-SP)** Numa circunferência de raio 1 está inscrito um quadrado. A área da região interna à circunferência e externa ao quadrado é:

a) maior que 2
b) igual à área do quadrado
c) igual a $\pi^2 - 2$
d) igual a $\pi - 2$
e) igual a $\dfrac{\pi}{4}$

**27. (MACK-SP)** Um trapézio tem bases 6 cm e 14 cm e um de seus lados não-paralelos é igual à base menor e forma com a base maior um ângulo de 60°. A área do trapézio vale:

a) $20\sqrt{3}$ cm²
b) $25\sqrt{3}$ cm²
c) $30\sqrt{3}$ cm²
d) $35\sqrt{3}$ cm²
e) n.d.a.

**28. (MACK-SP)** Um quadrado de área igual a 16 m² está inscrito num círculo de raio $R$ que vale:

a) $2\sqrt{2}$ m
b) $3\sqrt{2}$ m
c) $2\sqrt{3}$ m
d) $4\sqrt{2}$ m
e) n.d.a.

**29. (UFGO)** Para cobrir o piso de um banheiro de 1,00 m de largura por 2,00 m de comprimento com cerâmicas quadradas, medindo 20 cm de lado, o número necessário de cerâmicas é:

a) 30
b) 50
c) 75
d) 500

**30. (CESGRANRIO)** A área da sala representada na figura é:

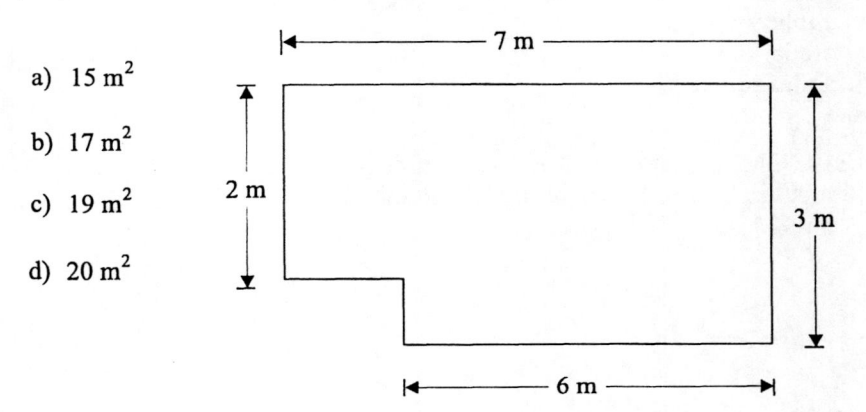

a) 15 m²

b) 17 m²

c) 19 m²

d) 20 m²

**31. (FGV-SP)** Se o comprimento de um retângulo for aumentado em 10% e a largura em 40%, qual o aumento da área do retângulo?
 a) 4%
 b) 15,4%
 c) 50%
 d) 54%
 e) 400%

**32. (CESCEA-SP)** O perímetro de um retângulo é igual a 42 m. A base é o dobro da altura. Então, a área do retângulo é:
 a) 90 m²
 b) 94 m²
 c) 100 m²
 d) 98 m²
 e) 84 m²

**33. (MACK-SP)** Um setor circular de raio 2 tem arco de comprimento 4. Então, a área e o ângulo central do setor são, respectivamente, iguais a:
 a) 4 e 2
 b) 2 e 4
 c) 1 e 6
 d) 3 e 5
 e) 5 e 3

**34. (PUC-SP)** Dobrando-se o diâmetro de um círculo, sua área fica:

a) Dobrada.
b) Quaduplicada.
c) Inalterada.
d) Multiplicada por 8.
e) n.d.a.

**35. (CESCEM-SP)** Sendo $A$ a área de um quadrado inscrito em uma circunferência, a área do quadrado circunscrito à mesma circunferência é:

a) $4A$
b) $2A$
c) $\dfrac{4}{3}A$
d) $\sqrt{2}A$
e) $1,5A$

**36. (UNIRIO)**

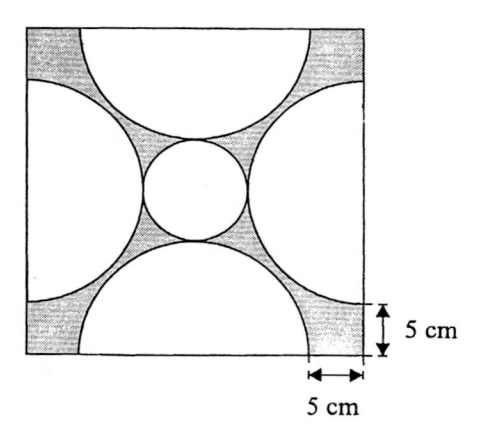

Uma placa de cerâmica com uma decoração simétrica, cujo desenho está na figura acima, é usada para revestir a parede de um banheiro. Sabendo-se que cada placa é um quadrado de 30 cm de lado, a área da região hachurada é:

a) $900 - 125\pi$
b) $500\pi - 900$
c) $225(4 - \pi)$
d) $900(4 - \pi)$
e) $500\pi - 225$

**37. (UNIRIO)** A área da região hachurada, na figura abaixo, onde $ABCD$ é um quadrado e o raio de cada circunferência mede 5 cm, é igual a:

a) $\dfrac{25(4-\pi)}{2}$ cm²

b) $25(\pi-2)$ cm²

c) $25(4-\pi)$ cm²

d) $\dfrac{25(\pi-2)}{2}$ cm²

e) $\dfrac{5(4-\pi)}{4}$ cm²

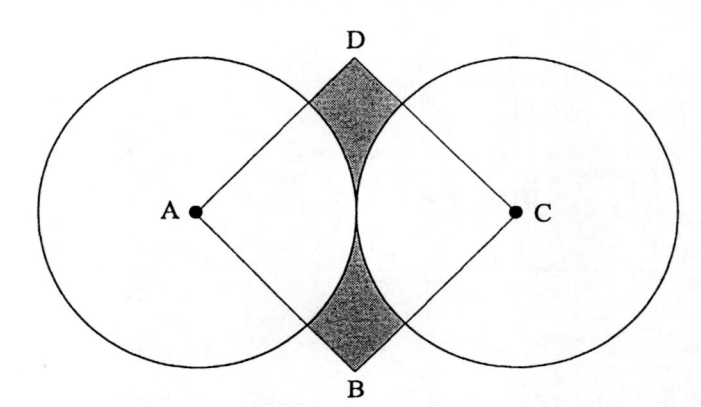

**38. (UNIFICADO)** Um cavalo deve ser amarrado a uma estaca situada em um dos vértices de um pasto, que tem a forma de um quadrado cujo lado mede 20 m. Para que ele posssa pastar em 20% da área total do pasto, o comprimento da corda que o prende à estaca deve ser de, aproximadamente:

a) 1 m
b) 2 m
c) 5 m
d) 8 m
e) 10 m

**39. (UFRN)** Na figura abaixo, os três círculos têm raios iguais a 4 m e são tangentes dois a dois. A área da região sombreada é igual a:

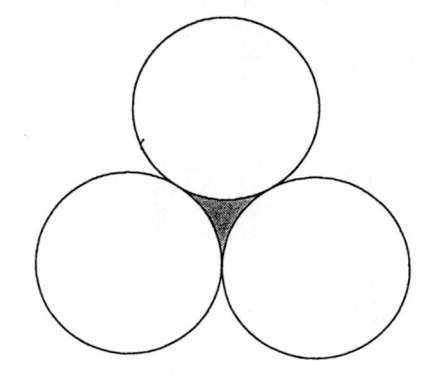

a) $(12\sqrt{2}-6\pi)$ m²
b) $(16\sqrt{3}-8\pi)$ m²
c) $(8\sqrt{3}-3\pi)$ m²
d) $(3\sqrt{3}-4\pi)$ m²
e) $(6\sqrt{5}-3\pi)$ m²

**40. (UFRJ)** Há um conhecido quebra-cabeça que consiste em formar um quadrado com as partes de um triângulo eqüilátero como mostram as figuras:

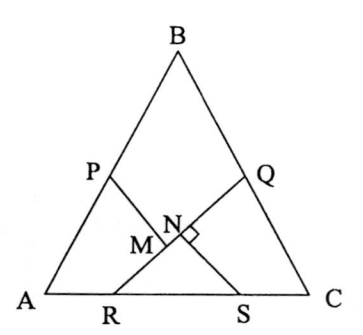

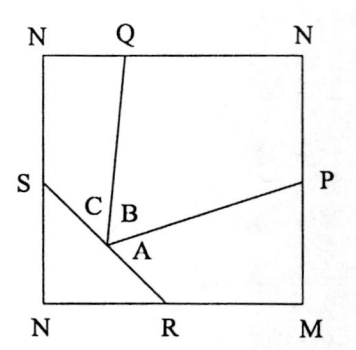

Partindo de um triângulo eqüilátero de perímetro 24 cm, calcule o perímetro do quadrado.

**41. (ASSOCIADO)** Um espiral começando na origem dos eixos coordenados é construída traçando-se semicírculos de diâmetros $\overline{OM}$, $\overline{MS}$ e $\overline{SP}$.

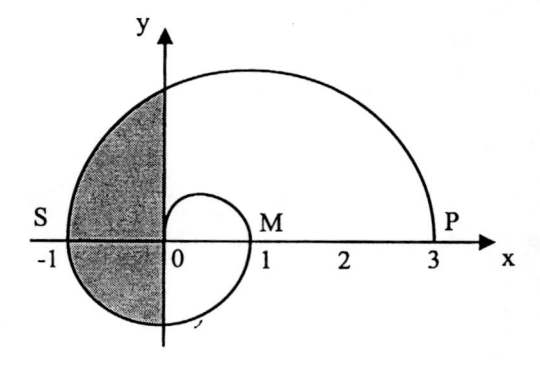

A área da região hachurada vale:

a) $\dfrac{\pi}{2}$

b) $\dfrac{3\pi}{4}$

c) $\dfrac{4\pi - 3\sqrt{3}}{6}$

d) $\dfrac{7\pi - 3\sqrt{3}}{6}$

e) $\dfrac{11\pi - 6\sqrt{3}}{12}$

**42. (PUC-SP)** Uma janela de ferro tem a forma do desenho abaixo. As linhas curvas são arcos de circunferência. Qual é o comprimento total do ferro empregado?

a) $120(1 + 2\pi + \sqrt{2})$
b) $240(1 + \pi + \sqrt{2})$
c) $120(2 + \pi + \sqrt{2})$
d) $240(2 + \pi + 2\sqrt{2})$
e) $120(2 + 2\pi + \sqrt{2})$

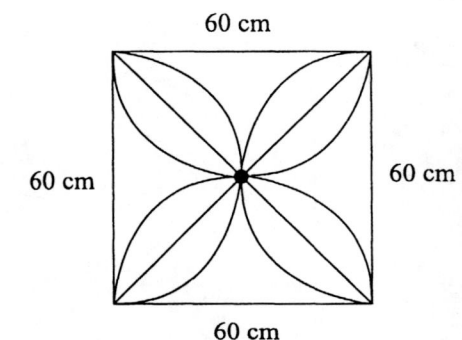

60 cm
60 cm
60 cm
60 cm

**43. (UFMG)** Na figura, $A$, $B$, $C$, $D$, $E$ e $F$ são os vértices de um hexágono regular inscrito num círculo, cujo raio mede 1 m. A área da região hachurada é, em m²:

a) $\dfrac{\sqrt{3}}{2}$

b) $\dfrac{\sqrt{3}}{3}$

c) $\dfrac{\sqrt{3}}{4}$

d) $\sqrt{3}$

e) 1

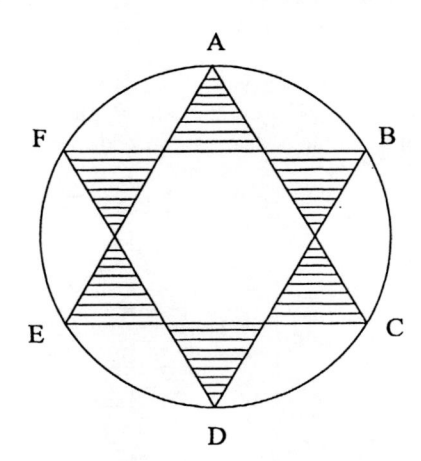

**44. (UFRRJ)** Um dos lados de um quadrilátero simples mede 4 cm, um lado consecutivo a este é perpendicular e mede 6 cm, o outro lado consecutivo ao primeiro faz um ângulo interno de 135° com o mesmo e mede $3\sqrt{2}$ cm. A área do quadrilátero é de:

a) $12\sqrt{2}$ cm²
b) 24 cm²
c) 25 cm²
d) 26 cm²
e) 27 cm²

**45. (UFF)** Determine a área da coroa circular da figura abaixo, sabendo que o segmento $\overline{PQ}$, medindo 8 cm, é tangente à circunferência menor no ponto $T$.

a) $8\pi$ cm$^2$

b) $16\pi$ cm$^2$

c) $24\pi$ cm$^2$

d) $32\pi$ cm$^2$

e) $40\pi$ cm$^2$

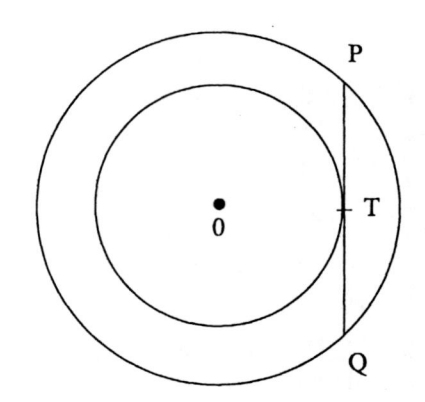

**46. (CESGRANRIO)** A região hachurada $R$ da figura é limitada por arcos de circunferência centrados nos vértices do quadrado de lado $2\ell$. A área de $R$ é:

a) $\dfrac{\pi \ell^2}{2}$

b) $(\pi - 2\sqrt{2})\ell^2$

c) $\left(\pi - \dfrac{4}{3}\right)\ell^2$

d) $(4 - \pi)\ell^2$

e) $\sqrt{2}\,\ell^2$

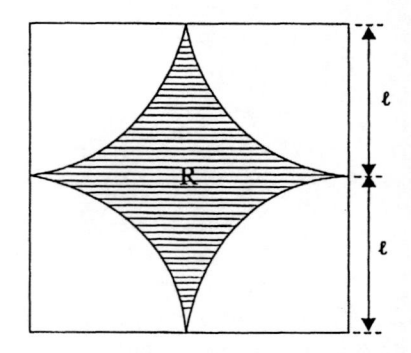

**47. (UNEB)**

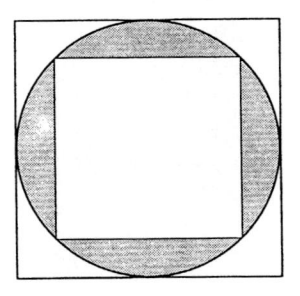

Em um quadrado de lado $L$, inscreve-se uma circunferência onde se inscreve um quadrado, conforme a figura. A área da região sombreada da figura é:

a) $\dfrac{L^2(\pi - 2)}{4}$ u.a.

b) $\dfrac{\pi^2 L^2}{3}$ u.a.

c) $\dfrac{L^2(3\pi - 1)}{2}$ u.a.

d) $\dfrac{\pi L^2}{4}$ u.a.

e) $\dfrac{\pi(L^2 - 9)}{4}$ u.a.

**48. (UFJF)** Na figura abaixo, o apótema do hexágono regular inscrito no círculo mede $\sqrt{3}$ cm. A área da região sombreada da figura é, em cm²:

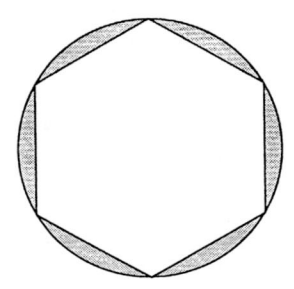

a) $2(2\pi - 3\sqrt{3})$
b) $6\sqrt{3}$
c) $\pi - 3\sqrt{3}$
d) $3(2\pi - 3\sqrt{3})$
e) $4\pi - \sqrt{3}$

**49. (FUVEST-SP)** Uma "estrela de seis pontas" regular é formada por dois triângulos equiláteros entrelaçados.

A razão entre a área de um dos triângulos e a área da estrela vale:

a) 1
b) $\frac{3}{4}$
c) $\frac{2}{3}$
d) $\frac{1}{2}$
e) $\frac{1}{6}$

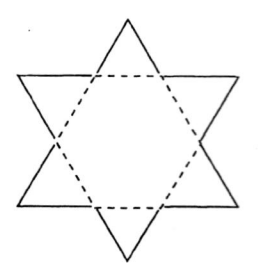

**50. (UNICAMP)** O retângulo de uma Bandeira do Brasil, cuja parte externa ao losango é pintada de verde, mede 2 m de comprimento por 1,40 m de largura. Os vértices do losango, cuja parte externa ao círculo é pintada de amarelo, distam 17 cm dos lados do retângulo e o raio do círculo mede 35 cm. Para calcular a área do círculo use a fórmula $A = \pi r^2$ e, para facilitar os cálculos, tome $\pi$ como $\frac{22}{7}$.

a) Qual a área da região pintada de verde?
b) Qual é a porcentagem da área da região pintada de amarelo, em relação a área total da Bandeira? Dê sua reposta com duas casas decimais após a vírgula.

**51. (EPCAR-SP)** Na figura, tem-se um hexágono regular inscrito em um círculo de raio $r$. Têm-se também 6 arcos de círculo com centros nos vértices do hexágono e cujos raios são iguais ao lado do hexágono. Calcule a superfície da região sombreada.

a) $(\pi - \sqrt{3})r^2$
b) $(2\pi - \sqrt{3})r^2$
c) $(2\pi - 3\sqrt{3})r^2$
d) $(\pi + 3\sqrt{3})r^2$
e) $(3\pi - 2\sqrt{3})r^2$

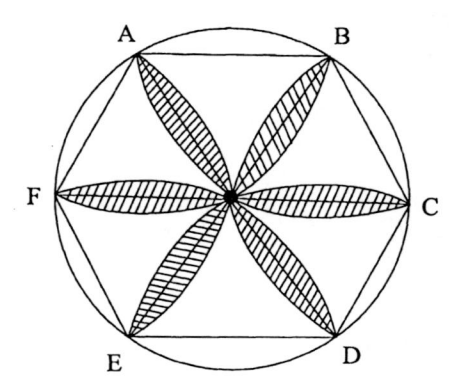

**52. (SANTA CASA-SP)** Na figura, considere o segmento $a = 2$ m. A área da superfície hachurada é igual a:

a) $2\pi$ m²

b) $4$ m²

c) $2$ m²

d) $\pi$ m²

e) n.r.a.

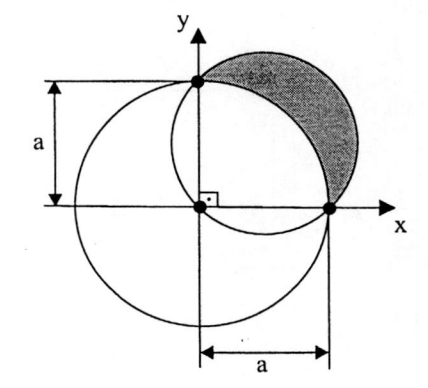

**53. (VEST.UNIF.RS)** Na figura, $\overarc{AB}$ é um arco de uma circunferência de raio 1. A área do trapézio retângulo $BCDE$ é:

a) $\dfrac{\sqrt{3}}{24}$

b) $\dfrac{\sqrt{3}}{18}$

c) $\dfrac{\sqrt{3}}{12}$

d) $\dfrac{\sqrt{3}}{6}$

e) $\dfrac{\sqrt{3}}{4}$

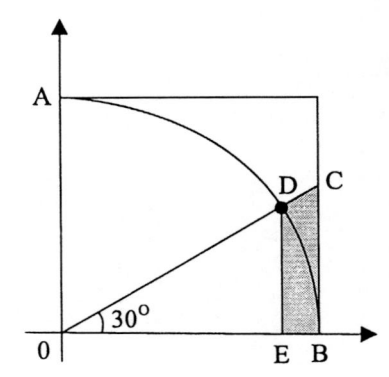

**54. (EPCAR-SP)** A figura contém semicírculos de raio $a$ e centro nos vértices do quadrado menor. Calcule a área da região sombreada.

a) $2a$

b) $\pi a^2$

c) $2\pi a^2$

d) $a^2(4-\pi)$

e) $a^2(\pi-2)$

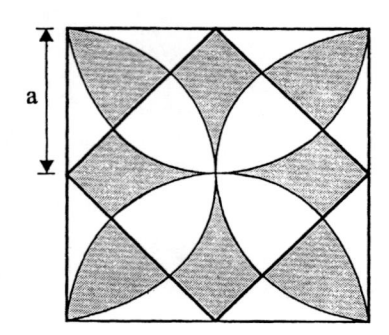

**55. (UMC-SP)** Na circunferência de centro $A$, $AB = 2$ dm, $\overline{AC} = \sqrt{3}$ dm e $\overline{AD} = 1$ dm. A área da figura sombreada é:

a) $\dfrac{2\pi}{5}$ dm²

b) $\pi$ dm²

c) $\dfrac{3\pi}{4}$ dm²

d) $\dfrac{4\pi}{5}$ dm²

e) $\dfrac{2\pi}{3}$ dm²

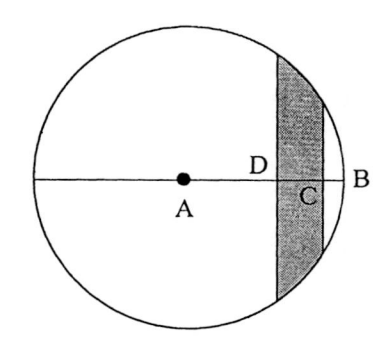

**56. (UNB-DF)** Na figura, a reta corta o círculo de raio unitário determinando uma corda de comprimento 1. A área da região hachurada vale:

a) $2\pi \dfrac{\sqrt{3}}{9}$

b) $\dfrac{\pi}{6} - \dfrac{\sqrt{3}}{4}$

c) $\dfrac{1}{6}(\pi - \sqrt{3})$

d) n.r.a.

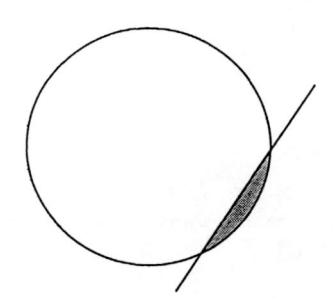

**57. (FUVEST)** O triângulo $ABC$, está inscrito numa circunferência de raio 5 cm. Sabe-se que $A$ e $B$ são extremidades de um diâmetro e que a corda $BC$ mede 6 cm. Então a área do triângulo $ABC$, em cm², vale:

a) 24
b) 12
c) $\dfrac{5\sqrt{3}}{2}$
d) $6\sqrt{2}$
e) $2\sqrt{3}$

**58. (UERJ)** O aluno que estudar *Cálculo* poderá provar com facilidade que a área da superfície plana limitada pelos gráficos de $f(x) = \operatorname{sen} x$ e $f(x) = 0$, no intervalo, $0 \leq x \leq \dfrac{\pi}{2}$, como ilustra o gráfico abaixo, é igual a 1.

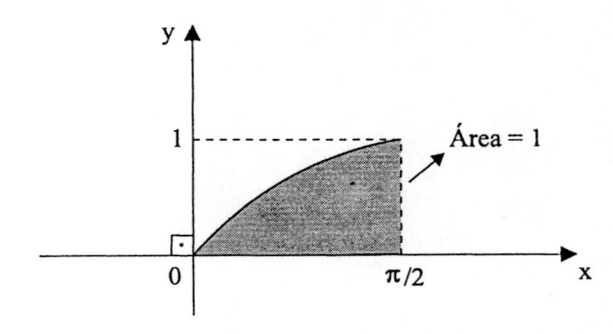

A partir dessa informação, pode-se concluir que a área limitada pelos gráficos de

$f(x) = \cos x$ e $f(x) = 0$, no intervalo $-\dfrac{\pi}{2} \leq x \leq \dfrac{3\pi}{2}$ é:
a) 0
b) 3
c) 4
d) 5
e) 6

**59. (UERJ)** Observe a figura abaixo $(ABCD)$, que sugere um quadrado de lado $a$, onde $M$ e $N$ são, respectivamente, os pontos médios dos segmentos $CD$ e $AD$, e $F$ a interseção dos segmentos $\overline{AM}$ e $\overline{BN}$.

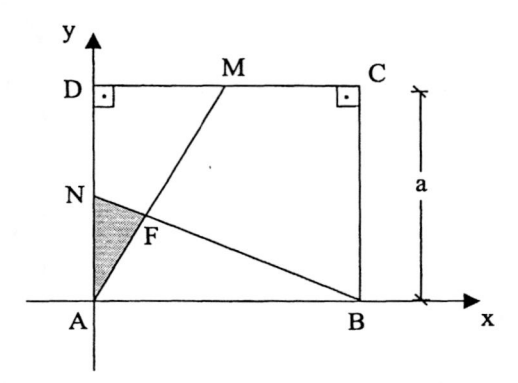

Calcule a áera do triângulo $AFN$ em função de $a$.

**60. (UFMG)** Observe a figura.

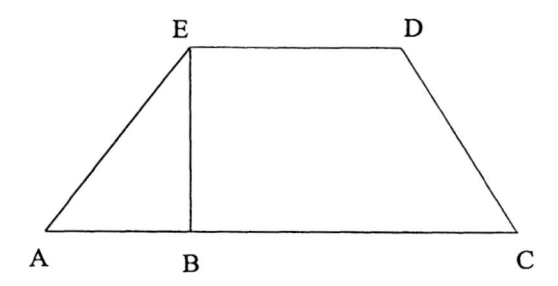

Nessa figura, $\overline{AC}$ é paralelo a $\overline{ED}$, $AB = BC = 3$ cm e $\dfrac{BC}{ED} = 2$. A área do triângulo $ABE$ é igual a 3 cm². A área do trapézio $BCDE$, em cm², é:

a) $\dfrac{9}{2}$

b) 6

c) 9

d) $\dfrac{11}{2}$

e) 12

**61. (CESGRANRIO)** $ABCD$ é um paralelogramo e $M$ é o ponto médio do lado $AB$. As retas $CM$ e $BD$ dividem o paralelogramo em quatro partes. Se a área do paralelogramo é 24, as áreas I, II, III e IV são, respectivamente, iguais a:

a) 10, 8, 4 e 2
b) 10, 9, 3 e 2
c) 12, 6, 4 e 2
d) 16, 4, 3 e 1
e) 17, 4, 2 e 1

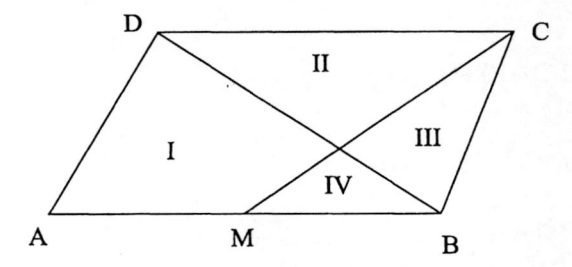

**62. (UNESP-SP)** O mosaico da figura foi desenhado em papel quadriculado $1 \times 1$.

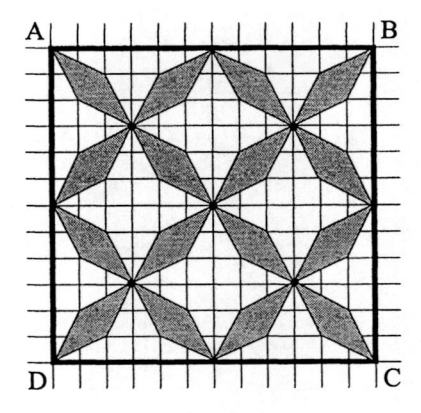

A razão entre a área da parte escura e a área da parte clara, na região compreendida pelo quadrado $ABCD$, é igual a:

a) $\dfrac{1}{2}$

b) $\dfrac{1}{3}$

c) $\dfrac{3}{5}$

d) $\dfrac{5}{7}$

e) $\dfrac{5}{8}$

**63. (UNICAMP)** Em um quadrilátero convexo $ABCD$, a diagonal $AC$ mede 12 cm e os vértices $B$ e $D$ distam, respectivamente, 3 cm e 5 cm da diagonal $AC$.
a) Faça uma figura ilustrativa da situação correta.
b) Calcule a área do quadrilátero.

**64. (UNICAMP)** Um triângulo escaleno $ABC$ tem área igual a 96 cm². Sejam $M$ e $N$ os pontos médios dos lados $AB$ e $AC$, respectivamente. Faça uma figura e calcule a área do quadrilátero $BMNC$.

**65. (UNIRIO)** Uma fábrica quer imprimir o seu logotipo em todas as folhas de papel que usa, conforme o modelo abaixo, na qual as medidas estão expressas em centímetros. A área do papel ocupada pelo logotipo será de:

a) 15 cm²
b) 16 cm²
c) 17 cm²
d) 18 cm²
e) 19 cm²

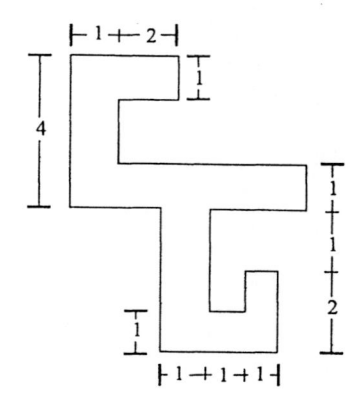

**66. (UFF)** Calcule a área da região hachurada na figura abaixo, sabendo que $R = 2$ cm e $r = 1$ cm.

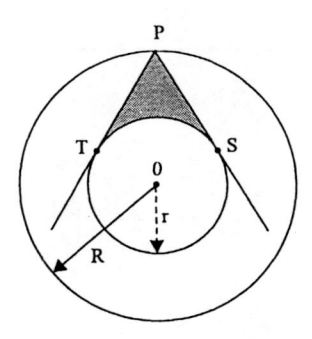

**67. (UFF)** A planta de uma casa foi desenhada em escala 1 : 100. Isto significa que cada 1 cm do desenho corresponde a 1 m na construção. Para revestir o piso de uma sala, que mede 6 m × 6 m, foram usados 400 ladrilhos iguais e quadrados. Determine a medida do lado do quadrado que representa um desses ladrilhos no desenho.

**68. (UFRJ)** O retângulo $ABCD$, da figura abaixo, está subdividido em 100 quadrados elementares iguais.

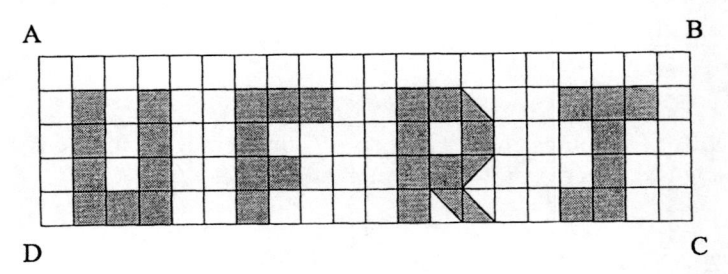

Determine a área sombreada correspondente às letras da sigla UFRJ se:
a) A área da letra U é a unidade de área.
b) A área do retângulo $ABCD$ é igual a uma unidade de área.

## 69. (UERJ)

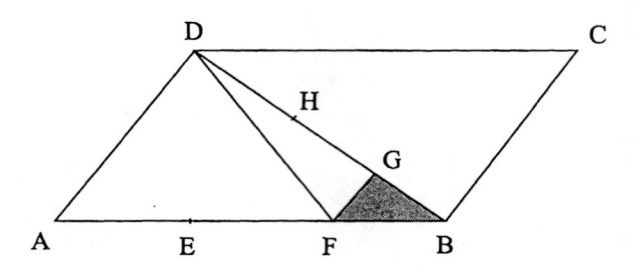

O paralelogramo $ABCD$ teve o lado $(AB)$ e sua diagonal $(BD)$ divididos, cada um, em três partes iguais, respectivamente, pelos pontos $\{E,F\}$ e $\{G,H\}$. A área do triângulo $FBG$ é uma fração da área do paralelogramo $(ABCD)$.

A seqüência de operações que representa essa fração está indicada na seguinte alternativa:

a) $\dfrac{1}{2} \cdot \dfrac{1}{3} \cdot \dfrac{1}{3}$

b) $\dfrac{1}{2} + \dfrac{1}{3} \cdot \dfrac{1}{3}$

c) $\dfrac{1}{2} \cdot \left(\dfrac{1}{3} + \dfrac{1}{3}\right)$

d) $\dfrac{1}{2} + \dfrac{1}{3} + \dfrac{1}{3}$

**70. (UFMA)** Os pontos $A$, $B$, $C$, $D$, $E$ e $F$ dividem a circunferência de raio 4 cm em 6 partes iguais. A área da figura sombreada mede:

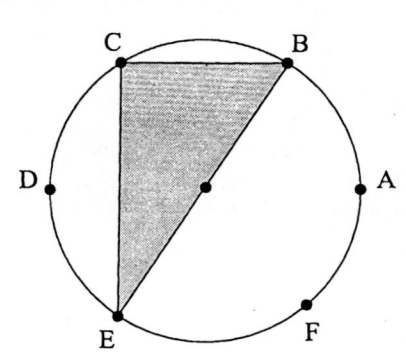

a) $8\sqrt{3}$ cm²

b) $4\sqrt{3}$ cm²

c) $12\sqrt{3}$ cm²

d) $16\sqrt{3}$ cm²

e) $18\sqrt{3}$ cm²

**71. (PUC-RJ)** Duplicando-se o raio de um círculo:

a) A área e o comprimento ficam ambos duplicados.
b) A área fica duplicada e o comprimento fica quadruplicado.
c) O comprimento fica multiplicado por $2\pi$.
d) A área fica multiplicada por $4\pi$.
e) A área fica quadruplicada e o comprimento fica duplicado.

**72. (UFF)** Considere o triângulo $PMN$, retângulo em $M$, representado na figura abaixo:

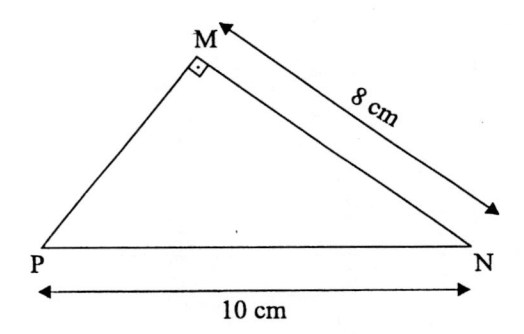

A área em cm², do triângulo obtido, unindo-se os pontos médios de $\overline{PM}$, $\overline{MN}$ e $\overline{NP}$ é:

a) 4
b) 6
c) 12
d) 20
e) 24

**73. (FGV-SP)** A área da figura hachurada, no diagrama, vale:

a) 4,0
b) 3,5
c) 3,0
d) 4,5
e) 5,0

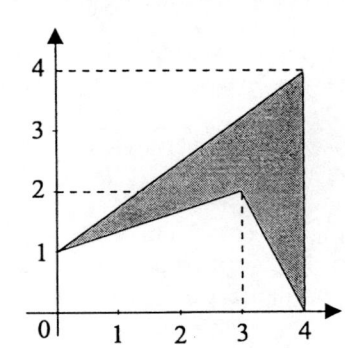

**74. (UFRJ)** Um arquiteto projetou um salão quadrangular 10 m × 10 m. Ele dividiu o salão em dois ambientes, I e II, através de um segmento de reta passando pelo ponto $B$ e paralelo a uma das diagonais do salão, conforme mostra a figura a seguir:

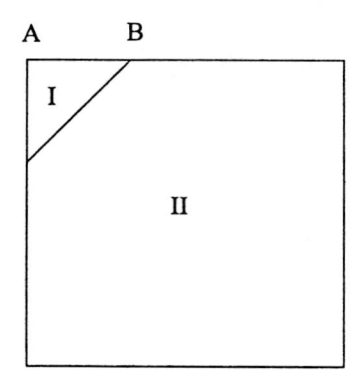

A área do ambiente I é a sétima parte da área do ambiente II. Calcule a distância entre os pontos $A$ e $B$.

**75. (UERJ)** Observe o desenho abaixo

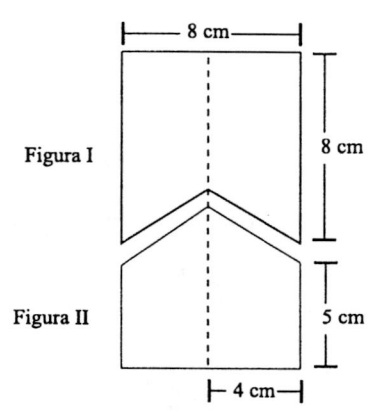

Ele representa uma folha retangular com 8 cm × 13 cm, que foi recortada formando duas figuras I e II, que, apesar de distintas, possuem a mesma área.
A diferença entre o perímetro da figura I e da figura II, em cm, corresponde a:
 a) 0
 b) 2
 c) 4
 d) 6

**76. (UFRJ)** O retângulo $ABCD$ está inscrito no retângulo $WXYZ$, como mostra a figura.

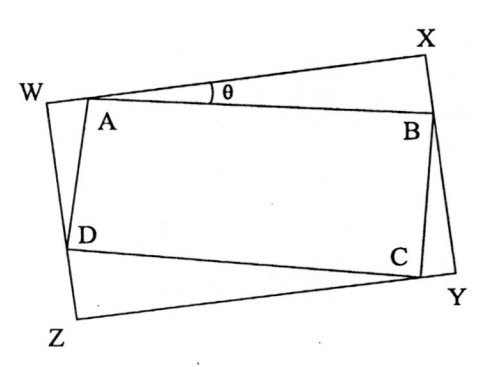

Sabendo que $\overline{AB} = 2$ e $\overline{AD} = 1$, determine o ângulo $\theta$ para que a área de $WXYZ$ seja a maior possível.

**77. (UFRJ)** O hexágono $ABCDEF$ é construído de modo que $MNP$ seja um triângulo eqüilátero e $AMPF$, $BCNM$ e $DEPN$ sejam quadrados.

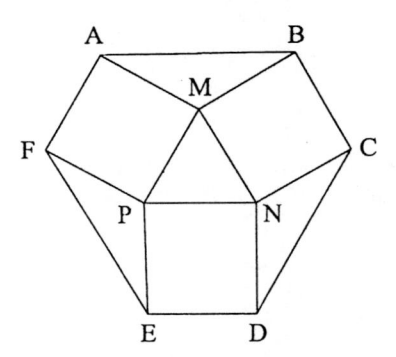

A área do hexágono $ABCDEF$ é igual a $(3 + \sqrt{3})$ cm². Determine o comprimento, em centímetros, do lado do triângulo $MNP$.

## 78. (UNIRIO)

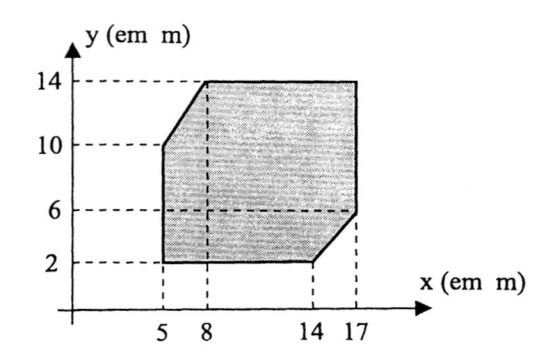

A área da figura hachurada é:

a) 100 m²

b) 132 m²

c) 140 m²

d) 144 m²

e) 156 m²

**79. (UFRJ)** Considere uma peça metálica cuja forma é representada pela figura a seguir, com vértice nos pontos $A(0,0)$, $B(0,3)$, $C(3,3)$, $D(3,1)$, $E(5,1)$ e $F(5,0)$.

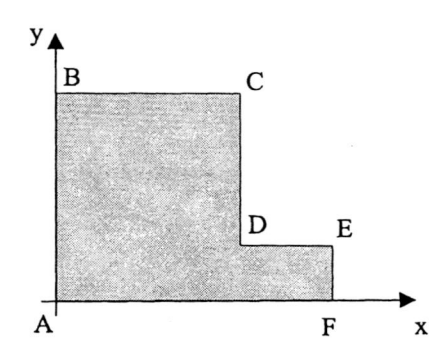

A reta $AD$ divide a peça numa razão

$$K = \frac{\text{Área}(ADEF)}{\text{Área}(ABCD)}$$

Determine o valor de $k$.

**80. (UNICAMP)** Uma folha retangular de cartolina mede 35 cm de largura por 75 cm de comprimento. Dos quatro cantos da folha são cortados quatro quadrados iguais, sendo que o lado de cada um desses quadrados mede $x$ cm de comprimento,
  a) Calcule a área do retângulo inicial.
  b) Calcule $x$ de modo que a área da figura obtida, após o corte dos quatro cantos, seja igual a 1725 cm².

**81. (UNICAMP)** Sejam $A$, $B$, $C$ e $D$ os vértices de um quadrado de lado $a = 10$ cm; sejam ainda $E$ e $F$ pontos nos lados $AD$ e $DC$, respectivamente, de modo que $BEF$ seja um triângulo eqüilátero.
  a) Qual o comprimento do lado desse triângulo?
  b) Calcule a área do mesmo.

**82. (UNIFICADO)** Um projetor de slides, colocado a 4 metros de distância de uma tela de cinema, projeta sobre ela um quadrado. Para que a área desse quadrado aumente 20%, a que distância da tela, em metros, deve ser colocado o projetor?
  a) 4,20
  b) 4,50
  c) 4,80
  d) 5,60
  e) 6,00

**83. (PUC-CAMP/SP)** Seja $R$ um retângulo que tem 24 cm de perímetro. Unindo-se sucessivamente os pontos médios dos lados de $R$ obtém-se um losango. Qual deve ser a medida do lado desse losango para que sua área seja máxima?
  a) 3 cm
  b) $3\sqrt{2}$ cm
  c) 6 cm
  d) $6\sqrt{2}$ cm
  e) 9 cm

**84. (UFG)** Na figura, $O$ é o centro da circunferência de raio 10 cm, o ângulo $O\widehat{C}A$ mede $\dfrac{\pi}{6}$ rad.

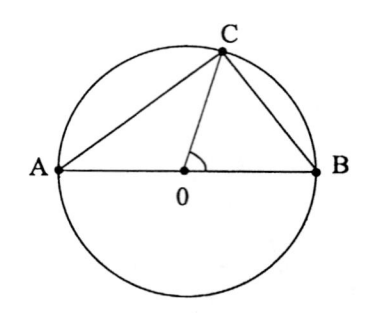

Analisando esta figura, é correto afirmar-se que:
(01) $BC$ mede 10 cm.
(02) O triângulo $ABC$ é retângulo.
(04) As áreas dos triângulos $AOC$ e $OBC$ são iguais.
(08) A área do setor circular $OBC$ mede $\dfrac{50\pi}{6}$ cm².
Obs.: A solução é dada pela soma das opções corretas.

**85. (UNIVERSIDADE DE UBERABA-MG)** Na figura abaixo, consideremos os quadrados de lados $x$, 6 cm e 9 cm. A área do quadrado de lado $x$ mede:

a) 9 cm²
b) 12 cm²
c) 15 cm²
d) 16 cm²
e) 18 cm²

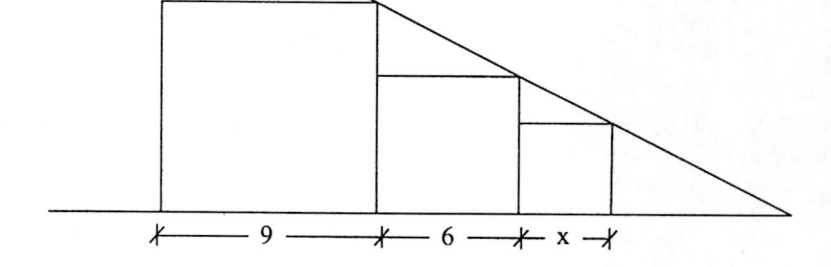

**86. (UNIVERSIDADE DE UBERABA-MG)** A área do trapézio retângulo, representado na figura, é igual a:
Obs: utilize $\sqrt{3} = 1,7$

a) 19,50 cm²
b) 25,50 cm²
c) 33,15 cm²
d) 39,00 cm²
e) 40,80 cm²

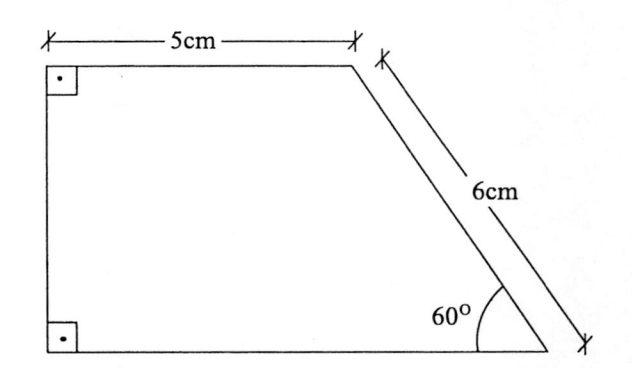

**87. (UFRJ)** Um pedaço de papel quadrado é dobrado duas vezes de forma que dois lados adjacentes se sobreponham sobre a diagonal correspondente. Ao desdobrarmos o papel, vemos os quatro ângulos assinalados na figura.

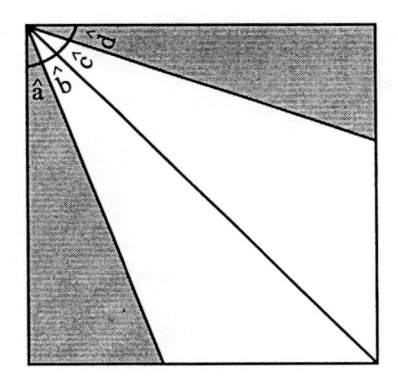

a) Determine as medidas dos ângulos $\hat{a}$, $\hat{b}$, $\hat{c}$ e $\hat{d}$.
b) Calcule a razão entre a área sombreada e a área do quadrado.

**88. (UFF)** Considere um folha de papel em forma do retângulo $RSTU$, como na figura 1. São feitas, sucessivamente, 2 dobras nessa folha. A primeira é feita de modo que o ponto $S$ caia sobre o segmento $\overline{MN}$, sendo $M$ e $N$, respectivamente, pontos médios de $\overline{RS}$ e $\overline{UT}$, de acordo com a figura 2. A segunda é feita de modo que o ponto $P$ também caia sobre o segmento $\overline{MN}$, conforme a figura 3.

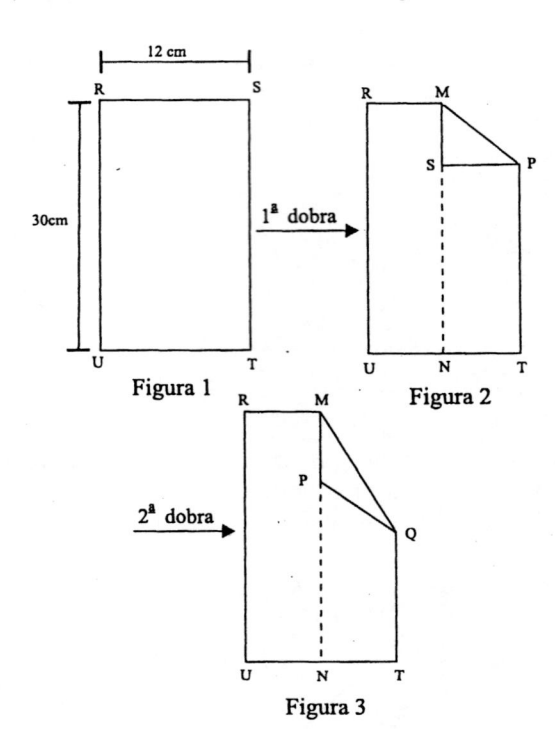

A área do triângulo $MPQ$ é:

a) $18\sqrt{2}$ cm²

b) $30$ cm²

c) $45$ cm²

d) $36\sqrt{2}$ cm²

e) $45\sqrt{3}$ cm²

**89. (VUNESP)** A figura mostra a planta baixa da sala de estar de um apartamento. Sabe-se que duas paredes contíguas quaisquer incidem uma na outra perpendicularmente e que $AB = 2,5$ m, $BC = 1,2$ m, $EF = 4,0$ m, $FG = 0,8$ m, $HG = 3,5$ m e $AH = 6,0$ m. Qual a área dessa sala em metros quadrados?

a) 37,2
b) 38,2
c) 40,2
d) 41,2
e) 42,2

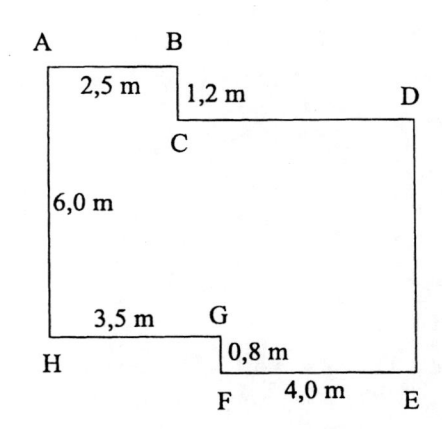

```
         A      B
         2,5 m  1,2 m      D
                C
         6,0 m

         3,5 m   G
         H      0,8 m
                F  4,0 m   E
```

**90. (UNESP-SP)** A área de um triângulo isósceles é $4\sqrt{15}$ dm² e a altura desse triângulo, relativa à sua base, mede $2\sqrt{15}$ dm. O perímetro desse triângulo é igual a:

a) 16 dm
b) 18 dm
c) 20 dm
d) 22 dm
e) 23 dm

**91. (UFRJ)** No círculo abaixo, a figura é formada a partir de semicircunferências e $AC = CD = DE = EB$.

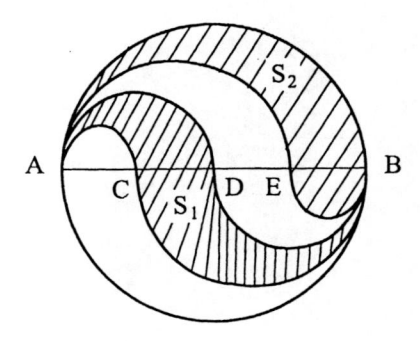

Determine $\dfrac{S_1}{S_2}$, a razão entre as áreas hachuradas.

**92. (FUVEST-SP)** Dois irmãos herdaram um terreno com a seguinte forma de medidas:

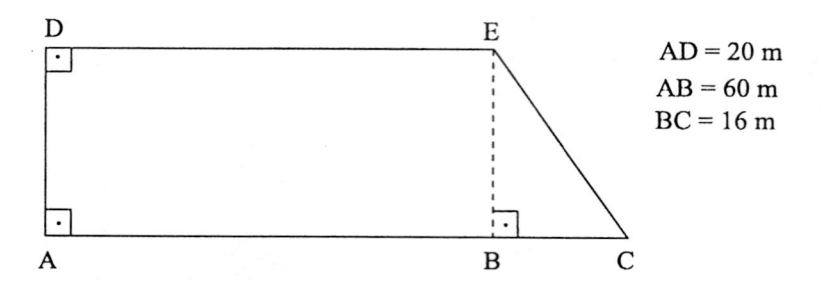

314 | *Matemática sem Mistérios - Geometria Plana e Espacial*

AD = 20 m
AB = 60 m
BC = 16 m

Para dividir o terreno em duas partes de mesma área, eles usaram uma reta perpendicular a $\overline{AB}$. Para que a divisão seja feita corretamente, a distância dessa reta ao ponto $A$, em metros, deverá ser:

a) 31
b) 32
c) 33
d) 34
e) 35

**93. (FUVEST-SP)** Os quadrados da figura têm lados medindo 10 cm e 20 cm, respectivamente. Se $C$ é o centro do quadrado de menor lado, o valor da área hachurada, em $cm^2$, é:

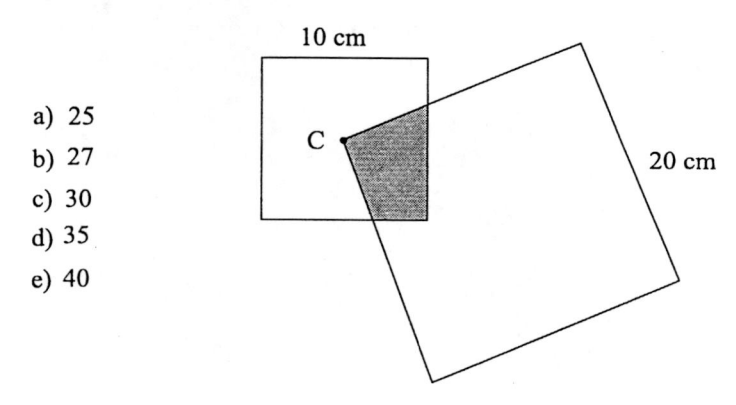

a) 25
b) 27
c) 30
d) 35
e) 40

**94. (FUVEST-SP)** Na figura abaixo, a reta $r$ é paralela ao segmetno $\overline{AC}$, sendo $E$ o ponto de interseção de $r$ com a reta determinada por $D$ e $C$. Se as áreas dos triângulos $ACE$ e $ADC$ são 4 e 10, respectivamente, e a área do quadrilátero $ABED$ é 21, então a área do triângulo $BCE$ é:

a) 6
b) 7
c) 8
d) 9
e) 10

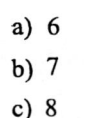

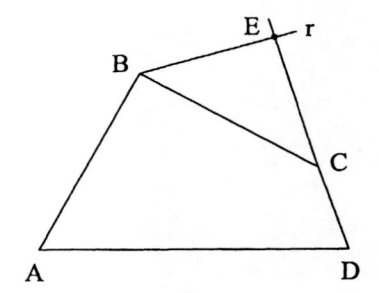

**95. (UERJ)** No triângulo $ABC$ abaixo, os lados $BC$, $AC$ e $AB$ medem, respectivamente, $a$, $b$ e $c$. As medianas $AE$ e $BD$ relativas aos lados $BC$ e $AC$ interceptam-se ortogonalmente no ponto $G$.

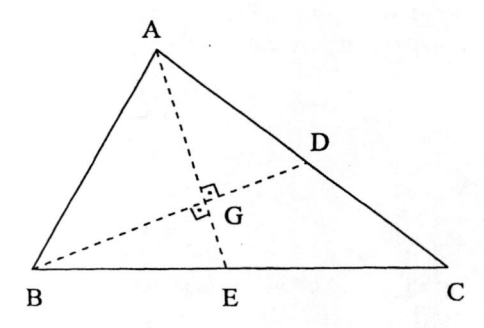

Conhecidos $a$ e $b$, determine:
a) O valor de $c$ em função de $a$ e $b$.
b) A razão entre as áreas dos triângulos $ADG$ e $BEG$.

**96. (UERJ)** Um fertilizante de larga utilização é o nitrato de amônio, de fórmula $NH_4NO_3$. Para uma determinada cultura, o fabricante recomenda a aplicação de $1L$ de solução de nitrato de amônio de concentração $0,5 MOL.L^{-1}$ por m² de plantação. A figura abaixo indica as dimensões do terreno que o agricultor utilizará para o plantio.

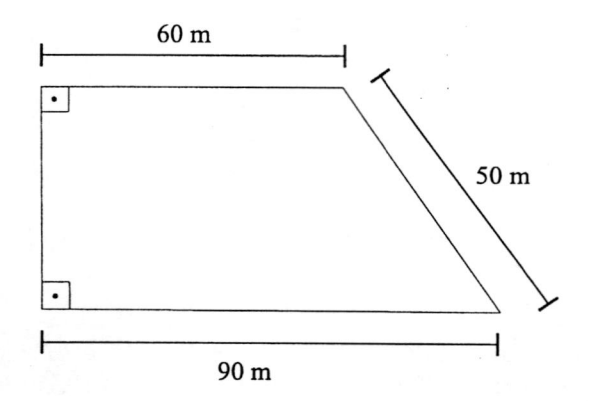

A massa de nitrato de amônio, em quilogramas, que o agricultor deverá empregar para fertilizar sua cultura, de acordo com a recomendação do fabricante é igual a:
a) 120
b) 150
c) 180
d) 200

**97. (UFRRJ)** Na figura abaixo, sabendo-se que os ângulos $\widehat{A}$ e $\widehat{E}$ são ângulos retos, a área do quadrilátero $ACDE$ vale:

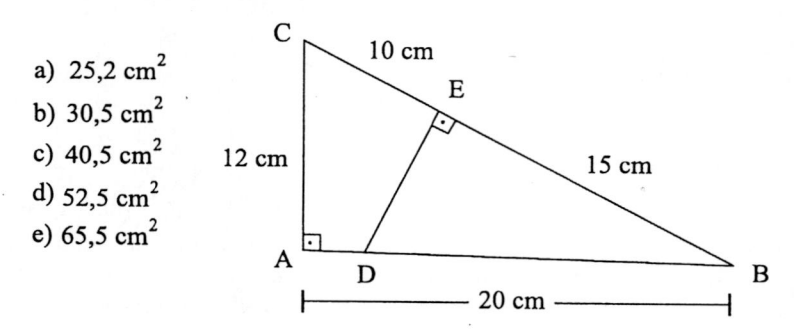

a) $25{,}2 \text{ cm}^2$
b) $30{,}5 \text{ cm}^2$
c) $40{,}5 \text{ cm}^2$
d) $52{,}5 \text{ cm}^2$
e) $65{,}5 \text{ cm}^2$

**98. (UFRJ)** A figura abaixo é formada por dois quadrados $ABCD$ e $A'B'C'D'$, cujos lados medem 1 cm, inscritos numa circunferência.

A diagonal $AC$ forma com a diagonal $A'C'$ um ângulo de $45°$.

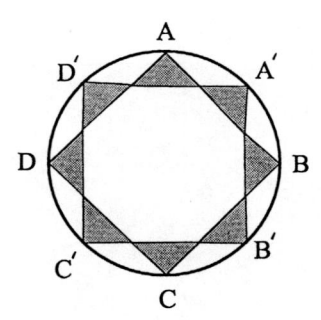

Determine a área da região sombreada da figura.

**99. (UNICAMP)** Considere três circunferências em um plano, todas com o mesmo raio $r = 2$ cm e cada uma delas com centro em um vértice de um triângulo eqüilátero cujo lado mede 6 cm. Seja $C$ a curva fechada de comprimento mínimo que tangencia externamente as três circunferências.
  a) Calcule a área da parte do triângulo que está fora das três circunferências.
  b) Calcule o comprimento da curva $C$.

**100. (UFF)** Um terreno tem a forma de um quadrilátero $ABCD$ de lados $\overline{AB} = 48$ m, $\overline{BC} = 52$ m, $\overline{CD} = 28$ m e $\overline{AD} = 36$ m, tal que o ângulo $\widehat{A}$ é reto e o ângulo $\widehat{C}$ é obtuso (figura). Determine a área do terreno.

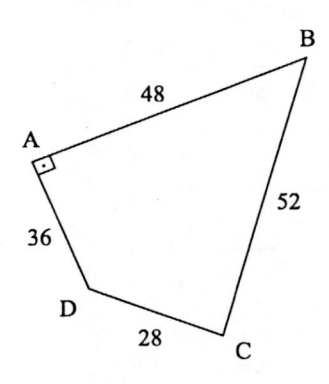

**101. (UERJ)** Observe o paralelogramo $ABCD$.

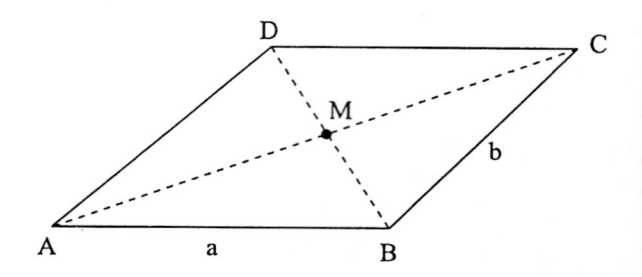

a) Calcule $\overline{AC}^2 + \overline{BD}^2$ em função de $\overline{AB} = a$ e $\overline{BC} = b$.
b) Determine a razão entre as áreas dos triângulos $ABM$ e $MBC$.

**102. (PUC-RJ)** Se um retângulo tem diagonal medindo 10 e lados cujas medidas somam 14, qual a sua área?

a) 24
b) 32
c) 48
d) 54
e) 72

**103. (UNIRIO)** Considere um tablado para a escola de teatro da UNIRIO com a forma trapezoidal abaixo:

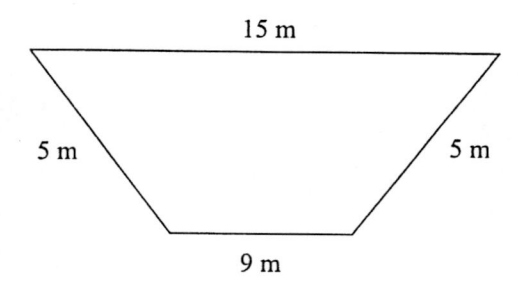

Quantos metros quadrados de madeira serão necessários para cobrir a área delimitada por esse trapézio?

a) 75 m²
b) 36 m²
c) 96 m²
d) 48 m²
e) 60 m²

**104.** (**UFF**) Um muro, com 6 metros de comprimento, será aproveitado como *parte* de um dos lados do cercado retangular que certo criador precisa construir. Para completar o contorno desse cercado o criador usará 34 metros de cerca. Determine as dimensões do cercado retangular de maior área possível que o criador poderá construir.

**105.** (**UFF**) Os lados $MQ$ e $NP$ do quadrado $MQPN$ estão divididos em três partes iguais, medindo 1 cm cada um dos segmentos $MU$, $UT$, $TQ$, $NR$, $RS$ e $SP$. Unindo-se os pontos $N$ e $T$, $R$ e $Q$, $S$ e $M$, $P$ e $U$ por segmentos de reta, obtém-se a figura:

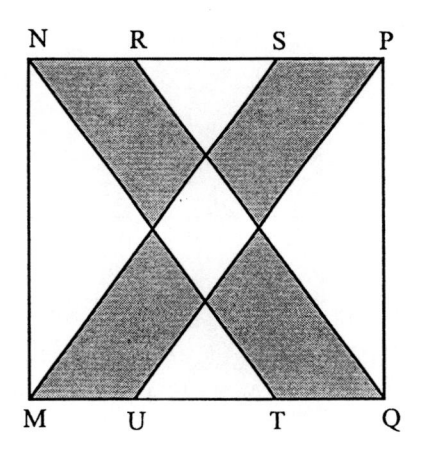

Calcule a área da região sombreada da figura acima.

**106.** (**UERJ**) Unindo-se os pontos médios dos lados do triângulo $ABC$, obtém-se um novo triângulo $A'B'C'$ como mostra a figura.

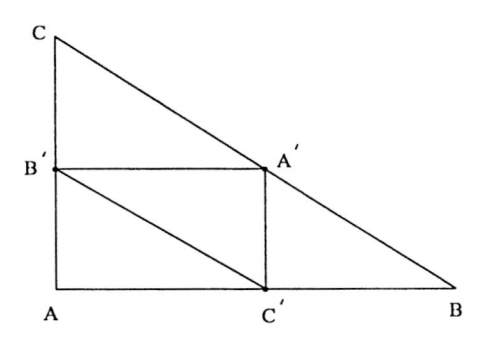

Se $S$ e $S'$ são, respectivamente, as áreas de $ABC$ e $A'B'C'$, a razão $\dfrac{S}{S'}$ equivale a:

a) 4
b) 2
c) $\sqrt{3}$
d) $\dfrac{3}{2}$

**107. (UERJ)** O fractal chamado floco de neve de Koch é obtido a partir de um triângulo eqüilátero, dividindo-se seus lados em 3 partes iguais e constuindo-se, sobre a parte do meio de cada um dos lados, um novo triângulo eqüilátero.

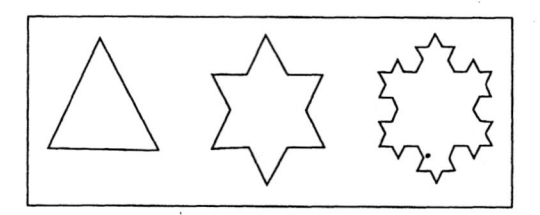

Este processo de formação continua indefinidamente até a obtenção de um floco de neve de Koch.

Supondo que o lado inicial do triângulo meça 1 unidade de comprimento, a área do floco de neve de Koch formado será, em unidades quadradas, equivalente a:

a) $\dfrac{\sqrt{3}}{5}$

b) $\dfrac{\sqrt{3}}{4}$

c) $\dfrac{2\sqrt{3}}{5}$

d) $\dfrac{\sqrt{3}}{2}$

**108. (UERJ)** Um matemático, observando um vitral com o desenho de um polígono inscrito em um círculo, verificou que os vértices desse polígono poderiam ser representados pelas raízes cúbicas complexas do número 8.

A área do polígono observado pelo matemático equivale a:
a) $\sqrt{3}$
b) $2\sqrt{3}$
c) $3\sqrt{3}$
d) $4\sqrt{3}$

**109. (FUVEST)** Duas irmãs receberam como herança um terreno na forma do quadrilátero $ABCD$, representado abaixo em um sistema de coordenadas. Elas pretendem dividi-lo, construindo uma cerca reta perpendicular ao lado $AB$ e passando pelo ponto $P = (a, 0)$.

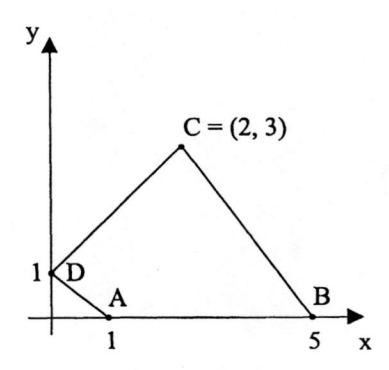

O valor de $a$ para que se obtenham dois lotes de mesma área é:

a) $\sqrt{5} - 1$
b) $5 - 2\sqrt{2}$
c) $5 - \sqrt{2}$
d) $2 + \sqrt{5}$
e) $5 + 2\sqrt{2}$

**110. (UFPE)** Indique o inteiro mais próximo da área do trapézio $PQRS$ de altura 4, ilustrado na figura abaixo, sabendo que $ABCD$ é um quadrado de lado 10. $M$ é o ponto médio de $AB$ e de $PQ$ e $N$ é o ponto médio de $BC$ e de $RS$. (Dado: use aproximção $\sqrt{2} \cong 1,41$).

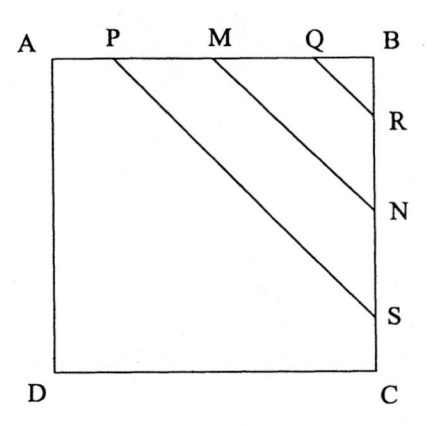

**111. (FUVEST-SP)** O triângulo retângulo $ABC$, cujos catetos $\overline{AC}$ e $\overline{AB}$ medem 1 e $\sqrt{3}$, respectivamente, é dobrado de tal forma que o vértice $C$ coincida com o ponto $D$ do lado $\overline{AB}$. Seja $\overline{MN}$ o segmento ao longo do qual ocorreu a dobra. Sabendo que $N\hat{D}B$ é reto, determine:

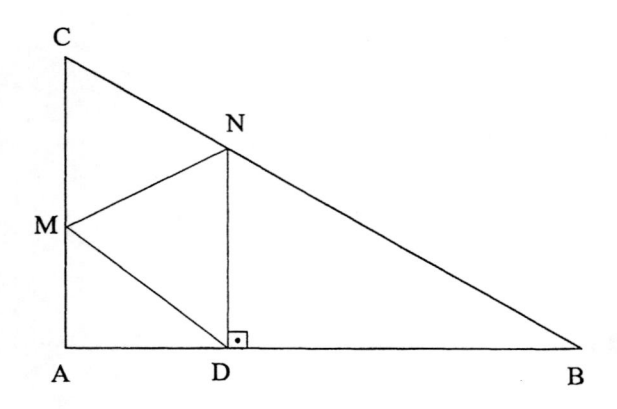

a) O comprimento dos segmentos $\overline{CN}$ e $\overline{CM}$.
b) A área do triângulo $CMN$.

**112. (UFSCAR-SP)** A Folha de São Paulo, na sua edição de outubro/2000 revela que o buraco que se abre na camada de ozônio sobre a Antártida a cada primavera no Hemisfério Sul formou-se mais cedo neste ano. É o maior buraco já monitorado por satélites, com o tamanho recorde de $(2,85) \times 10^7$ km². Em números aproximados, a área de $(2,85) \times 10^7$ km² equivale à área de um quadrado cujo lado mede:

a) $(5,338) \times 10^2$ km
b) $(5,338) \times 10^3$ km
c) $(5,338) \times 10^4$ km
d) $(5,338) \times 10^5$ km
e) $(5,338) \times 10^6$ km

**113. (UFSCAR-SP)** Considere a região $R$ pintada de preto, exibida a seguir, construída no interior de um quadrado de lado medindo 4 cm.

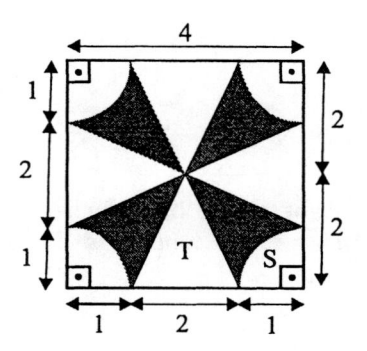

Sabendo que os arcos de circunferência que aparecem nos cantos do quadrado têm seus centros nos vértices do quadrado e que cada raio mede 1 cm, pede-se:
a) A área da região interna do quadrado, complementar à região $R$.
b) A área da região $R$.

**114. (UFGO)** Na figura abaixo temos uma circunferência $(C)$, de raio $(R)$, e seis (6) circunferências de mesmo raio $(r)$, que se tangenciam 2 a 2 e também tangenciam $C$. Determine:
a) O raio $r$, em função de $R$.
b) A área da parte pintada em função de $R$.

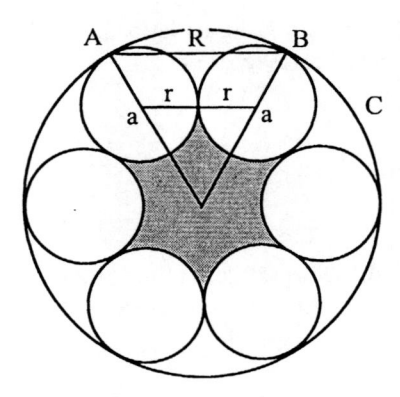

**115. (SANTA CASA-SP)** Um lago circular de 20 m de diâmetro é circundado por um passeio, a partir das margens do lago, de 2 m de largura. A área do passeio representa a seguinte porcentagem da área do lago:

a) 10%
b) 20%
c) 15%
d) 32%
e) 44%

**116. (MACK-SP)** Um trapézio tem bases 6 cm e 14 cm e um de seus lados não paralelos é igual à base menor e forma com a base maior um ângulo de 60°. A área do trapézio vale:

a) $20\sqrt{3}$ cm²
b) $25\sqrt{3}$ cm²
c) $30\sqrt{3}$ cm²
d) $35\sqrt{3}$ cm²
e) n.r.a.

**117. (SANTA CASA-SP)** Se o diâmetro de um lago circular passar do valor de 120 m para o valor 80 m, o decréscimo percentual da área será aproximadamente igual a:

a) 10%
b) 12%
c) 25%
d) 35%
e) 55%

**118. (MACK-SP)** Em um trapézio, os lados paralelos medem 16 e 44, e os lados não paralelos, 17 e 25. A área do trapézio é:

a) 250
b) 350
c) 450
d) 550
e) 650

**119. (UE-MARINGÁ)** Do retângulo abaixo foram retirados os quatro triângulos retângulos hachurados, formando assim um hexágono regular de lado 4 cm. Então, a área do retângulo $ABCD$ é:

a) $16\sqrt{3}$ cm²
b) $24\sqrt{3}$ cm²
c) $32\sqrt{3}$ cm²
d) $40\sqrt{3}$ cm²
e) $48\sqrt{3}$ cm²

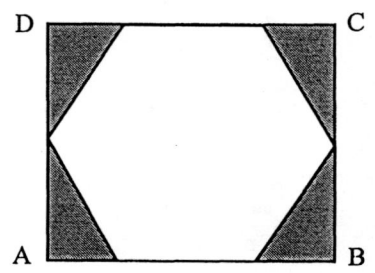

**120.** (FUVEST-SP) Numa circunferência de raio 1 está inscrito um quadrado. A área da região interna à circunferência e externa ao quadrado é:
a) maior que 2
b) igual à área do quadrado
c) igual a $\pi^2 - 2$
d) igual a $\pi - 2$
e) igual a $\pi/4$

Pelas informações seguintes, resolva as Questões 121 e 122.
Nas figuras abaixo, tem-se uma vista superior de dois jardins de uma praça.

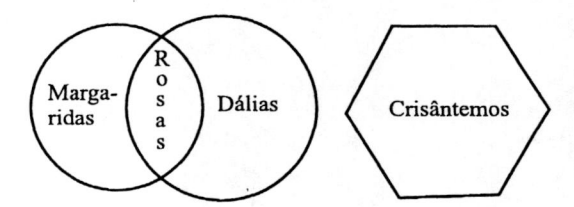

Nas figuras abaixo, têm-se esboços dos projetos desses jardins. Um dos jardins é formado a partir de dois círculos, de centros em $A$ e em $B$. O outro tem a forma de um polígono regular.

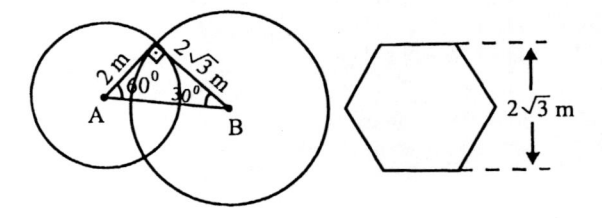

Em seus cálculos, use $\pi = 3,1$ e $\sqrt{3} = 1,7$.

**121.** (PUCCAMP-SP) De acordo com o projeto, qual é, aproximadamente, a área do jardim reservado às rosas?
a) 3,4 m²
b) 4 m²
c) 4,2 m²
d) 4,8 m²
e) 5,8 m²

**122.** (PUCCAMP-SP) Deseja-se cercar com uma grade o canteiro reservado aos crisântemos. Para isso, é preciso obter seu perímetro, que é igual a:

a) 8,6 m
b) 9 m
c) 10,8 m
d) 11,2 m
e) 12 m

**123. (UFCE)** Considere a figura abaixo, na qual:
- a área do semicírculo $c_1$ é quatro vezes a área do semicírculo $c_2$
- a reta $r$ é tangente a $c_1$ e a reta $s$ é tangente a $c_1$ e $c_2$

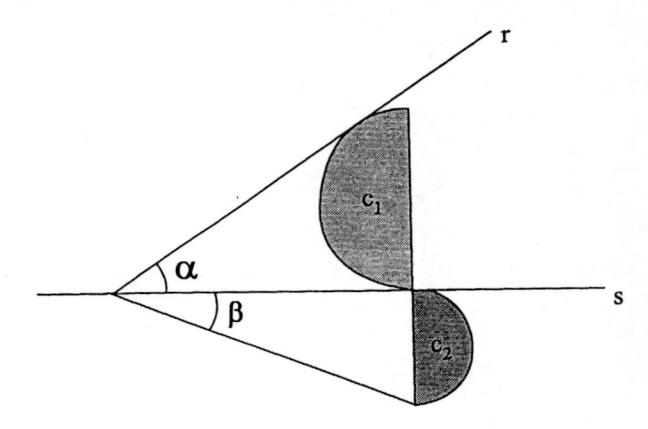

Então, podemos afirmar corretamente que:

a) $\alpha = \dfrac{5}{2}\beta$

b) $\alpha = \dfrac{3}{2}\beta$

c) $\alpha = 4\beta$

d) $\alpha = 2\beta$

e) $\alpha = \dfrac{2}{3}\beta$

**124. (U.F.VIÇOSA-MG)** Une-se um dos vértices de um quadrado aos pontos médios dos lados que não contêm esse vértice, obtendo-se um triângulo isósceles (veja figura seguinte). A área desse triângulo, em relação à área do quadrado, representa:

a) 38,5%
b) 37,5%
c) 36,5%
d) 35,5%
e) 39,5%

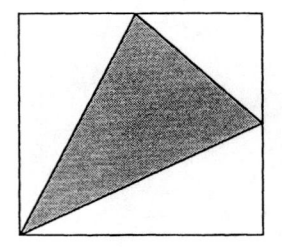

**125.** (UFMG) Uma fazenda tem uma área de 0,4 km². Suponha que essa fazenda seja um quadrado, cujo lado mede $\ell$ metros. O número $\ell$ satisfaz a condição:
a) $180 < \ell < 210$
b) $210 < \ell < 250$
c) $400 < \ell < 500$
d) $600 < \ell < 700$

**126.** (MACK-SP) Se o hexágono regular da figura tem área 2, a área do pentágono assinalado é:

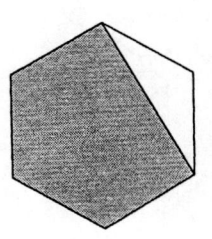

a) $\dfrac{7}{2}$
b) $\dfrac{7}{3}$
c) $\dfrac{5}{6}$
d) $\dfrac{4}{3}$
e) $\dfrac{5}{3}$

**127.** (UNB-DF) No sistema de coordenadas $xOy$, considere a circunferência de centro na origem e de raio igual a 1. A cada ângulo central $\alpha$ no intervalo $[0, \pi]$, represente por $A(\alpha)$ a área delimitada pelo arco da circunferência e o segmento de reta que liga os pontos $P$ e $Q$, como ilustrado na figura seguinte. Com base nessas informações, considere verdadeiro ou falso:

a) A área $A$ é uma função crescente do ângulo central $\alpha$.

b) $\dfrac{1}{4} < A\left(\dfrac{\pi}{2}\right) < \dfrac{1}{2}$

c) $A(\alpha) = \dfrac{1}{2}(\alpha - \operatorname{sen}\alpha)$

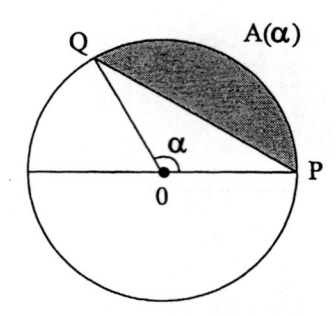

**128. (UFPE)** Seja $ABCD$ um paralelogramo e $E$ um ponto no lado $\overline{BC}$. Seja $F$ a interseção da reta passando por $A$ e $B$ com a reta passando por $D$ e $E$ (veja a figura).

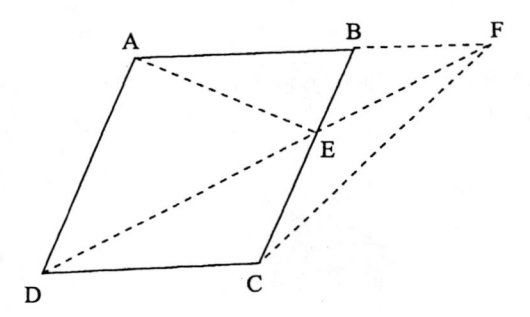

Considerando os dados acima, não podemos afirmar que:

a) A área de $ADE$ é metade da área de $ABCD$.
b) $DCF$ e $ADE$ têm a mesma área.
c) $ABE$ e $CDE$ têm a mesma área.
d) $ABE$ e $CEF$ têm a mesma área.
e) A área de $ABCD$ é igual à soma das áreas de $ADE$ e $DCF$.

## 129. (UGF-RJ)

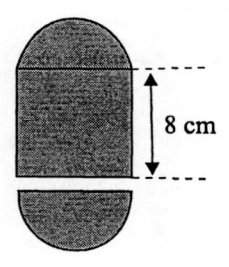

Nas comemorações de fim de ano, um homem caminha sobre a areia molhada da praia sem tirar os sapatos. Olhando para trás, observa que suas pegadas são formadas por 2 semicírculos de raios iguais, e por um quadrado, como mostra a figura acima. Supondo que o lado do quadrado mede 8 cm, a área de uma pegada, em cm², é aproximadamente igual a:

- a) 110
- b) 112
- c) 113
- d) 114
- e) 118

## 130. (PUC-MG)
Os vinte por cento da área de um triângulo eqüilátero $T$ equivalem à área de um triângulo equilátero de lado unitário. O comprimento do lado do triângulo $T$ é:

- a) $2\sqrt{3}$
- b) $3\sqrt{2}$
- c) $\sqrt{5}$
- d) $\sqrt{7}$

## 131. (UNAERP-SP)
Dois círculos concêntricos de raios $R_1$ e $R_2$, tais que $R_1+R_2 = 2d$, formam uma coroa circular de largura $d$. A área dessa coroa corresponde a:

- a) $\pi d$
- b) $2\pi d$
- c) $4\pi d$
- d) $2\pi d^2$
- e) $4\pi d^2$

## 132. (UNIFOR-CE)
Considere as seguintes proposições:

I. Duplicando-se a base de um retângulo, a área torna-se o dobro da área do retângulo original

II. Duplicando-se a altura de um triângulo, a área torna-se o dobro da área do triângulo original

III. Duplicando-se o raio de um círculo, a área torna-se o dobro da área do círculo original

É correto afirmar que:
a) I, II e III são verdadeiras.
b) Somente I e II são verdadeiras.
c) Somente I e III são verdadeiras.
d) Somente II e III são verdadeiras.
e) Somente uma das proposições é verdadeira.

**133. (UFRS)** Na figura abaixo, $AC = 5$, $BC = 6$ e $DE = 3$.

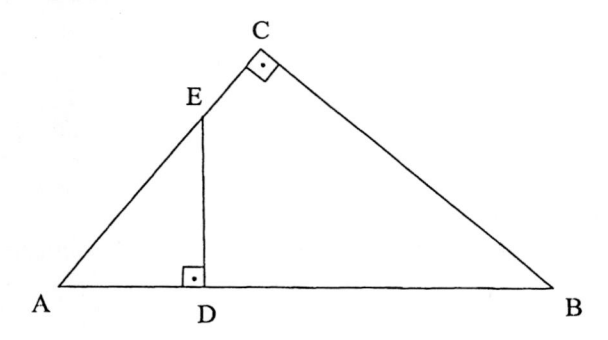

A área do triângulo $ADE$ é:
a) $\dfrac{15}{8}$
b) $\dfrac{15}{4}$
c) $\dfrac{15}{2}$
d) 10
e) 15

**134. (UFGO)** Um quadrado de 4 cm de lado é dividido em dois retângulos. Em um dos retângulos, coloca-se um círculo, de raio $R$, tangenciando dois de seus lados opostos, conforme figura a seguir.

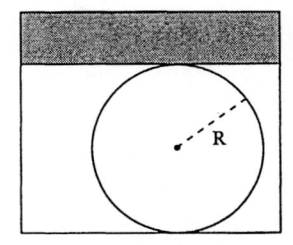

a) Escreva uma expressão que represente a soma das áreas do círculo e do retângulo que não contém o círculo, em função de R.

b) Qual deve ser o raio do círculo, para que a área pedida no item anterior seja o menor possível?

**135.** (UNIFOR-CE) De uma lâmina quadrada de metal corta-se uma peça circular do maior tamanho possível, e desta corta-se um quadrado, também do maior tamanho possível. Se o lado do quadrado original mede 16 cm, a área da superfície do metal que foi desperdiçado, em centímetros quadrados, é:
a) 136
b) 128
c) 64
d) 48
c) 32

**136.** (UFSE) Sabe-se que o comprimento do arco $\widehat{ACB}$, destacado no círculo de centro $O$, é $\dfrac{2\pi}{3}$ cm. Nessas condições, a área do círculo, em centímetros quadrados, é:

a) $6\pi$
b) $8\pi$
c) $9\pi$
d) $12\pi$
e) $15\pi$

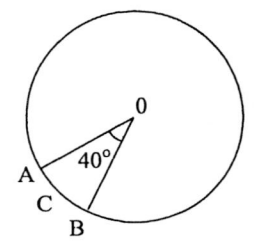

**137. (UFF)** As circunferências de centros $O$ e $O'$ possuem, ambas, 1 cm de raio e se interceptam nos pontos $P$ e $P'$, conforme mostra a figura.

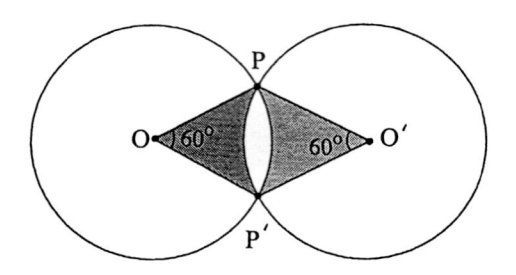

Determine a área da região assinalada.

**138. (FATEC-SP)** Na figura abaixo, os lados do quadrado $ABCD$ medem 6 cm e os lados $\overline{AD}$ e $\overline{BC}$ estão divididos em 6 partes iguais.

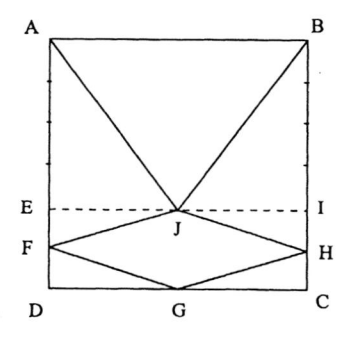

Se os pontos $G$ e $J$ são, respectivamente, os pontos médios dos segmentos $\overline{CD}$ e $\overline{EI}$, então a razão entre as áreas do losango $FGHJ$ e do triângulo $ABJ$, nessa ordem, é:

a) $\dfrac{1}{6}$

b) $\dfrac{1}{5}$

c) $\dfrac{1}{4}$

d) $\dfrac{1}{2}$

e) $\dfrac{2}{5}$

**139. (U.F.VIÇOSA-MG)** As medidas do lado, do perímetro e da área de um quadrado estão, nesta ordem, em progressão geométrica. A diagonal desse quadrado mede:

a) $16\sqrt{2}$
b) $10\sqrt{2}$
c) $12\sqrt{2}$
d) $14\sqrt{2}$
e) $18\sqrt{2}$

**140. (UFSC)** A figura abaixo representa um campo de beisebol. Sabe-se que:

a) $AB = AC = 99$ m
b) $AD = 3$ m
c) $HI = \dfrac{DF}{6}$
d) O arremessador fica no círculo localizado no centro do quadrado.
e) A área hachurada mede $1458\pi$ m².

Determine o raio, em metros, do círculo onde fica o arremessador.

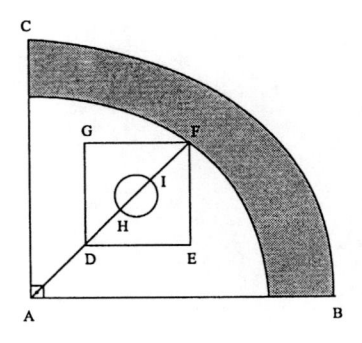

### Gabarito das questões de fixação

**Questão 1** - Resposta: 196 dm²
**Questão 2** - Resposta: 108 dm²
**Questão 3** - Resposta: 12 dm²
**Questão 4** - Resposta: $36\sqrt{3}$ m
**Questão 5** - Resposta: $5\sqrt{2}$ dm
**Questão 6** - Resposta: a
**Questão 7** - Resposta: $9\sqrt{3}$ m²
**Questão 8** - Resposta: c
**Questão 9** - Resposta: $32\sqrt{3}$

**Questão 10** - Resposta: 54 cm
**Questão 11** - $\dfrac{225\sqrt{3}}{4}$ cm²
**Questão 12** - Resposta: 25 m²
**Questão 13** - Resposta: $\dfrac{3\ell^2\sqrt{3}}{2}$
**Questão 14** - Resposta: 26 m²
**Questão 15** - Resposta: a) 120 km    b) 10.000 hab/km²

## Gabarito das questões de aprofundamento

**Questão 1** - Resposta: b
**Questão 2** - Resposta: c
**Questão 3** - Resposta: b
**Questão 4** - Resposta: d
**Questão 5** - Resposta: c
**Questão 6** - Resposta: 80 u.a.
**Questão 7** - Resposta: $\ell^2$
**Questão 8** - Resposta: $\dfrac{a^2}{5}$
**Questão 9** - Resposta: b
**Questão 10** - Resposta: d
**Questão 11** - Resposta: e
**Questão 12** - Resposta: 16/65
**Questão 13** - Resposta: c
**Questão 14** - Resposta: d
**Questão 15** - Resposta: a
**Questão 16** - Resposta: d
**Questão 17** - Resposta: e
**Questão 18** - Resposta: c
**Questão 19** - Resposta: $\dfrac{a^2}{2}(4-\pi)$
**Questão 20** - Resposta: d
**Questão 21** - Resposta: c
**Questão 22** - Resposta: a) V    b) F    c) F
**Questão 23** - Resposta: a
**Questão 24** - Resposta: d
**Questão 25** - Resposta: e
**Questão 26** - Resposta: d
**Questão 27** - Resposta: c
**Questão 28** - Resposta: a
**Questão 29** - Resposta: b

**Questão 30** - Resposta: d
**Questão 31** - Resposta: d
**Questão 32** - Resposta: d
**Questão 33** - Resposta: a
**Questão 34** - Resposta: b
**Questão 35** - Resposta: b
**Questão 36** - Resposta: c
**Questão 37** - Resposta: a
**Questão 38** - Resposta: e
**Questão 39** - Resposta: b
**Questão 40** - Resposta: $2p_\square = 16\sqrt[4]{3}$ cm
**Questão 41** - Resposta: e
**Questão 42** - Resposta: c
**Questão 43** - Resposta: a
**Questão 44** - Resposta: e
**Questão 45** - Resposta: b
**Questão 46** - Resposta: d
**Questão 47** - Resposta: a
**Questão 48** - Resposta: a
**Questão 49** - Resposta: b
**Questão 50** - Resposta: a) 19202 cm$^2$   b) 17,67%
**Questão 51** - Resposta: c
**Questão 52** - Resposta: c
**Questão 53** - Resposta: a
**Questão 54** - Resposta: a
**Questão 55** - Resposta: e
**Questão 56** - Resposta: b
**Questão 57** - Resposta: a
**Questão 58** - Resposta: c
**Questão 59** - Resposta: $\dfrac{a^2}{20}$
**Questão 60** - Resposta: a
**Questão 61** - Resposta: a
**Questão 62** - Resposta: a

**Questão 63** - Resposta:

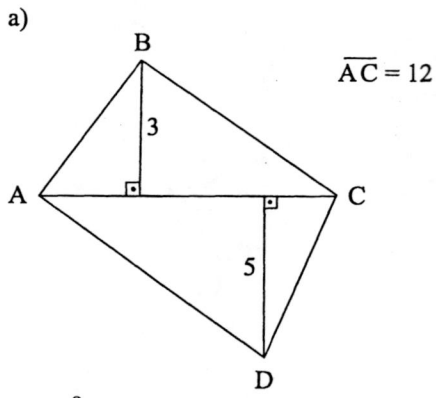

a)

$\overline{AC} = 12$

b) 48 cm²

**Questão 64** - Resposta:

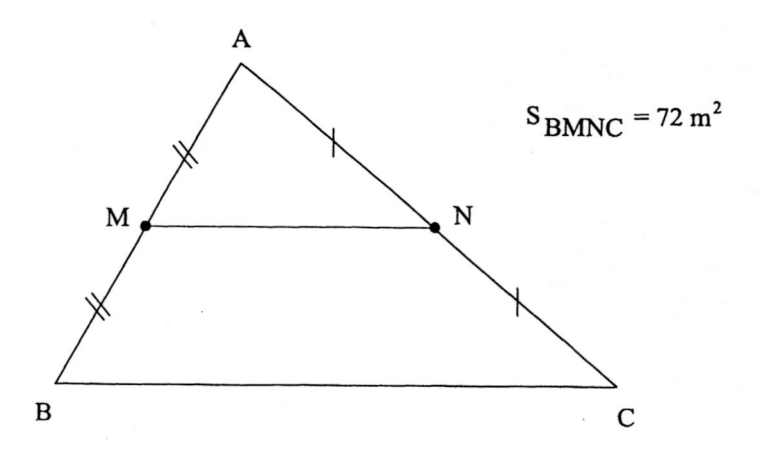

$S_{BMNC} = 72 \, m^2$

**Questão 65** - Resposta: c
**Questão 66** - Resposta: $\left(\sqrt{3} - \dfrac{\pi}{3}\right)$ cm²
**Questão 67** - Resposta: 0,3 cm = 3 mm
**Questão 68** - Resposta: a) $3,\bar{5}$   b) 0,32
**Questão 69** - Resposta: a
**Questão 70** - Resposta: a
**Questão 71** - Resposta: e
**Questão 72** - Resposta: b
**Questão 73** - Resposta: d

Unidade 10 - Áreas das figuras planas | 337

**Questão 74** - Resposta: $d_{\overline{AB}} = 5$ m
**Questão 75** - Resposta: d
**Questão 76** - Resposta: 45°
**Questão 77** - Resposta: 1 cm
**Questão 78** - Resposta: b
**Questão 79** - Resposta: 7/15
**Questão 80** - Resposta: a) 2625 cm² b) 15 cm
**Questão 81** - Resposta: a) $10(\sqrt{3} - 1)\sqrt{2}$ cm b) $100(2\sqrt{3} - 3)$ cm²
**Questão 82** - Resposta: c
**Questão 83** - Resposta: b
**Questão 84** - Resposta: (01) + (02) + (04) = (07)
**Questão 85** - Resposta: d
**Questão 86** - Resposta: c
**Questão 87** - Resposta: a) $\hat{a} = \hat{b} = \hat{c} = \hat{d} = 22°30'$ b) $\sqrt{2} - 1$
**Questão 88** - Resposta: a
**Questão 89** - Resposta: e
**Questão 90** - Resposta: c
**Questão 91** - Resposta: 1
**Questão 92** - Resposta: d
**Questão 93** - Resposta: a
**Questão 94** - Resposta: b
**Questão 95** - Resposta: a) $C = \sqrt{\dfrac{a^2 + b^2}{5}}$ b) $\dfrac{S_{ADG}}{S_{BEG}} = 1$
**Questão 96** - Resposta: a
**Questão 97** - Resposta: d
**Questão 98** - Resposta: $(6 - 4\sqrt{2})$ cm²
**Questão 99** - Resposta: a) $(9\sqrt{3} - 2\pi)$ cm² b) Não existe curva $C$ que satisfaça as condições do enunciado.
**Questão 100** - Resposta: $(864 + 420\sqrt{3})$ m²
**Questão 101** - Resposta: a) $\overline{AC}^2 + \overline{BD}^2 = 2a^2 + 2b^2$ b) $S_{ABM} = S_{MBC} \Leftrightarrow \dfrac{S_{ABM}}{S_{MBC}} = 1$
**Questão 102** - Resposta: c
**Questão 103** - Resposta: d
**Questão 104** - Resposta: O cercado de maior área será o quadrado de lado igual a 10 m.
**Questão 105** - Resposta: 4,5 cm²
**Questão 106** - Resposta: a
**Questão 107** - Resposta: c
**Questão 108** - Resposta: c
**Questão 109** - Resposta: b
**Questão 110** - Resposta: 28

**Questão 111** - Resposta: a) $\overline{CN} = \dfrac{2}{3}$ e $\overline{CM} = \dfrac{2}{3}$   b) $S_{\triangle CMN} = \dfrac{\sqrt{3}}{9}$
**Questão 112** - Resposta: b
**Questão 113** - Resposta: a) $(8+\pi)$ cm²   b) $(8-\pi)$ cm²
**Questão 114** - Resposta: a) $r = \dfrac{R}{3}$   b) $\dfrac{R^2}{9}(6\sqrt{3} - 2\pi)$
**Questão 115** - Resposta: e
**Questão 116** - Resposta: c
**Questão 117** - Resposta: e
**Questão 118** - Resposta: c
**Questão 119** - Resposta: c
**Questão 120** - Resposta: d
**Questão 121** - Resposta: a
**Questão 122** - Resposta: e
**Questão 123** - Resposta: d
**Questão 124** - Resposta: b
**Questão 125** - Resposta: d
**Questão 126** - Resposta: e
**Questão 127** - Resposta: a) verdadeiro (V)  b) verdadeiro (V)  c) verdadeiro (V)
**Questão 128** - Resposta: c
**Questão 129** - Resposta: d
**Questão 130** - Resposta: c
**Questão 131** - Resposta: d
**Questão 132** - Resposta: b
**Questão 133** - Resposta: b
**Questão 134** - Resposta: a) $\pi R^2 - 8R + 16$   b) $\dfrac{4}{\pi}$ cm
**Questão 135** - Resposta: b
**Questão 136** - Resposta: c
**Questão 137** - Resposta: $\left(\sqrt{3} - \dfrac{\pi}{3}\right)$ cm²
**Questão 138** - Resposta: d
**Questão 139** - Resposta: a
**Questão 140** - Resposta: $R = 5$ m

# UNIDADE 11

# POLIEDROS

## SINOPSE TEÓRICA

### 11.1) Definição

Chamamos de poliedro a todo sólido fechado formado exclusivamente por superfícies planas (polígonos).

Cada superfície plana (polígono) que forma o poliedro é chamada de face. Os encontros entre duas faces formam as arestas e, os encontros das arestas formam os vértices do poliedro.

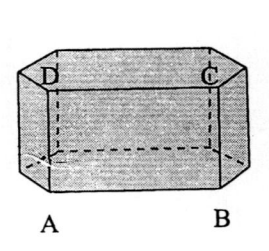

**Figura 1**

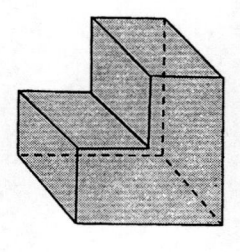

**Figura 2**

Nas figuras acima temos dois poliedros. Na Figura 1, $ABCD$ é uma das faces do poliedro, $\overline{AB}$, $\overline{BC}$, $\overline{CD}$ são algumas das suas arestas e os pontos $A$, $B$, $C$ e $D$ são alguns dos seus vértices.

**Observação.** Um poliedro pode ser convexo (Figura 1) ou não convexo (Figura 2).

### 11.2) Teorema de Euler

Em todo poliedro convexo, o número de faces somado ao número de vértices é igual ao número de arestas acrescido de duas unidades.

$$\boxed{F + V = A + 2}$$

$F \to$ n° de faces
$V \to$ n° de vértices
$A \to$ n° de arestas

### 11.3) Poliedro regular ou poliedro de Platão

Um poliedro é regular quando satisfaz as três seguintes condições:
a) Todas as faces são polígonos regulares com o mesmo número de lados.
b) Em todos os vértices concorrem o mesmo número de arestas.
c) É um poliedro convexo.

### 11.4) Propriedade do poliedro regular

Existem, apenas, cinco poliedros regulares. Estes cinco poliedros regulares são: tetraedro, hexaedro, octaedro, dodecaedro e icosaedro, com as seguintes características:

a) **Tetraedro**

4 faces
4 vértices
6 arestas

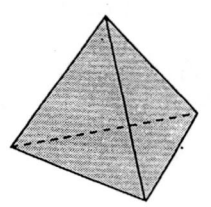

tetraedro regular

b) **Hexaedro**

6 faces
8 vértices
12 arestas

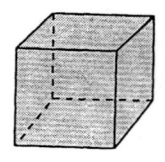

hexaedro regular
(cubo)

c) **Octaedro**

8 faces
6 vértices
12 arestas

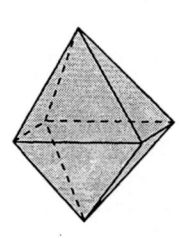

octaedro regular

d) **Dodecaedro**

12 faces
20 vértices
30 arestas

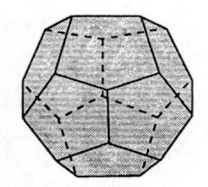

Dodecaedro regular

e) **Icosaedro**

20 faces
12 vértices
30 arestas

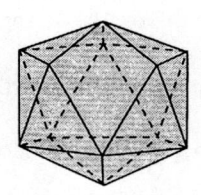

Icosaedro regular

* Veja por exemplo, uma molécula tridimensional de carbono onde os átomos ocupam os vértices de um poliedro convexo que possui 12 faces pentagonais regulares e 20 faces hexagonais regulares, como também um bola de futebol.

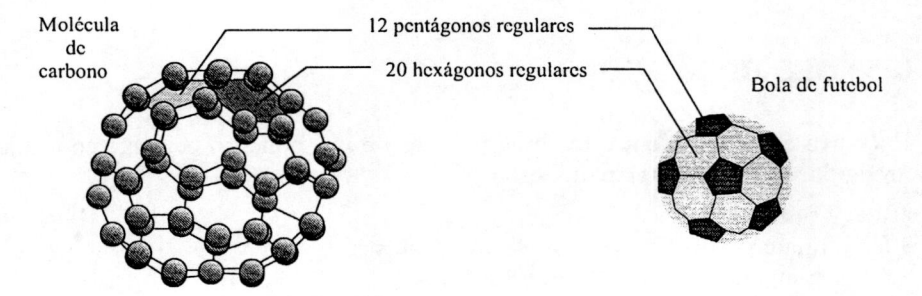

Molécula de carbono — 12 pentágonos regulares — 20 hexágonos regulares — Bola de futebol

## 11.5) Soma dos ângulos das faces de um poliedro

A soma dos ângulos de todas as faces de um poliedro convexo é: $S = 360°(V - 2)$, onde $V$ é o número de vértices do poliedro.

## 11.6) Número de diagonais de um poliedro

Em um poliedro com $A$ arestas, $V$ vértices e $F$ faces, para se calcular o seu número de diagonais, devemos proceder da seguinte maneira.

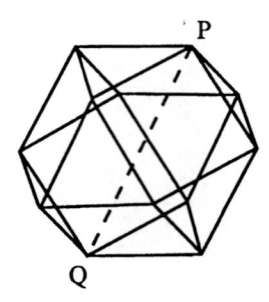

$\dfrac{V(V-1)}{2}$ é o número de maneiras diferentes de segmentos formados, quando ligamos dois vértices do poliedro.
Destes segmentos, alguns são arestas, outros são diagonais das faces e os demais são diagonais do poliedro.
Então, chamando de $D$ o número de diagonais do poliedro e $\Sigma d_f$ o somatório das diagonais das faces, temos:

$$\boxed{D = \dfrac{V(V-1)}{2} - A - \Sigma d_f}$$

**Obs:** lembre-se que $df = \dfrac{n(n-3)}{2}$, onde $n = $ nº de lados do polígono.

## QUESTÕES RESOLVIDAS

**1.** Encontre o número de arestas e de vértices de um poliedro convexo com 8 faces quadrangulares e 6 faces triangulares.

* para as arestas, temos:
    8 faces quadrangulares $\Rightarrow$ 8.4 $\Rightarrow$ 32 arestas
    6 faces triangulares $\Rightarrow$ 6.3 $\Rightarrow$ 18 arestas
Logo: número total de arestas $\Rightarrow$ 32 + 18 $\Rightarrow$ $\overline{50 \text{ arestas}}$
Mas, lembre-se que, cada aresta foi contada 2 vezes, então:
$2A = 50 \Rightarrow A = \dfrac{50}{2} \Rightarrow \overline{A = 25}$

* para os vértices, temos: faces = 8 + 6 $\Rightarrow$ $\overline{F = 14}$
– pelo Teorema de Euler $\Rightarrow$ $A + 2 = V + F$
                                 $25 + 2 = V + 14$
                                 $27 = V + 14$
                                 $V = 27 - 14$
                                 $\overline{V = 13}$

Como resolução, obtemos para esse poliedro convexo, 14 faces, 25 arestas e 13 vértices.

**2.** Ache a soma dos ângulos das faces de um poliedro convexo que tem 12 faces e 14 arestas.

**Resolução:**
* para obtermos o total de vértices, utilizamos o Teorema de Euler, sabendo que $A = 15$ e $F = 12$.
$$A + 2 = V + F$$
$$15 + 2 = V + 12$$
$$17 = V + 12$$
$$V = 17 - 12$$
$$\underline{V = 5}$$

* para a soma dos ângulos das faces, temos:
$$S = (V - 2) \cdot 360°$$
$$S = (5 - 2) \cdot 360°$$
$$S = 3 \cdot 360° \Rightarrow \underline{S = 1080°}$$

**3.** Qual o número de faces de um poliedro convexo de 20 vértices, tal que em cada vértice concorram 5 arestas?

**Resolução:**
* para o total de arestas do poliedro, temos:
  20 vértices × 5 arestas = 100 arestas
  Lembre-se que: $2A = 100$
$$A = \frac{100}{2}$$
$$\underline{A = 50}$$

* pelo Teorema de Euler:
$$V + F = A + 2 \Rightarrow 20 + F = 50 + 2$$
$$F = 52 - 20$$
$$\underline{F = 32}$$

**4.** Um poliedro convexo é formado por 10 faces triangulares e 10 faces pentagonais. O número de diagonais desse poliedro é:

**Resolução:**
* para o total de faces, temos:
  $F = 10 + 10 \Rightarrow \underline{F = 20}$

* para o total de arestas, temos:
  10 faces triangulares $\Rightarrow$ 10.3 = 30
  10 faces pentagonais $\Rightarrow$ 10.5 = 50

Número total de arestas $\Rightarrow 30 + 50 = 80$

Logo: $2A = 80 \Rightarrow A = \dfrac{80}{2} \Rightarrow \overline{A = 40}$

* para o total de vértices, utilizamos o Teorema de Euler:
$V + F = A + 2 \Rightarrow V + 20 = 40 + 2 \Rightarrow V = 42 - 20 \Rightarrow \overline{V = 22}$

* então, para o número de diagonais desse poliedro:

$D = \dfrac{V(V-1)}{2} - A - \Sigma\, df$

lembre-se que: $df = \dfrac{n(n-3)}{2}$ (face = polígono)
$\begin{cases} d_3 = \dfrac{3(3-3)}{2} = \dfrac{3.0}{2} = 0 \\ d_5 = \dfrac{5(5-3)}{2} = \dfrac{5/2}{/2} = 5 \end{cases}$

logo: $\Sigma\, df \Rightarrow 10.d_3 + 10.d_5 = 10.0 + 10.5 = 0 + 50 \Rightarrow \overline{\Sigma\, df = 50}$

então:

$D = \dfrac{2\cancel{2}^{11}(22-1)}{\cancel{2}} - 40 - 50 \Rightarrow (11.21) - 90 \Rightarrow 231 - 90$

$$\overline{D = 141}$$

## QUESTÕES DE FIXAÇÃO

**1.** Determine quais dos poliedros seguintes são convexos ou não-convexo:

a)

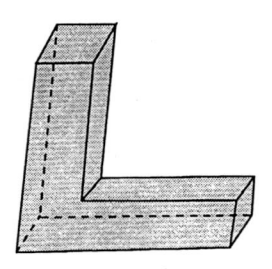

b)

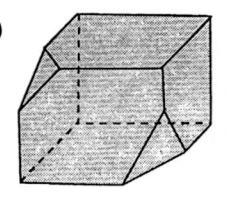

c)

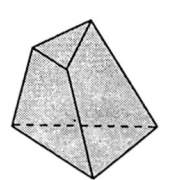

d)

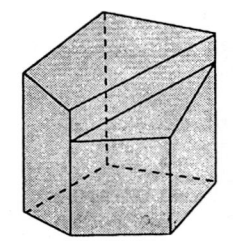

**2.** Um poliedro convexo é formado por 80 faces triangulares e 12 pentagonais. O número de vértices do poliedro é:

**3.** Um poliedro tem 4 faces triangulares e 3 faces quadrangulares. Encontre o número de vértices, soma dos ângulos das faces e o número de arestas.

**4.** Ache a soma de todos os ângulos das faces de um poliedro convexo que possui duas faces triangulares, uma quadrangular, quatro pentagonais e uma hexagonal.

**5.** Um poliedro convexo tem 6 faces triangulares e 4 faces hexagonais. Qual o número de faces e o número de vértices desse poliedro?

**6.** Um poliedro convexo de 15 arestas tem somente faces quadrangulares e pentagonais. Quantas faces existem de cada tipo, se a soma dos ângulos das faces é 2880°?

**7.** Um poliedro convexo é formado por 4 faces triangulares e 5 faces quadrangulares. O número de vértices do poliedro é:

**8.** Qual é o poliedro regular que tem 12 vértices e 30 arestas?

**9.** Qual é a soma dos ângulos internos de todas as faces de um hexaedro regular?

**10.** Determine o número de vértices de um heptaedro que tem como suas faces: três triângulos, um quadrilátero, um pentágono e dois hexágonos.

**11.** Uma bola de futebol é feita com 32 peças de couro. 12 delas são pentágonos regulares e as outras 20 são hexágonos também regulares. Os lados dos pentágonos são iguais aos do hexágono de forma que possam ser costurados. Cada costura une dois lados de duas peças.

Na fabricação de uma dessas bolas de futebol, o número de costuras feitas é:

**12.** Existe um poliedro convexo que tem exatamente 25 arestas e com número de faces igual ao número de vértices? Justifique sua resposta.

## QUESTÕES DE APROFUNDAMENTO

**1. (FAAP-SP)** Num poliedro convexo, o número de arestas excede o número de vértices em 6 unidades. Calcule o número de faces.

**2. (FATEC-SP)** Um poliedro convexo tem 3 faces com 4 lados, 2 faces com 3 lados e 4 faces com 5 lados. Calcule o número de vértices desse poliedro.

**3. (MACK-SP)** Determine o número de vértices de um poliedro que tem três faces triangulares, uma face quadrangular, uma pentagonal e duas hexagonais.

**4. (CESGRANRIO)** A soma dos ângulos retos de todas as faces de um poliedro convexo é 32. Esse poliedro só tem faces triangulares e pentagonais. Sabendo que o número de arestas é 20, calcule o número de faces de cada tipo.

**5. (PUC-SP)** O número de vértices de um poliedro convexo que possui 12 faces triangulares é:

   a) 4
   b) 12
   c) 10
   d) 6
   e) 8

**6. (ITA-SP)** Se um poliedro convexo possui 20 faces e 12 vértices, então o número de arestas desse poliedro é:

   a) 12
   b) 18
   c) 28
   d) 30
   e) 32

**7. (UNIFICADO)** Considere o poliedro regular, de faces triangulares, que não possui diagonais. A soma dos ângulos das faces desse poliedro vale em graus:

a) 180
b) 360
c) 540
d) 720
e) 900

8. **(UNIRIO)** Um geólogo encontrou, numa das explorações, um cristal de rocha no formato de um poliedro, que satisfaz a relação de Euler, de 60 faces triangulares. O número de vértices desse cristal é igual a:

a) 35
b) 34
c) 33
d) 32
e) 31

9. **(UNIFICADO)** Um poliedro convexo tem 14 vértices. Em 6 desses vértices concorrem 4 arestas, em 4 concorrem 3 e, nos demais, concorrem 5 arestas. O número de faces desse poliedro é igual a:

a) 16
b) 18
c) 24
d) 30
e) 44

10. **(IME)** Calcule o número de diagonais do poliedro de "Leonardo da Vinci". O poliedro da figura (uma invenção de Leonardo da Vinci, utilizado modernamente na fabricação de bolas de futebol) tem como faces 20 hexágonos e 12 pentágonos, todos regulares.

11. **(UFF)** São dados 7 triângulos eqüiláteros, 15 quadrados e 30 pentágonos regulares, todos de mesmo lado. Utilizando-se estes polígonos, o número máximo de poliedros regulares que se pode formar é:

a) 5
b) 6
c) 7
d) 8
e) 9

**12. (UFPA)** Um poliedro convexo tem 6 faces e 8 vértices. O número de arestas é:

a) 6
b) 8
c) 10
d) 12
e) 14

**13. (PUC-CAMP/SP)** O "cubo octaedro" é um poliedro que possui 6 faces quadrangulares e 8 triangulares. O número de vértices desse poliedro é:

a) 12
b) 16
c) 10
d) 14
e) n.d.a.

**14. (ACAFE-SC)** Um poliedro convexo tem 15 faces triangulares, 1 face quadrangular, 7 faces pentagonais e 2 faces hexagonais. O número de vértices desse poliedro é:

a) 25
b) 48
c) 73
d) 96
e) 71

**15. (UCRS)** Se a soma dos ângulos das faces de um poliedro regular é 1440°, então o número de vértices desse poliedro é:

a) 12
b) 8
c) 6
d) 20
e) 4

**16. (UEPG-PR)** Um poliedro convexo possui 2 faces triangulares e 4 pentagonais. Sobre ele se afirma:

I - O número de arestas excede o número de vértices em cinco unidades.

II - A soma dos ângulos das faces é igual a 28 retos.

III - O número de vértices é 9.

IV - O número de arestas é 12.

Estão corretas as afirmativas:
 a) I, II e III
 b) II e III
 c) II, III e IV
 d) I e II
 e) Todas as afirmativas estão corretas.

**17. (CI-CE)** Um poliedro convexo $P$ possui 7654 faces, todas triangulares. Entre as 5 afirmações abaixo, exatamente uma é correta, Assinale-a:
 a) $P$ tem 11482 arestas.
 b) Um tal poliedro não pode existir.
 c) Cada vértice de $P$ pertence exatamente a 2 faces.
 d) $P$ tem 3829 vértices.
 e) As arestas de $P$ tem todas o mesmo comprimento.

**18. (UFPE)** Um poliedro convexo possui dez faces com três lados, dez faces com quatro lados e uma face com dez lados. Determine o número de vértices desse poliedro.

**19. (CESGRANRIO)** Um poliedro convexo tem 14 vértices. Em 6 desses vértices concorrem 4 arestas, em 4 desses vértices concorrem 3 arestas e, nos demais vértices, concorrem 5 arestas. O número de faces desse poliedro é igual a:
 a) 16
 b) 18
 c) 24
 d) 30
 e) 44

**20. (MACK-SP)** Sabe-se que um poliedro convexo tem oito faces e que o número de vértices é maior do que seis e menor do que catorze. Então o número $A$ de arestas é tal que:
 a) $14 \leq A \leq 20$
 b) $14 < A < 20$
 c) $13 < A < 19$
 d) $13 \leq A \leq 19$
 e) $17 \leq A \leq 20$

**21. (FUVEST-SP)** Quantas faces tem um poliedro convexo com seis vértices e nove arestas? Desenhe um poliedro que satisfaça essas condições.

**22. (UFRS)** Um poliedro convexo de onze faces tem seis faces triangulares e cinco faces quadrangulares. Os números de arestas e de vértices do poliedro são, respectivamente:
   a) 34 e 10
   b) 19 e 10
   c) 34 e 20
   d) 12 e 10
   e) 19 e 12

**23. (CEFET-RJ)** Um poliedro convexo de dezessete arestas e doze vértices tem somente faces quadrangulares e heptagonais. Os números de faces quadrangulares e heptagonais são, respectivamente, iguais a:
   a) 5 e 2
   b) 2 e 5
   c) 3 e 4
   d) 4 e 3
   e) 4 e 7

**24. (UNIVERSIDADE DE UBERABA-MG)** Um poliedro convexo é formado por 6 faces quadrangulares e 8 triangulares. O número de vértices desse poliedro é:
   a) 8
   b) 10
   c) 12
   d) 16
   e) 24

**25. (U.F.SANTA MARIA-RS)** Um poliedro convexo tem três faces triangulares, uma quadrangular, uma pentagonal e duas hexagonais. A soma dos ângulos de todas as faces desse poliedro é:
   a) 2880°
   b) 2890°
   c) 3000°
   d) 4000°
   e) 4320°

**26. (FMU/FIAM-SP)** Um poliedro convexo tem seis vértices. De cada vértice partem quatro arestas. Esse poliedro possui:

a) 2 faces
b) 16 faces
c) 20 faces
d) 8 faces
e) 4 faces

**27. (FMU/FIAM-SP)** O hexaedro regular é um poliedro com:
a) 4 faces triangulares, 6 arestas e 4 vértices.
b) 3 faces quadradas, 4 arestas e 6 vértices.
c) 6 faces triangulares, 12 arestas e 8 vértices.
d) 4 faces quadradas, 8 arestas e 8 vértices.
e) 6 faces quadradas, 12 arestas e 8 vértices.

**28. (UECE)** Um poliedro convexo de nove vértices possui quatro ângulos triédricos e cinco ângulos tetraédricos. Assim, o número de faces do poliedro é:
a) 12
b) 11
c) 10
d) 9
e) 8

**29. (PUC-PR)** Um poliedro convexo tem 7 faces. De um dos seus vértices partem 6 arestas e de cada um dos vértices restantes partem 3 arestas. Quantas arestas tem esse poliedro?
a) 8
b) 10
c) 12
d) 14
e) 16

**30. (UNIRIO)**

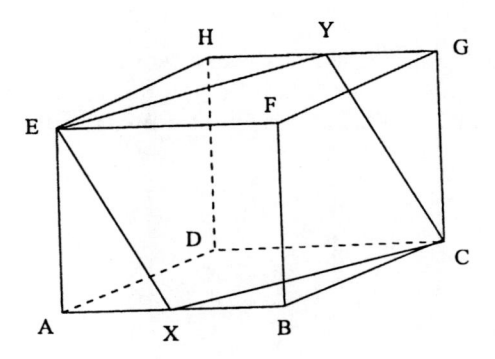

No cubo anterior, cada aresta mede 6 cm. Os pontos $X$ e $Y$ são pontos médios das arestas $\overline{AB}$ e $\overline{GH}$. O polígono $XCYE$ é um:

a) Quadrilátero, mas não é paralelogramo.
b) Paralelogramo, mas não é losango.
c) Losango, mas não é quadrado.
d) Retângulo, mas não é quadrado.
e) Quadrado.

**31. (PUC-SP)** O poliedro regular que possui 20 vértices, 30 arestas e 12 faces denomina-se:

a) Tetraedro.
b) Icosaedro.
c) Hexaedro.
d) Dodecaedro.
e) Octaedro.

**32. (ITA)** Numa superfície poliédrica convexa aberta, o número de faces é 6 e o número de vértices é 8. Então o número de arestas é:

a) 8
b) 11
c) 12
d) 13
e) 14

**33. (CESESP-PE)** Considere os seguintes poliedros regulares: $A_1$ - tetraedro, $A_2$ - dodecaedro e $A_3$ - icosaedro. Assinale, dentre as seguintes alternativas, a falsa.

a) O poliedro $A_1$ tem as faces triangulares.
b) O poliedro $A_2$ tem 12 faces.
c) O poliedro $A_3$ tem as faces triangulares.
d) O poliedro $A_2$ tem as faces em forma de dodecágono.
e) O poliedro $A_3$ tem 20 faces.

**34. (UFSCAR-SP)** Um poliedro convexo tem 8 faces. O número de arestas de uma certa face (denotada por $K$) é igual a 1/6 do número de arestas do poliedro, enquanto a soma dos ângulos das faces restantes é $30\pi$, a face $K$ é um:

a) Triângulo.
b) Quadrilátero.
c) Pentágono.
d) Hexágono.
e) Heptágono.

**Unidade 11** - *Poliedros* | 353

## Gabarito das questões de fixação

**Questão 1** - Resposta: a) não convexo  b) convexo  c) convexo  d) não convexo
**Questão 2** - Resposta: $V = 60$
**Questão 3** - Resposta: $V = 7$,  $S = 1800°$  e  $A = 12$
**Questão 4** - Resposta: $S = 3600°$
**Questão 5** - Resposta: $F = 10$  e  $V = 21$
**Questão 6** - Resposta: 5 quadrangulares e 2 pentagonais
**Questão 7** - Resposta: $V = 9$
**Questão 8** - Resposta: icosaedro
**Questão 9** - Resposta: $2160°$
**Questão 10** - Resposta: $V = 10$
**Questão 11** - Resposta: 90 costuras
**Questão 12** - Resposta: não.
  Justificativa algébrica: $\Rightarrow V = F$ e $A = 25$
  Por Euler $\Rightarrow V + F = A + 2 \rightarrow V + V = 25 + 2 \Rightarrow 2V = 27$
  $V = \dfrac{27}{2} = \not\exists$

## Gabarito das questões de aprofundamento

**Questão 1** - Resposta: 8 faces
**Questão 2** - Resposta: 12 vértices
**Questão 3** - Resposta: 10 vértices
**Questão 4** - Resposta: 10 triangulares e 2 pentagonais
**Questão 5** - Resposta: e
**Questão 6** - Resposta: d
**Questão 7** - Resposta: d
**Questão 8** - Resposta: d
**Questão 9** - Resposta: a
**Questão 10** - Resposta: $1440°$
**Questão 11** - Resposta: a
**Questão 12** - Resposta: d
**Questão 13** - Resposta: a
**Questão 14** - Resposta: a
**Questão 15** - Resposta: c
**Questão 16** - Resposta: b
**Questão 17** - Resposta: d
**Questão 18** - Resposta: 21
**Questão 19** - Resposta: a
**Questão 20** - Resposta: d
**Questão 21** - Resposta: faces $\Rightarrow F = 5$

– Figura que satisfaz o enunciado:

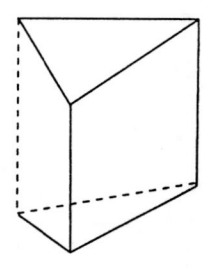

**Questão 22** - Resposta: b
**Questão 23** - Resposta: a
**Questão 24** - Resposta: c
**Questão 25** - Resposta: a
**Questão 26** - Resposta: d
**Questão 27** - Resposta: e
**Questão 28** - Resposta: d
**Questão 29** - Resposta: c
**Questão 30** - Resposta: c
**Questão 31** - Resposta: d
**Questão 32** - Resposta: d
**Questão 33** - Resposta: d
**Questão 34** - Resposta: b

# UNIDADE 12

# PRISMAS

## SINOPSE TEÓRICA

### 12.1) Definição

Todo poliedro com, pelo menos, duas faces paralelas e com as arestas laterais ligando diretamente dois vértices dessas faces, recebe o nome de prisma.

As faces paralelas são as bases do prisma.

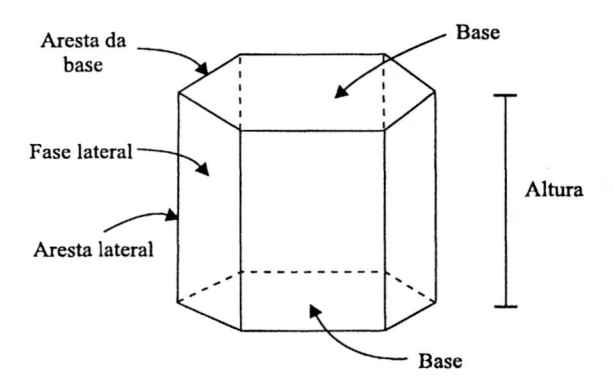

### 12.2) Classificação

• Um prisma pode ser triangular, quadrangular, pentagonal, etc; conforme as bases sejam, respectivamente, triângulos, quadriláteros, pentágonos, etc.

• Um prisma é oblíquo quando as arestas laterais são oblíquas em relação aos planos das bases.

• Um prisma é reto quando as arestas laterais são perpendiculares aos planos das bases.

- Um prisma é regular quando for reto e suas bases são polígonos regulares.

## 12.3) Áreas do prisma

a) Área lateral $(S_L)$ → é a soma das áreas das faces laterais.
b) Área total $(S_T)$ → é a soma da área lateral com as áreas das bases.

Logo: $\boxed{S_T = S_L + 2S_B}$

## 12.4) Volume

O volume de um sólido é a quantidade de espaço por ele ocupada. A medida do volume é a razão do mesmo para outro volume tomado como unidade.

Costuma-se tomar como unidade de volume um cubo cuja aresta mede uma unidade de comprimento, o qual será denominado cubo unitário. Seu volume, por definição, será igual a 1.

Assim sendo, o volume de um sólido deverá ser um número que exprima quantas vezes o sólido contém o cubo unitário.

## 12.5) Volume do prisma

Seja um prisma reto como o da figura.

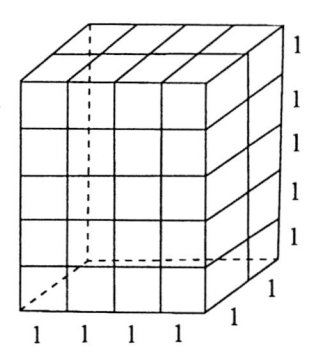

Esse prisma foi dividido em 4 × 2 × 5 cubos unitários. Observe que 4 × 2 é a área da base e 5 é a altura. Então, de um modo geral podemos escrever que o volume de um prisma é o produto da área da base pela altura do prisma.

$$\boxed{V = S_B \cdot h}$$

## 12.6) Paralelepípedo retângulo

É o prisma reto cujas bases são retângulos.
Vamos obter a área, o volume e a diagonal do paralelepípedo retângulo.

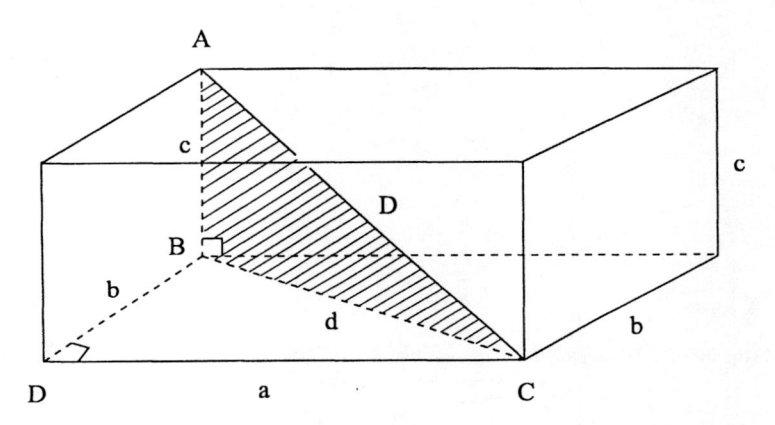

### 12.6.1) Área

Somando as áreas das seis faces obtemos:

$$S = 2(ab + ac + bc)$$

### 12.6.2) Volume

$V = S_B \cdot h \quad \begin{cases} S_B = a \cdot b \\ h = c \end{cases}$, então: $\boxed{V = a \cdot b \cdot c}$

### 12.6.3) Diagonal

No triângulo $ABC$ temos: $\quad D^2 = c^2 + d^2 \qquad (1)$
No triângulo $BDC$ temos: $\quad d^2 = a^2 + b^2 \qquad (2)$

Substituindo (2) em (1) vem:

$D^2 = a^2 + b^2 + c^2$, ou ainda

$$D = \sqrt{a^2 + b^2 + c^2}$$

## 12.7) Cubo

O cubo é um paralelepípedo retângulo, que possui as três dimensões com a mesma medida.

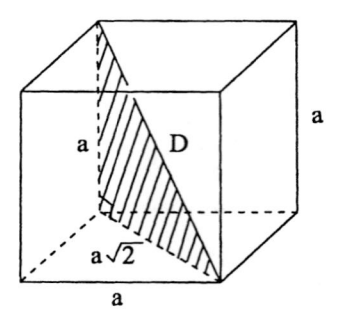

## 12.7.1) Área

Somando-se as áreas dos seis quadrados de lado $a$, obtém-se:

$$\boxed{S = 6a^2}$$

## 12.7.2) Volume

Assim como no paralelepípedo retângulo, o volume do cubo é obtido pelo produto das suas três dimensões, logo:

$$\boxed{V = a^3}$$

## 12.7.3) Diagonal

Usando o Teorema de Pitágoras no triângulo assinalado, temos:
$D^2 = a^2 + \left(a\sqrt{2}\right)^2 = a^2 + 2a^2 = 3a^2$, ou ainda:

$$\boxed{D = a\sqrt{3}}$$

# QUESTÕES RESOLVIDAS

**1.** As faces de um paralelepípedo retângulo têm por área 6 cm², 9 cm² e 24 cm². O volume desse paralelepípedo é:

**Resolução:**

Sejam $a$, $b$ e $c$ as dimensões do paralelepípedo retângulo, então:
$v = a \cdot b \cdot c$
$a \cdot b = 6$
$a \cdot c = 9$
$b \cdot c = 24$
ou ainda $a \cdot b \times a \cdot c \times b \cdot c = 6 \times 9 \times 24$

$$a^2 \cdot b^2 \cdot c^2 = 6 \times 9 \times 24 \Rightarrow a \cdot b \cdot c = \sqrt{6 \times 9 \times 24} = 36$$

$$\boxed{V = 36 \text{ cm}^2}$$

**2.** Dado um prisma reto de base hexagonal (hexágono regular), cuja altura é $h = \sqrt{3}$ m e cujo raio do círculo que circunscreve a base é $R = 2$m, calcular:

a) A área da base.
b) A área lateral.
c) A área total.

**Resolução:**
a) Cálculo da área da base ($S_b$)

A base é um hexágono regular que pode ser decomposto em seis triângulos eqüiláteros, de lado igual ao raio da circunferência.

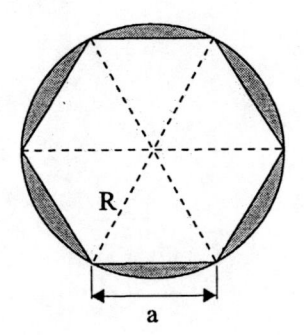

$$S = \frac{a^2\sqrt{3}}{4} = \frac{4\sqrt{3}}{4} = \sqrt{3}$$

$$S_b = 6 \cdot S = 6\sqrt{3} \qquad \boxed{S_B = 6\sqrt{3} \text{ m}^2}$$

b) Cálculo da área lateral ($S_\ell$)
    As faces laterais são retângulos.

$$S = b \cdot h = 2\sqrt{3}$$

$$\boxed{S = 2\sqrt{3} \text{ m}^2}$$

Em 6 retângulos, temos:

$$S_\ell = 6 \cdot S = 6 \cdot 2\sqrt{3} = \boxed{S_\ell = 12\sqrt{3} \text{ m}^2}$$

c) Cálculo da área total $(S_t)$

$$S_t = S_\ell + 2S_b \Rightarrow S_t = 12\sqrt{3} + 2 \cdot 6\sqrt{3}$$
$$\boxed{S_t = 24\sqrt{3} \text{ m}^2}$$

**3.** A medida do cosseno do ângulo formado por uma diagonal de um cubo e cada uma das arestas concorrentes em um mesmo vértice é:

**Resolução**:
O $\triangle ABC$ é retângulo em $\widehat{B}$, logo:

$$\cos\theta = \frac{\overline{AB}}{\overline{AC}} = \frac{\not{a}}{\not{a}\sqrt{3}} = \frac{1}{\sqrt{3}}$$

$$\boxed{\cos\theta = \frac{1}{\sqrt{3}}}$$

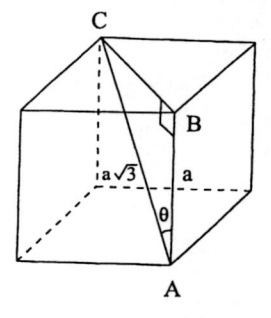

**4.** Dado um prisma triangular regular, onde uma aresta da base mede 10 dm e uma aresta lateral 8 dm, determine:
  a) A área da base.
  b) A área lateral.
  c) A área total.
  d) Volume.

**Resolução**:
a) Cálculo da área da base

$$S_{\text{triângulo eqüilátero}} \Rightarrow S_\triangle = \frac{a^2\sqrt{3}}{4} = \frac{10^2\sqrt{3}}{4} = \frac{100\sqrt{3}}{4} = \underline{25\sqrt{3}\text{dm}^2}$$

b) Cálculo da área lateral

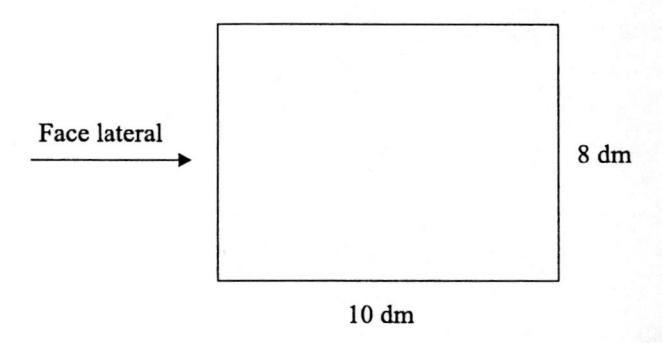

Face lateral →

8 dm

10 dm

$S_{\text{face lateral}} \Rightarrow S_{\text{retângulo}}$

$S_{FL} = b \times h = 10 \times 8 = \boxed{80 \text{ dm}^2}$

Então:

$S_L = 3 S_{FL} = 3 \cdot 80$
$\overline{S_L = 240 \text{ dm}^2}$

c) Cálculo da área total

$S_T = S_L + 2 S_B = 240 + 2(25\sqrt{3}) = \boxed{240 + 50\sqrt{3} \text{ dm}^2}$

d) Cálculo do volume

$V = S_B \cdot h = \underset{(\text{dm}^2 \cdot \text{ dm})}{25\sqrt{3} \cdot 8} = \boxed{200\sqrt{3} \text{ dm}^3}$

**5.** A diagonal de um cubo vale $2\sqrt{3}$ m. Encontre seu volume.

**Resolução:**

– pela diagonal do cubo, temos:

$D = a\sqrt{3} \Rightarrow 2\sqrt{3} = a\sqrt{3} \Rightarrow \boxed{a = 2 \text{ m}}$

– logo, para o volume, temos:

$V = a^3 \Rightarrow V = 2^3 = 8 \Rightarrow \boxed{V = 8 \text{ m}^3}$

**6.** A diagonal da face de um cubo vale $7\sqrt{2}$ km. Assim sendo, determine quanto vale a diagonal desse cubo.

**Resolução**:
– pela face do cubo, temos:

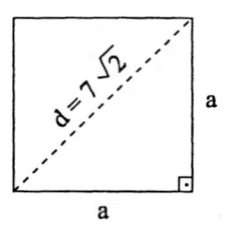

– pelo Teorema de Pitágoras, temos:

$$(7\sqrt{2})^2 = a^2 + a^2$$
$$98 = 2a^2$$
$$\frac{98}{2} = a^2$$
$$49 = a^2 \iff a = 7$$

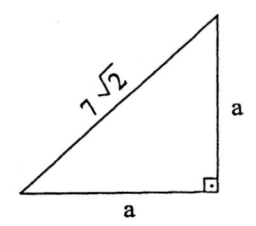

– para a diagonal do cubo, temos:
$$D = a\sqrt{3} \Rightarrow \boxed{7\sqrt{3} \text{ km}}$$

## QUESTÕES DE FIXAÇÃO

**1.** Sendo um prisma triangular regular de aresta da base 6 dm e aresta lateral 10 dm, encontre:
   a) A área da base.
   b) A área da face lateral e a área lateral.
   c) A área total.
   d) O volume.

**2.** Sabendo que a aresta de um cubo tem 4 cm, encontre sua diagonal, área lateral, área total e volume.

**3.** Determine o volume de um prisma quadrangular regular de altura 10 cm e aresta da base 4 cm.

**4.** Calcule a diagonal, a área e o volume de um paralelepípedo retângulo de dimensões 3 cm, 4 cm e 5 cm.

**5.** Calcule a diagonal, a área e o volume de um cubo de aresta 2 cm.

**6.** Calcule o volume do prisma oblíquo indicado abaixo, sabendo que a base é um hexágono regular de aresta 2 cm e que a aresta lateral mede 6 cm e faz um ângulo de 60° com plano da base.

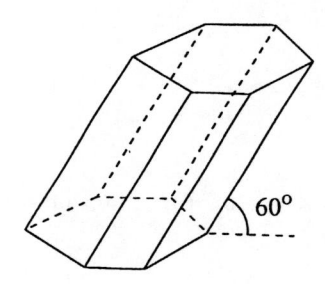

**7.** Uma empresa que possui carros-pipa, todos com 9.000 ℓ de capacidade, foi chamada para encher uma cisterna de dimensões 3,0 m × 4,0 m × 1,4 m.
Para a realização desta tarefa, podemos concluir que a capacidade de:

a) 1 carro-pipa é suficiente para encher totalmente a cisterna, sem sobrar água.
b) 1 carro-pipa é maior que a capacidade da cisterna.
c) 2 carros-pipa são insuficientes para encher totalmente a cisterna.
d) 2 carros-pipa ultrapassam em 1200 ℓ a capacidade da cisterna.

**8.** A aresta da base de um prisma triangular regular mede 6 cm e a aresta lateral 8 cm. Determine o volume desse prisma.

**9.** Na figura a seguir define um paralelepípedo (planificado). Ache sua área total e seu volume.

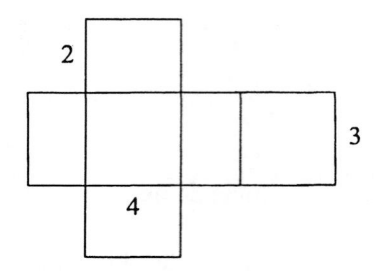

**10.** Calcule o volume de um prisma reto, cuja base é um triângulo de lados medindo 4 m, 6 m e 8 m, respectivamente, e sabendo que a altura é de 5 m.

**11.** Um prisma hexagonal regular tem uma área total de $12(8 + \sqrt{3})$ m². Sabe-se que a aresta da base mede 2 m. Calcule a altura $h$ do prisma.

**12.** Um cubo tem 96 m² de área total. Em quanto deve ser aumentada a sua aresta para que seu volume se torne igual a 216 m³?

**13.** De um bloco cúbico de isopor, de aresta 4 m, recorta-se o sólido em forma de H mostrado na figura. Calcule o volume desse sólido.

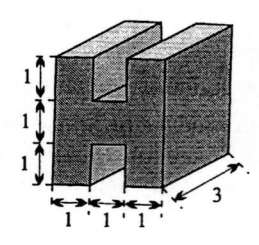

**14.** Calcule, em litros, o volume de uma caixa d'água em forma de prisma reto, de aresta lateral 6 m, sabendo que a base é um losango cujas diagonais medem 7 m e 10 m.

**15.** Uma piscina tem a forma e as dimensões indicadas na figura. As 3 arestas que convergem em cada um dos pontos $A$, $B$, $E$, $A'$, $B'$ e $E'$ são mutuamente ortogonais, e as aestas $AE$, $BC$, $B'C'$ e $A'E'$ são verticais.
Responda:
    a) Quantos m² tem a área da superfície interna da piscina?
    b) Qual a capacidade da piscina em litros?

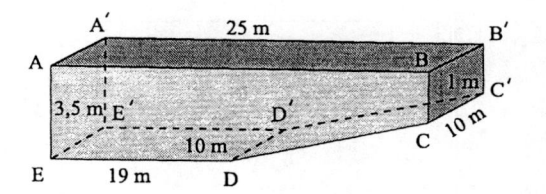

## QUESTÕES DE APROFUNDAMENTO

**1. (UFSCAR)** Se a soma das medidas de todas as aretas de um cubo é 60 cm, então o volume desse cubo, em centímetros cúbicos, é:

a) 125
b) 100
c) 75
d) 60
e) 25

**2. (FATEC-SP)** Na figura tem-se um prisma reto cuja diagonal principal mede $3a\sqrt{2}$. A área total desse prisma é:

a) $30a^2$
b) $24a^2$
c) $18a^2$
d) $12a^2$
e) $6a^2$

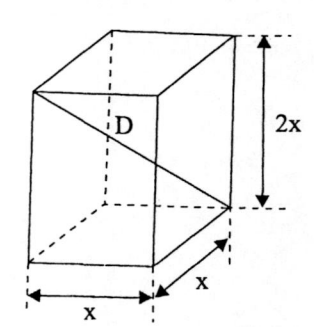

**3. (SANTA CASA-SP)** Dispondo de uma folha de cartolina medindo 50 cm de comprimento por 30 cm de largura, pode-se construir uma caixa aberta cortando-se um quadrado de 8 cm de lado em cada canto da folha (ver figura). Qual será o volume dessa caixa em $cm^3$?

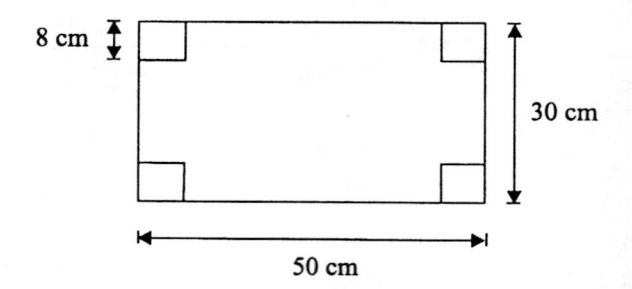

### 4. (UNIRIO)

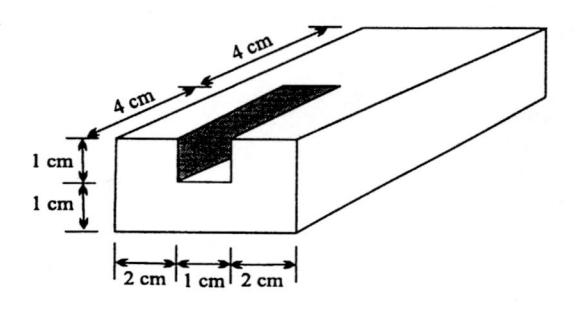

Na fabricação da peça acima, feita de um único material que custa R$ 5,00 o cm³, deve-se gastar a quantia de:

a) R$ 400,00
b) R$ 380,00
c) R$ 360,00
d) R$ 340,00
e) R$ 320,00

### 5. (ITA-SP)
Considerando um prisma hexagonal regular tal que a razão entre a aresta da base $a$ e a aresta lateral $\ell$ é $\dfrac{\sqrt{3}}{3}$. Sabendo-se que, se a aresta da base for aumentada 2 cm, o volume $V$ do prisma ficará aumentado em 108 cm³, e considerando que a aresta lateral permanece a mesma, calcule o volume do prisma.

### 6. (VUNESP-SP)
Se dobrarmos convenientemente as linhas tracejadas da figura abaixo, obteremos uma figura espacial cujo nome é:

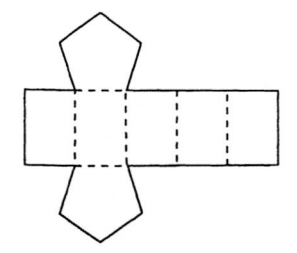

a) Pirâmide de base pentagonal.
b) Paralelepípedo.
c) Octaedro.
d) Tetraedro.
e) Prisma.

**7. (FUVEST-SP)** Uma caixa-d'água tem forma cúbica com 1 cm de aresta. Quanto baixa o nível da água ao retirarmos 1 litro de água da caixa?

**8. (UERJ)** Com uma chapa delgada plana, de espessura uniforme e massa homogeneamente distribuída, construíram-se duas peças: uma com a forma de um cubo (Fig. A) e a outra com a forma de um poliedro com 9 faces, formado a partir de um outro cubo congruente ao primeiro, onde as três faces menores são quadrados congruentes (Fig. B).

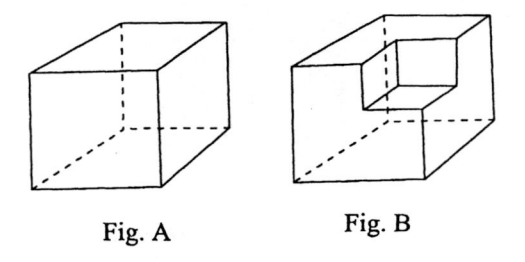

Fig. A        Fig. B

As informações acima possibilitam a seguinte conclusão:

a) O peso de $A$ é igual ao peso de $B$.
b) O volume de $A$ é igual ao de $B$.
c) A superfície de $A$ é maior que a de $B$.
d) A superfície de $A$ é menor que a de $B$.

**9. (FUVEST-SP)** Dois blocos de alumínio, em forma de cubo com arestas medindo 10 cm e 6 cm são levados juntos à fusão e em seguida o alumínio líquido é moldado como um paralelepípedo reto de arestas 8 cm, 8 cm e $x$ cm. O valor de $x$ é:

a) 16
b) 17
c) 18
d) 19
e) 20

**10. (UFF)** Em um cubo de aresta $L$, a distância entre os centros de duas faces adjacentes é:

a) $\dfrac{\sqrt{3}}{2}L$

b) $\dfrac{\sqrt{2}}{2}L$

c) $\sqrt{2}L$

d) $\sqrt{3}L$

e) $\dfrac{L}{2}$

**11. (INATEL)** Determine a altura de um prisma reto cuja base é um triângulo eqüilátero de lado $\ell$, sabendo que seu volume é igual ao volume de um cubo de aresta $\ell$.

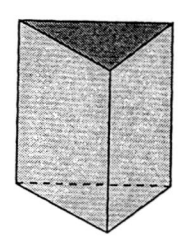

**12. (MACK-SP)** A área total do sólido abaixo é:

a) 204
b) 206
c) 222
d) 244
e) 262

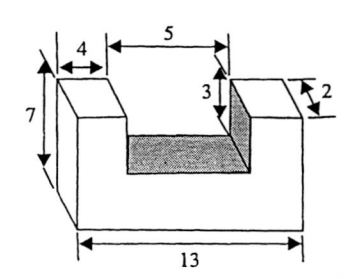

**13. (UFPE)** Sejam $A$, $B$ e $G$ vértices de um cubo de aresta $10\sqrt{6}$, como ilustrado a seguir.

Qual a distância do vértice $B$ à diagonal $AG$?

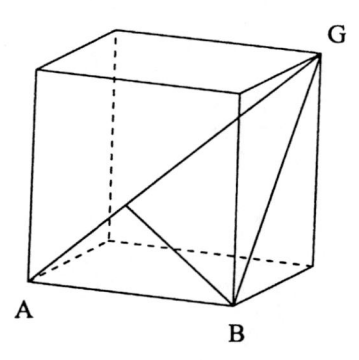

**14. (UFPA)** Num prisma regular de base hexagonal, a área lateral mede 36 m² e a altura é 3 m. A aresta da base é:
 a) 2 m
 b) 4 m
 c) 6 m
 d) 8 m
 e) 10 m

**15. (UFRJ)** Uma barra (paralelepípedo retângulo) de doce de leite com 5 cm × 6 cm × 7 cm foi completamente envolvida com papel laminado. Se a barra envolvida for cortada em cubos de 1 cm de aresta, quantos cubos ficarão sem qualquer cobertura de papel laminado?

**16. (UFRJ)** Um marceneiro cortou um cubo de madeira maciça pintado de azul em vários cubos menores da seguinte forma: dividiu cada aresta em dez partes iguais e traçou as linhas por onde serrou, conforme indica a figura abaixo.

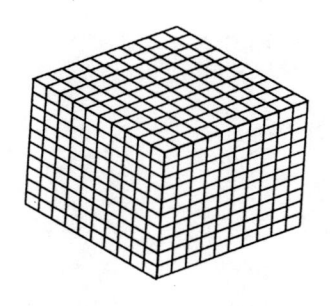

Determine o número de cubos menores que ficaram sem nenhuma face pintada de azul.

**17. (PUC-SP)** A base de um prisma reto é um triângulo de lados iguais a 5 m, 5 m e 8 m e a altura tem 3 m; o seu volume será:
a) 12 m³
b) 24 m³
c) 36 m³
d) 48 m³
e) 60 m³

**18. (UFF)** O sólido abaixo representado possui todas as arestas iguais a $L$.

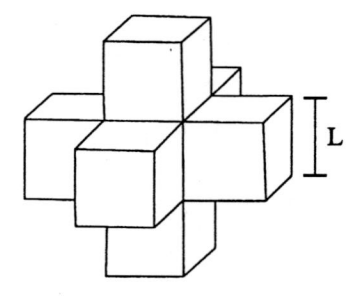

Sabendo-se que todos os ângulos entre duas faces adjacentes são retos, pode-se afirmar que o seu volume é:
a) $7 L^3$
b) $9 L^3$
c) $11 L^3$
d) $19 L^3$
e) $27 L^3$

**19. (ITA-SP)** Considere $P$ um prisma reto de base quadrada, cuja altura mede 3 m e que tem área total de 80 m². O lado dessa base quadrada mede:
a) 1 m
b) 8 m
c) 4 m
d) 6 m
e) 16 m

**20. (FAAP-SP)** O volume de um paralelepípedo retângulo é 1620 m³. Calcular as arestas, sabendo que são proporcionais aos números 3, 4 e 5.

**21. (PUC-SP)** Tem-se um prisma reto de base hexagonal, cuja altura é $h = \sqrt{3}$ e cujo raio do círculo que circunscreve a base é $R = 2$. A área total deste prisma é:

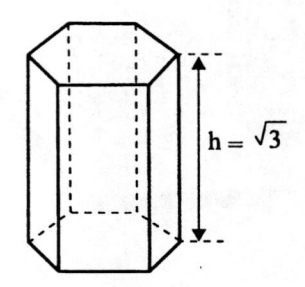

a) $\sqrt{3}$
b) $24\sqrt{3}$
c) 30
d) $10\sqrt{2}$
e) 8

**22. (MAUÁ-SP)** A diagonal de um paralelepípedo mede $\sqrt{14}$ m. Calcular o volume do paralelepípedo sabendo que as medidas das três arestas são números inteiros consecutivos.

**23. (UNICAMP)** Ao serem retirados 128 litros de água de uma caixa d'água de forma cúbica, o nível da água baixa 20 centímetros.
   a) Calcule o comprimento das arestas da referida caixa.
   b) Calcule a sua capacidade em litros (1 litro equivale a 1 decímetro cúbico).

**24. (CESCEA-SP)** O volume do prisma hexagonal regular, de altura $\sqrt{3}$ cm e cujo apótema da base mede $\sqrt{3}$ cm, é:
   a) 18 cm$^3$
   b) $6\sqrt{3}$ cm$^3$
   c) 3 cm$^3$
   d) $\sqrt{3}$ cm$^3$

## 25. (Simuladão: MV1-UERJ)

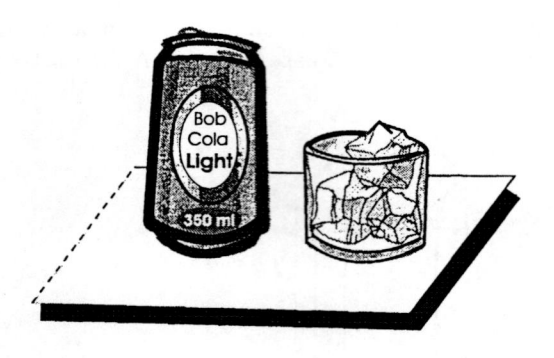

Um professor da Valpaçolândia pediu ao garçom uma rabada com polenta, um copo com gelo e uma lata de Bob-Cola Light, para não engordar. O refrigerante é de 350 ml e o copo tem capacidade para 400 ml. O gelo veio à parte, em cubinhos de 2 cm de lado. Para colocar todo o conteúdo da lata no copo sem que uma gota fosse derramada, o professor valpaçonense fez uma conta rápida e verificou que poderia colocar no copo uma quantidade máxima de:

a) 4 cubos de gelo.
b) 6 cubos de gelo.
c) 8 cubos de gelo.
d) 10 cubos de gelo.

**25. (FAAP-SP)** Calcular em litros o volume de uma caixa d'água em forma de prisma reto, de aresta lateral 6 m, sabendo-se que a base é um losango cujas diagonais medem 7 m e 10 m.

**26. (ITA-SP)** Dado um prisma hexagonal regular, sabe-se que sua altura mede 3 cm e que sua área lateral é o dobro da área de sua base. O volume deste prisma, em cm$^3$, é:

a) $27\sqrt{3}$
b) $13\sqrt{2}$
c) 12
d) $54\sqrt{3}$
e) $17\sqrt{5}$

**27. (CESESP-PE)** Considere um prisma reto cuja aresta lateral e a aresta da base têm medidas iguais e cuja base é um losango de diagonais 6 m e 8 m. Determine o volume e a área lateral do prisma.

**28. (FUVEST-SP)** Em um bloco retangular (isto é, paralelepípedo reto retângulo) de volume 27/8. as medidas das arestas concorrentes em um mesmo vértice estão em progressão geométrica. Se a medida da aresta maior é 2, a medida da aresta menor é:

a) $\dfrac{7}{8}$

b) $\dfrac{8}{8}$

c) $\dfrac{9}{8}$

d) $\dfrac{10}{8}$

e) $\dfrac{11}{8}$

**29. (ITA-SP)** Um fabricante de embalagens, para fazer caixas de papelão, sem tampa, em forma de prisma hexagonal regular (veja Figura 1), se utiliza de hexágonos regulares de papelão, cada um deles com lado 30 cm. Corta, em cada vértice, um quadrilátero, como o hachurado na Figura 2 e, a seguir, dobra o papelão nas linhas tracejadas.

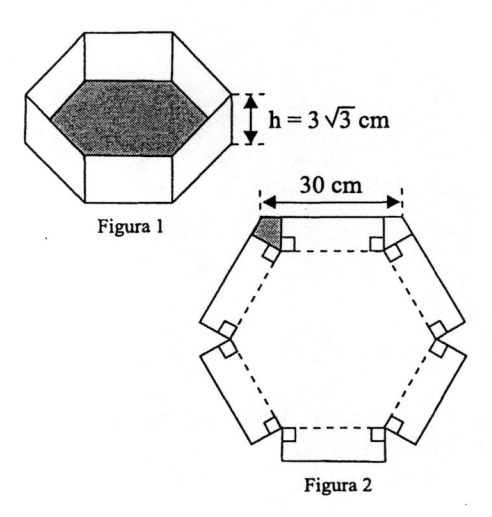

Figura 1

$h = 3\sqrt{3}$ cm

30 cm

Figura 2

Sabendo que a altura da caixa é de $3\sqrt{3}$ cm, seu volume é:

a) 900 cm³

b) $2\,700\sqrt{3}$ cm³

c) $727\sqrt{3}$ cm³
d) $776\sqrt{3}$ cm³
e) $7\,776$ cm³

**30. (UERJ)** Para fazer uma caixa sem tampa com um único pedaço de papelão, utilizou-se um retângulo de 16 cm de largura por 30 cm de comprimento. De cada um dos quatro cantos desse retângulo foram retirados quadrados de área idêntica e, depois, foram dobradas para cima as abas resultantes.

Determine a medida do lado do maior quadrado a ser cortado do pedaço de papelão, para que a caixa formada tenha:

a) Área lateral de 204 cm².
b) Volume de 600 cm³.

**31. (MAPOFEI-SP)** Qual é a altura de um prisma reto cuja base é um triângulo eqüilátero de lado $a$, para que o seu volume seja igual ao volume de um cubo de aresta $a$?

**32. (FE. O. CRUZ-SP)** Um cubo de aresta $a$ tem volume $v$ e um cubo de aresta $A$ tem volume $V$. Se $\dfrac{V}{v} = 8$, então:

a) $\dfrac{A}{a} = 8$
b) $A \cdot a = 8$
c) $A \cdot a = 2$
d) $A = 2a$

**33. (FGV-SP)** Um cubo tem 96 m² de área total. De quanto deve ser aumentada a sua aresta para que seu volume se torne igual a 216 m³?

a) 1 m
b) 0,5 m
c) 9 m
d) 2 m
e) 3 m

**34. (UNIRIO)** Um engenheiro vai projetar uma piscina, em forma de paralelepípedo reto-retângulo, cujas medidas internas são, em m, expressas por $x$, $20 - x$ e 2. O maior volume que esta piscina poderá ter, em m³, é igual a:

a) 240
b) 220
c) 200
d) 150
e) 100

**35. (MACK-SP)** A área total de um prisma triangular regular cujas arestas são todas congruentes entre si e cujo volume é $54\sqrt{3}$ vale:

a) $18\sqrt{3} + 108$
b) $108\sqrt{3} + 18$
c) $108\sqrt{3} - 18$
d) $54\sqrt{3} + 16$
e) $36\sqrt{3} + 12$

**36. (MACK-SP)** Aumentando-se de 1 m a aresta de um cubo, a sua área lateral aumenta de 164 m². O volume do cubo original é:

a) 6000 m³
b) 7000 m³
c) 8000 m³
d) 12000 m³
e) 16400 m³

**37. (VUNESP-SP)** Entre todas as retas suportes das arestas de um certo cubo, considere duas, $r$ e $s$, reversas. Seja $t$ a perpendicular comum a $r$ e a $s$. Então:

a) $t$ é a reta suporte de uma das diagonais de uma das faces do cubo.
b) $t$ é a reta suporte de uma das diagonais do cubo.
c) $t$ é a reta suporte de uma das arestas do cubo.
d) $t$ é a reta que passa pelos pontos médios das arestas contidas em $r$ e $s$.
e) $t$ é a reta perpendicular a duas faces do cubo, por seus pontos médios.

**38. (FCC-SP)** Na figura abaixo, tem-se um prisma reto de base triangular. Se $\overline{AB} = 17$ cm, $\overline{AE} = 8$ cm e $\overline{ED} = 14$ cm, a área total desse prisma, em cm², é:

a) 1 852
b) 1 016
c) 926
d) 680
e) 508

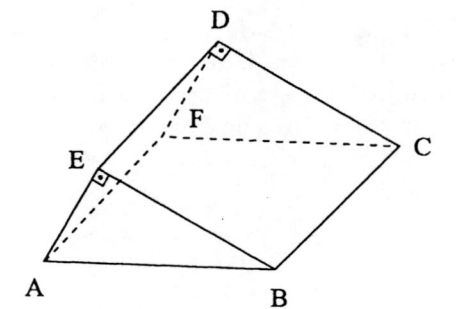

**39. (UFPA)** Um paralelepípedo reto retângulo de dimensões 2, 3 e 5 cm tem a diagonal igual a:

a) $\sqrt{38}$
b) $\sqrt{35}$
c) $\sqrt{32}$
d) $\sqrt{30}$
e) $\sqrt{26}$

**40. (MACK-SP)** Um paralelepípedo retângulo tem arestas medindo 5, 4 e $K$. Se sua diagonal mede $3\sqrt{10}$, o valor de $K$ é:

a) 20
b) 10
c) 9
d) 7
e) 3

**41. (MACK-SP)** O telhado do depósito desenhado a seguir é formado por duas calhas com inclinação de 45° em relação à horizontal. Qual o volume ocupado pelo depósito?

a) $1\,000\text{ m}^3$
b) $1\,250\text{ m}^3$
c) $1\,625\text{ m}^3$
d) $1\,750\text{ m}^3$
e) $2\,000\text{ m}^3$

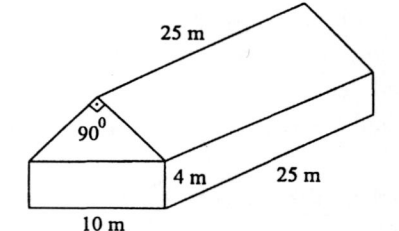

**42. (U.F. SANTA MARIA-RS)** Deseja-se construir um aquário de vidro na forma de um prisma regular, de base hexagonal com 20 cm de aresta. Sabendo que 1000 cm³ equivalem a 1 litro, a altura do aquário, em cm, para que o mesmo, totalmente cheio, contenha 3,6 litros de água, deve ser:

a) $\sqrt{3}$
b) $2\sqrt{3}$
c) $3\sqrt{3}$
d) $4\sqrt{3}$
e) $5\sqrt{3}$

**43. (PUC-SP)** Se a área da base de um prisma diminui 10% e a altura aumenta 20%, o seu volume:

a) Aumenta 8%.
b) Aumenta 15%.
c) Aumenta 108%.
d) Diminui 8%.
e) Não se altera.

**44. (UFPB)** A altura de um prisma regular triangular mede 4 cm e o apótema de uma das bases mede $2\sqrt{3}$ cm. A área lateral desse prisma é:

a) 48 cm$^2$
b) 144 cm$^2$
c) 108 cm$^2$
d) 96 cm$^2$
e) 126 cm$^2$

**45. (FUVEST-SP)** O volume de um paralelepípedo reto retângulo é 240 cm$^3$. As áreas de duas de suas faces são 30 cm$^2$ e 48 cm$^2$. A área total do paralelepípedo, em cm$^2$, é:

a) 96
b) 118
c) 236
d) 240
e) 472

**46. (CESGRANRIO)** A diagonal de um paralelepípedo de dimensões 2, 3 e 4 mede:

a) 5
b) $5\sqrt{2}$
c) $4\sqrt{3}$
d) 6
e) $\sqrt{29}$

**47. (UNIR)** Para construir um prisma regular hexagonal de altura 5 cm e aresta da base 4 cm, um menino pretende recortar as faces laterais e as bases em uma folha retangular de cartolina com 30 cm de comprimento por 20 cm de largura. Considerando a aproximação $\sqrt{3} = 1,7$, o percentual da folha usado nessa construção será de:

a) 28,6%
b) 29,81%
c) 29,4%
d) 30%
e) 33,6%

**48. (UEL-PR)** As dimensões de um paralelepípedo retângulo são proporcionais aos números 2, 3 e 5. Se a diagonal do paralelepípedo mede $10\sqrt{38}$ cm, o seu volume, em cm³, é:

a) 100
b) 300
c) 1 000
d) 3 000
e) 30 000

**49. (CEFET-RJ)** Uma piscina com formato de paralelepípedo reto-retângulo com 5 m de largura 10 m de comprimento e 1,60 m de profundidade deverá ser azulejada. Sabendo que o m² do azulejo custa R$ 20,00 e que deverão ser comprados 10% a mais para as quebras, então o gasto total em reais será de:

a) 1.760,00
b) 1.960,00
c) 2.156,00
d) 2.960,00
e) 3.256,00

**50. (UFMG)** As dimensões de uma caixa retangular são 3 cm, 20 mm e 0,07 m. O volume dessa caixa, em mililitros, é:

a) 0,42
b) 4,2
c) 42
d) 420
e) 4200

**51. (UFOP-MG)** Uma caixa d'água, em forma de paralelepípedo retângulo, tem dimensões de 1,8 m, 15 dm, e 80 cm. Sua capacidade é:

a) 2,16 $\ell$
b) 21,6$\ell$
c) 216$\ell$
d) 1 080$\ell$
e) 2 160$\ell$

**52. (MACK-SP)** Retirando-se um litro de água de um reservatório de forma cúbica que está totalmente cheio, nota-se um abaixamento do nível da água equivalente a 12,5% do reservatório. Nestas condições, podemos afirmar que a medida da aresta é:

a) 20 dm
b) 20 cm
c) 2 m
d) 2 cm
e) 20 m

**53. (UFSC)** Um tanque, em forma de paralelepípedo reto-retângulo, tem por base um retângulo de lados 0,50 m e 1,20 m. Uma pedra, ao afundar completamente no tanque, faz o nível da água subir 0,01 m. Calcule o volume da pedra, em decímetros cúbicos.

**54. (SANTA CASA-SP)** As dimensões de um paralelepípedo retângulo estão em P.G. e sua soma é 21 cm. Se o volume desse paralelepípedo é 64 cm$^3$, a sua área total, em cm$^2$, é:

a) 132
b) 156
c) 168
d) 172
e) 192

**55. (VUNESP)** A área da superfície da Terra é estimada em 510 000 000 km$^2$. Por outro lado, estima-se que, se todo vapor de água da atmosfera terrestre fosse condensado, o volume de líquido resultante seria de 13000 km$^3$. Imaginando que toda essa água fosse colocada no interior de um paralelepípedo reto-retângulo, cuja área da base fosse a mesma superfície da Terra, a medida que mais se aproxima da altura que o nível da água alcançaria é:

a) 2,54 mm
b) 2,54 cm
c) 25,4 cm
d) 2,54 m
e) 0,254 km

**56. (MACK-SP)** Um paralelepípedo retângulo tem 142 cm$^2$ de área total e a soma dos comprimentos de suas arestas vale 60 cm. Sabendo que os seus lados estão em P.A., eles valem (em cm):

a) 2, 5, 8
b) 1, 5, 9
c) 12, 20, 28
d) 4, 6, 8
e) 3, 5, 7

**57. (UFMG)** O volume de uma caixa cúbica é 216 litros. A medida de sua diagonal, em centímetros, é:

a) $0,8\sqrt{3}$
b) 6
c) 60
d) $60\sqrt{3}$
e) $900\sqrt{3}$

**58. (CESGRANRIO)** Ao congelar-se, a água aumenta em $\frac{1}{15}$ o seu volume. O volume de água a congelar para obter-se um bloco de gelo de 8 dm × 4 dm × 3 dm é:

a) 80 dm³
b) 90 dm³
c) 95 dm³
d) 96 dm³
e) 100 dm³

**59. (FUVEST-SP)** O volume de um paralelepípedo reto-retângulo é de 240 cm³. As áreas de duas de suas faces são 30 cm² e 48 cm². A área total do paralelepípedo, em cm², é:

a) 96
b) 118
c) 236
d) 240
e) 472

**60. (FUVEST-SP)** Um tanque em forma de paralelepípedo tem por base um retângulo horizontal de lados 0,8 m e 1,2 m. Um indivíduo, ao mergulhar completamente no tanque, faz o nível da água subir 0,075 m. Então, o volume do indivíduo, em m³, é:

a) 0,066
b) 0,072
c) 0,096
d) 0,600
e) 1,000

**61. (CESESP-PE)** Sabe-se que as medidas das arestas de um paralelepípedo retângulo são diretamente proporcionais a 2, 3 e 4 e a soma dessas medidas é 18 m. Então o volume desse paralelepípedo é:

a) 24 m³
b) 96 m³
c) 129 m³
d) 80 m³
e) 192 m³

**62. (UFAL)** As dimensões de um paralelepípedo retângulo são diretamente proporcionais aos números 2, 3 e 5. Se o volume desse paralelepípedo é 1 920 cm³, sua área total, em cm², é:

a) 992
b) 496
c) 320

d) 216
e) 160

**63. (MACK-SP)** As medidas das arestas de um paralelepípedo retângulo (P.R.) estão em P.G., sabendo-se que a diagonal desse P.R. mede $\sqrt{91}$ cm e que a soma de todas as arestas é 52 cm, então podemos afirmar que o volume desse sólido é:
 a) 54 cm³
 b) 91 cm³
 c) 27 cm³
 d) 169 cm³
 e) $52\sqrt{91}$ cm³

**64. (UFGO)** Dê o somatório das afirmações verdadeiras. Considerando uma caixa-d'água com as dimensões: 5,5 m de comprimento, 5 m de largura e 4,4 m de altura, pode-se afirmar que:

01. O volume da caixa é $1,21 \times 10^8$ cm³.

02. Se uma torneira tem uma vazão de 12 m³ por hora, ela levará mais de 12 horas para encher essa caixa-d'água.

04. A área das faces laterais da caixa é 96 m².

08. Se com uma lata de tinta pinta-se uma superfície de 8,8 m², então se gastará mais de 10 latas para pintar as faces laterais externas dessa caixa.

16. Aumentando-se o comprimento e a largura da caixa em 10%, a área da base também aumentará em 10%.

32. Aumentando-se a altura da caixa em 10%, o seu volume também aumentará em 10%.

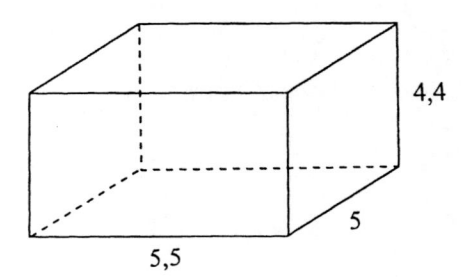

**65. (PUC-SP)** Com uma lata de tinta é possível pintar 50 m² de parede. Para pintar as paredes de uma sala de 8 m de comprimento, 4 m de largura e 3 m de altura gasta-se uma lata e mais uma parte da segunda lata. Qual a porcentagem de tinta que resta da segunda lata?

a) 22%
b) 30%
c) 48%
d) 56%
e) 72%

**66. (FES VALE DO SAPUCAÍ)** Em uma piscina retangular com 10 m de comprimento e 5 m de largura, para elevar o nível da água em 20 cm, são necessários:

a) 10 000 $\ell$ de água.
b) 5 000 $\ell$ de água.
c) 50 000 $\ell$ de água.
d) 1 000 $\ell$ de água.
e) n.d.a.

**67. (UNICAMP)** Uma caixa d'água cúbica, de volume máximo, deve ser colocada entre o telhado e a laje de uma casa, conforme mostra a figura abaixo.

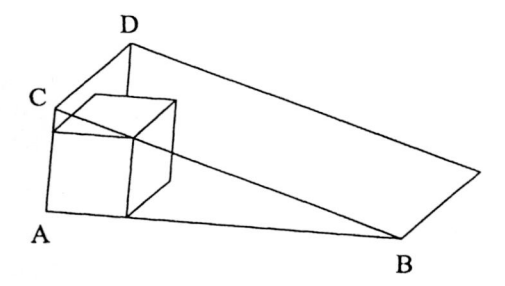

Dados $\overline{AB} = 6$ m, $\overline{AC} = 1,5$ m e $\overline{CD} = 4$ m.

a) Qual deve ser o comprimento de uma aresta da caixa?
b) Supondo que a altura máxima da água na caixa é de 85% da altura da caixa, quantos litros de água podem ser armazenados na caixa?

**68. (FATEC-SP)** As diagonais de um paralelepípedo reto-retângulo estão em progressão aritmética. Se a sua diagonal mede $5\sqrt{2}$ m e a área total vale 94 m², então seu volume é igual a:

a) 60 m³
b) 48 m³
c) 72 m³
d) 90 m³
e) 108 m³

**69. (ESAL-MG)** Num prisma triangular, regular e reto, todas as arestas têm a mesma medida, e o volume é de 0,375 u³. A aresta, medida em unidades de comprimento, é igual à raiz cúbica de:

a) 1

b) $\dfrac{1}{3}$

c) $\dfrac{\sqrt{3}}{2}$

d) $\dfrac{\sqrt{3}}{4}$

e) $\dfrac{1}{2}$

**70. (MACK-SP)** A área total de um prisma triangular regular cujas arestas são todas congruentes entre si e cujo volume é $54\sqrt{3}$ vale:
a) $18\sqrt{3} + 108$
b) $108\sqrt{3} + 18$
c) $108\sqrt{3} - 18$
d) $54\sqrt{3} + 16$
e) $36\sqrt{3} + 12$

**71. (F.E. SANTA CECÍLIA-SP)** Um pacote de 500 folhas de papel sulfite tipo ofício tem as seguintes dimensões: 30 cm de comprimento, 20 cm de largura e 5 cm de altura. Nestas condições, qual o volume de cada folha desse pacote?
a) 3 cm³
b) 3 000 cm³
c) 6 cm³
d) 6 mm³
e) 60 mm³

**72. (UERJ)** Um icosaedro regular tem 20 faces e 12 vértices, a partir dos quais retiram-se 12 pirâmides congruentes. As medidas das arestas dessas pirâmides são iguais a $\dfrac{1}{3}$ da aresta do icosaedro. O que resta é um tipo de poliedro usado na fabricação de bolas. Observe as figuras.

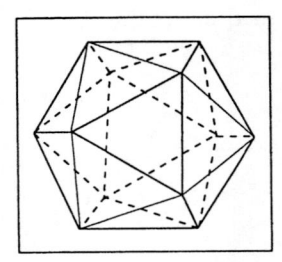

Para confeccionar uma bola de futebol, um artesão usa esse novo poliedro, no qual cada gomo é uma face. Ao costurar dois gomos para unir duas faces do poliedro, ele gasta 7 cm de linha. Depois de pronta a bola, o artesão gastou, no mínimo, um comprimento de linha igual a:

a) 7,0 m
b) 6,3 m
c) 4,9 m
d) 2,1 m

**73. (UFPA)** Um prisma hexagonal regular tem para altura a diagonal de um cubo de aresta $a$. Se o volume do cubo é igual ao do prisma, a aresta da base do prisma mede:

a) $a\sqrt{3}$
b) $a\sqrt{2}$
c) $\dfrac{a\sqrt{3}}{3}$
d) $\dfrac{a\sqrt{2}}{3}$
e) $\dfrac{a\sqrt{3}}{2}$

**74. (IME)** As faces de um paralelepípedo são losangos de lado igual a $\sqrt{2}$ m, sendo a diagonal menor igual ao lado. O volume desse paralelepípedo vale:

a) $\sqrt{\dfrac{3}{2}}$ m³
b) 3 m³
c) $2\sqrt{2}$ m³
d) 2 m³
e) $\dfrac{3 \cdot \sqrt{2}}{2}$ m³

**75. (PUC-SP)** Se a área da base de um prisma diminui de 10% e a altura aumenta de 20%, o seu volume:

a) Aumenta de 8%.
b) Aumenta de 15%.
c) Aumenta de 108%.
d) Diminui de 8%.
e) Não se altera.

**76. (PUC-MG)** Um tanque é um prisma retangular reto de dimensões 25 cm,

80 cm e 90 cm. Sua capacidade, em litros, é:

a) 18
b) 180
c) 1800
d) 18000
e) 180000

**77. (UFF)** Uma piscina tem a forma de um prisma reto, cuja base é um retângulo de dimensões 15 m e 10 m. A quantidade necessária de litros de água para que o nível de água da piscina suba 10 cm é:

a) 0,15
b) 1,5
c) 150
d) 1500
e) 15000

**78. (FGV-SP)** O acréscimo de volume do paralelepípedo de arestas de medidas $a$, $b$ e $c$, quando aumentamos cada aresta em 10%, é:

a) 30,0%
b) $(0,1)^3$%
c) 33,1%
d) 21,0%
e) 10,0%

**79. (FEI-SP)** O sólido $ABCDEFGH$ é um cubo cujas arestas medem 4 cm. Qual a área do retângulo $ABGH$?

a) 32 cm$^2$

b) $16\sqrt{2}$ cm$^2$

c) $\dfrac{9\sqrt{3}}{2}$ cm$^2$

d) $\dfrac{13\sqrt{2}}{3}$ cm$^2$

e) $\dfrac{16\sqrt{2}}{3}$ cm$^2$

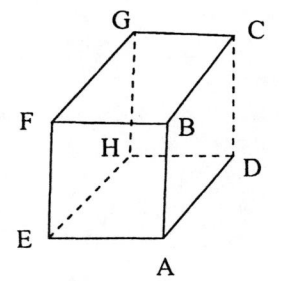

**80. (UNESP-SP)** Se um tijolo, dos usados em construção, pesa 4 kg, então um tijolinho de brinquedo feito do mesmo material, e cujas dimensões sejam 4 vezes menores, pesará:

a) 62,5 g
b) 250 g
c) 400 g

d) 500 g
e) 1 000 g

**81. (UNIP-SP)** Dado um prisma hexagonal regular, sabe-se que sua altura mede 3 cm e que sua área lateral é o dobro da área de sua base. O volume desse prisma, em cm³, é:

a) $27\sqrt{3}$
b) $13\sqrt{2}$
c) 12
d) $54\sqrt{3}$
e) $17\sqrt{5}$

**82. (UFF)** A respeito do prisma reto de base quadrangular, representado na figura,

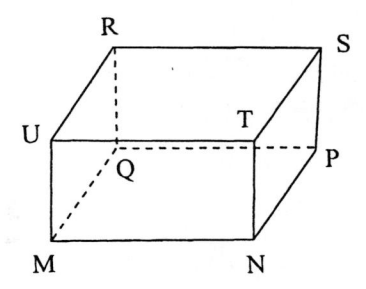

são feitas as seguintes afirmativas:

I - Todo plano perpendicular à face $MNTU$ é paralelo à face $MNPQ$.
II - Todo plano paralelo à face $MNTU$ é perpendicular à face $MNPQ$.
III - Todo plano que contém a aresta $\overline{TN}$ é perpendicular à face $MNPQ$.

Assinale a opção que contém a(s) afirmativa(s) correta(s):

a) Apenas I e III.
b) Apenas II.
c) I, II e III.
d) Apenas III.
e) Apenas II e III.

**83. (UFF)** Uma caixa de papelão, na forma de um paralelepípedo retângulo, é obtida dobrando-se o molde seguinte nas linhas tracejadas.
O volume da caixa, em cm³ é:

a) 120
b) 180
c) 240
d) 480
e) 540

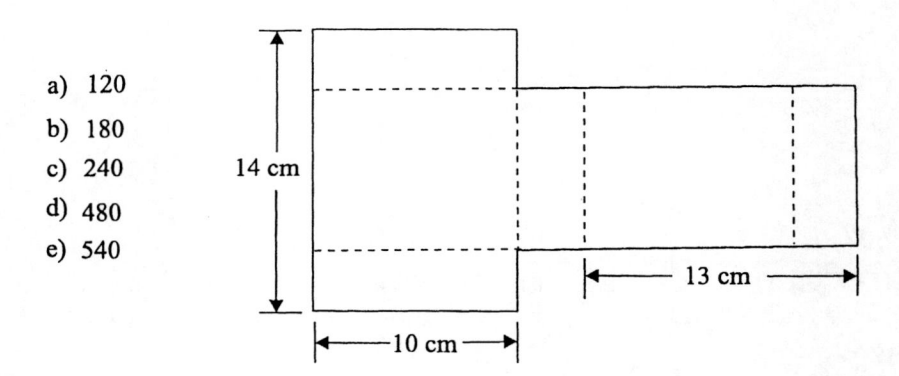

**84. (UFRS)** Uma caixa tem 1 m de comprimento, 2 m de largura e 3 m de altura. Uma segunda caixa de mesmo volume tem comprimento $x$ m maior do que o da anterior, largura $x$ m maior do que a da anterior e altura $x$ m menor do que a da anterior. O valor de $x$ é:

a) $\sqrt{2}$
b) $\sqrt{3}$
c) $\sqrt{5}$
d) $\sqrt{6}$
e) $\sqrt{7}$

**85. (VUNESP)** Dado um paralelepípedo retângulo, indiquemos por $A$ o conjunto das retas que contêm as retas desse paralelepípedo e por $B$ o conjunto dos planos que contêm suas faces. Isso posto, qual das seguintes afirmações é verdadeira?

a) Quaisquer que sejam os planos $\alpha$ e $\beta$ de $B$, a distância de $\alpha$ à $\beta$ é maior que zero.

b) Se $r$ e $s$ pertencem a $A$ são reversas, a distância de $r$ a $s$ é maior que a medida da maior das arestas do paralelepípedo.

c) Todo plano perpendicular a um plano $B$ é perpendicular a exatamente dois planos de $B$.

d) Toda reta perpendicular a um plano de $B$ é perpendicular a exatamente dois planos de $B$.

e) A interseção de três planos quaisquer de $B$ é sempre um conjunto vazio.

**86. (UCMG)** As medidas das arestas de um paralelepípedo retângulo são: 2 m, 2 m e 3 m. O cosseno do menor ângulo que uma diagonal forma com uma face maior é:

a) $\sqrt{\dfrac{7}{5}}$
b) $\sqrt{\dfrac{8}{15}}$

c) $\sqrt{\dfrac{10}{13}}$

d) $\sqrt{\dfrac{11}{5}}$

e) $\sqrt{\dfrac{13}{17}}$

**87. (UECE)** O volume de um prisma hexagonal regular é $216\sqrt{3}$ cm³. Se a área lateral desse prisma é $144\sqrt{3}$ cm³, então a altura desse prisma, em cm mede:

a) 12
b) 14
c) 16
d) 18

**88. (FUVEST-SP)** No paralelepípedo reto retângulo mostrado na figura, $AB = 2$ cm e $AD = AE = 1$ cm.

Seja $X$ um ponto de $\overline{AB}$ e $x$ a medida de $\overline{AX}$.
a) Para que valor de $x$, $CX = XH$?
b) Para que valor de $x$, $C\widehat{X}H$ é reto?

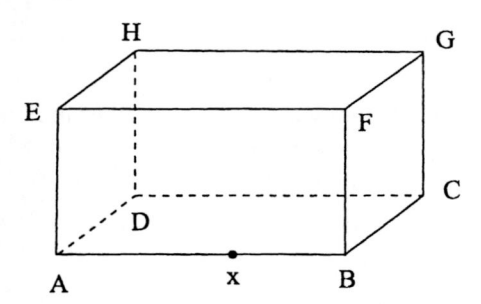

**89. (CEFET-MG)** Aumentando 1 cm na aresta de um cubo, sua área lateral aumentará 28 cm². A aresta do cubo primitivo, em cm, é:

a) 0
b) 1
c) 2
d) 3
c) 4

**90. (UNIFOR-CE)** A soma dos comprimentos de todas as arestas de um cubo é igual a 60 m. A diagonal, em m, mede:

a) $\sqrt{3}$

b) $3\sqrt{3}$
c) $5\sqrt{3}$
d) $7\sqrt{3}$

**91. (UFCE)** Em um reservatório na forma de paralelepípedo retângulo, foram colocados 18000 litros de água, correspondendo a 4/5 de sua capacidade total. Se este reservatório possui 3 m de largura e 5 m de comprimento, então a medida de sua altura é:

a) 1 m
b) 2 m
c) 1,5 m
d) 2,5 m
e) 3 m

**92. (MACK-SP)** Um paralelepípedo reto-retângulo tem arestas 5, 1, $\sqrt{3}$, como mostra a figura. Um plano passando por uma aresta forma com a base um ângulo de 60° e divide o paralelepípedo em dois sólidos. O volume do sólido que contém $\overline{PQ}$ é:

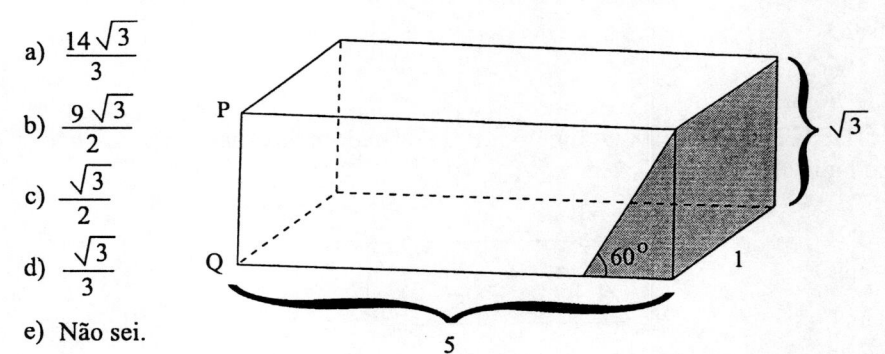

a) $\dfrac{14\sqrt{3}}{3}$

b) $\dfrac{9\sqrt{3}}{2}$

c) $\dfrac{\sqrt{3}}{2}$

d) $\dfrac{\sqrt{3}}{3}$

e) Não sei.

**93. (UFSM-RS)** A figura representa um cubo de aresta 4 cm, onde os pontos $A$ e $B$ são pontos médios de duas de suas arestas. A menor distância entre esses pontos, medida sobre a superfície do cubo, é, em cm:

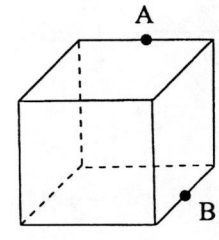

a) $2 + 2\sqrt{2}$
b) 6
c) $2\sqrt{10}$
d) 8
e) $4\sqrt{5}$

**94. (UNOPAR-PR)** Uma aresta de um cubo $A$ tem 2 cm a menos que uma aresta de um cubo $B$. A área da superfície total do cubo $A$, ou seja, a soma das áreas de todas as suas faces, é 294 cm². A equação que permite determinar a medida $x$ da aresta de $B$ é:

a) $6x^2 - 12 = 294$
b) $4(x+2)^2 = 294$
c) $6(x-2)^2 = 294$
d) $6(x+2)^2 = 294$
e) $4(x-2)^2 = 294$

**95. (UFSM-RS)** Quantos cubinhos de madeira de 1 cm de aresta podem ser colocados numa caixa cúbica, com tampa, na qual foram gastos 294 cm² de material para confeccioná-la?

a) 76
b) 147
c) 294
d) 343
e) 6 859

**96. (CESGRANRIO)** O ângulo $A\widehat{F}H$ formado pelas diagonais $\overline{AF}$ e $\overline{FH}$ das faces do cubo $ABC...GH$ vale:

a) 30°
b) 45°
c) 60°
d) 90°
e) 108°

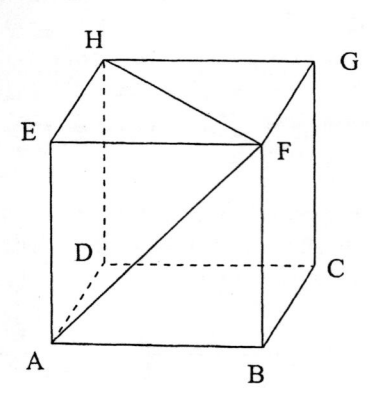

**97. (UERJ)** Dobrando-se a planificação a seguir, reconstruímos o cubo que a originou.

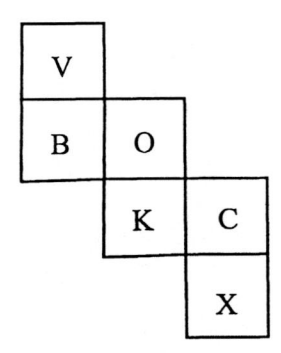

A letra que fica na face oposta à que tem um X é:
a) V
b) O
c) B
d) K

**98. (UEL-PR)** A figura abaixo representa um hexaedro regular. A área da secção $(ABCD)$ é $\sqrt{6}$ m². O volume do sólido, em m³, é:

a) $3\sqrt{3}$
b) $2\sqrt[4]{3}$
c) $3\sqrt[3]{9}$
d) $\sqrt[4]{27}$
e) 3

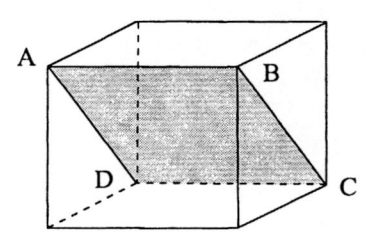

**99. (UGF-RJ)** Sobre cada face de um cubo é superposto um outro cubo de igual aresta $a$, de modo que as duas faces de contato coincidam. A área lateral deste novo sólido formado é igual a:

a) $36a^2$
b) $42a^2$
c) $32a^2$
d) $30a^2$
e) $24a^2$

**100. (PUC-SP)** Na figura abaixo tem-se o prisma reto $ABCDEF$, no qual $DE = 6$ cm, $EF = 8$ cm e $\overline{DE} \perp \overline{EF}$.

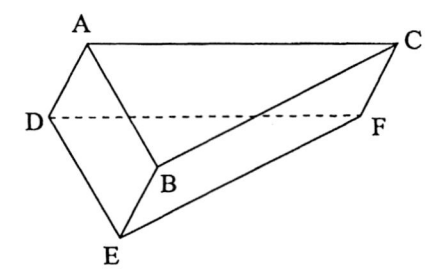

Se o volume desse prisma é 120 cm³, a sua área total, em centímetros quadrados, é:

a) 144
b) 156
c) 160
d) 168
e) 172

**101. (UFRN)** Um triângulo isósceles cujos lados medem 10 cm, 10 cm e 12 cm é a base do prisma reto, de volume igual a 528 cm³, conforme figura abaixo.
Pode-se afirmar que a altura $h$ do prisma é igual a:

a) 13 cm
b) 8 cm
c) 12 cm
d) 11 cm

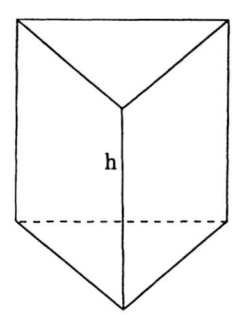

**102. (FGV-SP)** Na figura a seguir $I$ e $J$ são os centros das faces $BCGF$ e $EFGH$ do cubo $ABCDEFGH$ de aresta $a$.

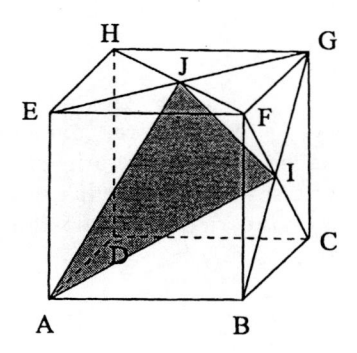

Os comprimentos dos segmentos $\overline{AI}$ e $\overline{IJ}$ são, respectivamente:

a) $\dfrac{a\sqrt{6}}{2}$, $a\sqrt{2}$

b) $\dfrac{a\sqrt{6}}{2}$, $\dfrac{a\sqrt{2}}{2}$

c) $a\sqrt{6}$, $\dfrac{a\sqrt{2}}{2}$

d) $a\sqrt{6}$, $a\sqrt{2}$

e) $2a$, $\dfrac{a}{2}$

**103. (UNESP-SP)** Considere o sólido resultante de um paralelepípedo retângulo de arestas medindo $x$, $x$ e $2x$, do qual um prisma de base quadrada de lado 1 e altura $x$ foi retirado. O sólido está representado pela parte escura da figura.

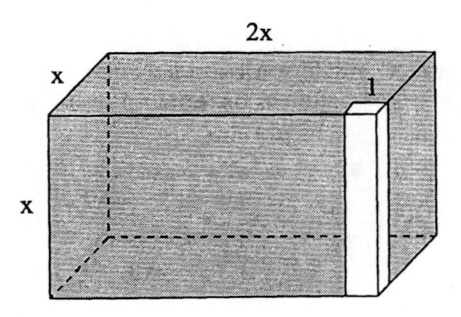

O volume desse sólido, em função de $x$, é dado pela expressão:

a) $2x^3 - x^2$
b) $4x^3 - x^2$
c) $2x^3 - x$

d) $2x^3 - 2x^2$

e) $2x^3 - 2x$

**104. (U.F. VIÇOSA-MG)** Um recipiente, contendo água, tem a forma de um paralelepípedo retangular, e mede 1,20 m de comprimento, 0,50 m de largura e 2,00 m de altura. Uma pedra de forma irregular é colocada no recipiente, ficando totalmente coberta pela água. Observa-se, então, que o nível da água sobe 1 m. Assim é correto concluir que o volume da pedra, em m³, é:

a) 0,06
b) 6
c) 0,6
d) 60
e) 600

**105. (ITA-SP)** São dados dois cubos I e II de áreas totais $S_1$ e $S_2$ e de diagonais $d_1$ e $d_2$, respectivamente. Sabendo-se que $S_1 - S_2 = 54$ m² e que $d_2 = 3$ m, então o valor da razão $\dfrac{d_1}{d_2}$ é:

a) $\dfrac{3}{2}$

b) $\dfrac{5}{2}$

c) 2

d) $\dfrac{7}{3}$

e) 3

**106. (UNESP-SP)** A água de um reservatório na forma de um paralelepípedo retângulo de comprimento 30 m e largura 20 m atingia a altura de 10 m. Com a falta de chuvas e o calor, 1800 metros cúbicos da água do reservatório evaporaram. A água restante no reservatório atingiu a altura de:

a) 2 m
b) 3 m
c) 7 m
d) 8 m
e) 9 m

**107. (U.E PONTA GROSSA-PR)** As medidas internas de uma caixa d'água em forma de paralelepípedo retângulo são: 1,2 m, 1 m e 0,7 m. Sua capacidade é de:

a) 8400 $\ell$
b) 84 $\ell$
c) 840 $\ell$

d) 8,4 $\ell$
e) n.d.a.

**108. (E.E. VOLTA REDONDA-RJ)** Um prisma hexagonal regular tem aresta lateral igual a $2a\sqrt{3}$ e aresta da base igual a $a$. Assim seu volume será:
a) $2a^3\sqrt{3}$
b) $3a^2$
c) $9a^3$
d) $a^3\sqrt{3}$
e) $\dfrac{a^3\sqrt{3}}{2}$

**109. (U.E. LONDRINA-PR)** As dimensões de um paralelepípedo retângulo são proporcionais aos números 2, 3 e 5. Se a diagonal do paralelepípedo mede $10\sqrt{38}$ cm, o seu volume, em cm³, é:

a) 100
b) 300
c) 1000
d) 3000
e) 30000

**110. (UNAERP-SP)**

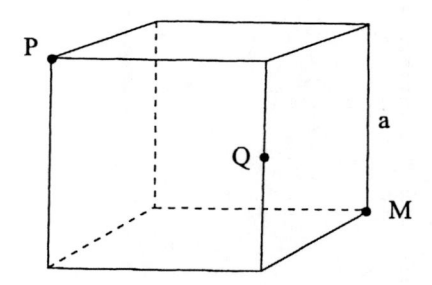

No cubo acima, de aresta $a$, estão representados os pontos $P$ e $M$ (vértices) e o ponto $Q$ (médio de uma das arestas). Expressando-se as medidas dos segmentos $\overline{PQ}$ e $\overline{PM}$ em função de $a$, a soma $PQ + QM$ pode ser expressa por:

a) $\sqrt{2}a$
b) $\sqrt{3}a$
c) $2a$
d) $\sqrt{5}a$
e) $2,9a$

## Gabarito das questões de fixação

**Questão 1** - Resposta: a) $S_B = 9\sqrt{3}$ dm² b) $S_F = 60$ dm² e $S_L = 180$ dm²
c) $S_T = S_L + 2S_B = (180 + 18\sqrt{3})$ dm² ou $18(10 + \sqrt{3})$ dm²  d) $V = 90\sqrt{3}$ dm³
**Questão 2** - Resposta: $D = 4\sqrt{3}$ cm,  $S_L = 64$ cm²,  $S_T = 96$ cm² e $V = 64$ cm³
**Questão 3** - Resposta: $V = 160$ cm³
**Questão 4** - Resposta: $D = 5\sqrt{2}$ cm,  $S = 94$ cm³ e $V = 60$ cm³
**Questão 5** - Resposta: $D = 2\sqrt{3}$  $S = 24$ cm² e $V = 8$ cm³
**Questão 6** - Resposta: $V = 54$ cm³
**Questão 7** - Resposta: d
**Questão 8** - Resposta: $V = 72\sqrt{2}$ cm³
**Questão 9** - Resposta: $S_T = 52$ cm² e $V = 24$ cm³
**Questão 10** - Resposta: $V = 15\sqrt{15}$ cm³
**Questão 11** - Resposta: $h = 8$ m
**Questão 12** - Resposta: 2 m
**Questão 13** - Resposta: 21 m³
**Questão 14** - Resposta: $210000\ell$
**Questão 15** - Resposta: a) 460 m²  b) $800000\ell$

## Gabarito das questões de aprofundamento

**Questão 1** - Resposta: a
**Questão 2** - Resposta: a
**Questão 3** - Resposta: 3808 cm³
**Questão 4** - Resposta: b
**Questão 5** - Resposta: $V = 36$ cm³
**Questão 6** - Resposta: e
**Questão 7** - Resposta: 0,1 cm
**Questão 8** - Resposta: a
**Questão 9** - Resposta: d
**Questão 10** - Resposta: b
**Questão 11** - Resposta: $\dfrac{4\ell\sqrt{3}}{3}$
**Questão 12** - Resposta: d
**Questão 13** - Resposta: 20
**Questão 14** - Resposta: a
**Questão 15** - Resposta: 60
**Questão 16** - Resposta: 512
**Questão 17** - Resposta: c
**Questão 18** - Resposta: a
**Questão 19** - Resposta: c
**Questão 20** - Resposta: 9 m, 12 m e 15 m

**Unidade 12** - *Prismas* | 397

**Questão 21** - Resposta: b
**Questão 22** - Resposta: 6 m³
**Questão 23** - Resposta: a) 8 dm   b) 512 L
**Questão 24** - Resposta: a
**Questão 25** - Resposta: b
**Questão 26** - Resposta: d
**Questão 27** - Resposta: $V = 120$ m³ e $S_L = 100$ m²
**Questão 28** - Resposta: c
**Questão 29** - Resposta: e
**Questão 30** - Resposta: a) 3 cm   b) 5 cm

**Questão 31** - Resposta: $\dfrac{4a\sqrt{3}}{3}$

**Questão 32** - Resposta: d
**Questão 33** - Resposta: d
**Questão 34** - Resposta: c
**Questão 35** - Resposta: a
**Questão 36** - Resposta: c
**Questão 37** - Resposta: c
**Questão 38** - Resposta: d
**Questão 39** - Resposta: a
**Questão 40** - Resposta: d
**Questão 41** - Resposta: c
**Questão 42** - Resposta: b
**Questão 43** - Resposta: a
**Questão 44** - Resposta: b
**Questão 45** - Resposta: c
**Questão 46** - Resposta: e
**Questão 47** - Resposta: e
**Questão 48** - Resposta: e
**Questão 49** - Resposta: c
**Questão 50** - Resposta: c
**Questão 51** - Resposta: e
**Questão 52** - Resposta: b
**Questão 53** - Resposta: 6 dm³
**Questão 54** - Resposta: c
**Questão 55** - Resposta: b
**Questão 56** - Resposta: e
**Questão 57** - Resposta: d
**Questão 58** - Resposta: b
**Questão 59** - Resposta: c
**Questão 60** - Resposta: b
**Questão 61** - Resposta: e

**Questão 62** - Resposta: a
**Questão 63** - Resposta: c
**Questão 64** - Resposta: $01 + 08 + 32 = 41$
**Questão 65** - Resposta: d
**Questão 66** - Resposta: a
**Questão 67** - Resposta: a) 1,2 m   b) 1468,8 litros
**Questão 68** - Resposta: a
**Questão 69** - Resposta: c
**Questão 70** - Resposta: a
**Questão 71** - Resposta: c
**Questão 72** - Resposta: b
**Questão 73** - Resposta: d
**Questão 74** - Resposta: e
**Questão 75** - Resposta: a
**Questão 76** - Resposta: b
**Questão 77** - Resposta: e
**Questão 78** - Resposta: c
**Questão 79** - Resposta: b
**Questão 80** - Resposta: a
**Questão 81** - Resposta: d
**Questão 82** - Resposta: e
**Questão 83** - Resposta: c
**Questão 84** - Resposta: e
**Questão 85** - Resposta: d
**Questão 86** - Resposta: e
**Questão 87** - Resposta: a
**Questão 88** - Resposta: a) $x = 3/4$ cm   b) $x = 1$ cm
**Questão 89** - Resposta: d
**Questão 90** - Resposta: c
**Questão 91** - Resposta: c
**Questão 92** - Resposta: b
**Questão 93** - Resposta: c
**Questão 94** - Resposta: c
**Questão 95** - Resposta: d
**Questão 96** - Resposta: c
**Questão 97** - Resposta: b
**Questão 98** - Resposta: d
**Questão 99** - Resposta: d
**Questão 100** - Resposta: d
**Questão 101** - Resposta: d
**Questão 102** - Resposta: b
**Questão 103** - Resposta: c

**Questão 104** - Resposta: c
**Questão 105** - Resposta: c
**Questão 106** - Resposta: c
**Questão 107** - Resposta: c
**Questão 108** - Resposta: c
**Questão 109** - Resposta: e
**Questão 110** - Resposta: d

# UNIDADE 13

# PIRÂMIDES

## SINOPSE TEÓRICA

### 13.1) Definição

Seja um polígono e um ponto $V$ não pertencente ao plano desse polígono. Chama-se pirâmide o poliedro cujas arestas são os lados do polígono, e os segmentos determinados por $V$ e os vértices do polígono.

O polígono é a base da pirâmide, o ponto $V$ é o vértice da pirâmide e a distância do vérice ao plano da base é a altura dessa pirâmide.

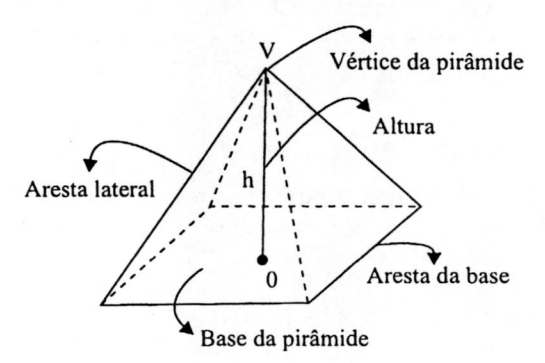

A pirâmide é triangular, quadrangular, pentagonal etc, conforme sua base seja respectivamente um triângulo, um quadrilátero, um pentágono etc.

### 13.2) Pirâmide regular

É aquela cuja base é um polígono regular e a projeção ortogonal do vértice sobre o plano da base coincide com o centro da base.

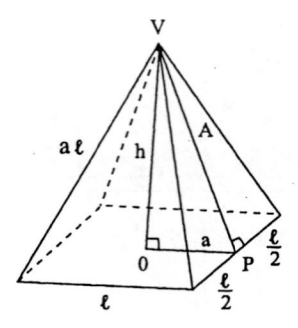

$\ell$ – aresta da base
$h$ – altura da pirâmide
$a$ – apótema da base
$A$ – apótema da pirâmide regular. É a altura do triângulo isósceles, em relação à sua base, que serve como face lateral
$a\ell$ – aresta lateral.

**Observação**: Do triângulo retângulo $VOP$ vem:
$$\boxed{A^2 = a^2 + h^2}$$

## 13.3) Área lateral da pirâmide

Calcula-se a área lateral de uma pirâmide somando-se as áreas dos triângulos de suas faces laterais. No caso, de uma pirâmide regular de aresta da base igual a $\ell$ e apótema da pirâmide igual a $A$, temos:

$$S_L = n \cdot (\text{área do triângulo}) = n \cdot \left(\frac{\ell \cdot A}{2}\right).$$

Mas, lembre-se que:

$\frac{n \cdot \ell}{2} = p =$ semi-perímetro da base

**Observação:** $p =$ metade da soma da medida dos lados do polígono (base)

Então: $\boxed{S_L = p \cdot A}$

## 13.4) Área total da pirâmide

A área total de uma pirâmide é dada pela soma da área lateral e da área da base da pirâmide.

$$S_T = S_L + S_B$$

### 13.5) Volume da pirâmide

Todo prisma triangular pode ser decomposto em três pirâmides triangulares de mesmo volume.
Veja:

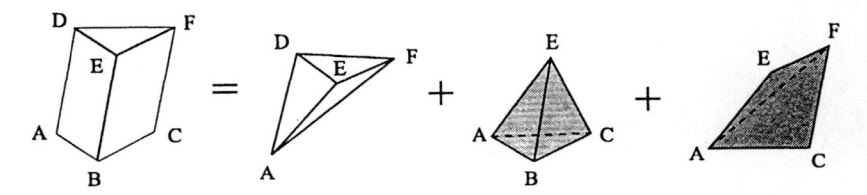

Então, podemos dizer que o volume de uma pirâmide é a terça parte do volume de um prisma.

$$V = \frac{1}{3} S_B \cdot h$$

onde $S_B$ é a área da base da pirâmide e $h$ é a altura.

### 13.6) Tronco da pirâmide

Na figura, temos uma pirâmide de altura $h$ e um plano $\alpha$ paralelo ao plano da base da pirâmide e à distância $d$ de seu vértice $V$.

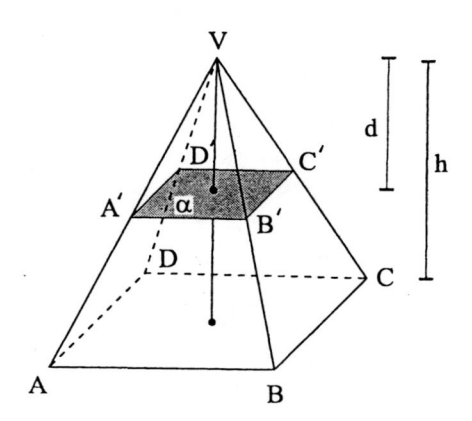

O plano $\alpha$ secciona a pirâmide em dois poliedros: uma pirâmide $(VA'B'C'D')$ e um tronco de pirâmide $(ABCDA'B'C'D')$.

Chamando de $S_B$ a área da base da pirâmide maior, $S_S$ a área da base da pirâmide menor, $V$ o volume da pirâmide maior e de $v$ o volume da pirâmide menor, demonstra-se que:

$$\boxed{\frac{S_S}{S_B} = \frac{d^2}{h^2}} \quad \text{e} \quad \boxed{\frac{v}{V} = \frac{d^3}{h^3}}$$

Chama-se altura do tronco de pirâmide a diferença $\boxed{h - d}$.

## QUESTÕES RESOLVIDAS

**1.** Sendo uma pirâmide hexagonal regular com aresta da base medindo $8\sqrt{3}$ dm e altura 6 dm, encontre:

a) O apótema da base.

b) A área da base.

c) O apótema da pirâmide.

d) A aresta lateral.

e) A área da lateral.

f) A área total.

g) O volume.

**Resolução:**

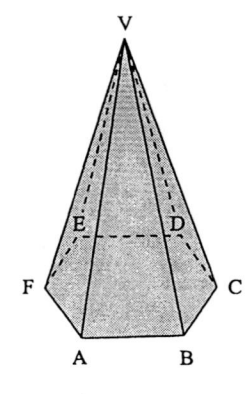

a) pela base, temos:

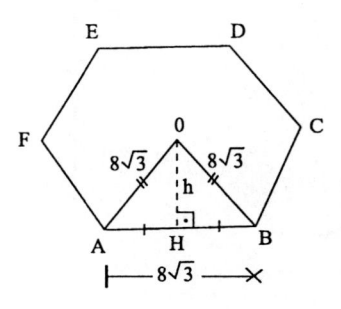

* por Pitágoras

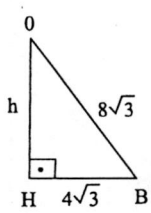

$(8\sqrt{3})^2 = (4\sqrt{3})^2 + h^2$

$192 = 48 + h^2 \Rightarrow h^2 = 144 \Rightarrow h = \sqrt{144} = \boxed{12 \text{ dm}}$

ou

* pela altura do triângulo eqüilátero

$$h_\triangle = \frac{\ell\sqrt{3}}{2} = 4\frac{\cancel{8}\sqrt{3} \cdot \sqrt{3}}{\cancel{2}} = \boxed{12 \text{ dm}}$$

Lembre-se que a altura do triângulo eqüilátero é igual o apótema da base.

Logo:  $\overline{h = a = 12 \text{ dm}}$

b) Área da Base = 6 × Área do triângulo eqüilátero

$$S_B = 6\frac{\ell^2\sqrt{3}}{4} \Rightarrow S_B = 6\frac{(8\sqrt{3})^2 \cdot \sqrt{3}}{4}$$

$$S_B = \frac{6 \cdot \cancel{192}^{48}\sqrt{3}}{\cancel{4}} = \boxed{288\sqrt{3} \text{ dm}^2}$$

c) Apótema da Pirâmide

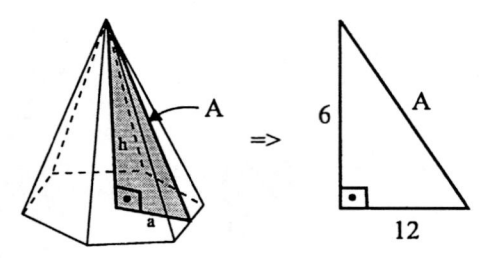

$A^2 = h^2 + a^2$
$A^2 = 6^2 + 12^2$
$A^2 = 36 + 144$
$A^2 = 180$
$A = \sqrt{180} = \boxed{6\sqrt{5} \text{ dm}}$

d) Aresta Lateral (pela Face)

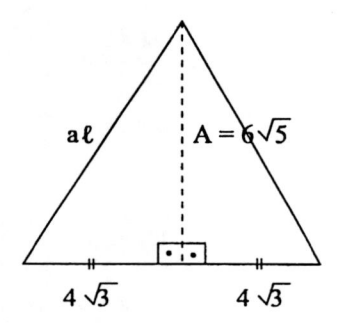

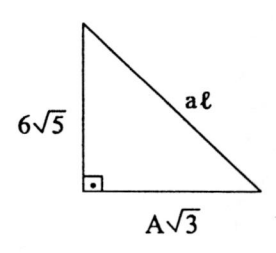

$a\ell^2 = (6\sqrt{5})^2 + (4\sqrt{3})^2$
$a\ell^2 = 180 + 48$
$a\ell^2 = 228 \Rightarrow a\ell = \sqrt{228} = \boxed{2\sqrt{57} \text{ dm}}$

e) Área Lateral $(S_L)$
 – pela face, novamente temos:

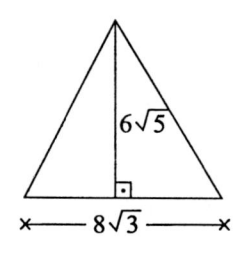

$$S_F = \frac{4\cancel{8}\sqrt{3} \cdot 6\sqrt{5}}{\cancel{2}} = 24\sqrt{15} \text{ dm}^2$$

Logo: $S_L = 6 \cdot S_F = \boxed{144\sqrt{15} \text{ dm}^2}$

f) Área Total $(S_T)$

$$S_T = S_B + S_L = 288 + 144\sqrt{15} = \boxed{144(2+\sqrt{15})\text{dm}^2}$$

g) Volume $(V)$

$$V = \frac{S_B \cdot h}{3} = \frac{288\sqrt{3} \cdot \cancel{6}^2}{\cancel{3}} = \boxed{576\sqrt{3} \text{ dm}^3}$$

**2.** Se $\ell$ é a medida da aresta de um tetraedro regular então, sua altura mede:

**Resolução:**

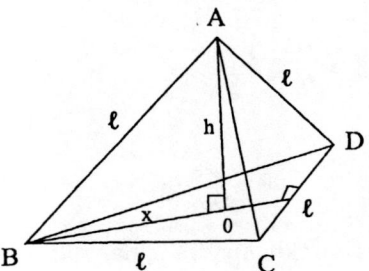

* $\overline{BO} = x = \dfrac{2}{3}$ da altura do triângulo eqüilátero $BCD$, logo:

$$x = \frac{\cancel{2}}{3} \cdot \frac{\ell\sqrt{3}}{\cancel{2}} \Rightarrow x = \frac{\ell\sqrt{3}}{3}$$

* pelo triângulo $AOB$, temos:

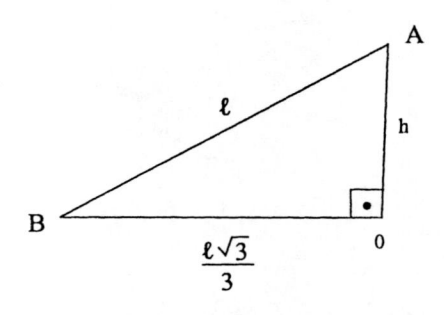

– por Pitágoras, fica:

$$(\ell)^2 = \left(\frac{\ell\sqrt{3}}{3}\right)^2 + h^2$$

$$\ell^2 = \frac{\ell^2 \cdot \cancel{3}^1}{\cancel{9}_3} + h^2$$

$$3\ell^2 = \ell^2 + 3h^2$$

$$2\ell^2 = 3h^2$$

$$\frac{2\ell^2}{3} = h^2$$

$$h = \sqrt{\frac{2\ell^2}{3}} = \frac{\ell\sqrt{2}}{\sqrt{3}}$$

– Racionalizando, fica: $\dfrac{\ell\sqrt{2}}{\sqrt{3}}\dfrac{\sqrt{3}}{\sqrt{3}} = \dfrac{\ell\sqrt{6}}{3}$

Então: $\boxed{h = \dfrac{\ell\sqrt{6}}{3}}$

**3.** A área lateral de uma pirâmide quadrangular regular de altura 4 m e de área da base 64 m² vale:

**Resolução:**

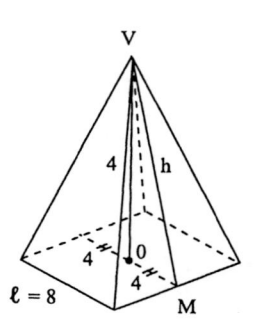

– $S_B = 64 \text{ m}^2 \Rightarrow S_B = \ell^2$
$S_B = 64 = \ell^2$
logo $\ell = \sqrt{64} = \boxed{8 \text{ m}}$

– Pelo triângulo $OVM$, temos:

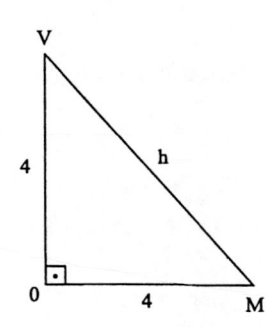

$h^2 = 4^2 + 4^2$
$h^2 = 32$
$h = \sqrt{32} = \boxed{4\sqrt{2} \text{ m}}$

– Para área lateral, temos:

$S_{face} = \dfrac{b \cdot h}{2} = \dfrac{\cancel{8}^{4} \cdot 4\sqrt{2}}{\cancel{2}} = 16\sqrt{2} \text{ m}^2$

$S_{lateral} = 4 \cdot S_{face} = 4 \cdot 16\sqrt{2} = 64\sqrt{2} \text{ m}^2$

Então: $\boxed{S_L = 64\sqrt{2} \text{ m}^2}$

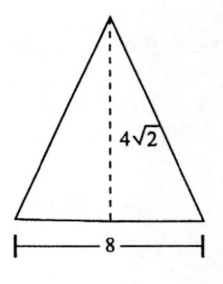

4. Dê o somatório das afirmações CORRETAS. A pirâmide $VABCDE$ foi recortada de um cubo (poliedro regular), onde $B$, $C$ e $D$ são pontos médios de arestas.
Sobre suas faces laterais é CORRETO afirmar:

01. VAB é triângulo retângulo.
02. VBC é triângulo escaleno.
04. VCD é triângulo equilátero.
08. VDE é triângulo retângulo.
16. VAE é triângulo isósceles.

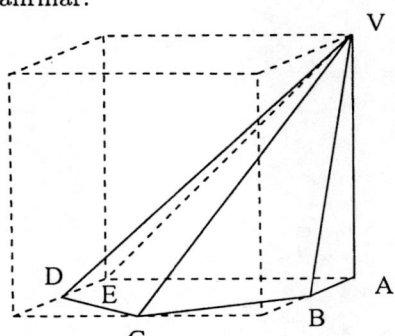

## Resolução:

01. Verdadeira, pois, $\overline{VA} \perp \overline{AB}$.
02. Verdadeira. Os três lados têm medidas diferentes, pois, $\overline{VB} \neq \overline{VC} \neq \overline{BC}$.
04. Falsa, pois, $\overline{DC} \neq \overline{CV}$.
08. Verdadeira, pois, $\overline{VE} \perp \overline{DE}$.
16. Verdadeira, pois, $\overline{VA} = \overline{AE}$.

Então, pelo somatório, temos: $01 + 02 + 08 + 16 = 27$

$$\boxed{\Sigma = 27}$$
$$\downarrow$$
somatório (sigma)

**5.** Um tronco de pirâmide quadrangular regular tem 24 cm de altura e as áreas das suas bases são 64 cm² e 36 cm². Ache o volume da pirâmide que deu origem a ele.

## Resolução:
– Por uma pirâmide qualquer, temos:

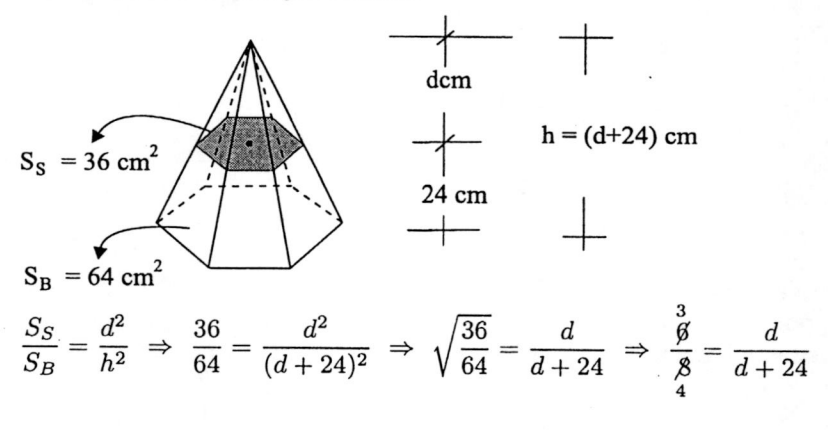

$S_S = 36$ cm²
$S_B = 64$ cm²
dcm
24 cm
$h = (d+24)$ cm

$$\frac{S_S}{S_B} = \frac{d^2}{h^2} \Rightarrow \frac{36}{64} = \frac{d^2}{(d+24)^2} \Rightarrow \sqrt{\frac{36}{64}} = \frac{d}{d+24} \Rightarrow \frac{\cancel{6}^3}{\cancel{8}_4} = \frac{d}{d+24}$$

$$3 \cdot (d+24) = 4 \cdot d \Rightarrow 3d + 72 = 4d \Rightarrow \boxed{d = 72 \text{ cm}}$$

Logo: $h = d + 24 \Rightarrow h = 72 + 24 \Rightarrow \boxed{h = 96 \text{ cm}}$

Então: $V = \dfrac{S_B \cdot h}{3} = \dfrac{64 \cdot \cancel{96}^{32}}{\cancel{3}} = \boxed{2048 \text{ cm}^3}$

## QUESTÕES DE FIXAÇÃO

1. Em uma pirâmide quadrangular regular de altura 8 dm e apótema da base 6 dm. Encontre:

   a) O apótema da pirâmide.
   b) A aresta da base.
   c) A aresta lateral.
   d) A área lateral.
   e) A área total.

2. Se a aresta de um tetraedro regular vale 6 m, determine:

   a) Sua altura ($h$).
   b) Sua área total ($S_T$).

3. Sendo uma pirâmide triangular regular de altura $h = 4$cm e aresta lateral $a_\ell = 5$cm, ache:

   a) O apótema da base ($a$).
   b) A aresta da base ($\ell$).
   c) O apótema da pirâmide ($A$).
   d) A área da base ($S_B$).
   e) A área lateral ($S_\ell$).
   f) a área total ($S_T$).

4. A área de uma pirâmide regular, de altura 30 mm e base quadrada de lado 80 mm, mede, em mm$^2$:

5. Uma pirâmide quadrangular regular possui altura $h$ de 12 mm e aresta da base $\ell$ de 10 mm. Determine o volume do tronco definido por uma secção transversal feita a 3 mm do vértice.

6. A base de uma pirâmide reta é um quadrado cujo lado mede $8\sqrt{2}$ cm. Se as arestas laterais da pirâmide medem 17 cm, o seu volume, em cm$^3$, é:

7. Uma pirâmide regular tem por base um quadrado de $2\sqrt{3}$ cm de diagonal. Se a aresta lateral também mede $2\sqrt{3}$ cm, então o volume da pirâmide é:

8. Um hexágono regular está inscrito numa circunferência cujo raio mede 4 cm. Se esse hexágono é base de uma pirâmide reta, cuja altura mede 2 cm, então a área lateral dessa pirâmide, em cm$^2$, é:

9. O volume de um tetraedro regular é $\dfrac{1}{3}$ m$^3$. Sua aresta mede:

10. O volume de uma pirâmide regular quadrangular cujas faces laterais são triângulos eqüiláteros de 4 cm de lado vale:

11. O volume do octaedro regular em função de sua aresta $a$ é:

12. Encontre a área total ($S_T$) de um tetraedro regular de aresta 10 mm.

13. Ache o volume do tetraedro regular com aresta de 6 m.

14. Em uma pirâmide quadrangular regular de aresta da base 12 dm e altura 8 dm, encontre:

   a) A área da base.
   b) A área lateral.
   c) A área total.

15. Qual a aresta de um tetraedro regular que possui altura de $\sqrt{2}$ dm.

## QUESTÕES DE APROFUNDAMENTO

1. (**PUC-SP**) Determine o volume de uma pirâmide hexagonal regular, cuja aresta lateral tem 10 m e o raio da circunferência circunscrita à base mede 6 m.

2. (**UNIRIO**) Um prisma de altura $H$ e uma pirâmide têm bases com a mesma área. Se o volume do prisma é a metade do volume da pirâmide, a altura da pirâmide é:

   a) $H/6$
   b) $H/3$
   c) $2H$
   d) $3H$
   e) $6H$

3. (**UFPA**) A base de uma pirâmide regular é um quadrado de 6 m de lado, e sua área lateral é 10 vezes a área da base. Sua altura, em m, é um número entre:

   a) 0 e 10
   b) 10 e 20
   c) 20 e 30
   d) 30 e 40
   e) 40 e 50

**4. (MACK-SP)** Uma pirâmide, cuja base é um quadrado de lado 2a, tem o mesmo volume que um prisma, cuja base é um quadrado de lado a. Determine a razão entre as alturas da pirâmide e do prisma.

**5. (VUNESP)** Um depósito de ração tem a forma de uma pirâmide de base quadrada, com vértice para baixo, em que todas as arestas medem $a = 6\sqrt{2}$ metros. É preciso encher esse depósito misturando nele dois tipos de ração, um que custa R$ 30,00 por metro cúbico e outro que custa R$ 80,00 por metro cúbico. A mistura final deve custar R$ 50,00 por metro cúbico. Calcule a quantidade de cada tipo de ração a ser usada.

Lembre-se que:

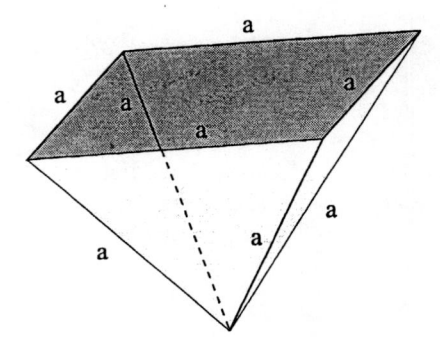

$a = 6\sqrt{2}$ m

**6. (UFGO)** A base de uma pirâmide é um triângulo equilátero, cujo lado mede 4 cm. Sendo a altura da pirâmide igual à altura do triângulo da base, o volume da pirâmide, em cm³, é:

a) 4

b) 6

c) 8

d) 10

**7. (UFPE)** Os segmentos $VA$, $VB$ e $VC$ são dois a dois perpendiculares no espaço, como ilustrado a seguir. Se $VA = 5$, $VB = 6$, $VC = 7$, qual o volume da pirâmide triangular $ABCV$?

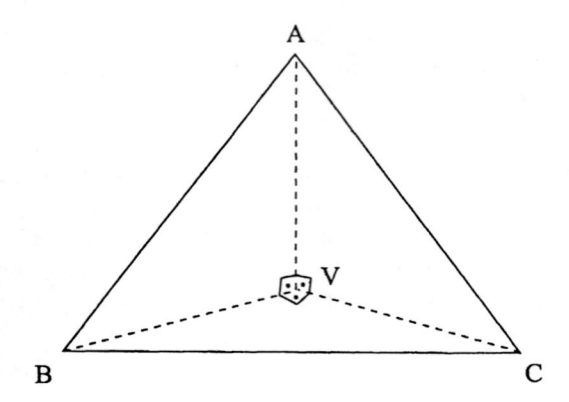

**8. (ITA-SP)** A base de uma pirâmide tem área 225 cm². A $\frac{2}{3}$ do vértice, corta-se a pirâmide por um plano paralelo à base. Determine a área de secção.

**9. (UFAL)** Colocando-se em planos perpendiculares os triângulos de cartolina $ABD$ e $BDC$ e, depois, acrescentando-se outras faces, construímos uma pirâmide de base triangular conforme se vê na figura a seguir. O volume, em cm³, dessa pirâmide é:

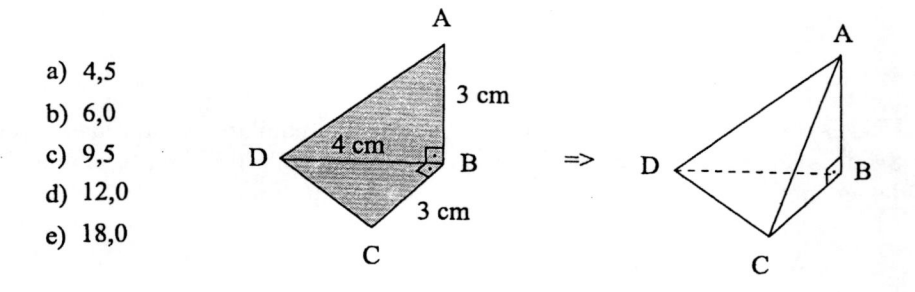

a) 4,5
b) 6,0
c) 9,5
d) 12,0
e) 18,0

**10. (FUVEST-SP)** A figura seguinte representa uma pirâmide de base triangular $ABC$ e vértice $V$. Sabe-se que $ABC$ e $ABV$ são triângulos eqüiláteros de lado $\ell$ e que $M$ é o ponto médio do segmento $\overline{AB}$. Se a medida do ângulo $V\widehat{M}C$ é 60°, então o volume da pirâmide é:

a) $\dfrac{\sqrt{3}}{4}\ell^3$

b) $\dfrac{\sqrt{3}}{8}\ell^3$

c) $\dfrac{\sqrt{3}}{12}\ell^3$

d) $\dfrac{\sqrt{3}}{16}\ell^3$

e) $\dfrac{\sqrt{3}}{18}\ell^3$

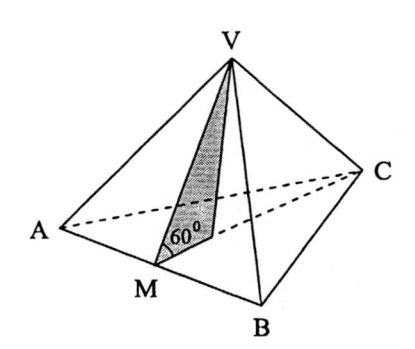

**11.** (FATEC-SP) As arestas laterais de uma pirâmide regular medem 15 cm, e sua base é um quadrado cujos lados medem 18 cm. A altura dessa pirâmide, em centímetros, é igual a:

a) $3\sqrt{5}$
b) $3\sqrt{7}$
c) $2\sqrt{5}$
d) $2\sqrt{7}$
e) $\sqrt{7}$

**12.** (MED. ABC-SP) A base de uma pirâmide triangular é um triângulo eqüilátero. Sendo $a^3$ o volume da pirâmide e $a$, a altura, qual a medida da aresta da base?

a) $2a\sqrt[4]{3}$
b) $2a\sqrt{3}$
c) $a\sqrt{3}$
d) $a\sqrt[4]{3}$
e) n.d.a.

**13.** (U.F. OURO PRETO-MG) Se a base de uma pirâmide reta é um quadrado inscrito numa circunferência de raio 8 cm, e a altura dessa pirâmide é 7 cm, então a área total, em cm², é:

a) 128
b) $144\sqrt{2}$
c) $128 + 36\sqrt{2}$
d) $128 + 144\sqrt{2}$
e) $256 + 144\sqrt{2}$

**14. (FUVEST-SP)** O número de faces triangulares de uma pirâmide é 11. Pode-se então afirmar que esta pirâmide possui:
a) 33 vértices e 22 arestas.
b) 12 vértices e 11 arestas.
c) 22 vértices e 11 arestas.
d) 11 vértices e 22 arestas.
e) 12 vértices e 22 arestas.

**15. (PUC-CAMPINAS-SP)** Uma pirâmide regular de base hexagonal é tal que a altura mede 8 cm e a aresta da base mede $2\sqrt{3}$ cm. O volume dessa pirâmide, em cm³, é:
a) $24\sqrt{3}$
b) $36\sqrt{3}$
c) $48\sqrt{3}$
d) $72\sqrt{3}$
e) $144\sqrt{3}$

**16. (UFPE)** Na figura abaixo o cubo de aresta medindo 6 está dividido em pirâmides congruentes de bases quadradas e com vértices no centro do cubo. Qual o volume de cada pirâmide?

a) 36
b) 48
c) 54
d) 64
e) 72

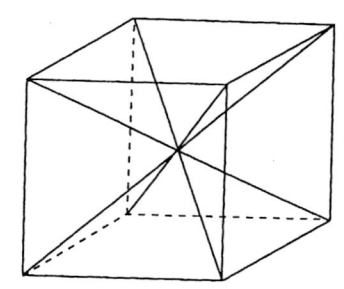

**17. (UERJ)** Um empregado de obra montou uma estrutura metálica para a cobertura de um galpão retangular de 5 metros por 8 metros, usando tubos de um metro de comprimento, da seguinte forma:

I) Contou e armou todos os quadrados necessários, com um metro de lado, para cobrir a área desejada;

...etc

II) Armou uma pirâmide para cada base quadrada;

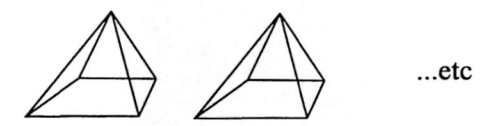

...etc

III) Juntou todas as pirâmides pelas bases e usou os tubos que sobraram para unir os seus vértices.

Observe as figuras:

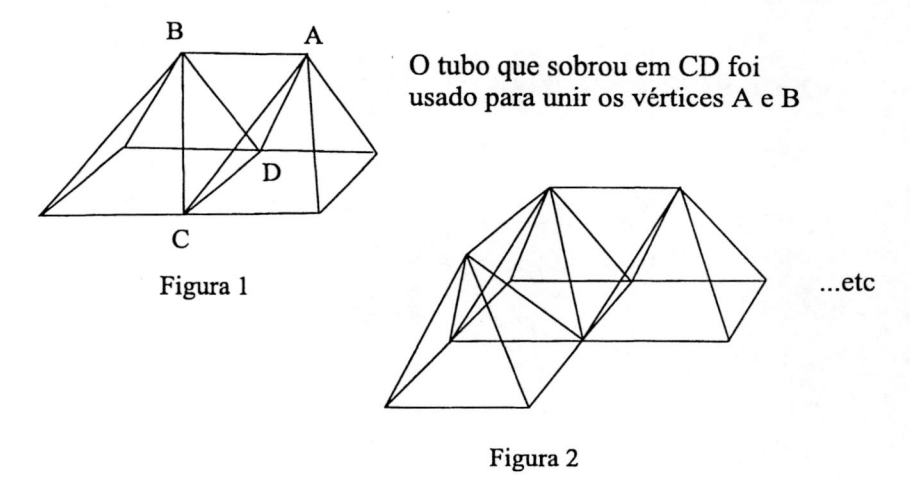

O tubo que sobrou em CD foi usado para unir os vértices A e B

Figura 1

...etc

Figura 2

A quantidade de tubos necessária para cobrir o galpão é:
a) 240
b) 280
c) 300
d) 320

**18. (CEFET-PR)** No acesso principal da cidade de Troncópolis existe um monumento de concreto maciço, inspirado basicamente num tronco de pirâmide quadrangular regular, conforme a figura a seguir. Para pintá-lo, o prefeito da cidade mandou medir as dimensões e então calcular o total de área externa que receberá tinta. Determine o valor encontrado, em metros quadrados.

a) 151
b) 78
c) 98
d) 83
e) 131

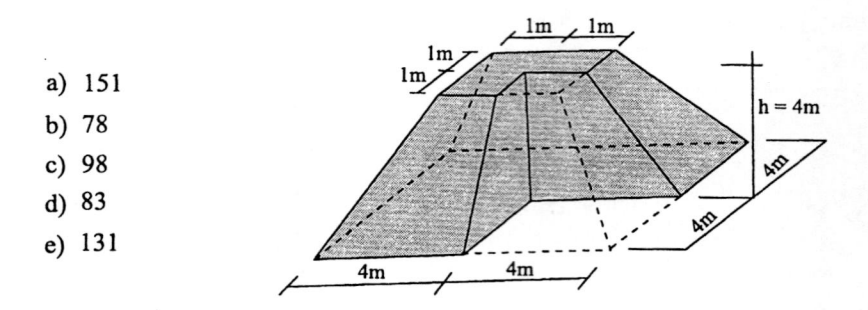

**19. (MAUÁ-SP)** A altura $h$ de uma pirâmide é dividida em 3 partes iguais por dois planos secantes paralelos à base. Sendo $B$ a área da base, determine o volume do tronco limitado pelas duas secções paralelas, em função de $B$ e $h$.

**20. (FUVEST-SP)** Na figura abaixo:

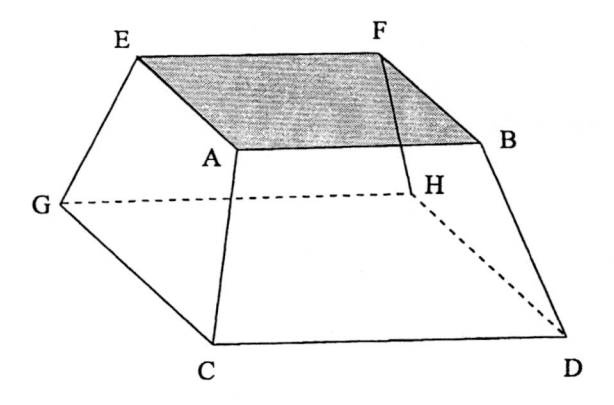

a) $ABCD$ e $EFGH$ são trapézios de lados 2, 8, 5 e 5.

b) As bases estão em planos paralelos cuja distância é 3.

c) As retas $AE$, $BF$, $CG$ e $DH$ são paralelas.

**Calcule o volume do sólido.**

**21. (UFMG)**

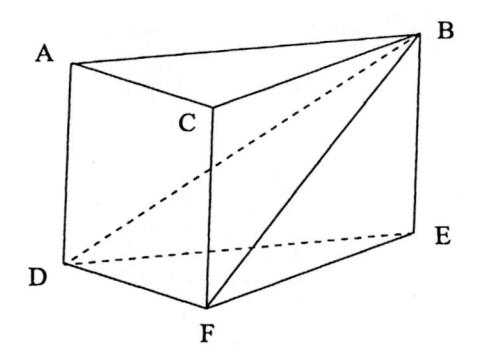

Essa figura representa um prisma reto de base triangular. O plano que contém os vértices $B$, $D$ e $F$ divide esse prisma em dois sólidos: $DACFB$, de volume $V_1$, e $DEFB$, de volume $V_2$.
Assim sendo, a razão $\dfrac{V_1}{V_2}$ é:

a) 1

b) $\dfrac{3}{2}$

c) 2

d) $\dfrac{5}{2}$

**22. (UFPA)** Uma pirâmide regular, cuja base é um quadrado de diagonal $6\sqrt{6}$ e a altura é igual a $\dfrac{2}{3}$ do lado da base, tem área total igual a:

a) $96\sqrt{3}$ cm$^2$
b) $252$ cm$^2$
c) $288$ cm$^2$
d) $84\sqrt{3}$ cm$^2$
e) $576$ cm$^2$

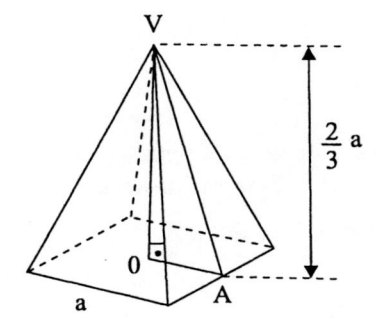

**23. (VUNESP)** Considere uma pirâmide de altura $p$ e um cubo de aresta $c$. Se as bases desses dois sólidos são congruentes e se eles têm o mesmo volume, determine a razão entre $p$ e $c$.

**24. (MAUÁ-SP)** No tetraedro, $ADB$, $ADC$ e $BDC$ são triângulos retângulos.

Sabendo que as arestas da face oposta ao triedro tri-retângulo são 10, 10 e $5\sqrt{2}$, calcule o seu volume.

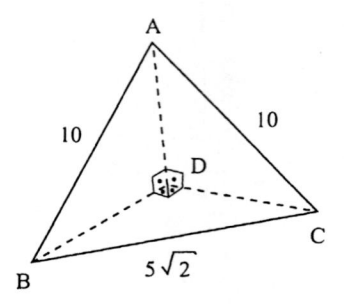

**25. (UFMA)** A base de um prisma e de uma pirâmide é um polígono regular de $n$ lados. Cada face desse prisma é um quadrado, cuja diagonal mede $\sqrt{18}$ cm. Qual a altura da pirâmide, sabendo-se que seu volume é igual ao volume do prisma?

a) $\sqrt{18}$ cm

b) 3 cm

c) 18 cm

d) $3\sqrt{18}$ cm

e) 9 cm

**26. (ITA-SP)** As arestas laterais de uma pirâmide regular de 12 faces laterais tem comprimento $\ell$. O raio do círculo circunscrito ao polígono da base desta pirâmide mede $\dfrac{\sqrt{2}}{2}\ell$. Calcule o volume dessa pirâmide.

**27. (ITA-SP)** Uma pirâmide tem o volume $V = 15$ dm³ e sua altura mede 32 dm. Pelo ponto $A$ dessa aresta lateral, à distância de 4 dm do vértice da pirâmide, conduz-se um plano paralelo à base (da pirâmide). Calcule o volume do tronco de pirâmide obtido.

**28. (UFF)** No tetraedro regular representado na figura $R$ e $S$ são, respectivamente, os pontos médios de $\overline{NP}$ e $\overline{OM}$.

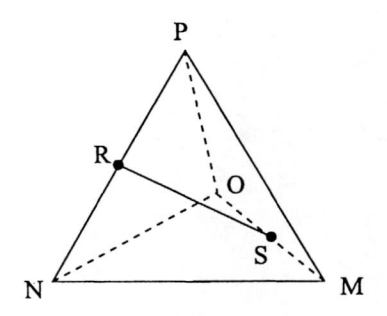

A razão $\dfrac{RS}{MN}$ é igual a:

a) $\sqrt{3}$

b) $\dfrac{\sqrt{3}}{2}$

c) $\sqrt{2}$

d) $\dfrac{\sqrt{2}}{2}$

e) $3\sqrt{2}$

**29. (FUEM-PR)** Uma pirâmide regular de chumbo é mergulhada num tanque cúbico de aresta 1 m, cheio d'água até a borda. Se a base da pirâmide é um triângulo retângulo cujos catetos medem 0,5 m e se sua altura também de 0,5 m, então o volume de água derramada foi:

a) $\dfrac{1}{12}$ m³

b) $\dfrac{1}{24}$ m³

c) $\dfrac{1}{36}$ m³

d) $\dfrac{1}{48}$ m³

e) $\dfrac{1}{64}$ m³

**30. (FAFIPA)** Numa pirâmide regular, de base pentagonal, o volume é $V$, o perímetro da base é $2p$ e a altura da pirâmide é $h$. A expressão do apótema $a$ da base é:

a) $a = \dfrac{V}{ph}$

b) $a = \dfrac{ph}{3V}$

c) $a = \dfrac{ph}{V}$

d) $a = \dfrac{3V}{ph}$

e) $a = \dfrac{h}{3pV}$

**31. (UFCE)** Em um tetraedro regular $VABC$, seja $M$ o ponto médio da aresta $\overline{BC}$; seja $\alpha$ o ângulo cujo vértice é $M$ e cujos lados são os segmentos de reta $\overline{MA}$ e $\overline{MV}$. Então $\cos\alpha$ é igual a:

a) $\dfrac{1}{3}$

b) $\dfrac{1}{2}$

c) $\dfrac{3}{4}$

d) $\dfrac{5}{6}$

e) $\dfrac{7}{8}$

**32. (ITA-SP)** Considere uma pirâmide regular com altura de $\dfrac{6}{\sqrt[3]{9}}$ cm. Aplique a essa pirâmide dois cortes planos e paralelos à base de tal maneira que a nova pirâmide e os dois troncos obtidos tenham, os três, o mesmo volume. A altura do tronco cuja base é a base da pirâmide original é igual a:

a) $2(\sqrt[3]{9} - \sqrt[3]{6})$ cm

b) $2(\sqrt[3]{6} - \sqrt[3]{2})$ cm

c) $2(\sqrt[3]{6} - \sqrt[3]{3})$ cm

d) $2(\sqrt[3]{3} - \sqrt[3]{2})$ cm

e) $2(\sqrt[3]{9} - \sqrt[3]{3})$ cm

**33. (UCDB-MS)** A área total de um tetraedro regular cuja altura mede 2 cm é igual a:

a) $6\sqrt{3}$ cm²

b) $4\sqrt{3}$ cm²

c) $8\sqrt{3}$ cm²

d) $10\sqrt{3}$ cm²

e) $2\sqrt{3}$ cm²

**34. (PUC-SP)** Um projetor está a uma distância de 2 m de uma parede. A que distância da parede deve ser colocado o projetor, para que a área de um quadro projetado aumente 50%?

a) $\sqrt{6}$ m

b) $2\sqrt{3}$ m

c) 3 m

d) 4,5 m

e) $3\sqrt{2}$ m

**35. (ITA-SP)** A razão entre a área da base de uma pirâmide regular de base quadrada e a área de uma das faces é 2. Sabendo que o volume da pirâmide é de 12 m³, temos que a altura da pirâmide mede (em metros):

a) 1

b) 2

c) 3

d) 4

e) 5

**36. (UFMG)** A área total de uma pirâmide regular, cuja base é um triângulo eqüilátero de lado $a$, é 5 vezes a área da base. Calcule o volume dessa pirâmide.

**37. (FAAP-SP)** O volume de uma pirâmide hexagonal regular é 4,2 m³. Calcule a altura dessa pirâmide, sabendo-se que o perímetro da base mede 3,6 m.

**38. (UFRS)** O tetraedro regular $ABCD$ está representado na figura abaixo. $M$ é o ponto médio da aresta $\overline{BC}$ e $N$ é o ponto médio da aresta $\overline{CD}$. O cosseno do ângulo $N\widehat{M}A$ é:

a) $\dfrac{1}{6}$

b) $\dfrac{\sqrt{3}}{6}$

c) $\dfrac{1}{3}$

d) $\dfrac{\sqrt{3}}{3}$

e) $\dfrac{\sqrt{3}}{2}$

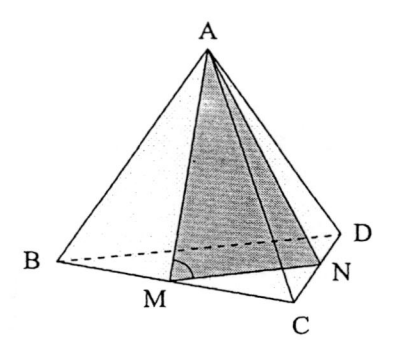

**39. (UFPR)** Um cubo tem área total de 150 m². O volume da pirâmide quadrangular regular que tem como vértice o centro de uma das faces desse cubo e como base a face oposta a esse vértice é:

a) $\dfrac{125}{3}$ m³

b) $\dfrac{125}{6}$ m³

c) 125 m³

d) 150 m³

e) $25\sqrt{2}$ m³

**40. (UNIRIO)** Uma pirâmide está inscrita num cubo, como mostra a figura a seguir. Sabendo-se que o volume da pirâmide é de 6 m³, então, o volume do cubo, em m³, é igual a:

Unidade 12 - Pirâmides | 425

a) 9
b) 12
c) 15
d) 18
e) 21

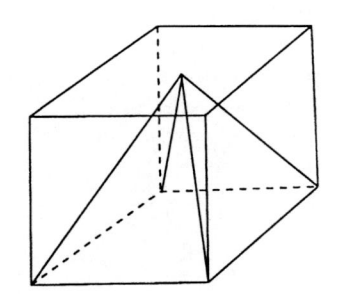

**41. (CEFET-PR)** Determinando o volume do sólido compreendido entre o paralelepípedo e a pirâmide $ABCDE$, conforme a figura abaixo, obteremos em cm³:

a) 20
b) 40
c) 60
d) 80
e) 10

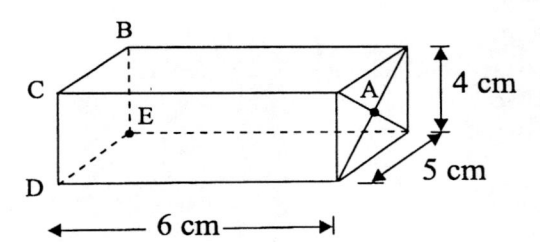

**42. (CESESP-PE)** Considere um octaedro regular, cuja aresta mede 6 cm e um de seus vértices $V$ repousa sobre um plano $P$ perpendicular ao eixo que contém $V$ (ver figura). Prolongando-se as quatro arestas que partem do outro vértice $V'$, que está na perpendicular a $P$ em $V$, até interceptar o plano $P$, forma-se uma pirâmide regular de base quadrangular.

Assinale, então, dentre as alternativas abaixo, a única que corresponde à área total dessa pirâmide assim construída:

a) $9\sqrt{3}$ cm²
b) $36\sqrt{3}$ cm²
c) $144(\sqrt{3} + 1)$ cm²
d) $144\sqrt{3}$ cm²
e) $108\sqrt{3}$ cm²

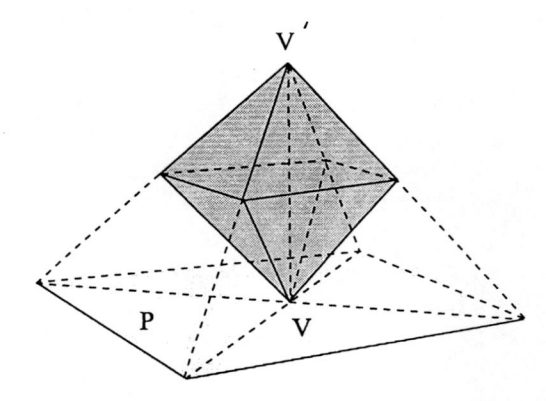

**43. (VUNESP-SP)** Uma pirâmide e um prisma, ambos de bases quadradas, têm o mesmo volume. Sabendo-se que o lado do quadrado da base da pirâmide tem medida 2 m e que o lado do quadrado da base do prisma tem medida $m$, a razão entre as alturas da pirâmide e do prisma, nesta ordem, é igual a:

a) 3 m
b) $\dfrac{m}{3}$
c) $\dfrac{3}{4}$
d) $\dfrac{3}{2}$
e) $\dfrac{1}{4}$

**44. (ITA-SP)** Consideremos uma pirâmide regular cuja base quadrada tem área que mede 64 cm². Numa secção paralela à base que dista 30 mm desta, inscreve-se um círculo. Se a área deste círculo mede $4\pi$ cm², então a altura desta pirâmide mede:

a) 1 cm
2) 2 cm
c) 4 cm
d) 6 cm
e) 60 cm

**45. (UFF)** A figura abaixo representa a planificação de uma pirâmide quadrangular regular.

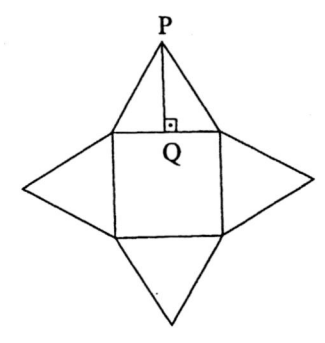

Sabendo-se que $\overline{PQ}$ mede $3\sqrt{3}$ cm e que as faces laterais são triângulos eqüiláteros, o volume da pirâmide é:

a) $18\sqrt{2}$ cm$^3$
b) $36\sqrt{2}$ cm$^3$
c) $48\sqrt{2}$ cm$^3$
d) $60\sqrt{2}$ cm$^3$
e) $70\sqrt{2}$ cm$^3$

**46. (FATEC-SP)** Sejam $A_1$ e $A_2$ duas pirâmides semelhantes. Sabe-se que a área da base de $A_1$ é doze vezes maior que a área da base de $A_2$. Se o volume de $A_2$ é $V$, então o volume de $A_1$ é:

a) $9\sqrt{2}\,V$
b) $24\sqrt{3}\,V$
c) $12\sqrt{2}\,V$
d) $12\sqrt{3}\,V$
e) $6\sqrt{6}\,V$

**47. (UNICAMP)** Um tetraedro regular, cujas arestas medem 9 cm de comprimento, tem vértices nos pontos $A$, $B$, $C$ e $D$. Um plano paralelo ao plano que contém a face $BCD$ encontra as arestas $AB$, $AC$ e $AD$, respectivamente, nos pontos $R$, $S$ e $T$.

a) Calcular a altura do tetraedro $ABCD$.
b) Mostre que o sólido $ARST$ também é um tetraedro regular.
c) Se o plano que contém os pontos $R$, $S$ e $T$ dista 2 centímetros do plano da face $BCD$, calcule o comprimento das arestas do tetraedro $ARST$.

**48. (PUC-RS)** Se $\ell$ é a medida da aresta de um tetraedro regular, então sua altura é:

a) $\dfrac{\ell\sqrt{3}}{2}$

b) $\dfrac{\ell\sqrt{3}}{3}$

c) $\dfrac{\ell\sqrt{3}}{4}$

d) $\dfrac{\ell\sqrt{6}}{3}$

e) $\dfrac{\ell\sqrt{6}}{9}$

**49. (F.I.S.J. CAMPOS-SP)** Seja uma pirâmide quadrangular regular, cujo perímetro da base é 12 m. Feita uma secção da mesma, paralela à base, a uma distância de $\dfrac{1}{3}$ da altura, a área dessa secção, em m$^2$, é:

a) 3
b) 3,5
c) 4,5
d) 2
e) 4

**50. (PUC-PA)** O volume da pirâmide regular de base quadrada $VABCD$ é $27\sqrt{3}$ m³. Se a altura da pirâmide é igual à aresta da base, então a área do triângulo $VBD$, vale:

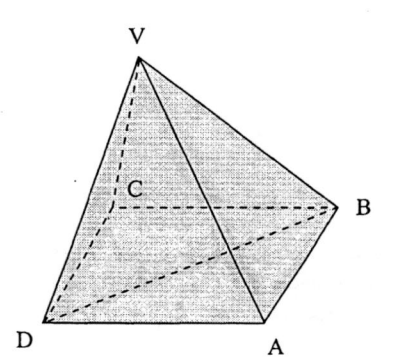

a) $\dfrac{27\sqrt{3}}{2}$ m²

b) $27\sqrt{2}$ m²

c) $\dfrac{9\sqrt{2}}{2}$ m²

d) $\dfrac{27\sqrt{2}}{2}$ m²

e) $27\sqrt{3}$ m²

**51. (UERJ)** Um piloto de helicóptero, sobrevoando uma cidade, observou um monumento arquitetônico de concreto, composto de três pirâmides regulares, todas de mesma altura, e com bases triangulares apoiadas sobre a grama perfeitamente plana. O piloto tirou uma fotografia aérea deste monumento – reproduzida esquematicamente abaixo – e a mostrou a um amigo, comentando que os construtores informaram se a quantidade de concreto usada na pirâmide de maior volume igual à soma das quantidades usadas nas outras duas.

Podemos afirmar que o triângulo determinado pelos vértices comuns das pirâmides é:

a) Retângulo.
b) Equilátero.
c) Isósceles.
d) Obtusângulo.

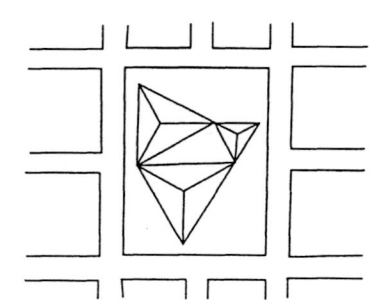

**52. (UERJ)** Leia os quadrinhos:

Suponha que o volume de terra acumulada no carrinho-de-mão do personagem, seja igual ao do sólido esquematizado na figura abaixo, formado por uma pirâmide reta sobreposta a um paralelepípedo retângulo.

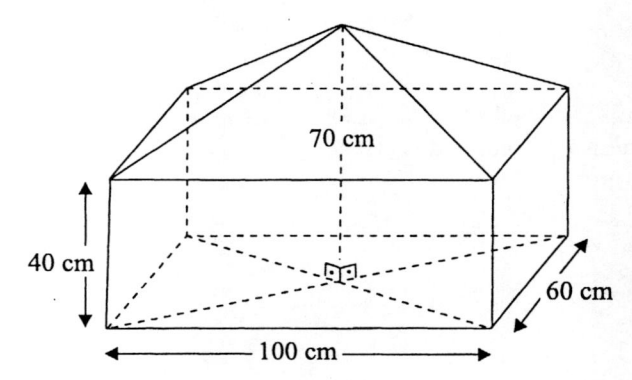

Assim, o volume médio de terra que Hagar acumulou em cada ano de trabalho é, em dm³, igual a:

- a) 12
- b) 13
- c) 14
- d) 15

**53. (UFMG)** A área total de uma pirâmide regular, de altura 30 mm e base quadrada de lado 80 mm, mede, em mm²:

- a) 44000
- b) 56000
- c) 60000
- d) 65000
- e) 14400

**54. (FUVEST-SP)** A figura abaixo representa uma pirâmide de base triangular $ABC$ e vértice $V$. Sabe-se que $ABC$ e $ABV$ são triângulos eqüiláteros de lado $\ell$ e que $M$ é o ponto médio do segmento $\overline{AB}$. Se a medida do ângulo $V\widehat{M}C$ é $60°$, então o volume da pirâmide é:

a) $\dfrac{\sqrt{3}}{4}\ell^3$

b) $\dfrac{\sqrt{3}}{8}\ell^3$

c) $\dfrac{\sqrt{3}}{12}\ell^3$

d) $\dfrac{\sqrt{3}}{16}\ell^3$

e) $\dfrac{\sqrt{3}}{18}\ell^3$

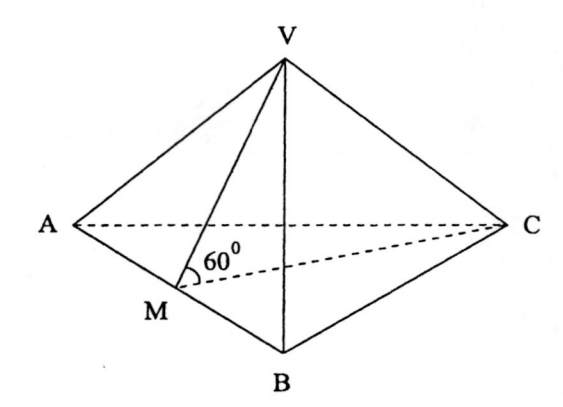

**55. (UN. BAURU-SP)** Na figura, $a$ é a medida da aresta do cubo. Assinale a alternativa que indica o volume do tetraedro $ABCD$:

a) $V = \dfrac{a^3}{4}$

b) $V = \dfrac{a^3}{6}$

c) $V = \dfrac{a^3\sqrt{2}}{4}$

d) $V = \dfrac{a^3\sqrt{6}}{4}$

e) $V = \dfrac{a^3}{12}$

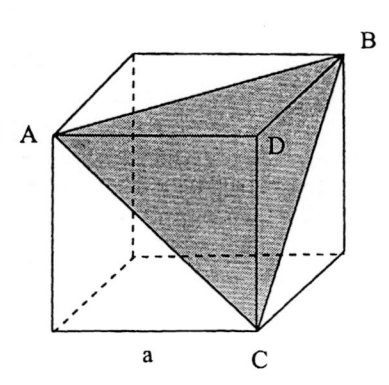

**56. (UNESP)** É dada uma pirâmide de altura $H$, $H = 9$ cm, e volume $V$, $V = 108$ cm³. Um plano paralelo à base dessa pirâmide corta-a determinando um tronco de pirâmide de altura $h$, $h = 3$ cm. O volume do tronco de pirâmide resultante é:

a) 36 cm³
b) 38 cm³
c) 54 cm³
d) 72 cm³
e) 76 cm³

**57. (CESGRANRIO)** O volume da pirâmide de base quadrada, cujas 8 arestas têm o mesmo comprimento $\ell$, é:

a) $\dfrac{\ell^3\sqrt{3}}{2}$

b) $\dfrac{\ell^3\sqrt{2}}{6}$

c) $\dfrac{\ell^3}{3}$

d) $\dfrac{\ell^3\sqrt{3}}{4}$

e) $\dfrac{\ell^3\sqrt{3}}{8}$

**58. (MACK-SP)** Uma pirâmide cuja base é um quadrado de lado **2a** tem o mesmo volume de um prisma cuja base é um quadrado de lado **a**. A razão entre as alturas da pirâmide e do prisma, nessa ordem, é:

a) $\dfrac{3}{4}$

b) $\dfrac{3}{2}$

c) $\dfrac{1}{4}$

d) $\dfrac{a}{3}$

e) $3a$

**59. (PUC-SP)** As arestas de um cubo medem 12 cm (veja a figura). Qual o volume da pirâmide de vértice $E$ e base $ABCD$?

a) $432 \text{ cm}^3$

b) $576 \text{ cm}^3$

c) $864 \text{ cm}^3$

d) $1\,440 \text{ cm}^3$

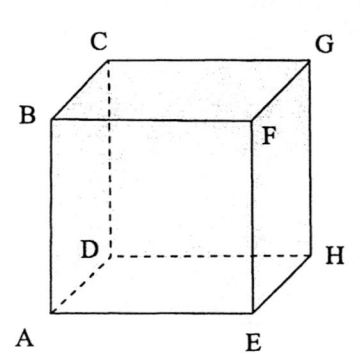

e) $1\,728 \text{ cm}^3$

**60. (UFES)** O raio da circunferência circunscrita à base de uma pirâmide triangular regular de apótema 12 cm é $\frac{5\sqrt{3}}{3}$ cm. A área lateral desta pirâmide será:

a) 90 cm²

b) 45 cm²

c) $\frac{24\sqrt{3}}{4}$ cm²

d) $\frac{25\sqrt{3}}{2}$ cm²

e) $25\sqrt{3}$ cm²

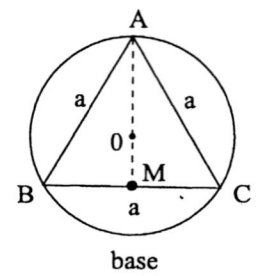

**61. (ITA-SP)** Dada uma pirâmide regular triangular, sabe-se que sua altura mede 3a cm, onde a é a medida da aresta de sua base. Então, a área total desta pirâmide, em cm², vale:

a) $\frac{a^2\sqrt{327}}{4}$

b) $\frac{a^2\sqrt{109}}{2}$

c) $\frac{a^2\sqrt{3}}{2}$

d) $\frac{a^2\sqrt{3}(2+\sqrt{33})}{2}$

e) $\frac{a^2\sqrt{3}(1+\sqrt{109})}{4}$

**62. (PUC-SP)** A área total de um octaedro regular é $6\sqrt{3}$ cm². O seu volume é:

a) $3\sqrt{2}$ cm³

b) $\sqrt{6}$ cm³

c) $2\sqrt{3}$ cm³

d) 6 cm³

e) n.d.a.

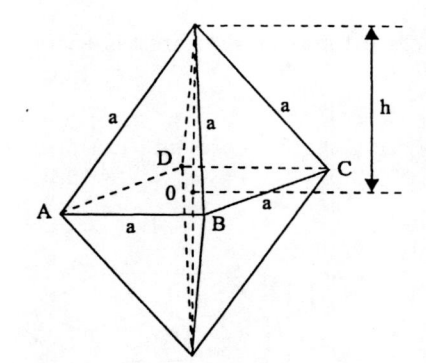

**63. (UNICAMP)** A base de uma pirâmide é um triângulo equilátero de lado $L = 6$ cm e arestas laterais das faces $A = 4$ cm. Calcule a altura da pirâmide.

**64. (PUC-MG)** A figura $ABCD$ é um tetraedro regular, os pontos $M$, $N$, $P$ e $Q$ são pontos médios das arestas $AC$, $DC$, $DB$ e $AB$ respectivamente. Ligando os pontos $M$, $N$, $P$, $Q$ e $M$, obtém-se um:

a) Paralelogramo não retângulo.

b) Losango não retângulo.

c) Retângulo não quadrado.

d) Quadrilátero não paralelogramo.

e) Quadrado.

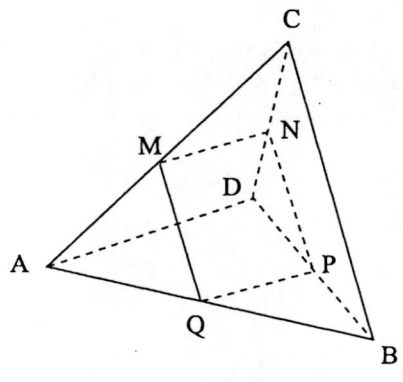

(figura fora de escala)

**65. (UNICAMP)** Em uma pirâmide de base quadrada, as faces laterais são triângulos eqüiláteros e todas as oito arestas são iguais a 1. Calcule a altura e o volume da pirâmide.

**66. (UFF)** A figura a seguir representa um prisma regular com 6 m de altura e base hexagonal $ABCDEF$.

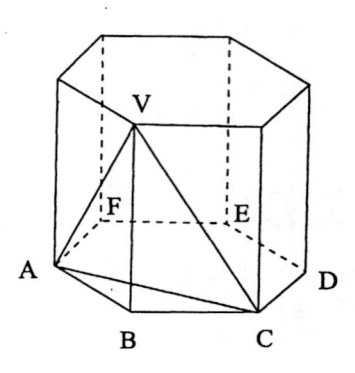

Determine o volume da pirâmide $VABC$, sabendo que o lado da base do prisma mede 3 m.

**67. (MACK-SP)** Duas pirâmides têm a mesma altura, 15 m. A primeira tem por base um quadrado de 9 m de lado e a segunda um hexágono regular de mesma área. A área da secção paralela à base, traçada a 10 m de distância do vértice, na segunda pirâmide, vale:

a) $36 \text{ m}^2$

b) $27 \text{ m}^2$

c) $54 \text{ m}^2$

d) $45 \text{ m}^2$

e) $10\sqrt{3} \text{ m}^2$

**68. (ITA-SP)** A aresta de um cubo mede $x$ cm. A razão entre o volume e a área total do poliedro cujos vértices são os centros das faces do cubo será:

a) $\dfrac{\sqrt{3}}{9} x$ cm

b) $\dfrac{\sqrt{3}}{18} x$ cm

c) $\dfrac{\sqrt{3}}{6} x$ cm

d) $\dfrac{\sqrt{3}}{2} x$ cm

e) $\dfrac{\sqrt{3}}{3} x$ cm

**69. (F.E. SANTA CECILIA-SP)** O volume do tetraedro abaixo é:

a) $\dfrac{\sqrt{2}}{2}$

b) $\dfrac{\sqrt{2}}{24}$

c) $\dfrac{\sqrt{2}}{6}$

d) $\dfrac{\sqrt{2}}{3}$

e) n.d.a.

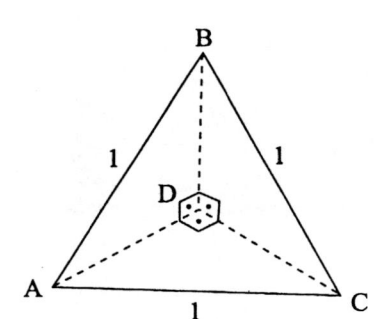

**70. (UFRJ)** Uma pirâmide regular tem base quadrada de área 4. Ela é seccionada por um plano paralelo à base de modo a formar um tronco de pirâmide de altura 2 e de base superior de área 1. Determine o valor da aresta lateral do tronco da pirâmide.

**71. (UNICAP-PE)** Um obelisco tem a forma de uma pirâmide regular cujo apótema mede 12 m, e uma aresta da base mede 10 m. Calcular a medida, em metros, de uma aresta lateral.

**72. (UFMG)** Uma pirâmide regular tem altura 6 e a medida do lado da base quadrada igual a 4. Ela deve ser cortada por um plano paralelo à base, a uma distâncida $d$ dessa base, de forma a determinar dois sólidos de mesmo volume. A distância $d$ deve ser:

a) $6 - 3\sqrt[3]{2}$

b) $3 - \dfrac{3\sqrt[3]{4}}{2}$

c) $6 - 3\sqrt[3]{4}$

d) $6 - 2\sqrt[3]{2}$

**73. (PUC-SP)** Um imperador de uma antiga civilização mandou construir uma pirâmide que seria usada como seu túmulo. As características dessa pirâmide são:
1ª) Sua base é um quadrado com 100 m de lado.
2ª) Sua altura é de 100 m.
Para construir cada parte da pirâmide equivalente a 1.000 m³, os escravos, utilizados como mão-de-obra, gastavam, em média, 54 dias. Mantida essas média, o tempo necessário para a construção da pirâmide, medido em anos de 360 dias, foi de:

a) 40 anos
b) 50 anos
c) 60 anos
d) 90 anos
e) 150 anos

**74. (U.F. SANTA MARIA-RS)** Um técnico agrícola utiliza um pluviômetro na forma de pirâmide quadrangular regular, para verificar o índice pluviométrico de uma certa região. A água, depois de recolhida, é colocada num cubo de 10 cm de aresta. Se, na pirâmide, a água atinge uma altura de 8 cm e forma uma pequena pirâmide de 10 cm de apótema lateral, então a altura atingida pela água no cubo é de:

a) 2,24 cm
b) 2,84 cm
c) 3,84 cm
d) 4,24 cm
e) 6,72 cm

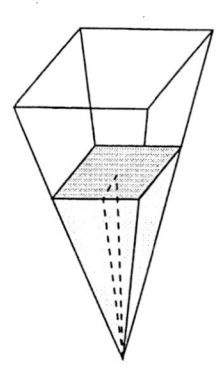

**75. (UFF)** Considere o tetraedro regular $MPQR$, de aresta $a$, representado na figura. Determine a área do triângulo $MNP$, em função de $a$, sabendo que $N$ é ponto médio de $\overline{QR}$.

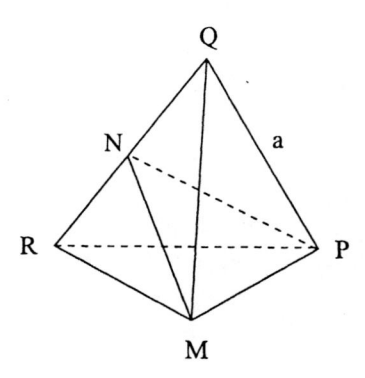

**76. (UFRGS)** Numa pirâmide regular, a base é um quadrado de lado $a$. Suas faces laterais são triângulos eqüiláteros. O volume dessa pirâmide é:

a) $\dfrac{\sqrt{2}}{12} a^3$

b) $\dfrac{\sqrt{2}}{6} a^3$

c) $\dfrac{\sqrt{2}}{3} a^3$

d) $\dfrac{\sqrt{3}}{12} a^3$

e) $\dfrac{\sqrt{3}}{6} a^3$

**77. (UERJ)** Um plano $\alpha$, paralelo à base de uma pirâmide de altura 10 cm, divide-a em dois sólidos de mesmo volume. A distância, em cm, entre o plano $\alpha$ e o vértice da pirâmide é:

a) 6

b) $5\sqrt[3]{2}$

c) $5\sqrt[3]{4}$

d) $10\sqrt[3]{2}$

e) $\sqrt[3]{4}$

**78. (UERJ)** $ABCD$ é um tetraedro regular de aresta $a$. O ponto médio da aresta $AB$ é $M$ e o ponto médio da aresta $CD$ é $N$. Calcule:
a) $\overline{MN}$
b) O seno do ângulo $NMD$.

**79. (UNIRIO)** Um engenheiro está construindo um obelisco de forma piramidal regular, onde cada aresta da base quadrangular mede 4 m e cada aresta lateral mede 6 m. A inclinação entre cada face lateral e a base do obelisco é um ângulo $\hat{\alpha}$ tal que:
a) $60° < \hat{\alpha} < 90°$
b) $45° < \hat{\alpha} < 60°$
c) $30° < \hat{\alpha} < 45°$
d) $15° < \hat{\alpha} < 30°$
e) $0° < \hat{\alpha} < 15°$

**80. (UFRJ)** Uma pirâmide tem 30 m de altura e cada uma de suas seções planas paralelas à base é um quadrado. Calcule a que distância do topo da pirâmide está a seção que determina um tronco de pirâmide de volume igual a 7/8 do volume total da pirâmide.

### Gabarito das questões de fixação

**Questão 1** - Resposta: a) 10 cm  b) 12 cm  c) $2\sqrt{34}$ cm  d) 240 cm²  e) 384 cm²

**Questão 2** - Resposta: a) $h = 2\sqrt{6}$ m  b) $S_T = 36\sqrt{3}$ m²

**Questão 3** - Resposta: a) $a = \dfrac{3}{2}$ cm  b) $\ell = 3\sqrt{3}$ cm  c) $A = \dfrac{\sqrt{73}}{2}$ cm  d) $S_B = \dfrac{27\sqrt{3}}{4}$ cm²  e) $S_L = \dfrac{27\sqrt{3}}{4}$ cm²  f) $S_T = \dfrac{9\sqrt{3}}{4}(3 + 2\sqrt{73})$ cm²

**Questão 4** - Resposta: 14400 mm²

**Questão 5** - Resposta: $V = \dfrac{1575}{4}$ mm³

**Questão 6** - Resposta: 640 cm³
**Questão 7** - Resposta: 6 cm³
**Questão 8** - Resposta: 48
**Questão 9** - Resposta: $\sqrt{2}$ m
**Questão 10** - Resposta: $\dfrac{32\sqrt{2}}{3}$ cm³
**Questão 11** - Resposta: $V = \dfrac{a^3\sqrt{2}}{3}$
**Questão 12** - Resposta: $100\sqrt{3}$ mm²

**Questão 13)** - Resposta: $18\sqrt{2}$ m³
**Questão 14)** - Resposta: a) 144 dm²   b) 240 dm²   c) 384 dm²
**Questão 15)** - Resposta: $\sqrt{3}$ dm

## Gabarito das questões de aprofundamento

**Questão 1** - Resposta: 144 m³
**Questão 2** - Resposta: e
**Questão 3** - Resposta: c
**Questão 4** - Resposta: $\dfrac{3}{4}$
**Questão 5** - Resposta: $\dfrac{432}{5}$ m³ da mais barata e $\dfrac{288}{5}$ m³ da mais cara
**Questão 6** - Resposta: c
**Questão 7** - Resposta: 35
**Questão 8** - Resposta: 100 cm²
**Questão 9** - Resposta: b
**Questão 10** - Resposta: d
**Questão 11** - Resposta: b
**Questão 12** - Resposta: a
**Questão 13** - Resposta: d
**Questão 14** - Resposta: e
**Questão 15** - Resposta: c
**Questão 16** - Resposta: a
**Questão 17** - Resposta: d
**Questão 18** - Resposta: c
**Questão 19** - Resposta: $\dfrac{7Bh}{81}$
**Questão 20** - Resposta: 84
**Questão 21** - Resposta: c
**Questão 22** - Resposta: c
**Questão 23** - Resposta: 3
**Questão 24** - Resposta: $V = \dfrac{125\sqrt{3}}{6}$ cm³
**Questão 25** - Resposta: e
**Questão 26** - Resposta: $\dfrac{\sqrt{2}}{4}\ell^3$
**Questão 27** - Resposta: $\dfrac{7665}{512}$ dm³
**Questão 28** - Resposta: b
**Questão 29** - Resposta: d

**Questão 30** - Resposta: d
**Questão 31** - Resposta: a
**Questão 32** - Resposta: d
**Questão 33** - Resposta: a
**Questão 34** - Resposta: a
**Questão 35** - Resposta: c

**Questão 36** - Resposta: $\dfrac{a^3\sqrt{15}}{4}$

**Questão 37** - Resposta: $\dfrac{70\sqrt{3}}{3}$ m

**Questão 38** - Resposta: b
**Questão 39** - Resposta: a
**Questão 40** - Resposta: d
**Questão 41** - Resposta: d
**Questão 42** - Resposta: c
**Questão 43** - Resposta: c
**Questão 44** - Resposta: d
**Questão 45** - Resposta: b
**Questão 46** - Resposta: b
**Questão 47** - Resposta: a) $3\sqrt{6}$ cm

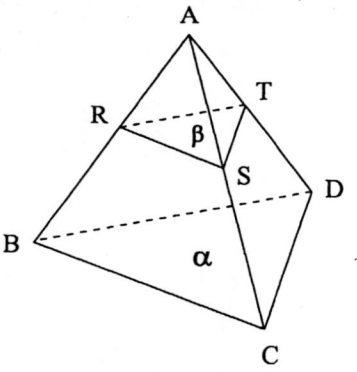

b) Sejam $\alpha$ o plano $(BCD)$ e $\beta$ o plano $(RST)$. Sendo $\alpha$ paralelo a $\beta$, resulta que:
$\triangle ARS \sim \triangle ABC$
$\triangle AST \sim \triangle ACD$
$\triangle ATR \sim \triangle ADB$

Logo, os triângulos $ARS$, $AST$ e $ATR$ são eqüiláteros e, portanto, o tetraedro $ARST$ é regular.

c) $(9 - \sqrt{6})$ cm

**Questão 48** - Resposta: d
**Questão 49** - Resposta: e
**Questão 50** - Resposta: d

**Unidade 12** - *Pirâmides* | 441

**Questão 51** - Resposta: a
**Questão 52** - Resposta: d
**Questão 53** - Resposta: e
**Questão 54** - Resposta: d
**Questão 55** - Resposta: b
**Questão 56** - Resposta: e
**Questão 57** - Resposta: b
**Questão 58** - Resposta: a
**Questão 59** - Resposta: b
**Questão 60** - Resposta: a
**Questão 61** - Resposta: e
**Questão 62** - Resposta: b
**Questão 63** - Resposta: $h = 2$ cm
**Questão 64** - Resposta: e

**Questão 65** - Resposta: $h = \dfrac{\sqrt{2}}{2}$ e $V = \dfrac{\sqrt{2}}{6}$

**Questão 66** - Resposta: $\dfrac{9\sqrt{3}}{2}$ m³

**Questão 67** - Resposta: a
**Questão 68** - Resposta: b
**Questão 69** - Resposta: b

**Questão 70** - Resposta: $\dfrac{3\sqrt{2}}{2}$

**Questão 71** - Resposta: 13 metros
**Questão 72** - Resposta: c
**Questão 73** - Resposta: b
**Questão 74** - Resposta: c

**Questão 75** - Resposta: $\dfrac{a^2\sqrt{2}}{4}$

**Questão 76** - Resposta: b
**Questão 77** - Resposta: c

**Questão 78** - Resposta: a) $\overline{MN} = \dfrac{a\sqrt{2}}{2}$   b) sen $N\widehat{M}D = \dfrac{\sqrt{3}}{3}$

**Questão 79** - Resposta: a
**Questão 80** - Resposta: 15 metros

# UNIDADE 14

# CILINDROS

**SINOPSE TEÓRICA**

**14.1) Definição**

Considere dois círculos de mesmo raio contidos em planos paralelos.

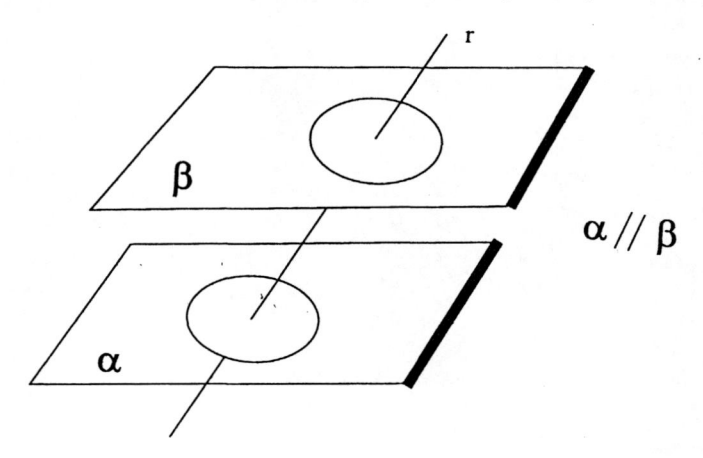

$\alpha // \beta$

Denomina-se cilindro circular, ou simplesmente cilindro, a união de todos os segmentos paralelos à reta $r$, onde cada extremidade pertence a um dos círculos.

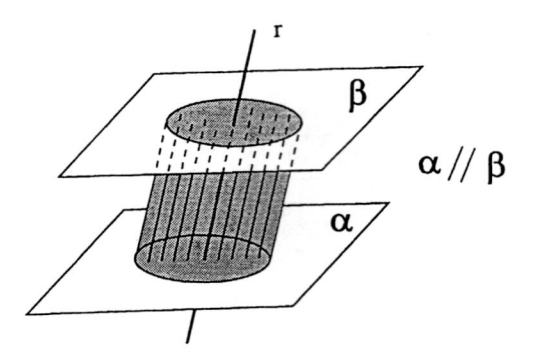

* **Elementos formadores do cilindro**

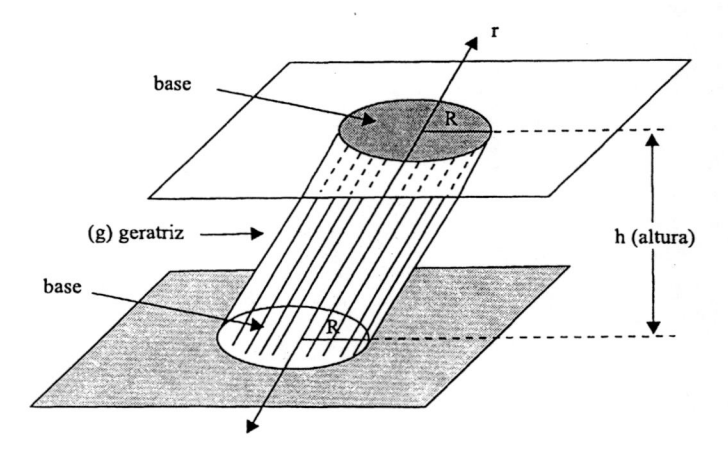

* **Cilindro reto ou oblíquo**

Um cilindro é reto ou oblíquo conforme suas geratrizes sejam perpendiculares ou oblíquas às bases.

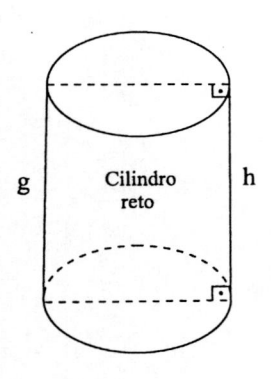

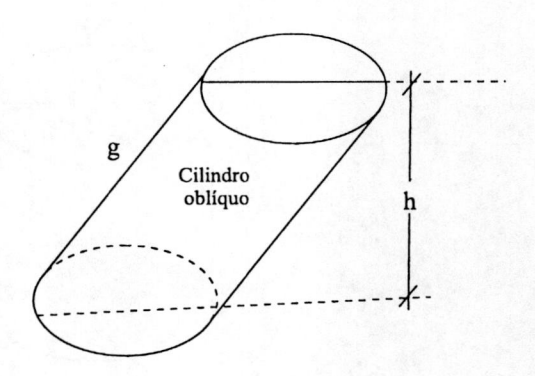

Definimos:

**– Cilindro reto** ⇒ Aquele que possui as geratrizes perpendiculares às bases. Logo, possui geratriz e altura de mesma medida.

$$h = g$$

**– Cilindro oblíquo** ⇒ Aquele que possui as geratrizes oblíquas às bases (de través; inclinado).

## 14.2) Secção meridiana do cilindro

É a secção feita no cilindro por um plano que contém a reta $OO'$ determinada pelos centros das bases.

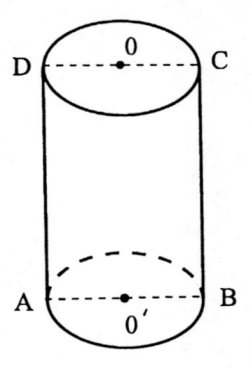

ABCD é a seção meridiana.

∗ Lembre-se que:
– No cilindro reto ⇒ secção meridiana = retângulo

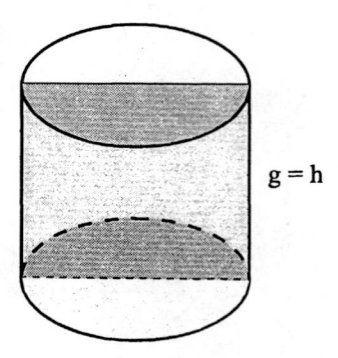

$g = h$

– No cilindro oblíquo ⇒ secção meridiana = paralelogramo

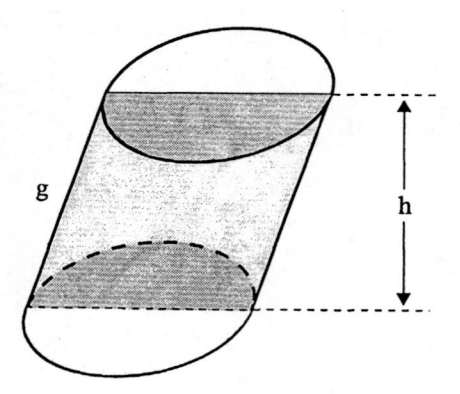

### 14.3) Secção transversal do cilindro

É aquela definida pela interseção do cilindro com um plano paralelo às bases. Veja na figura seguinte, que a secção transversal é congruente às bases.

β // α

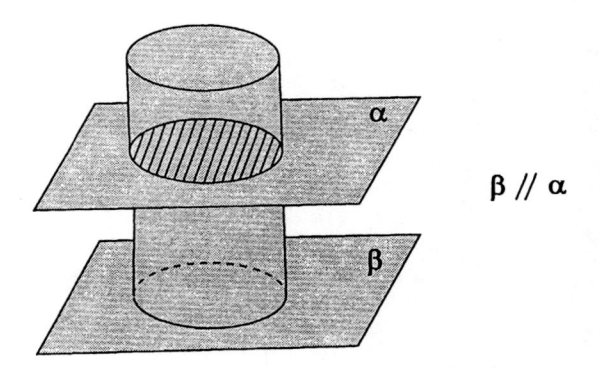

## 14.4) Cilindro eqüilátero

É aquele cuja secção meridiana é um quadrado.

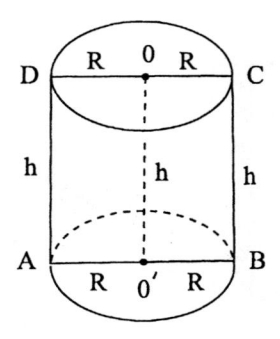

O quadrado ABCD é a secção meridiana, logo:

$$h = 2R$$

## 14.5) Área lateral do cilindro ($S_L$)

A superfície lateral de um cilindro circular reto de altura $h$ e cujas bases são círculos de raio $R$, quando planificada, é um retângulo de dimensões $2\pi R$ (comprimento da circunferência da base) e $h$ (altura do cilindro).

Veja, na figura abaixo:

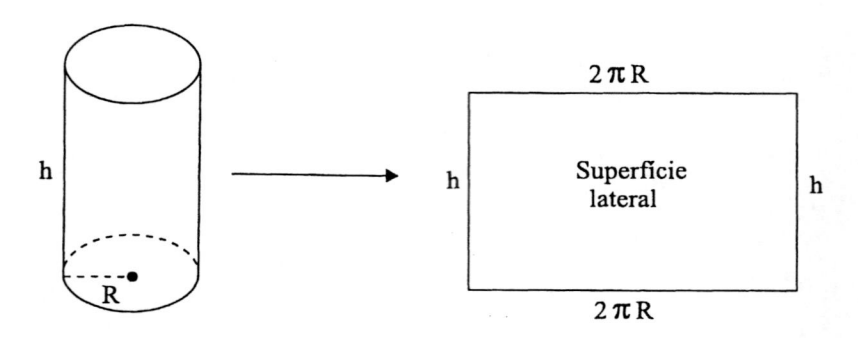

Portanto, a área lateral do cilindro circular reto é dada por:

$$\boxed{S_L = 2\pi R h}$$

## 14.6) Área total do cilindro ($S_T$)

A área total é a soma das áreas: lateral e das duas bases. Então, temos:

$$S_L = 2\pi R h \quad \text{e} \quad S_B = \pi R^2$$

Portanto, fica: (veja figura)

$$S_T = S_L + 2 \cdot S_B \Rightarrow S_T = 2\pi R h + 2\pi R^2$$

$$\boxed{S_T = 2\pi R(h + R)}$$

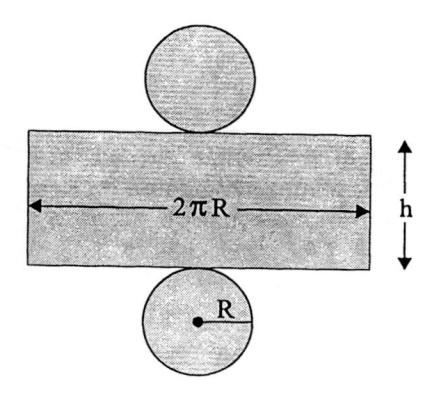

## 14.7) Volume do cilindro

Assim como no prisma, o volume do cilindro é o produto da área da base pela medida da sua altura. Por definição, o Princípio de Cavalieri determina que dois sólidos têm o mesmo volume. Veja figura abaixo:

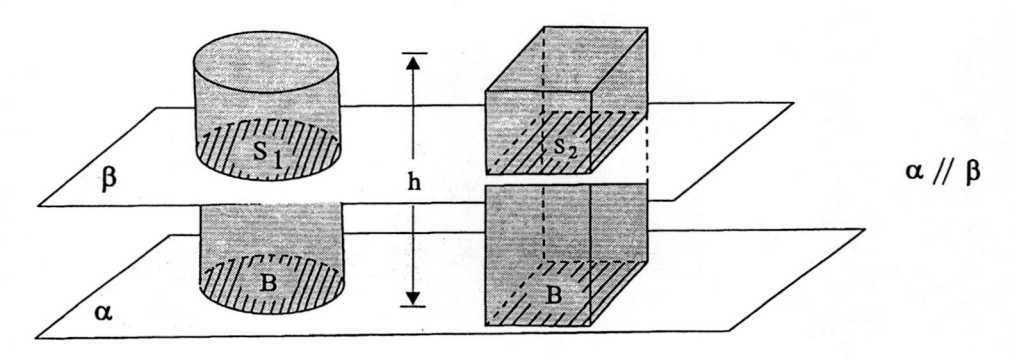

Logo: $V = S_B \cdot h$, onde $S_B = \pi R^2$. Portanto, temos:

$$\boxed{V = \pi R^2 \cdot h}$$

## QUESTÕES RESOLVIDAS

**1.** Encontre o volume de um cilindro de 8 dm de raio e 10 dm de altura.

* **Resolução:**

– Pela fórmula do volume, temos:

$$V = S_B \cdot h \Rightarrow V = \pi R^2 \cdot h \Rightarrow V = \pi \cdot 8^2 \cdot 10 \Rightarrow V = 640\pi$$

Logo: $\boxed{V = 640\pi \text{ dm}^3}$

**2.** Determine o volume de um cilindro eqüilátero de altura 8 mm.

**Resolução:**

– Por definição, temos que em um cilindro eqüilátero a altura é igual ao diâmetro da base. Então, vejamos a figura seguinte:

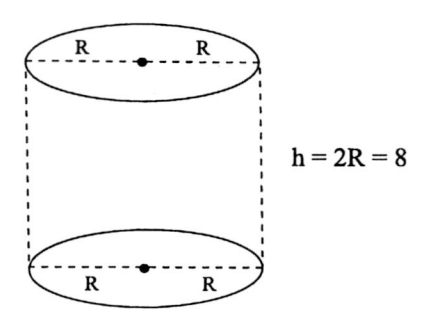

$$h = 2R = 8$$

– Pela altura:

$$h = 8 \Rightarrow 2R = 8 \Rightarrow \boxed{R = 4 \text{ mm}}$$

– Pelo volume:

$$V = \pi R^2 h \Rightarrow V = \pi \cdot 4^2 \cdot 8 \Rightarrow \boxed{V = 128\pi \text{ mm}^3}$$

**3.** Sabendo que a área lateral de um cilindro reto é $49\pi$ cm² e que a medida da altura é igual ao dobro da medida do raio da base, encontre sua altura, seu raio e seu volume.

**Resolução:**

– Pela área lateral, temos:

$$S_L = 2\pi R h = 49\pi$$

e sabendo que $h = 2R$, fica:

$$2\pi \cdot R \cdot 2R = 49\pi$$
$$4 \not{\pi} R^2 = 49 \not{\pi}$$
$$R^2 = \frac{49}{4} \Rightarrow R = \sqrt{\frac{49}{4}} = \frac{7}{2}$$

Logo: $\boxed{R = \dfrac{7}{2} \text{ cm}}$

– Pela altura, temos:

$$h = 2R \Rightarrow h = 2 \cdot \frac{7}{2} \Rightarrow h = 7$$

Logo: $\boxed{h = 7 \text{ cm}}$

– Pelo volume, temos:

$$V = \pi R^2 \cdot h \Rightarrow V = \pi \cdot \left(\frac{7}{2}\right)^2 \cdot 7 \Rightarrow V = \pi \cdot \frac{49}{4} \cdot 7 \Rightarrow V = \frac{343\pi}{4}$$

Logo: $V = \boxed{\dfrac{343\pi}{4} \text{ cm}^3}$

**4.** Um cilindro circular reto tem raio igual a 2 cm e altura 3 cm. Sua superfície lateral mede:

**Resolução:**

– Pela figura, temos:

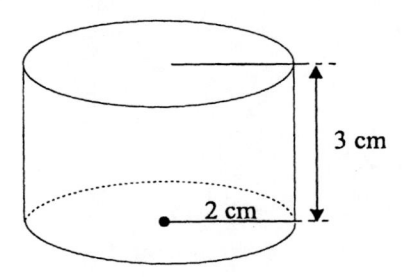

Logo: $S\ell = 2\pi R h \Rightarrow S\ell = 2 \cdot \pi \cdot 2 \cdot 3 \Rightarrow \boxed{S\ell = 12\pi \text{ cm}^2}$

**5.** Em um cilindro reto o raio das bases afere 8 m. Tendo no mesmo, uma altura de 6 m, ache:

a) A área da base.
b) A área lateral.
c) A área total.
d) O volume.

**Resolução:**

a) Para a área da base, temos:

$S_B = \pi R^2 = \pi \cdot 8^2 = 64\pi$

Logo: $\boxed{S_B = 64\pi \text{ m}^2}$

b) Para a área lateral, temos:

$S_L = 2\pi R h \Rightarrow S_L = 2 \cdot \pi \cdot 8 \cdot 6 \Rightarrow S_L = 96\pi$

Logo: $S_l = \boxed{96\pi \text{ m}^2}$

c) Para a área total, temos:

$S_T = 2 \cdot S_B + S_L \Rightarrow S_T = 2\pi R^2 + 2\pi R h$

Lembre-se que: $S_T = 2\pi R(R + h)$

$S_T = 2 \cdot \pi \cdot 8(8 + 6) \Rightarrow S_T = 16\pi(14) \Rightarrow S_T = 224\pi$

Logo: $\boxed{S_T = 224\pi \text{m}^2}$

d) Para o volume, temos:

$V = \pi R^2 h \Rightarrow V = \pi \cdot 8^2 \cdot 6 \Rightarrow V = 384\pi$

Logo: $\boxed{V = 384\pi \text{m}^3}$

## QUESTÕES DE FIXAÇÃO

**1.** Determine a área lateral de um cilindro eqüilátero sendo o raio da base 2 dm.

**2.** Ache o volume de um cilindro eqüilátero que possui altura de 4 m.

**3.** Um cilindro reto tem $63\pi$ cm³ de volume. Sabendo que o raio da base mede 3 cm, determine, em centímetros, a sua altura.

**4.** Encontre o volume de um cilindro circular de raio da base 3 dm e altura 10 dm.

**5.** Encontre a área lateral e total de um cilindro eqüilátero de raio da base 5 m.

**6.** Encontre o volume do tronco de um cilindro reto que possui uma base circular de 2 mm de raio, e suas geratrizes, a menor e a maior, medindo 5 mm e 7 mm respectivamente.

**7.** Encontre a área lateral em função do volume $V$ e raio da base $R$ de um cilindro reto.

**8.** Um prisma hexagonal regular está inscrito num cilindro reto. Encontre a razão entre os volumes.

**9.** Em um cilindro reto de raio da base 6 m e altura 5 m, encontre:
   a) A área da base.
   b) A área lateral.
   c) A área total.

**10.** Encontre a área da superfície total de um cilindro eqüilátero que possui raio da base 8 mm.

**11.** Encontre o volume de um cilindro circular reto de 20 m de altura e 10 m de raio da base.

**12.** Encontre a área total e o volume de um cilindro eqüilátero que possui área de 900 mm².

**13.** Um cilindro tem área total de $16\pi$ m². Se o raio mede um terço da altura, a área lateral do cilindro é:

**14.** Um cilindro circular reto, de altura 6 cm, está inscrito num prisma hexagonal regular cujo apótema da base mede 4 cm. A área lateral do cilindro mede:

**15.** Para encher de água um reservatório que tem a forma de um cilindro circular reto, são necessárias cinco horas. Se o raio da base é 3 m e a altura, 10 m, o reservatório recebe água à razão de:

## QUESTÕES DE APROFUNDAMENTO

**1. (UF-Uberaba/MG)** A área total de um cilindro vale $48\pi$ m² e a soma das medidas do raio da base e da altura é igual a 8 m. Então, em m³, o volume do sólido é:
   a) $75\pi$
   b) $50\pi$
   c) $45\pi$
   d) $25\pi$
   e) $15\pi$

**2. (FEI-SP)** Um prisma quadrangular e um cilindro circular reto têm a mesma altura e o mesmo volume. Sabendo que a área lateral do prisma é $\dfrac{2\sqrt{\pi}}{\pi}$ cm², calcule a área lateral do cilindro.

**3. (MACK-SP)** Um cilindro de revolução tem $16\pi$ m² de área total. Sabendo que o raio é a terça parte da altura, a área lateral mede:

a) $2\pi\sqrt{5}$ m²
b) $10\pi\sqrt{2}$ m²
c) $3\pi\sqrt{10}$ m²
d) $12\pi$ m²
e) $5\pi\sqrt{3}$ m²

**4. (UFCE)** O volume de um cilindro circular reto é $36\sqrt{6}\pi$ cm³. Se a altura desse cilindro mede $6\sqrt{6}$ cm, então a área total desse cilindro, em cm², é:

a) $72\pi$
b) $84\pi$
c) $92\pi$
d) $96\pi$

**5. (U.F. VIÇOSA-MG)** Deseja-se construir um recipiente fechado em forma de um cilindro circular reto com área lateral $144\pi$ m² e altura de 12 m.

a) Determine o volume do recipiente.

b) Supondo que o metro quadrado do material a ser utilizado custa R$ 10,00, calcule o valor gasto na construção do recipiente (considere $\pi = 3,14$).

**6. (FATEC-SP)** Na figura abaixo representamos dois planos, $\alpha$ e $\beta$, cuja intersecção é a reta $r$ e o ângulo entre eles é 45°; uma reta $s$ perpendicular ao plano $\alpha$, tal que a distância entre as retas $r$ e $s$ é igual a 40 cm e, um cilindro de raio 5 cm, cujo eixo é a reta $s$. Determine o volume do tronco de cilindro limitado pelos planos $\alpha$ e $\beta$.

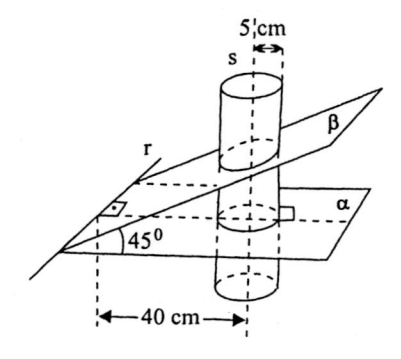

**Unidade 14** - *Cilindros* | 455

**7. (UFPA)** A gasolina contida em um tanque cilíndrico do terminal da cidade deve ser distribuída entre vários postos. Se cada posto tem dois tanques (também cilíndricos) com a altura e o diâmetro de base iguais, respectivamente, a 1/5 e 1/4 das dimensões do tanque do terminal, quantos postos poderão ser abastecidos.

**8. (UFPA)** A área lateral de um cilindro de revolução é metade da área da base. Se o perímetro de sua secção meridiana é 18 m, o volume vale:

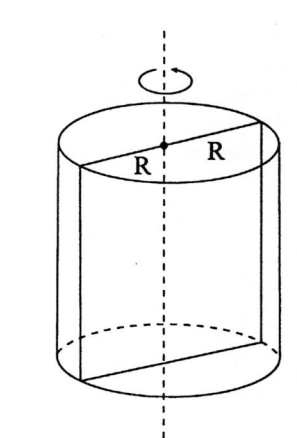

a) $8\pi$ m$^3$
b) $10\pi$ m$^3$
c) $12\pi$ m$^3$
d) $16\pi$ m$^3$
e) $20\pi$ m$^3$

**9. (UNESP-SP)** Considere uma lata cilíndrica de raio $r$ e altura $h$, completamente cheia de um determinado líquido. Esse líquido deve ser distribuído totalmente em copos também cilíndricos cuja altura é um quarto da altura da lata e cujo raio é dois terços do raio da lata. Determine:

a) Os volumes da lata e do copo, em função de $r$ e $h$.

b) O número de copos necessários, considerando que os copos serão totalmente cheios com o líquido.

**10. (FATEC-SP)** Um cilindro reto tem volume igual a 64 dm$^3$ e área lateral igual a 400 cm$^2$. O raio da base mede:

a) 16 dm
b) 24 dm
c) 32 dm
d) 48 dm
e) 64 dm

**11. (PUC-SP)** Se triplicarmos o raio da base de um cilindro, mantendo a altura, o volume do cilindro fica multiplicado por:
a) 3
b) 6
c) 9
d) 12
e) 15

**12. (FGV-SP)** Deseja-se construir um reservatório cilíndrico com tampa para armazenar certo líquido. O volume do reservatório deve ser de 50 m³ e o raio da base do cilindro deve ser de 2 m. Se o material usado na construção custa R$ 100,00 por metro quadrado, qual é o custo do material a ser utilizado? (Adote $\pi = 3$).

**13. (ITA-SP)** A área lateral de um cilindro de revolução de $x$ metros de altura é igual à área de sua base. O volume deste cilindro é:
a) $2\pi x^3 \text{m}^3$
b) $4\pi x^3 \text{m}^3$
c) $\pi\sqrt{2} x^3 \text{m}^3$
d) $\pi\sqrt{3} x^3 \text{m}^3$
e) $6\pi x^3 \text{m}^3$

**14. (OSEC-SP)** Se a altura de um cilindro circular reto é igual ao diâmetro da base, então a razão entre a área total e a área lateral do cilindro é:
a) 3
b) $\dfrac{3}{2}$
c) $2\pi r^2$
d) 2
e) 1

**15. (UFES)** Pretende-se recobrir a parte lateral de uma lata de forma cilíndrica circular reta, com 15 cm de altura e capacidade de 1,5 $\ell$, dispondo-se de um rolo de papel de 15 cm de largura.

O comprimento utilizado do rolo, ao exceder em 10% o comprimento mínimo necessário para se fazer o recobrimento, é:
a) 50 cm
b) 30 cm
c) $10\pi$ cm
d) $20\sqrt{\pi}$ cm
e) $22\sqrt{\pi}$ cm

**16. (UNIRIO)** Seja um cilindro de revolução obtido da rotação de um quadrado, cujo lado está apoiado no eixo de rotação. Determine a medida desse lado (sem unidade), de modo que a área total do cilindro seja igual ao seu volume.

**17. (MACK-SP)** A razão entre a área total e a área lateral de um cilindro eqüilátero é:

a) $\dfrac{1}{2}$

b) 1

c) $\dfrac{3}{2}$

d) 2

e) 3

**18. (UFES)** Um prisma hexagonal regular está inscrito num cilindro eqüilátero. A razão entre as áreas laterais do prisma e do cilindro é:

a) $\dfrac{7}{\pi}$

b) $\dfrac{6}{\pi}$

c) $\dfrac{5}{\pi}$

d) $\dfrac{4}{\pi}$

c) $\dfrac{3}{\pi}$

**19. (UFJF-MG)** Aumentando-se 4 cm o raio de um cilindro e mantendo-se a sua altura, a área lateral do novo cilindro é igual a área total do cilindro original. Sabendo-se que a altura do cilindro original mede 1 cm, então o seu raio mede, em cm:

a) 1

b) 2

c) 4

d) 6

**20. (UFPA)** Qual é a razão entre os volumes de um cilindro e um cubo nele inscrito?

a) $2\pi$

b) $\pi$

c) $\dfrac{\pi}{2}$

d) $\dfrac{\pi}{8}$

e) $\dfrac{\pi}{4}$

**21. (SANTA CASA-SP)** Um cilindro com eixo horizontal de 15 m de comprimento e diâmetro interno de 8 m contém álcool. A superfície livre do álcool determina um retângulo de área 90 m². Qual o desnível entre essa superfície e a geratriz de apoio do cilindro?

a) 6 m

b) $\sqrt{7}$ m

c) $(4 - \sqrt{7})$ m

d) $(4 + \sqrt{7})$ m

e) $(4 - \sqrt{7})$ m
   ou
   $(4 + \sqrt{7})$ m

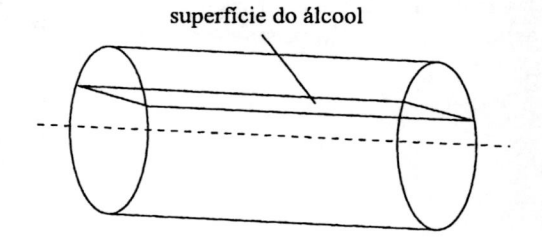

**22. (UFCE)** O raio de um cilindro circular reto é aumentado de 20% e sua altura é diminuída de 25%. O volume deste cilindro sofrerá um aumento de:

a) 2%

b) 4%

c) 6%

d) 8%

**23. (FATEC-SP)** Seja $V$ o volume de um cilindro reto. Se a área da secção transversal reta deste cilindro diminui de 20% e a altura aumenta de 50%, então o volume do novo cilidnro é:

a) $0,20V$

b) $0,50V$

c) $0,80V$

d) $V$

e) $1,20V$

**24. (UNICAMP-SP)** Começando com um cilindro de raio 1 e altura também 1, define-se o procedimento de colocar sobre um cilindro anterior outro cilindro de igual altura e raio $\frac{2}{3}$ do raio do anterior. Embora a altura do sólido fictício resultante seja infinita, seu volume pode ser calculado. Faça esse cálculo.

**25. (UFPA)** Um cilindro eqüilátero está inscrito em um cubo de volume 27 cm³. Qual o volume do cilindro?

a) $\frac{9\pi}{4}$ cm³

b) $\frac{27\pi}{8}$ cm³

c) $\frac{27\pi}{4}$ cm³

d) $27\pi$ cm³

e) $54\pi$ cm³

**26. (UCSAL-BA)** Pode-se fabricar um cilindro reto, de volume $V_1$, curvando-se uma placa metálica retangular de maneira que coincidam os dois lados maiores:

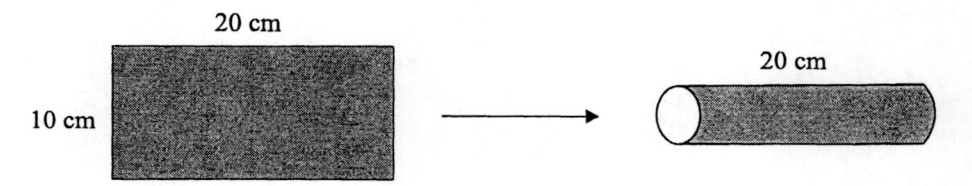

Pode-se fabricar outro cilindro reto, de volume $V_2$, com outra placa de mesmas dimensões, curvando-a de maneira que coincidam os lados menores.

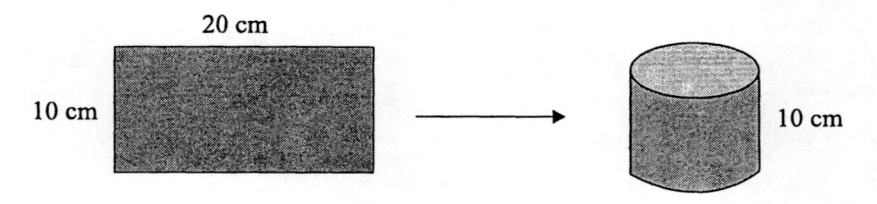

Nessas condições, de acordo com as medidas dadas nas figuras, expresse $V_2$ em função de $V_1$.

**27. (ITA-SP)** Se $S$ é a área total de um cilindro reto de altura $h$, e se $m$ é a razão direta entre a área lateral e a soma das áreas das bases, então o valor de $h$ é dado por:

a) $h = m\sqrt{\dfrac{S}{2\pi(m+1)}}$

b) $h = m\sqrt{\dfrac{S}{4\pi(m+2)}}$

c) $h = m\sqrt{\dfrac{S}{2\pi(m+2)}}$

d) $h = m\sqrt{\dfrac{S}{4\pi(m+1)}}$

e) n.d.a.

**28. (FUVEST-SP)** Na figura abaixo, tem-se um cilindro circular reto, em que $A$ e $B$ são os centros das bases e $C$ é um ponto de intersecção da superfície lateral com a base inferior do cilindro. Se $D$ é o ponto do segmento $\overline{BC}$, cujas distâncias a $\overline{AC}$ e $\overline{AB}$ são ambas iguais a $d$, obtenha a razão entre o volume do cilindro e sua área total, em função de $d$.

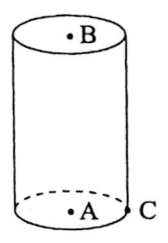

**29. (CESGRANRIO)** Um bloco cilíndrico de volume $V$ deforma-se quando submetido a uma tração $T$, conforme indicado esquematicamente na figura. O bloco deformado, ainda cilíndrico, está indicado por linhas tracejadas. Neste processo, a área da secção reta diminui 10% e o comprimento aumenta 20%. O volume do bloco deformado é:

a) 0,90V
b) V
c) 1,08V
d) 1,20V
e) 1,80V

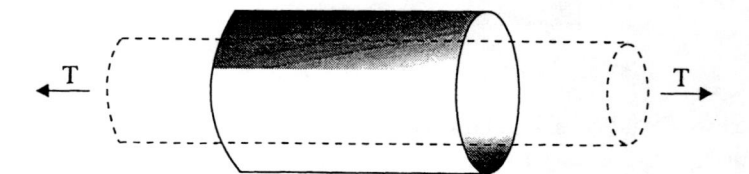

**30. (UFF)** Uma peça de madeira, que tem a forma de um prisma reto com 50 cm de altura e cuja seção reta é um quadrado com 6 cm de lado, custa R$ 1,00. Essa peça será torneada para se obter um pé de cadeira cilíndrico, com 6 cm de diâmetro e 50 cm de altura. O material desperdiçado na produção do pé da cadeira deverá ser vendido para reciclagem por um preço $P$ igual ao seu custo. Determine o preço $P$, considerando $\pi = 3,14$.

**31. (FUEM-PR)** A figura a seguir mostra um prisma de base hexagonal regular de altura 10 cm; o cilindro interior também tem altura 10 cm e raio $r = 2$ cm. O hexágono tem lado de 4 cm. Qual o volume exterior ao cilindro e interior ao prisma?

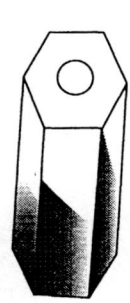

a) $(360 - 40\pi)$ cm$^3$
b) $320\pi$ cm$^3$
c) $80\pi$ cm$^3$
d) $(720 - 40\pi)$ cm$^3$
e) $(240\sqrt{3} - 40\pi)$ cm$^3$

**32. (UFAL)** Na figura abaixo aparecem duas vistas de um tanque para peixes, construído em uma praça pública.

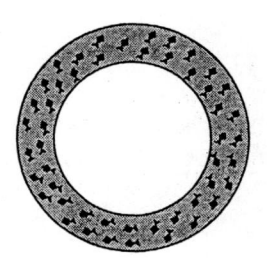

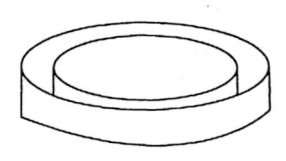

Suas paredes são duas superfícies cilíndricas com altura de 1,2 m e raios das bases medindo 3 m e 4 m. Se, no momento, a água no interior do tanque está alcançando $\frac{3}{4}$ de sua altura, quantos litros de água há no tanque? (Use $\pi = 22/7$).

a) 1980
b) 3300
c) 6600
d) 19800
e) 66000

33. (UAMA) Um copo de vidro com formato de uma cilindro circular reto, cujo diâmetro interno mede 4 cm, está cheio de um líquido até a borda. Inclinando esse copo, despeja-se o líquido nele contido até que atinja a marca que dista da borda $\frac{16}{\pi}$ cm. O volume do líquido despejado é:

a) 36 cm³
b) 16 cm³
c) 64 cm³
d) 32 cm³
e) 80 cm³

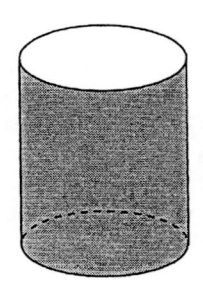

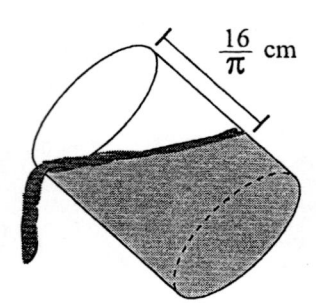

34. (UFMS) Considere um cilindro inscrito num cubo cuja diagonal mede 20 cm. Assinale V (verdadeiro) ou F (falso) nas afirmações seguintes:

a) O raio da base e a altura do cilindro são iguais.

b) A altura do cilindro é $\frac{20}{\sqrt{2}}$ cm.

c) A área lateral do cilindro é $\frac{400\pi}{3}$ cm².

d) O volume do cubo é $\frac{(20)^3}{3\sqrt{3}}$, cm³.

35. (MACK-SP) Um cilindro apresenta por secção meridiana um quadrado de diagonal igual a 8, então a razão entre a área total do cilindro e o seu volume é igual a:

a) $\frac{3\sqrt{2}}{4}$

b) $\frac{\sqrt{2}}{2}$

c) $\frac{5\sqrt{2}}{3}$

d) $2\sqrt{2}$

e) $\frac{9\sqrt{2}}{2}$

**36. (PUC-SP)** a) Qual é a área lateral de um cilindro circular reto de altura $h$ e raio da base $r$?
b) $AB$ e $CD$ são diâmetros paralelos das bases de um cilindro de raio 1 e altura $\pi$. Quanto mede o caminho mais curto sobre a superfície do cilindro, para se ir de $A$ até $D$?

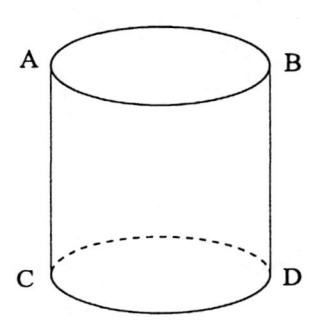

**37. (CESGRANRIO)** É dado um cilindro circular reto, cuja altura é igual ao diâmetro da base. Um plano $\pi$, paralelo ao eixo do cilindro, determina no sólido uma secção de área igual à base do cilindro. Calcule a distância de $\pi$ ao eixo, em função do raio $R$ do cilindro.

**38. (UNOPAR-RS)** Um determinado tipo de suco é vendido em lata de forma cilíndrica, cuja altura mede 10 cm e o diâmetro da base mede 12 cm. Sabendo-se que 1000 cm$^3$ é igual a 1 litro, pode-se afirmar que a capacidade da lata é:
a) Menor que 0,5 litro.
b) Maior que 0,5 litro e menor que 0,75 litro.
c) Maior que 0,75 litro e menor que 1 litro.
d) Maior que 1 litro e menor que 1,25 litro.
e) Maior que 1,25 litro.

**39. (MACK-SP)** Aumentando-se em 6 unidades o raio de um cilindro, o seu volume aumenta $Y$ unidades. Se tivéssemos aumentado em 6 unidades a altura do cilindro inicial, o seu volume teria aumentado igualmente $Y$ unidades. Se a altura original é 2, o raio original é:
a) 2
b) 4
c) 6
d) $6\pi$
e) 8

**40. (ENEM-MEC)** Em muitas regiões do Estado do Amazonas, o volume de madeira de uma árvore cortada é avaliado de acordo com uma prática dessas regiões:

I – Dá-se uma volta completa em torno do tronco com um barbante.

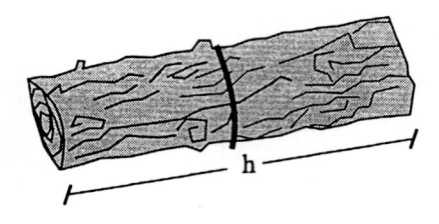

II – O barbante é dobrado duas vezes pela ponta e, em seguida, seu comprimento é medido com fita métrica.

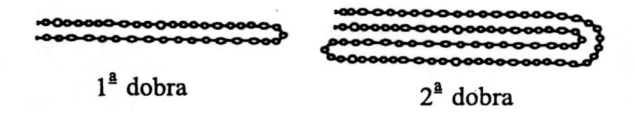

1ª dobra    2ª dobra

III – O valor obtido com essa medida é multiplicado por ele mesmo e depois multiplicado pelo comprimento do tronco. Esse é o volume estimado de madeira.

Outra estimativa pode ser obtida pelo cálculo formal do volume do tronco, considerando-se um cilindro perfeito. A diferença entre essas medidas é praticamente equivalente às perdas de madeira no processo de corte para comercialização. Pode-se afirmar que essas perdas são da ordem de:
    a) 30%
    b) 22%
    c) 15%
    d) 12%
    e) 5%

**41. (FAAP-SP)** Em um cilindro reto de 4 m de altura e 0,50 m de raio, foi inscrito um prisma quadrangular regular. Qual a relação entre os volumes?

**42. (ITA-SP)** O raio de um cilindro de revolução mede 1,5 m. Sabe-se que a área da base do cilindro coincide com a área da secção determinada por um plano que contém o eixo do cilindro. Então, a área total do cilindro, em m², vale:

a) $\dfrac{3\pi^2}{4}$

b) $\dfrac{9\pi(2+\pi)}{4}$

c) $\pi(2+\pi)$

d) $\dfrac{\pi^2}{2}$

e) $\dfrac{3\pi(\pi+1)}{2}$

**43. (FUVEST-SP)** A base de um cilindro de revolução é equivalente à secção meridiana. Se o raio da base é unitário, então a altura do cilindro é:

a) $\pi$

b) $1/2$

c) $\sqrt{\pi}$

d) $\dfrac{\pi}{2}$

e) $\dfrac{\sqrt{\pi}}{2}$

**44. (UFRN)** Um reservatório com formato de um cilindro circular reto (veja figura abaixo) está sendo abastecido de água, com vazão constante. A altura do reservatório é $H$ metros, e ele, com essa vazão, enche completamente em 7 horas.

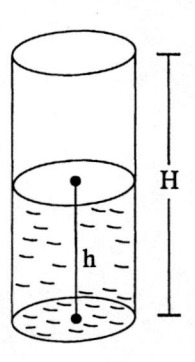

Dentre os gráficos abaixo, aquele que representa a altura ($h$) do nível da água no reservatório em função do tempo ($t$) é:

a) 
```
h
H - - - - - -
        /
       /
      /
0 ─────── T  t
```

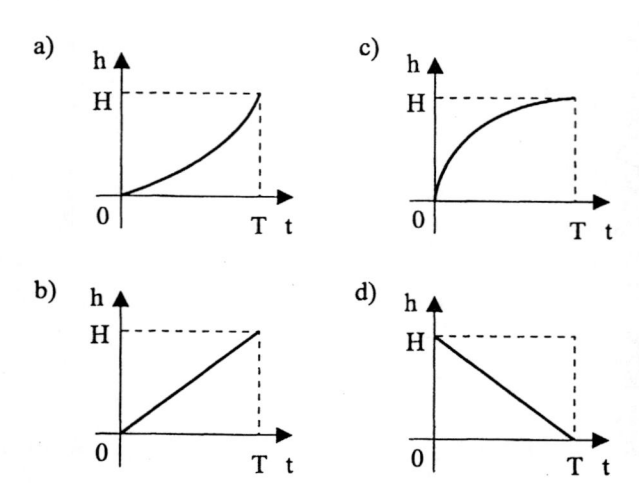

c)
```
h
H - - - - - -
     ___——
   /
  /
0 ─────── T  t
```

b)
```
h
H - - - - - -
         /
       /
     /
0 ─────── T  t
```

d)
```
h
H\
   \
     \
       \
0 ─────── T  t
```

**45. (UFJF-MG)** Um tanque de formato cúbico de 1 m de aresta tem, acoplado em sua base, um cano de forma cilíndrica de 10 cm de diâmetro e 50 m de comprimento. Num determinado momento, o tanque se encontra completamente cheio de água e o cano totalmente vazio. É então liberada a água do tanque para o cano até que este fique totalmente cheio. Com isso, podemos afirmar que o nível de água no tanque abaixa, aproximadamente:

a) 12,37 cm
b) 39,25 cm
c) 50,00 cm
d) 60,75 cm
e) 1 m

**46. (UFPA)** Um cilindro circular reto tem o raio igual a 2 cm, e altura 3 cm. Sua superfície lateral mede:

a) $6\pi$ cm$^2$
b) $9\pi$ cm$^2$
c) $12\pi$ cm$^2$
d) $15\pi$ cm$^2$
e) $16\pi$ cm$^2$

**47. (UFPE)** Um contêiner, na forma de um cilindro circular reto, tem altura igual a 3 m e área total (área da superfície lateral mais áreas da base e da tampa) igual a $20\pi$ m$^2$. Calcule em metros, o raio da base desse contêiner.

**48. (FATEC-SP)** Uma pessoa comprou um vasilhame para armazenar água em sua casa e, ao colocar $0,256\pi$ m$^3$ de água constatou que a parte ocupada correspondia a apenas 40% da capacidade total. Se esse vasilhame tem o formato de um cilindro circular reto e altura de 1 m, então o raio de sua base, em metros é:

a) 0,6

b) 0,7

c) 0,8

d) 0,9

e) 1,0

**49. (FCC-SP)** O desenvolvimento da superfície lateral de um cilindro circular reto é um quadrado com área de 4 dm². O volume desse cilindro, em dm³, é:

a) $\dfrac{\sqrt{\pi}}{4}$

b) $\dfrac{2}{\pi}$

c) $\dfrac{\pi}{2}$

d) $2\pi$

e) $4\sqrt{2\pi}$

**50. (FAAP-SP)** Uma fábrica de tintas está estudando novas embalagens para seu produto, comercializado em latas cilíndricas cuja circunferência mede $10\pi$ cm. As latas serão distribuídas em caixas de pepelão ondulado, dispostas verticalmente sobre a base da caixa, numa única camada. Numa caixa de base retangular medindo 25 cm por 45 cm, quantas latas caberiam?

a) 12

b) 6

c) 11

d) 9

e) 8

**51. (UDESC)** Um cubo de aresta $h$ é inscrito num cilindro de mesma altura. A área lateral desse cilindro é:

a) $\dfrac{4h^2}{4}$

b) $\dfrac{\pi h^2 \sqrt{2}}{4}$

c) $\dfrac{\pi h^2 \sqrt{2}}{2}$

d) $\pi h^2 \sqrt{2}$

e) $2\pi h^2$

**52. (UFPR)** A área total do prisma triangular regular inscrito num cilindro circular reto de 10 cm de altura e de $25\pi$ cm² de base é:

a) $\dfrac{375}{2}$ cm²

b) $\dfrac{375\sqrt{3}}{2}$ cm²

c) $300\sqrt{3}$ cm²

d) $375\sqrt{3}$ cm²

e) $675\sqrt{3}$ cm²

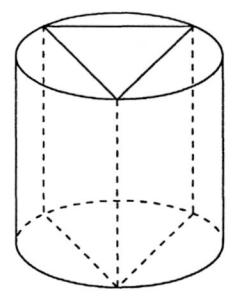

**53. (U.F. OURO PRETO-MG)** Um cilindro eqüilátero tem volume $V = 16\pi$ cm³, sua altura é:

a) 2 cm

b) $\sqrt[3]{16}$ cm

c) $2\sqrt[3]{16}$ cm

d) 4 cm

e) $\sqrt[3]{2}$ cm

**54. (ENEM-MEC)** Uma garrafa cilíndrica está fechada, contendo um líquido que ocupa quase completamente seu corpo, conforme mostra a figura. Suponha que, para fazer medições, você disponha apenas de uma régua milimetrada.

1) Para calcular o volume do líquido contido na garrafa, o número mínimo de medições a serem realizadas é:
a) 1    b) 2    c) 3    d) 4    e) 5

2) Para calcular a capacidade total da garrafa, lembrando que você pode virá-la, o número mínimo de medições a serem relizadas é:
a) 1    b) 2    c) 3    d) 4    e) 5

**55.** (ITA-SP) Uma secção plana que contém o eixo de um tronco de cilindro é um trapézio cujas bases menor e maior medem, respectivamente, $h$ cm e $H$ cm. Duplicando-se a base menor, o volume sofre um acréscimo de $\frac{1}{3}$ em relação ao seu volume original. Deste modo:

a) $2H = 3h$
b) $H = 2h$
c) $H = 3h$
d) $2H = 5h$
e) n.d.a.

**56.** (UFMG) Um cilindro reto, de ouro maciço, tem o raio da base igual a 2 cm e altura igual a 10 cm. Sendo a densidade do ouro 19g/cm$^3$, a massa total do cilindro, em gramas, é:

a) $950\pi$
b) $760\pi$
c) $570\pi$
d) $380\pi$
e) $190\pi$

**57.** (UEPA) O surdo é um instrumento de percussão bastante usado nas rodas de samba, nas bandas escolares e principalmente pelas baterias das escolas de samba. Nos padrões normais, tem um formato de cilindro circular reto com diâmetro de 30 cm e altura de 40 cm. O volume ocupado por esse surdo é:

a) $12000\pi$ cm³
b) $9000\pi$ cm³
c) $7500\pi$ cm³
d) $6000\pi$ cm³
e) $4500\pi$ cm³

**58. (UNIR)** Uma caixa-d'água cúbica de aresta 2 m será substituída por outra de mesma capacidade, com a forma de cilindro circular reto com 2 m de raio da base. A medida, em metros, da altura dessa nova caixa será:

a) $\dfrac{2}{\pi}$

b) $\dfrac{1}{\pi}$

c) $2\pi$

d) $\pi$

e) $\dfrac{\pi}{2}$

**59. (CESCEM-SP)** O líquido contido em uma lata cilíndrica deve ser distribuído em potes também cilíndricos cuja altura é $\dfrac{1}{4}$ da altura da lata e cujo diâmetro da base é $\dfrac{1}{3}$ do diâmetro da base da lata. O número de potes necessários é:

a) 6
b) 12
c) 18
d) 24
e) 36

**60. (UNESP-SP)** Seja $V$ o volume de um cubo e $W$ o volume do cilindro circunscrito ao cubo. Então:

a) $W - V$ é menor que a terça parte de $V$.
b) $W - V$ está entre a terça parte de $V$ e a metade de $V$.
c) $W - V$ está entre a metade de $V$ e dois terços de $V$.
d) $W - V$ está entre dois terços de $V$ e $V$.
e) $W - V$ é maior do que $V$.

**61. (UFMG)** Dois cilindros têm áreas laterais iguais. O raio do primeiro é igual a um terço do raio do segundo. O volume do primeiro é $V_1$. O volume do segundo cilindro, em função de $V_1$, é igual a:

a) $\frac{1}{3} \cdot V_1$

b) $V_1$

c) $\frac{3}{2} \cdot V_1$

d) $2V_1$

e) $3V_1$

**62. (FGV-SP)** Um produto é embalado em recepientes com formato de cilindros retos. O cilindro $A$ tem altura de 20 cm e o raio da base 5 cm. O cilindro $B$ tem altura 10 cm e o raio da base 10 cm.

a) Em qual das duas embalagens gasta-se menos material?

b) O produto embalado do cilindro $A$ é vendido a R$ 4,00 a unidade, e o cilindro $B$, a R$ 7,00 a unidade. Para o consumidor, qual a embalagem mais vantajosa?

**63. (UFRN)** Se um cilindro eqüilátero mede 12 m de altura, então o seu volume em m³ vale:

a) $144\pi$
b) $200\pi$
c) $432\pi$
d) $480\pi$
e) $600\pi$

**64. (ITA-SP)** A área lateral de um cilindro de revolução de $x$ m de altura é igual à área de sua base. O volume deste cilindro é:

a) $2\pi x^3$ m³
b) $4\pi x^3$ m³
c) $\pi\sqrt{2} x^3$ m³
d) $\pi\sqrt{3} x^3$ m³
e) $6\pi x^3$ m³

**65. (UFRRJ)** Um caminhão-pipa carrega 9,42 mil litros d'água. Para encher uma cisterna cilíndrica com 2 metros de diâmetro e 3 metros de altura são necessários, no mínimo,

a) 10 caminhões.
b) 100 caminhões.
c) 1 caminhão.
d) 2 caminhões.
e) 4 caminhões.

**66. (UFPA)** O reservatório "tubinho de tinta" de uma caneta esferográfica tem 4 mm de diâmetro e 10 cm de comprimento. Se você gasta $5\pi$ mm$^3$ de tinta por dia, a tinta de sua esferográfica durará:
a) 20 dias.
b) 40 dias.
c) 50 dias.
d) 80 dias.
c) 100 dias.

**67. (UFRJ)** Um produto é embalado em latas cilíndricas (cilindros de revolução).

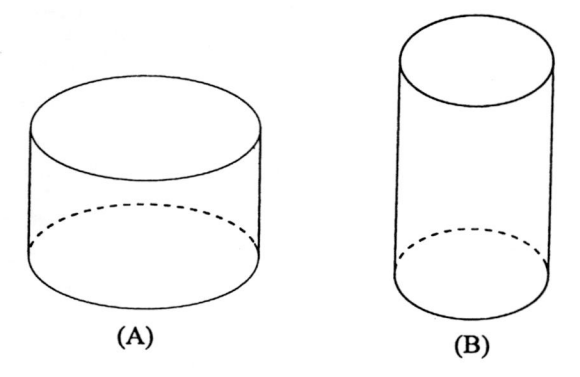

(A)                (B)

O raio da embalagem A é igual ao diâmetro de B e a altura de B é o dobro da altura de A. Assim,

Cilindro A $\begin{cases} \text{altura } h \\ \text{raio da base } 2R \end{cases}$

Cilindro B $\begin{cases} \text{altura } 2h \\ \text{raio da base } R \end{cases}$

a) As embalagens são feitas do mesmo material (mesma chapa). Qual delas gasta mais material para ser montada?

b) O preço do produto na embalagem A é R$ 780,00 e na embalagem B é de R$ 400,00. Qual das opções é mais econômica para o consumidor?

**68. (PUC-RS)** Dois cilindros, um de altura 4 e outro de altura 6, têm para perímetro de suas bases 6 e 4, respectivamente. Se $V_1$ é o volume do primeiro e $V_2$ o volume do segundo, então:
a) $V_1 = V_2$
b) $V_1 = 2V_2$

c) $V_1 = 3V_2$

d) $2V_1 = 3V_2$

e) $2V_1 = V_2$

**69. (UNIRIO)** Considere um cilindro eqüilátero de raio $R$. Os pontos $A$ e $B$ são pontos de seção meridiana do cilindro, sendo $A$ o ponto médio da aresta. Se amarramos um barbante esticado do ponto $A$ ao ponto $B$, sua medida deverá ser:

a) $R\sqrt{5}$

b) $R\sqrt{1+\pi^2}$

c) $R\sqrt{1+4\pi^2}$

d) $R\sqrt{4+\pi^2}$

e) $2R\sqrt{2}$

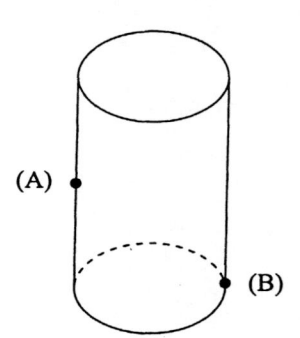

**70. (UFGO)** Um pedaçço de cano de 30 cm de comprimento e 10 cm de diâmetro interno encontra-se na posição vertical e possui a parte inferior vedada. Colocando-se $2\ell$ de água em seu interior, a água:

a) Ultrapassa o meio do cano.

b) Transborda.

c) Não chega ao meio do cano.

d) Enche o cano até a borda.

e) Atinge exatamente o meio do cano.

**71. (UNIMEP-SP)** Um tambor em forma de cilindro circular reto tem 6 dm de diâmetro e 9 dm de altura e está com água até a boca. Dentro vê-se uma melancia. Uma pessoa retira a melancia e verifica que o nível da água baixou 0,25 dm. Podemos dizer que o volume da melancia é aproximadamente:

a) $8,510$ dm$^3$

b) $7,065$ dm$^3$

c) $85$ dm$^3$

d) $5,042$ dm$^3$

e) n.d.a.

**72. (ITA-SP)** Um cilindro circular reto é seccionado por um plano paralelo ao seu eixo. A secção fica a 5 cm do eixo e separa na base um arco de 120°. Sendo de $30\sqrt{3}$ cm² a área da secção plana retangular, então o volume da parte menor do cilindro seccionado mede, em cm³:

a) $30\pi - 10\sqrt{3}$
b) $30\pi - 20\sqrt{3}$
c) $20\pi - 10\sqrt{3}$
d) $50\pi - 25\sqrt{3}$
e) $100\pi - 75\sqrt{3}$

**73. (UFJF)** Um reservatório de formato cilíndrico, de altura $\dfrac{2}{\pi}$ m e raio da base $\sqrt{5}$ m, está ocupado de água em 60% de sua capacidade. A quantidade de água necessária para completar o reservatório é, em litros:

a) 4
b) 4000
c) 40
d) 400
e) 10000

**74. (UFRJ)** Mário e Paulo possuem piscinas em suas casas. Ambas têm a mesma profundidade e bases com o mesmo perímetro. A piscina de Mário é um cilindro circular reto e a de Paulo é um prisma reto de base quadrada. A companhia de água da cidade cobra R$ 1,00 por metro cúbico de água consumida.

a) Determine qual dos dois pagará mais para encher de água a sua piscina.

b) Atendendo a um pedido da família, Mário resolve duplicar o perímetro da base e a profundidade de sua piscina, mantendo, porém, a forma circular.

Determine quanto Mário pagará pela água para encher a nova piscina, sabendo que anteriormente ela gastava R$ 50,00.

**75. (UFF)** Um reservatório, na forma de um cilindro circular reto, tem raio da base $r$, altura $h$ e volume $V$. Deseja-se construir outro reservatório que tenha, também, a forma de um cilindro circular reto, volume $V$, porém, raio da base igual a $r/2$ e altura $H$. A relação entre as duas alturas desses reservatórios é dada por:

a) $H = 4h$
b) $H = 2h$
c) $H = h/2$
d) $H = h/4$
e) $H = h$

## Gabarito das questões de fixação

**Questão 1** - Resposta: $S_L = 16\pi$ dm²
**Questão 2** - Resposta: $V = 16$ m³
**Questão 3** - Resposta: $h = 7$ cm
**Questão 4** - Resposta: $V = 90\pi$ dm³
**Questão 5** - Resposta: $S_L = 100\pi$ m² e $S_T = 150\pi$ m²
**Questão 6** - Resposta: $V = 24\pi$ mm³
**Questão 7** - Resposta: $S_L = \dfrac{2V}{R}$
**Questão 8** - Resposta: $\dfrac{V_A}{V_B} = \dfrac{3\sqrt{3}}{4\pi}$
**Questão 9** - Resposta: a) $S_B = 36\pi$ m²  b) $S_L = 60\pi$ m²  $S_T = 132\pi$ m²
**Questão 10** - Resposta: $S_T = 384\pi$ mm²
**Questão 11** - Resposta: $V = 2000\pi$ m³
**Questão 12** - Resposta: $S_T = 1350\pi$ mm² e $V = 6750\pi$ mm³
**Questão 13** - Resposta: $S_L = 12\pi$ m²
**Questão 14** - Resposta: $S_L = 48\pi$ cm²
**Questão 15** - Resposta: $18\pi$ m³ por hora

## Gabarito das questões de aprofundamento

**Questão 1** - Resposta: c
**Questão 2** - Resposta: $S_L = 1$ cm²
**Questão 3** - Resposta: d
**Questão 4** - Resposta: b
**Questão 5** - Resposta: a) $V = 432\pi$ m³  b) R$ 6.782,40
**Questão 6** - Resposta: $V = 1000\pi$ cm³
**Questão 7** - Resposta: 40 postos
**Questão 8** - Resposta: d
**Questão 9** - Resposta: a) $V_{\text{lata}} = \pi r^2 h$ e $V_{\text{copo}} = \dfrac{\pi r^2 h}{9}$  b) 9 copos
**Questão 10** - Resposta: c
**Questão 11** - Resposta: c
**Questão 12** - Resposta: R$ 7.400,00
**Questão 13** - Resposta: b
**Questão 14** - Resposta: b
**Questão 15** - Resposta: e
**Questão 16** - Resposta: $\ell = 4$
**Questão 17** - Resposta: c
**Questão 18** - Resposta: e

**Questão 19** - Resposta: b
**Questão 20** - Resposta: e
**Questão 21** - Resposta: e
**Questão 22** - Resposta: d
**Questão 23** - Resposta: e
**Questão 24** - Resposta: $V = \dfrac{9\pi}{5}$
**Questão 25** - Resposta: c
**Questão 26** - Resposta: $V_2 = 2V_1$
**Questão 27** - Resposta: a
**Questão 28** - Resposta: $\dfrac{d}{2}$
**Questão 29** - Resposta: c
**Questão 30** - Resposta: aproximadamente R$ 0,21
**Questão 31** - Resposta: e
**Questão 32** - Resposta: d
**Questão 33** - Resposta: d
**Questão 34** - Resposta: a) (F)    b) (F)    c) (V)    d) (V)
**Questão 35** - Resposta: a
**Questão 36** - Resposta: a) $S_L = 2\pi R h$    b) $d_{\overline{AD}} = \pi\sqrt{2}$
**Questão 37** - Resposta: $\dfrac{R\sqrt{16 - \pi^2}}{4}$
**Questão 38** - Resposta: d
**Questão 39** - Resposta: c
**Questão 40** - Resposta: b
**Questão 41** - Resposta: o do cilindro é $\dfrac{\pi}{2}$ vezes o do prisma
**Questão 42** - Resposta: b
**Questão 43** - Resposta: d
**Questão 44** - Resposta: b
**Questão 45** - Resposta: b
**Questão 46** - Resposta: c
**Questão 47** - Resposta: $R = 2$ m
**Questão 48** - Resposta: c
**Questão 49** - Resposta: b
**Questão 50** - Resposta: e
**Questão 51** - Resposta: d
**Questão 52** - Resposta: b
**Questão 53** - Resposta: d
**Questão 54** - Resposta: 1) b    2) c
**Questão 55** - Resposta: b

**Questão 56** - Resposta: b
**Questão 57** - Resposta: b
**Questão 58** - Resposta: a
**Questão 59** - Resposta: e
**Questão 60** - Resposta: c
**Questão 61** - Resposta: e
**Questão 62** - Resposta: a) a embalagem A    b) a embalagem B
**Questão 63** - Resposta: c
**Questão 64** - Resposta: b
**Questão 65** - Resposta: c
**Questão 66** - Resposta: d
**Questão 67** - Resposta: a) a embalagem A    b) a embalagem A
**Questão 68** - Resposta: d
**Questão 69** - Resposta: b
**Questão 70** - Resposta: a
**Questão 71** - Resposta: b
**Questão 72** - Resposta: e
**Questão 73** - Resposta: b
**Questão 74** - Resposta: a) Mário pagará mais para encher sua piscina   b) R$ 400,00
**Questão 75** - Resposta: a

# UNIDADE 15

## CONES

**SINOPSE TEÓRICA**

### 15.1) Definição

Seja um círculo contido num plano $\beta$ e um ponto $V$, não pertencente a $\beta$. Chama-se cone circular ou simplesmente cone o sólido formado pela união de todos os segmentos com uma das extremidades em $V$ e a outra em um dos pontos do círculo.

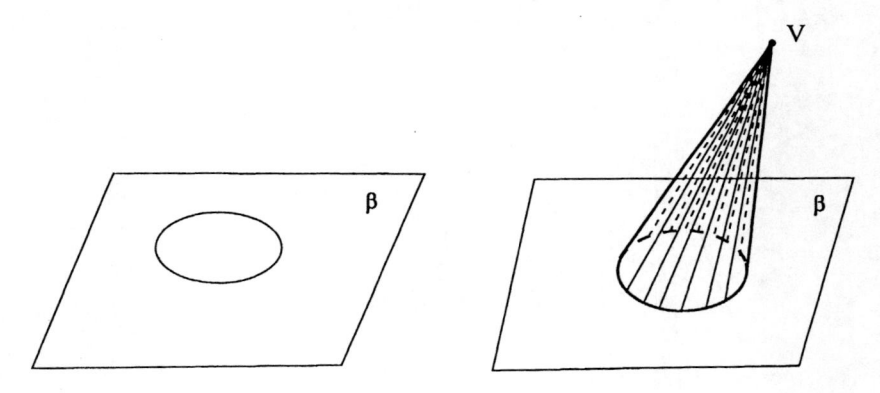

### 15.2) Elementos do Cone

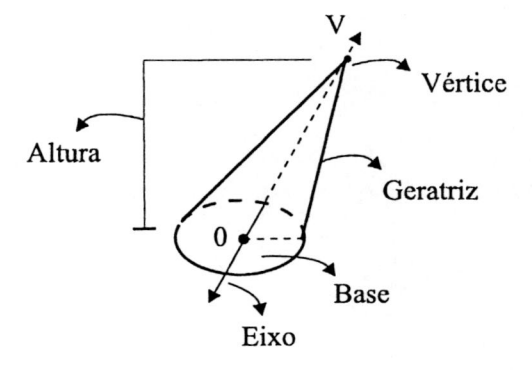

- Vértice → é o ponto $V$ da figura.

- Base → é o círculo de centro 0.

- Geratriz → é qualquer segmento que liga o vértice a um ponto qualquer da circunferência da base.

- Eixo → é a reta $\overleftrightarrow{VO}$ que contém o vértice e o centro da base.

- Altura → é a distância do vértice ao plano que contém a base.

**Observação 1**: Um cone é reto quando o "pé" da altura coincide com o centro da base. Em caso contrário o cone é oblíquo.

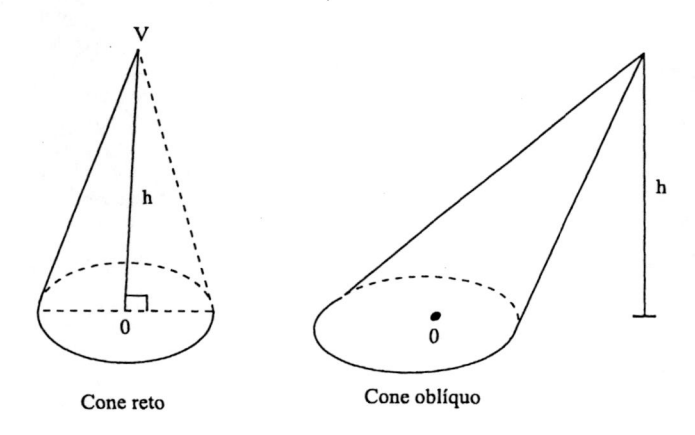

Cone reto

Cone oblíquo

**Observação 2**: O cone reto também é chamado de cone de revolução por ser gerado pela rotação completa de um triângulo retângulo em torno do eixo que contém um de seus catetos.

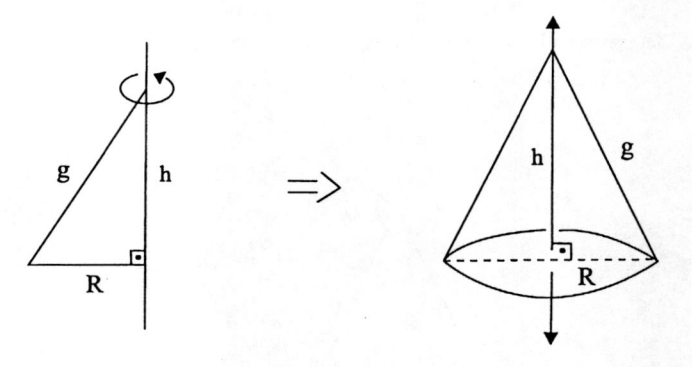

## 15.3) Secção meridiana de um cone circular reto

É a secção feita por um plano que contém $VO$. A secção meridiana de um cone circular reto é um triângulo isósceles.

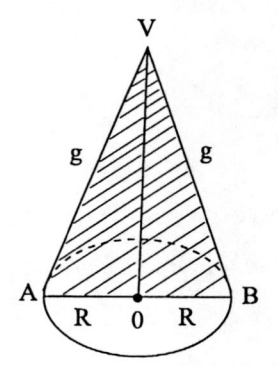

O triângulo VAB é a secção meridiana do cone.

## 15.4) Cone eqüilátero

É aquele cuja secção meridiana é um triângulo eqüilátero. Logo:

$$\boxed{g = 2R}$$

## 15.5) Área lateral de um cone circular reto

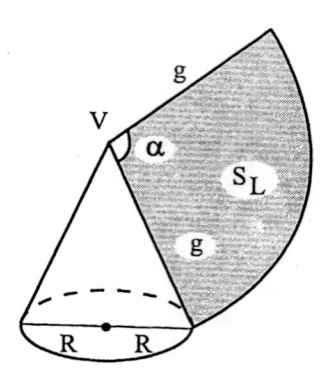

Desenvolvendo-se a superfície lateral de um cone circular reto, obtemos um setor circular de raio $g$, ângulo central $\alpha$ e arco de comprimento igual ao comprimento da circunferência da base, ou seja, $2\pi R$.

Temos, então, que a área lateral do cone é igual à área do setor.

$S_L$ = área do setor = $\dfrac{1}{2} \times$ comprimento do arco $\times$ raio

$S_l = \dfrac{1}{\cancel{2}} \cdot \cancel{2}\pi R \cdot g \Rightarrow \boxed{S_L = \pi R g}$

## 15.6) Área total do cone circular reto

A área total é obtida somando-se as áreas lateral e da base do cone, logo:

$$S_T = S_L + S_B \quad \text{ou} \quad S_T = \pi R g + \pi R^2$$

$$\boxed{S_T = \pi R(g + R)}$$

## 15.7) Volume do cone

O volume do cone, analogamente ao da pirâmide, é dado por:

$$V = \dfrac{1}{3} S_B \cdot h$$

$$\boxed{V = \dfrac{1}{3} \pi R^2 h}$$

## 15.8) Tronco de cone

É o sólido limitado pela base do cone e por uma seção plana paralela à base.

Chamando-se de $S_B$ a área da base do cone, $S_S$ a área da seção, $V$ o volume do cone maior, $v$ o volume do cone menor, $d$ a altura do cone menor e $h$ a altura do cone maior, temos, analogamente, à pirâmide:

$$\boxed{\text{a)} \ \frac{d}{h} = \frac{r}{R} \qquad \text{b)} \ \frac{S_S}{S_B} = \frac{d^2}{h^2} \qquad \text{e} \qquad \text{c)} \ \frac{v}{V} = \frac{d^3}{h^3}}$$

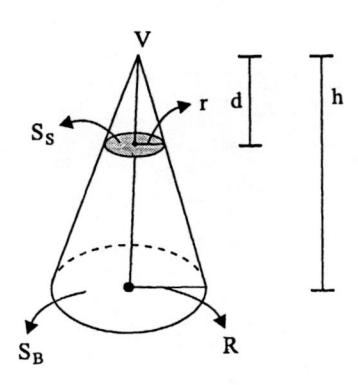

# QUESTÕES RESOLVIDAS

**1.** Um cone reto tem 10 cm de altura e 10 cm de diâmetro. Encontre:

a) A área da base.

b) A área lateral.

c) A área total.

d) O volume.

**Resolução:**

a) $d = 2R \Rightarrow 10 = 2R \Rightarrow R = 5$ cm

$S_B = \pi R^2 = \pi \cdot 5^2 = \boxed{25\pi \text{ cm}^2}$

b) $S_L = \pi R g$, onde para $g$, temos:
$g^2 = 10^2 + 5^2 \Rightarrow g^2 = 125 \Rightarrow g = 5\sqrt{5}$ cm

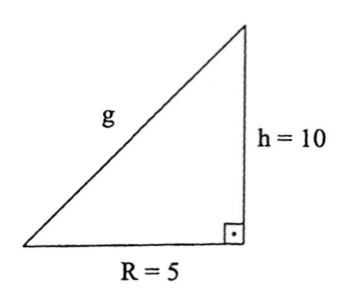

logo: $S_L = \pi R g = \pi \cdot 5 \cdot 5\sqrt{5} = \boxed{25\sqrt{5} \text{ cm}^2}$

c) $S_T = S_B + S_L = 25\pi + 25\sqrt{5} = \boxed{25(\pi + \sqrt{5}) \text{ cm}^2}$

d) $V = \dfrac{S_B \cdot h}{3} = \dfrac{25\pi \cdot 10}{3} = \boxed{\dfrac{250\pi}{3} \text{ cm}^3}$

**2.** Sabendo que o raio da base de um cone eqüilátero mede 8 mm, encontre:
a) A geratriz.
b) A altura.
c) A área da base.
d) A área lateral.
e) A área total.
f) o volume

**Resolução**: Lembre-se que: no cone eqüilátero $g = 2R$

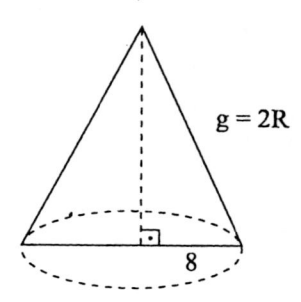

a) $g = 2R \Rightarrow g = 2 \cdot 8 \Rightarrow \boxed{g = 16 \text{ mm}}$

b)

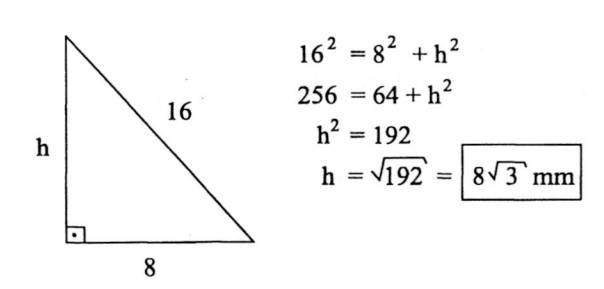

$$16^2 = 8^2 + h^2$$
$$256 = 64 + h^2$$
$$h^2 = 192$$
$$h = \sqrt{192} = \boxed{8\sqrt{3} \text{ mm}}$$

c) $S_B = \pi R^2 \Rightarrow S_B = \pi \cdot 8^2 \Rightarrow \boxed{S_B = 64\pi \text{ mm}^2}$

d) $S_L = \pi R g \Rightarrow S_L = \pi \cdot 8 \cdot 16 \Rightarrow \boxed{128\pi \text{ mm}^2}$

e) $S_T = S_B + S_L \Rightarrow 64\pi + 128\pi \Rightarrow \boxed{192\pi \text{ mm}^2}$

f) $V = \dfrac{S_B \cdot h}{3} = \dfrac{64\pi \cdot 8\sqrt{3}}{3} = \boxed{\dfrac{512\sqrt{3}\pi}{3}} \text{ mm}^3$

**3.** Encontre a área lateral e a área total de um cone reto que possui na superfície lateral um setor circular de raio 5 m e um ângulo central de 72°.

**Resolução**

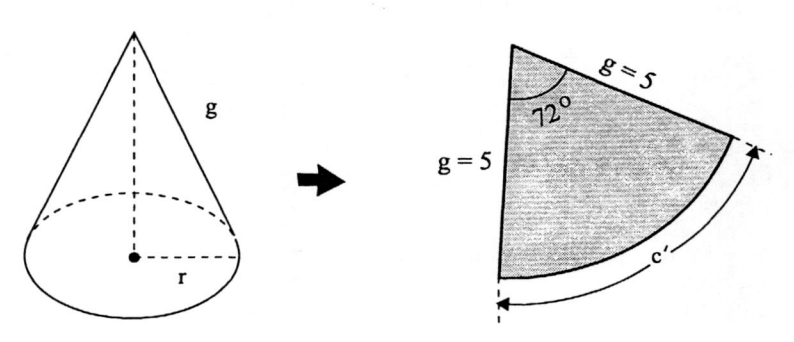

lembre-se que: $72° = \dfrac{2\pi}{5}$ e $c' =$ comprimento do setor, onde

$c' = \alpha \cdot g \Rightarrow c' = \dfrac{2\pi}{\cancel{5}} \cdot \cancel{5} \Rightarrow \boxed{c' = 2\pi \text{ m}}$

Então: $c' = 2\pi \cdot R \Rightarrow 2\cancel{\pi} = 2\cancel{\pi}R \Rightarrow \boxed{R = 1 \text{ m}}$

$S_L = \pi R g = \pi \cdot 1 \cdot 5 \Rightarrow S_l = \boxed{5\pi \text{ m}^2}$

$S_B = \pi R^2 = \pi \cdot 1^2 \Rightarrow S_B = \boxed{\pi \text{ m}^2}$

$$S_T = S_L + S_b = \boxed{6\pi \text{ m}^2}$$

**4.** Um cone circular reto tem altura 10 cm. A que distância do vértice se deve traçar um plano paralelo à base, de modo que o volume do tronco seja igual à metade do volume do cone dado?

**Resolução**: Pela figura, temos:

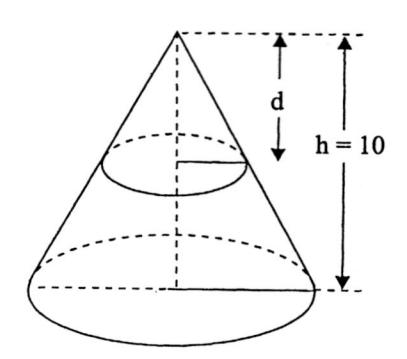

lembre-se que: $V = 2v$

$$\frac{v}{V} = \frac{d^3}{h^3} \Rightarrow \frac{\not v}{2 \not v} = \frac{d^3}{10^3} \Rightarrow 2d^3 = 1000 \Rightarrow d^3 = 500$$

$$d = \sqrt[3]{500} = \boxed{5\sqrt[3]{4} \text{ cm}}$$

## QUESTÕES DE FIXAÇÃO

**1.** Encontre a área total de um cone eqüilátero em função da altura de medida $h$.

**2.** Encontre a área lateral e a área total de um cone eqüilátero de raio 4 mm.

**3.** Encontre o volume de um cone circular reto que possui 12 dm de altura e 13 dm de geratriz.

**4.** Sendo $24\pi$ m² a área lateral de um cone eqüilátero, encontre:
   a) A área total.
   b) O volume.

**5.** Sendo a altura de um cone circular reto igual ao diâmetro da base e volume de $18\pi$ mm³, encontre a altura desse cone.

**6.** Um cone circular reto tem raio 2 cm e altura 4 cm. Encontre a área da secção transversal, feita por um plano que dista 1 m do seu vértice.

**7.** Encontre a altura de um tronco de cone que possui 31 dm³ de volume e raios das bases medindo 1 dm e 5 dm respectivamente.

**8.** Um cone de altura $h = 18$ cm e raio de base $r = 6$ cm foi seccionado por um plano paralelo à base, a 12 cm da mesma. A área da secção obtida é:

a) $12\pi$ cm²
b) $8\pi$ cm²
c) $3\pi$ cm²
d) $9\pi$ cm²
e) $4\pi$ cm²

**9.** Uma firma vai utilizar recipientes cônicos de papel para colocar sorvete. Os cones terão geratriz e diâmetro da base de comprimento $R$. O número máximo de recipientes que poderão ser feitos a partir de uma folha de papel circular de raio $R$ é:

a) 1
b) 2
c) 3
d) 6
e) 12

**10.** Num cone circular reto, a medida da altura é o dobro da medida do raio da base. Se seu volume é $144\pi$ cm³, o raio da base mede, em cm:

a) 6
b) 5,5
c) 5
d) 4,5
e) 4

**11.** Um copo de papel, em forma de cone, é formado enrolando-se um semicírculo que tem um raio de 12 cm. O volume do copo é de, aproximadamente:

a) 390 cm³
b) 350 cm³
c) 300 cm³
d) 260 cm³
e) 230 cm³

**12.** Um cone reto em 8 cm de raio e 15 cm de altura. Determine:

a) A medida da geratriz.
b) A área da base.
c) A área lateral.
d) A área total.
e) O volume.

**13.** Em um cone reto, a área lateral vale $30\pi$ cm² e sua geratriz mede 6 cm. Calcule:
a) A área total.
b) O volume.

**14.** Calcule a altura e a área lateral de um cone eqüilátero de $\sqrt{3}$ m de raio.

**15.** Um cone reto de raio da base igual a 6 é tal que sua geratriz forma 30° com o plano da base. Calcule sua área lateral.

## QUESTÕES DE APROFUNDAMENTO

**1. (UAMA)** Calcule o volume e a área lateral de um cone eqüilátero cujo raio da base é igual a 6 cm.

**2. (UFPB)** A figura abaixo representa uma secção meridiana de um cone circular reto. Calcule o volume desse cone.

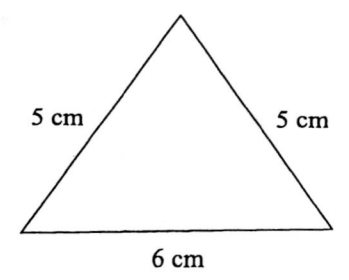

**3. (PUC-RS)** Os catetos de um triângulo medem $\sqrt{3}$ cm e $\sqrt{5}$ cm. Determine o volume do sólido gerado pela rotação do triângulo em torno do menor cateto.

**4. (CEFET-MG)** A área da secção meridiana de um cone reto é igual à área da base do cone. O raio da base é igual a 1 m. Calcule a área lateral do cone.

**5. (UFES)** Com um setor circular, cujo ângulo central mede 120°, constrói-se um cone circular reto de raio igual a 3 cm. Determine o volume do cone assim obtido.

**6. (U.F. OURO PRETO-MG)** Uma cartolina foi cortada de modo a formar um setor circular de área $3\pi$ m² e ângulo central 120°. Dobrando a cartolina de modo a formar um cone circular reto, determine:
a) A geratriz do cone.
b) O raio do cone.

**7. (UFRJ)** Um cone circular reto é feito de uma peça circular de papel de 20 cm de diâmetro cortando-se fora um setor de $\dfrac{\pi}{5}$ radianos. Calcule a altura do cone obtido.

**8. (UNIRIO)** Uma tulipa de chope tem a forma cônica, como mostra a figura a seguir. Sabendo-se que sua capacidade é de $100\pi$ m$\ell$, a altura $h$ é igual a:

a) 20 cm
b) 16 cm
c) 12 cm
d) 8 cm
e) 4 cm

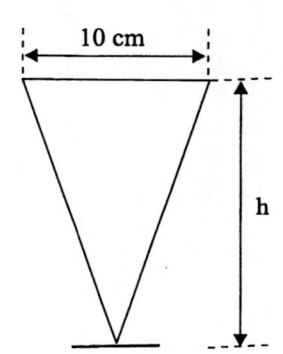

**9. (EEM-SP)** Um cilindro circular reto de altura $h$ e raio $r$ da base está inscrito em um cone circular reto de altura $H$ e raio $R$ da base. Sendo $R = 2r$, determine a relação entre os seus volumes.

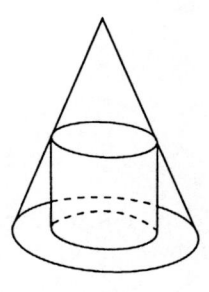

**10. (UFV-MG)** O trapézio retângulo abaixo sofre uma rotação de 360° em torno da base maior. Sabendo-se que $AB = 3$ cm, $CE = 5$ cm e que o volume do sólido obtido é $84\pi$ cm$^3$, determine $AC$.

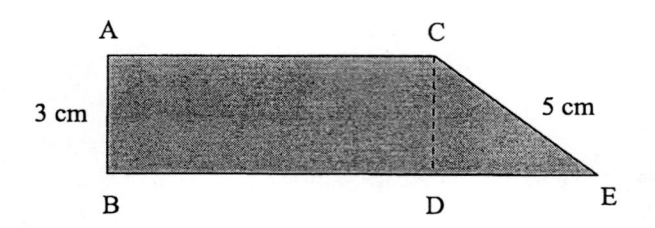

**11. (FUVEST-SP)** O volume do cilindro é 7,086 cm³. O volume do cone é, portanto, em mm³:

a) 23,62
b) 35,43
c) Impossível calcular por falta de dados.
d) 3 543
e) 2 362

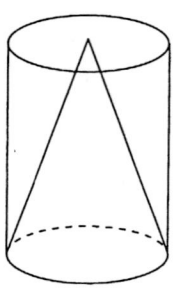

**12. (UFPA)** Qual é o volume de um cone circular reto de diâmetro da base igual a 6 cm e de geratriz 5 cm?

a) $12\pi$ cm³
b) $24\pi$ cm³
c) $36\pi$ cm³
d) $48\pi$ cm³
e) $96\pi$ cm³

**13. (UFF)** Um recipiente em forma de cone circular reto de altura $h$ é colocado com vértice para baixo e com eixo na vertical, como na figura. O recipiente, quando cheio até a borda, comporta 400 ml.

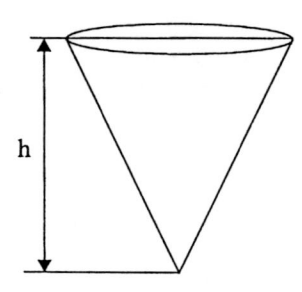

Determine o volume de líquido quando o nível está em $\frac{h}{2}$.

**14. (UFPE)** Um cone circular reto, com altura igual a 60 cm, é interceptado por um plano perpendicular ao seu eixo, resultando numa circunferência de raio igual a 40 cm. Se a distância deste plano à base do cone e de 30 cm, quanto mede em centímetros, o raio da base do cone?

**15. (ITA-SP)** Sabendo-se que um cone circular reto tem 3 dm de raio e $15\pi$ dm² de área lateral, o valor de seu volume em dm³ é:

a) $9\pi$
b) $15\pi$
c) $36\pi$
d) $20\pi$
e) $12\pi$

**16. (VUNESP-SP)** A base e a altura de um triângulo isósceles medem $x$ e $\frac{12}{\pi}$ centímetros, respectivamente. Girando-se o triângulo em torno da altura, obtém-se um cone cuja base é um círculo de área $A$. Seja $y$ o volume do cone. Lembrando que $y = \frac{A \cdot h}{3}$, em que $h$ denota a altura do cone:

a) Determine o volume $y$ em função de $x$.

b) Considerando a função obtida no item a), determine os valores de $y$ quando atribuimos a $x$ os valores 1 cm, 2 cm e 3 cm. Esboce um gráfico cartesiano desta função, para todo $x \geq 0$.

**17. (UFGO)** Um refresco é obtido misturando-se 7 partes de água com uma parte de suco concentrado. Um recepiente cônico de altura $h$ deve ser completamente cheio de tal refresco. A que altura deverá ficar o nível do suco concentrado, caso este seja despejado primeiramente no cone?

**18. (UFRN)** O tronco de um cone circular reto tem raio a base $R$, altura $2R$ e raio da secção superior $\frac{R}{3}$. Calcule seu volume em função de $R$.

**19. (UFRN)** A figura a seguir registra o momento em que $\frac{7}{8}$ do volume de areia da ampulheta encontram-se na parte inferior.

> O volume de um cone circular reto é dado por
> $$V = \left(\frac{1}{3}\right) \cdot \pi \cdot R^2 \cdot h,$$
> sendo $R$ o raio e $h$ a altura do cone.

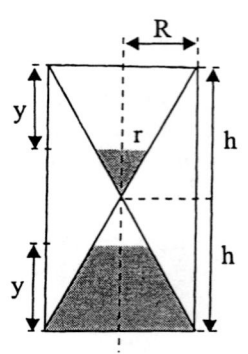

Calcule o valor da fração numérica que representa a proporção entre $y$ e $h$ nesse momento.
(Sugestão: expresse o valor da altura $y$ em função de $h$.)

**20. (PUC-RJ)** Considere um cone de altura 4 cm e um tronco deste cone, de altura 3 cm. Sabendo-se que esse tronco tem volume 21 cm³, qual o volume do cone?

**21. (PUC-RS)** Num cone de revolução, a área da base é $36\pi$ m² e a área total é $96\pi$ m². A altura do cone, em m, é igual a:
   a) 4
   b) 6
   c) 8
   d) 10
   e) 12

**22. (U.F. OURO PRETO-MG)** Num cone circular reto de volume $V = 3\pi$ cm³ e área da base $A_b = 9\pi$ cm², podemos afirmar que o produto do raio pela altura desse cone, em cm², vale:
   a) 2/3
   b) 1
   c) 2
   d) 9/4
   e) 3

**23. (U.F. OURO PRETO-MG)** Um cone circular reto tem por base uma circunferência de comprimento igual a $6\pi$ cm e sua altura é $\dfrac{2}{3}$ do diâmetro da base. Posto isto, sua área lateral é:
   a) $5\pi$ cm²
   b) $9\pi$ cm²

c) $12\pi$ cm²
d) $15\pi$ cm²
e) $36\pi$ cm²

**24. (ITA-SP)** O raio da base de um cone circular reto é igual à média aritmética da altura e a geratriz do cone. Sabendo-se que o volume do cone é $128\pi$ m³, temos que o raio da base e a altura do cone medem, respectivamente, em metros:
a) 9 e 8
b) 8 e 6
c) 8 e 7
d) 9 e 6
e) 10 e 8

**25. (CEFET-MG)** Uma pirâmide de base hexagonal é inscrita em um cone, com altura $h = 2$ dm e base de raio $r = 3$ dm. O volume da pirâmide, em litros, é igual a:
a) $6\pi$
b) 12
c) $6\sqrt{3}$
d) $9\sqrt{3}$
e) $27\sqrt{3}$

**26. (UCMG)** O volume do sólido gerado pela rotação do triângulo isósceles de 6 cm de altura e 2 cm de base em torno da base é, em cm³:
a) $12\pi$
b) $14\pi$
c) $24\pi$
d) $26\pi$
e) $36\pi$

**27. (UTP-PR)** Um triângulo retângulo tem 6 cm² de área e um de seus catetos mede 2 cm. Pela rotação de 360° desse triângulo, em torno do outro cateto, obtém-se um sólido de volume.
a) $8\pi$ cm³
b) $12\pi$ cm³
c) $16\pi$ cm³
d) $18\pi$ cm³
e) n.d.a.

**28. (CEFET-PR)** O trapézio da figura a seguir gira em torno de um eixo do seu plano, que passa por $C$ e é paralelo ao lado $\overline{AD}$. Se $\overline{AB} = \overline{AD} = \ell$ e $\overline{CD} = 2\ell$, o volume do sólido gerado pelo trapézio é, em unidades de volume:

a) $\dfrac{8\pi \ell^3}{3}$

b) $\dfrac{11\pi \ell^3}{3}$

c) $\dfrac{14\pi \ell^3}{3}$

d) $\dfrac{17\pi \ell^3}{3}$

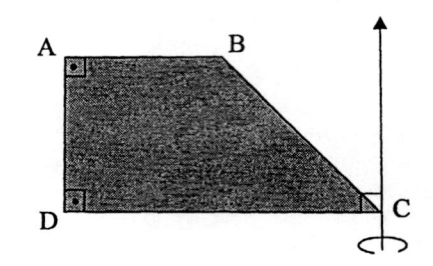

**29. (ESPM-SP)** Em Ribeirão Preto, um copo de chope com formato cônico custa R$ 1,50. Em São Paulo um copo de chope em formato cilíndrico custa R$ 3,60. Considerando-se que os dois chopes são da mesma marca e que os dois copos tem a mesma altura e bocas com o mesmo diâmetro, pode-se concluir que o preço do chope de São Paulo, em relação ao chope de Ribeirão Preto, está:

a) 60% mais caro.
b) 40% mais caro.
c) 14% mais caro.
d) 20% mais barato.
e) 25% mais barato.

**30. (UFGO)** Se qualquer monte de areia forma um cone cuja altura é igual ao raio da base, aumentando-se a quantidade de areia existente em um monte, de tal forma que dobre o raio da base, o volume da areia ficará multiplicado por:

a) $\dfrac{4}{3}$
b) $\dfrac{8}{3}$
c) 2
d) 4
e) 8

**31. (UFRN)** Dois sólidos de formatos cilíndricos têm bases de mesmo raio $R$. De um deles, foi extraída uma parte cônica, que foi colada no outro, conforme mostra a figura. Aos dois sólidos resultantes, de mesma altura $H$, chamaremos de $S_1$ e $S_2$.

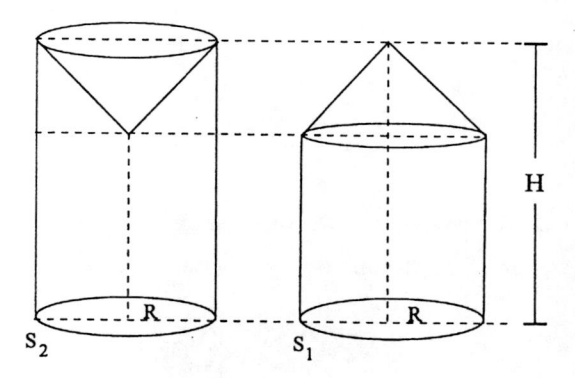

Se $V(S_1)$ e $V(S_2)$ denotam, respectivamente, os volumes de $S_1$ e $S_2$, pode-se afirmar que:
a) $V(S_1) > V(S_2)$
b) $V(S_1) + V(S_2) = 2\pi R^2 H$
c) $V(S_1) < V(S_2)$
d) $V(S_1) + V(S_2) = \dfrac{7}{3}\pi R^2 H$

**32. (UNIVERSIDADE CATÓLICA DOM BOSCO-MS)** A superfície lateral planificada de um cone de revolução é um setor circular de raio 9 dm e de ângulo central $\dfrac{10\pi}{9}$ radianos. Então, a área total do cone é igual a:
a) $50\pi$ dm$^2$
b) $60\pi$ dm$^2$
c) $65\pi$ dm$^2$
d) $70\pi$ dm$^2$
e) $75\pi$ dm$^2$

**33. (UNIFOR-CE)** Um cone circular reto, de altura 4 cm, é seccionado por um plano paralelo à sua base à distância $h$ de seu vértice. Para que o cone e o tronco de cone obtidos dessa secção tenham volumes iguais, a medida de $h$, em centímetros, é:
a) $\sqrt[3]{32}$
b) $\sqrt[3]{72}$
c) $\sqrt[3]{96}$
d) $\sqrt{72}$
e) $\sqrt{32}$

**34. (PUC-SP)** Um quebra-luz é um cone de geratriz 17 cm e altura 15 cm. Uma lâmpada acesa no vértice do cone projeta no chão um círculo de 2 m de diâmetro. A que altura do chão se encontra a lâmpada?

a) 1,50 m
b) 1,87 m
c) 1,90 m
d) 1,97 m
e) 2,00 m

**35. (PUC-SP)** O recipiente em forma de cone circular reto tem raio 12 cm e altura 16 cm. O líquido ocupa $\frac{1}{8}$ do volume do recipiente. A altura $x$ do líquido é:

a) 1 cm
b) 2 cm
c) 4 cm
d) 6 cm
e) 8 cm

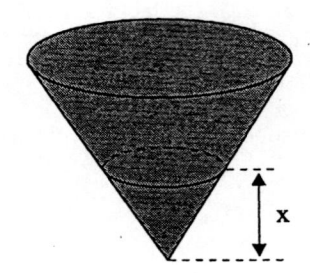

**36. (ITA-SP)** Qual o volume de um cone circular reto, se a área de sua superfície lateral é de $24\pi$ cm² e o raio de sua base mede 4 cm?

a) $\frac{16}{3}\sqrt{20\pi}$ cm³

b) $\frac{\sqrt{24}}{4}\pi$ cm³

c) $\frac{\sqrt{24}}{3}\pi$ cm³

d) $\frac{8}{3}\sqrt{24\pi}$ cm³

e) $\frac{1}{3}\sqrt{20\pi}$ cm³

**37. (UFPI)** Se o raio da base de um cone eqüilátero mede 3 cm, então a medida de seu volume, em cm³, é igual a:

a) $\pi\sqrt{3}$
b) $3\pi\sqrt{3}$
c) $9\pi\sqrt{3}$
d) $\pi\sqrt{6}$
e) $2\pi\sqrt{6}$

**38. (UFGO)** A figura a seguir representa um tronco de cone, cujas bases são círculos de raios 5 cm e 10 cm, respectivamente, e altura 12 cm.

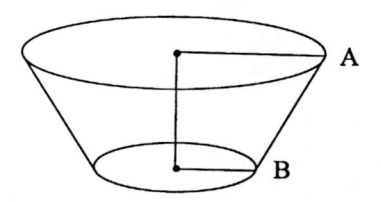

Considerando-se esse sólido, assinale V (verdadeiro) ou F (falso) nas afirmações seguintes:
a) A área da base maior é o dobro da área da base menor.
b) O volume é menor que 2000 cm³.
c) O comprimento da geratriz $AB$ é 13 cm.
d) A medida da área da superfície lateral é $195\pi$ cm².

**39. (UFSE)** Um copo de papel, em forma de cone circular reto, tem em seu interior 200 mℓ de chá-mate, ocupando $\frac{2}{3}$ de sua altura, conforme mostra a figura abaixo. A capacidade desse copo, em milímetros, é:

a) 600
b) 625
c) 650
d) 675
e) 700

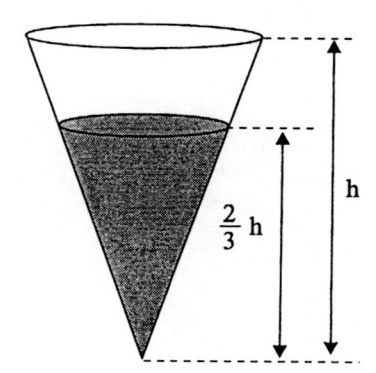

**40. (MACK-SP)** Aumentando-se de $\frac{1}{5}$ o raio da base de um cone circular reto e reduzindo-se em 20% a sua altura, pode-se afirmar que o seu volume:

a) Não foi alterado.
b) Aumentou 20%.
c) Ficou multiplicado por 0,958.
d) Aumentou 15,2%.
e) Sofreu uma variação de 3,85%.

**41.** (MACK-SP) O retângulo $ABCD$ da figura faz uma rotação completa em torno de $\overline{BC}$. A razão entre os volumes dos sólidos gerados pelos triângulos $ABC$ e $ADC$ é:

a) $\dfrac{1}{3}$

b) $\dfrac{1}{5}$

c) $\dfrac{1}{4}$

d) $1$

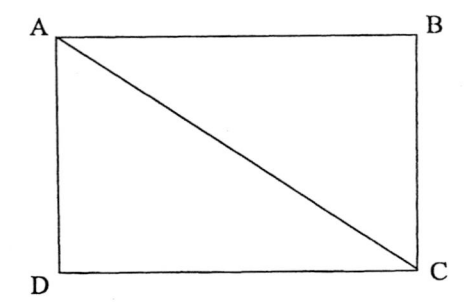

e) $\dfrac{1}{2}$

**42.** (MACK-SP) Calcule o volume de um cone de revolução, sabendo que o desenvolvimento de sua superfície lateral é um setor circular de raio 6 cm e o ângulo central tem 60°.

a) $\dfrac{\sqrt{35}}{3}\pi$ cm$^3$

b) $2\sqrt{35}\,\pi$ cm$^3$

c) $\dfrac{2\sqrt{35}}{3}\pi$ cm$^3$

d) $\sqrt{35}\,\pi$ cm$^3$

e) n.r.a.

**43.** (UNOPAR-PR) Um cilindro reto de altura 10 está cheio de água. Coloca-se dentro do cilindro um cone maciço reto de mesma altura, conforme a figura. Sendo os raios da base do cilindro e do cone iguais a $r$, e sendo $20\pi$ o volume de água que sobrou dentro do cilindro, o valor de $r$ é:

> Dados:
> $v_{\text{cone}} = \dfrac{1}{3}\pi r^2 h$;  $V_{\text{cilindro}} = \pi r^2 h$;
> $h$ = altura; $r$ = raio da base.

a) $\sqrt{2}$
b) $\sqrt{3}$
c) 2
d) $\sqrt{6}$
e) 3

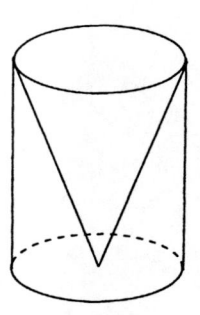

**44. (CEFET-RJ)** A geratriz de um cone de revolução forma com o eixo um ângulo de 30°. Sendo 12 cm o perímetro da secção meridiana do cone, a sua área total será, em cm²:

a) $10\pi$
b) $11\pi$
c) $12\pi$
d) $13\pi$
e) $14\pi$

**45. (FUVEST-SP)** Deseja-se construir um cone circular reto com 4 cm de raio da base e 3 cm de altura. Para isso, recorta-se, em cartolina, um setor circular para a superfície lateral e um círculo para a base. A medida do ângulo central do setor circular é:

a) 144°
b) 192°
c) 240°
d) 288°
e) 336°

**46. (PUCCAMP-SP)** Um trapézio isósceles cujas bases medem 2 cm e 4 cm, respectivamente, e cuja altura é de 1 cm, sofre uma rotação de 360° em torno da base maior, gerando assim um sólido. O volume desse sólido é:

a) $\dfrac{8\pi}{3}$ cm³

b) $4\pi$ cm³

c) $8\pi$ cm³

d) $\dfrac{2\pi}{3}$ cm³

e) $\dfrac{3\pi}{2}$ cm³

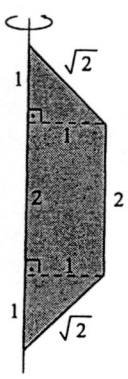

**47. (FATEC-SP)** A altura de um cone circular reto mede o triplo da medida do raio da base. Se o comprimento da circunferência dessa base é $8\pi$ cm, então o volume do cone, em centímetros cúbicos, é:

a) $64\pi$
b) $48\pi$
c) $32\pi$
d) $16\pi$
e) $8\pi$

**48. (SANTA CASA-SP)** Um recipiente tem o formato de um tronco de cone, com as medidas indicadas na figura. O volume de água que esse recipiente comporta, quando totalmente cheio, em cm³, é:

a) $756\pi$

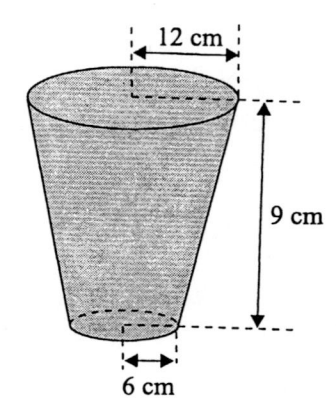

b) $\dfrac{756\pi}{3}$

c) $360\pi$

d) $\dfrac{8\pi}{3}$

e) $\dfrac{1\,960\pi}{3}$

**49. (UNIRIO)** Um copo de papel, em forma de cone, é formado enrolando-se um semicírculo que tem um raio de 12 cm. O volume do copo é de, aproximadamente:

a) 390 cm³
b) 350 cm³
c) 300 cm³
d) 260 cm³
e) 230 cm³

**50. (UFPR)** O formato interno de um reservatório de água é o de um cone circular reto com o vértice embaixo e o eixo na vertical. A altura e o raio da base do cone medem, respectivametne, 6 m e 8 m. Classifique em verdadeiro (V) ou falso (F) as sentenças seguintes:

a) Quando o reservatório contém água até a altura de $x$ metros, o volume da água é $\dfrac{16}{27}\pi x^3$ metros cúbicos.

b) Quando o nível da água está a 3 m do vértice do cone, a superfície da água forma um círculo de raio igual a 3 m.

c) A geratriz do cone mede 10 m.

d) A capacidade desse reservatório é menor que a de outro cujo formato interno é o de um cubo de 6 m de aresta.

**51. (SANTA CASA-SP)** Um cone circular reto tem 24 cm de altura e raio da base medindo 9 cm. Esse cone é cortado por dois planos paralelos à sua base e que dividem sua altura em três partes iguais. Em cm³, o volume do tronco de cone compreendido entre esses dois planos é:

a) $24\pi$
b) $168\pi$
c) $192\pi$
d) $504\pi$
e) $648\pi$

**52. (MACK-SP)** Um prisma e um cone retos têm bases de mesma área. Se a altura do prisma é $\dfrac{2}{3}$ da altura do cone, a razão entre o volume do prisma e o volume do cone é:

a) $\dfrac{5}{3}$
b) 3
c) $\dfrac{3}{2}$
d) $\dfrac{5}{2}$
e) 2

**53. (UFSM-RS)** Um cone circular reto de volume $V$ cm³ tem $h$ cm de altura. A uma distância $\frac{h}{2}$ cm do vértice do cone, traça-se um plano paralelo à sua base, determinado-se, assim, um outro cone de volume $W$ cm³. Então:

a) $V = \frac{3}{2}W$

b) $V = 2W$

c) $V = 4W$

d) $V = 6W$

e) $V = 8W$

**54. (UNIFOR-CE)** Dois cones retos, $C_1$ e $C_2$, têm alturas iguais e raios da base de medidas $r_1$ cm e $r_2$ cm, respectivamente. Se $r_1 = \frac{4}{5} r_2$, então a razão entre os volumes de $C_1$ e $C_2$, nessa ordem, é:

a) $\frac{24}{25}$

b) $\frac{16}{25}$

c) $\frac{18}{25}$

d) $\frac{4}{5}$

e) $\frac{22}{25}$

**55. (UCDB-MT)** Um tronco de cone reto tem os raios das bases medindo 5 cm e 2 cm e a geratriz, 5 cm. O volume do tronco é:

a) $56\pi$ cm³

b) $54\pi$ cm³

a) $52\pi$ cm³

a) $58\pi$ cm³

a) $60\pi$ cm³

**56. (UFSC)** No triângulo $ABC$, $m(\overline{AC}) = 3\sqrt{3}$ e $m(A\widehat{C}B) = \frac{\pi}{3}$. Calcule o volume gerado pela rotação do triângulo $ABC$ em torno do eixo $\overline{AB}$.

a) $\frac{81}{4}\pi$

b) $\frac{9}{8}\pi$

c) $\frac{81}{8}\pi$

d) $\frac{81}{2}\pi$

e) $\frac{9}{4}\pi$

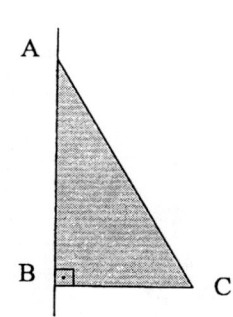

**57. (MED. ABC-SP)** A e B são duas botijas de formato cônico e medidas indicadas na figura. A primeira deu 72 doses. E a segunda?

a) 72
b) 120
c) 84
d) 96
e) 48

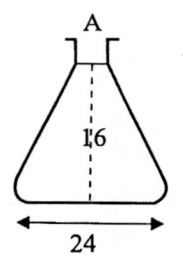

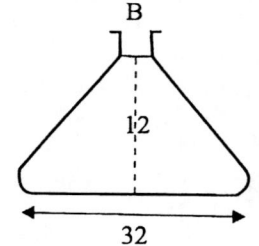

**58. (FUVEST-SP)** Qual das expressões seguintes dá o volume do tronco de cone circular de bases paralelas em função de $H, R, h, r$?

a) $\frac{1}{3}\pi[HR^2 + (H-h)r^2]$

b) $\frac{1}{3}\pi[HR^2 - (H+h)r^2]$

c) $\frac{1}{3}\pi[HR^2 - (H-h)r^2]$

d) $\frac{1}{3}\pi[HR^2 + (H+h)r^2]$

e) n.d.a.

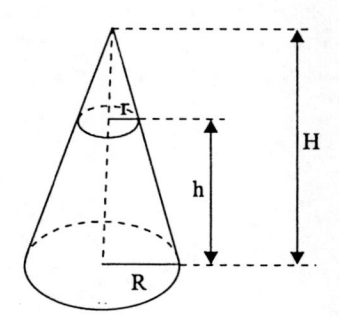

**59. (UFAL)** Um cone circular reto tem 10 cm de altura e 10 cm de raio da base. A que distância do vértice do cone deve passar um plano α, paralelo ao plano da base, dividindo o cone em dois sólidos de mesmo volume?

**60. (UFAL)** Em um cone circular reto, a área da sua superfície lateral é $18\pi$ m². Se o comprimento da circunferência da base é $6\pi$ m, o volume desse cone, em m³, é:

a) $15\pi$
b) $9\pi\sqrt{3}$
c) $3\pi\sqrt{30}$
d) $12\pi\sqrt{3}$
e) $27\pi$

**61. (U. AMAZONAS-AM)** Um bar da cidade, em seu révellion, ofereceu a seus brincantes um barril de chope que foi servido em tulipas:
– O barril tinha formato de um cilindro circular reto com 20 cm de raio $(R)$ e 30 cm de altura $(H)$.
– A tulipa tinha formato de um cone reto com 3 cm de raio $(r)$ e 10 cm de altura $(h)$.
Com base nesses dados, pergunta-se:

a) Qual o volume do barril?
b) Qual o volume da tulipa?
c) Quantas tulipas foram servidas desse barril, admitindo-se que não houve perda?

**62. (UEL-PR)** O diâmetro da base de um cone circular reto mede 12 cm. Se a área da base é $\frac{3}{8}$ da área total, o volume desse cone, em cm³, e:

a) $48\pi$
b) $96\pi$
c) $144\pi$
d) $198\pi$
e) $288\pi$

**63. (UFBA)** O cone representado a seguir tem 12 cm de raio e 16 cm de altura, sendo $d$ a distância do vértice a um plano $\alpha$ paralelo à base. Para que as duas partes do cone separadas pelo plano $\alpha$ tenham volumes iguais, $d$ deve ser igual a:

a) $8\sqrt[3]{4}$ cm
b) $8\sqrt{2}$
c) 8 cm
d) 10 cm
e) 12 cm

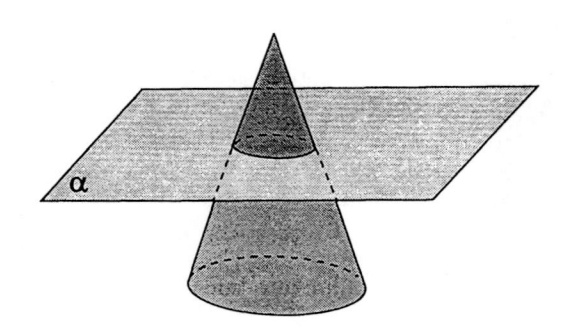

**64. (UFMG)** Na figura, o setor circular $BAC$, de ângulo $\theta$, é a superfície lateral de um cone circular reto, desenvolvida num plano. O raio da base é 6 e seu volume é $96\pi$.

a) Calcule o comprimento da geratriz desse cone.

b) Calcule a medida, em graus, do ângulo $\theta$.

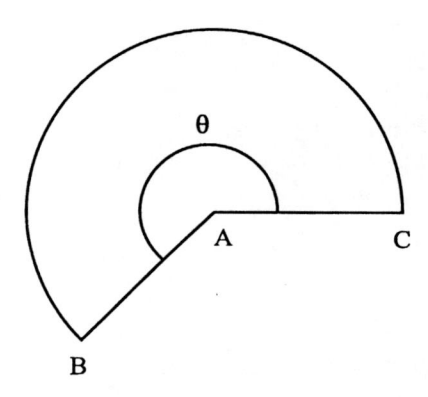

**65. (VUNESP-SP)** Um cone reto tem raio da base $R$ e altura $H$. Secciona-se esse cone por um plano paralelo à base e distante $h$ do vértice, obtendo-se um cone menor e um tronco de cone, ambos de mesmo volume. Então:

a) $h = \dfrac{H\sqrt[3]{4}}{2}$

b) $h = \dfrac{H}{\sqrt{2}}$

c) $h = \dfrac{H\sqrt[3]{2}}{2}$

d) $3h = H\sqrt[3]{4}$

e) $h = \dfrac{H\sqrt[3]{3}}{3}$

**66. (ITA-SP)** Num cone de revolução, o perímetro da secção meridiana mede 18 cm e o ângulo do setor circular mede 288°. Considerando-se o tronco de cone cuja razão entre as áreas das bases é $\dfrac{4}{9}$, então sua ára total mede:

a) $16\pi$ cm²

b) $\dfrac{308\pi}{9}$ cm²

c) $\dfrac{160\pi}{3}$ cm²

d) $\dfrac{100\pi}{9}$ cm²

e) n.d.a.

**67. (UNEB-BA)** A figura a seguir representa um cone reto com 10 cm de altura e 6 cm de raio da base. Esse cone, foi seccionado por um plano perpendicular à altura e que contém seu ponto médio.

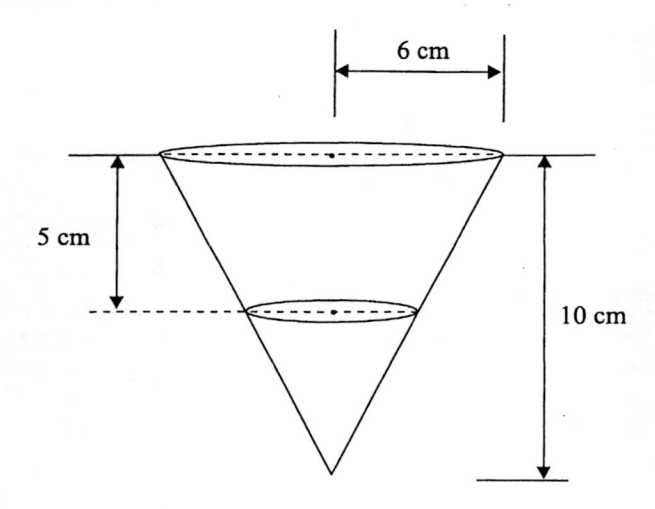

Qual é o volume do tronco de cone obtido?
a) 315 m³
b) 225π m³
c) 175π m³
d) 125π m³
e) 105π m³

**68. (MAUÁ-SP)** Um líquido é colocado através de uma torneira dentro de um funil cônico, à razão de 136π cm³/s, e escoa à razão de 100π cm³/s. A altura $H$ do funil é de 100 cm e o raio da boca é de 10 cm. Determine a altura do líquido no funil após 2 s da abertura da torneira.

**69. (MAUÁ-SP)** O raio da base, a altura e a geratriz de um cone reto formam, nesta ordem, uma P.A. Determine esses elementos, sabendo que o volume do cone é de 37,68 cm³. Adote $\pi = 3,14$.

**70. (PUC-SP)** A área lateral de um cone reto é igual ao dobro da área da base. Calcule o volume desse cone, sabendo que sua geratriz mede 12 cm.

**71. (FATEC)** Um recipiente, com o formato de um cone circular reto, está repleto de água. Esssa água vai ser despejada em um outro recipiente, com o formato de um cilindro circular reto. São dadas as seguintes medidas:

- Raio da base do cone 30 cm.
- Raio da base do cilindro 50 cm.
- Altura do cone 50 cm.
- Altura do cilindro 30 cm.

Nestas condições, é verdade que:

a) A água não caberá no recipiente cilíndrico, cuja capacidade é cerca de 45% da capacidade do cone.

b) A água ocupará somente $\frac{1}{5}$ do recipiente cilíndrico.

c) A água ocupará exatamete o recipiente cilíndrico, sem sobrar.

d) A água ocupará o recipiente cilíndrico, e ainda sobrarão no recipiente cônico $\frac{4}{5}$ do volume total de água.

e) A água ocupará somente $\frac{4}{5}$ do recipiente cilíndrico.

**72. (UNB-DF)** Um cálice tem a forma de um cone reto de revolução, de altura igual a 100 mm e volume $v_1$. Esse cálice contém um líquido que ocupa um volume $v_2$, atingindo a altura de 25 mm, conforme mostra a figura a seguir. Calcule o valor do quociente $\frac{v_1}{v_2}$.

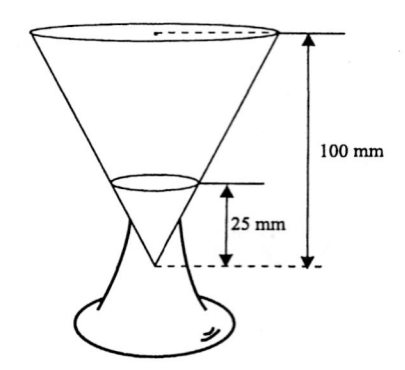

**73. (FUNDAÇÃO CARLOS CHAGAS)** Um pedaço de cartolina formado por um semicírculo de raio 20 cm. Com essa cartolina um menino constrói um chapéu cônico e o coloca com a base apoiada sobre uma mesa. Qual a distância do bico do chapéu à mesa?
  a) $10\sqrt{3}$ cm
  b) $3\sqrt{10}$ cm
  c) $20\sqrt{2}$ cm
  d) 20 cm
  e) 10 cm

**74. (FUNDAÇÃO CARLOS CHAGAS)** Um cone circular tem raio de base 4 cm e altura 12 cm. Esse cone é cortado por um plano paralelo à sua base, gerando uma face circular de raio 2 cm. O volume do tronco de cone assim obtido é, em centímetros quadrados:
  a) $64\pi$
  b) $56\pi$
  c) $32\pi$
  d) $24\pi$
  e) $8\pi$

**75. (FEI-SP)** Um cone circular reto tem 2 m de raio e altura 4 m. A área da secção transversal feita por um plano paralelo à base e distante 1 m do vértice é:
  a) $\dfrac{\pi}{2}$ m²
  b) $\dfrac{\pi}{8}$ m²
  c) $\dfrac{\pi}{4}$ m²
  d) $\pi$ m²
  e) n.d.a.

## Gabarito das questões de fixação

**Questão 1** - Resposta: $S_T = \pi h^2$
**Questão 2** - Resposta: $S_L = 32\pi$ mm² e $S_T = 48$ mm²
**Questão 3** - Resposta: $V = 100\pi$ dm³
**Questão 4** - Resposta: a) $S_T = 36\pi$ m²    b) $V = 24\pi$ m³
**Questão 5** - Resposta: $h = 6$ mm
**Questão 6** - Resposta: $S_S = \dfrac{\pi}{4}$ cm²
**Questão 7** - Resposta: $h = \dfrac{3}{\pi}$ dm
**Questão 8** - Resposta: e
**Questão 9** - Resposta: b
**Questão 10** - Resposta: a
**Questão 11** - Resposta: a
**Questão 12** - Resposta: a) $g = 17$ cm   b) $S_B = 64\pi$ cm²   c) $S_L = 136\pi$ cm²
d) $S_T = 200\pi$ cm²   e) $V = 320\pi$ cm³
**Questão 13)** - Resposta: a) $S_T = 55\pi$ cm²   b) $V = \dfrac{25\pi\sqrt{11}}{3}$ cm³
**Questão 14)** - Resposta: $h = 3$ m e $S_L = 6\pi$ m²
**Questão 15)** - Resposta: $S_L = 24\pi\sqrt{3}$

## Gabarito das questões de aprofundamento

**Questão 1** - Resposta: a) $V = 72\pi\sqrt{3}$ cm³   b) $S_L = 72\pi$ cm²
**Questão 2** - Resposta: $V = 12\pi$ cm³
**Questão 3** - Resposta: $V = \dfrac{5\pi\sqrt{3}}{3}$ cm³
**Questão 4** - Resposta: $S_L = \pi\sqrt{\pi^2 + 1}$ m²
**Questão 5** - Resposta: $V = 18\pi\sqrt{2}$ cm³
**Questão 6** - Resposta: a) $g = 3$ m   b) $R = 1$ m
**Questão 7** - Resposta: $h = \sqrt{19}$ cm
**Questão 8** - Resposta: c
**Questão 9** - Resposta: $\dfrac{V_{\text{cilindro}}}{V_{\text{cone}}} = \dfrac{3}{8}$
**Questão 10** - Resposta: $\overline{AC} = 8$ cm
**Questão 11** - Resposta: e
**Questão 12** - Resposta: a
**Questão 13** - Resposta: $V = 50$ mℓ
**Questão 14** - Resposta: $R = 80$ cm

**Questão 15** - Resposta: e
**Questão 16** - Resposta: a) $y = x^2$

b)

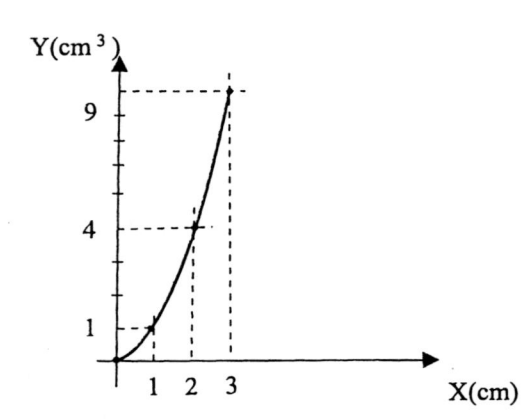

Y(cm³), com pontos (1,1), (2,4), (3,9), curva $y = x^2$, eixo X(cm).

**Questão 17** - Resposta: $\dfrac{h}{2}$

**Questão 18** - Resposta: $V = \dfrac{26}{27}\pi R^3$

**Questão 19** - Resposta: $\dfrac{y}{h} = \dfrac{1}{2}$

**Questão 20** - Resposta: $V = \dfrac{64\pi}{3}$ cm³

**Questão 21** - Resposta: c
**Questão 22** - Resposta: e
**Questão 23** - Resposta: d
**Questão 24** - Resposta: b
**Questão 25** - Resposta: d
**Questão 26** - Resposta: c
**Questão 27** - Resposta: a
**Questão 28** - Resposta: b
**Questão 29** - Resposta: d
**Questão 30** - Resposta: e
**Questão 31** - Resposta: a
**Questão 32** - Resposta: d
**Questão 33** - Resposta: a
**Questão 34** - Resposta: b
**Questão 35** - Resposta: e
**Questão 36** - Resposta: a

**Questão 37** - Resposta: c
**Questão 38** - Resposta: a) F   b) F   c) V   d) V
**Questão 39** - Resposta: d
**Questão 40** - Resposta: d
**Questão 41** - Resposta: e
**Questão 42** - Resposta: a
**Questão 43** - Resposta: b
**Questão 44** - Resposta: c
**Questão 45** - Resposta: d
**Questão 46** - Resposta: a
**Questão 47** - Resposta: a
**Questão 48** - Resposta: a
**Questão 49** - Resposta: a
**Questão 50** - Resposta: a) V   b) F   c) V   d) F
**Questão 51** - Resposta: b
**Questão 52** - Resposta: e
**Questão 53** - Resposta: e
**Questão 54** - Resposta: b
**Questão 55** - Resposta: c
**Questão 56** - Resposta: c
**Questão 57** - Resposta: d
**Questão 58** - Resposta: c
**Questão 59** - Resposta: $d = 5\sqrt[3]{4}$ cm
**Questão 60** - Resposta: b
**Questão 61** - Resposta: a) $12000\pi$ cm$^3$   b) $30\pi$ cm$^3$   c) 400 tulipas
**Questão 62** - Resposta: b
**Questão 63** - Resposta: a
**Questão 64** - Resposta: a) 10   b) 216°
**Questão 65** - Resposta: a
**Questão 66** - Resposta: b
**Questão 67** - Resposta: e
**Questão 68** - Resposta: $h = 6\sqrt[3]{100}$ cm
**Questão 69** - Resposta: $r = 3$ cm,   $h = 4$ cm e $g = 5$ cm
**Questão 70** - Resposta: $V = 72\pi\sqrt{3}$ cm$^3$
**Questão 71** - Resposta: b
**Questão 72** - Resposta: $\dfrac{v_1}{v_2} = 64$
**Questão 73** - Resposta: a
**Questão 74** - Resposta: b
**Questão 75** - Resposta: c

UNIDADE 16

# ESFERA

SINOPSE TEÓRICA

## 16.1) Definição

Dados um segmento de comprimento $R$ e um ponto $O$, chama-se superfície esférica ao conjunto de todos os pontos do espaço cuja distância ao ponto $O$ é igual a $R$.
O ponto $O$ é o centro e $R$ é o raio da superfície esférica.
O conjunto de todos os pontos do interior de uma superfície esférica forma a esfera.

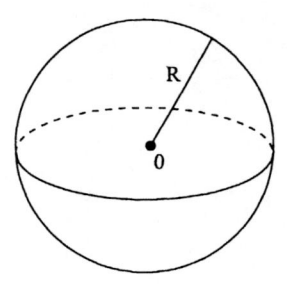

Podemos ainda dizer que:

**Esfera** é o sólido gerado pela rotação completa de um semicírculo em torno do seu diâmetro; a **superfície esférica** é gerada pela semicircunferência.

## 16.2) Seção plana de uma esfera

Toda seção plana de uma esfera é um *círculo*. Quando o plano da seção passa pelo centro, temos um *círculo máximo*.

$$R^2 = d^2 + r^2$$

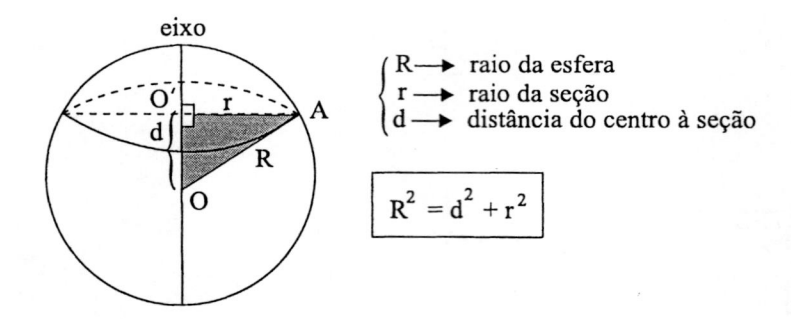

- R → raio da esfera
- r → raio da seção
- d → distância do centro à seção

### 16.3) Volume da esfera

Demonstra-se que o volume de uma esfera de raio $R$ é dado por:

$$V = \frac{4\pi R^3}{3}$$

### 16.4) Área da superfície esférica

Demonstra-se que a área de uma superfície esférica de raio $R$ é dada por:

$$S = 4\pi R^2$$

### 16.5) Fuso esférico

Quando uma semicircunferência gira $\alpha$ graus em torno do seu diâmetro, gera-se uma superfície denominada fuso esférico. ($\alpha < 360°$).

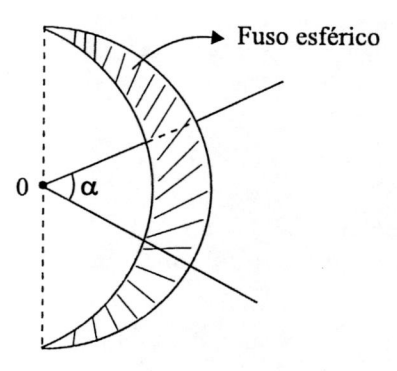

Então, temos como área do fuso esférico:

$$S_{fuso} = 2\alpha R^2$$

### 16.6) Cunha esférica

Quando um semicírculo gira $\alpha$ graus em torno do seu diâmetro, gera-se um sólido denominado cunha esférica ($\alpha < 360°$)

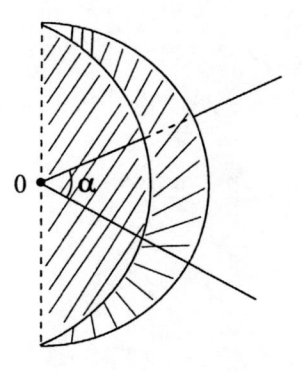

Então, temos como volume da cunha: $V_{cunha} = \dfrac{2\alpha R^3}{3}$

### 16.7) Inscrição e circunscrição da esfera em sólidos

### 16.7.1) Quanto à definição

Definimos inscrição ou circunscrição, quando por exemplo colocamos um objeto quaisquer em um prisma ("caixa") e este objeto, toca todas as faces da caixa. Logo, determinamos que o objeto está *inscrito* na caixa, ou que a caixa está *circunscrita* ao objeto.

### 16.7.2) Quanto a esfera

#### 16.7.2.1) Esfera inscrita

Uma esfera está *inscrita* em um poliedro, quando tangencia todas as faces do poliedro.

**Exemplo**: Esfera inscrita em um cubo de aresta $a$.

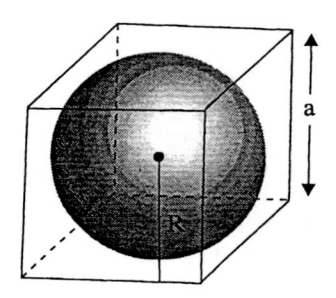

#### 16.7.2.2) Esfera circunscrita

Uma esfera está *circunscrita* em um poliedro, quando todos os vértices do poliedro pertencem à superfície esférica.

**Exemplo**: Esfera circunscrita a um octaedro de aresta $a$.

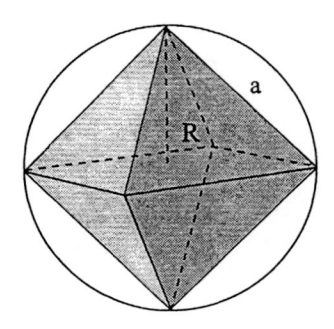

### 16.8) Posição do plano e da esfera

Podemos definir um plano em relação a uma esfera como sendo: plano externo, plano tangente e plano secante.

## 16.8.1) Plano externo

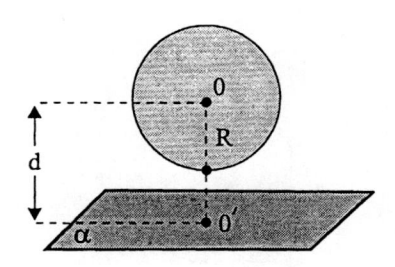

Logo: $d > R$
Então: não há ponto comum.

## 16.8.2) Plano tangente

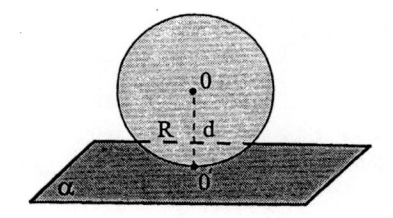

Logo: $d = R$
Então: há um ponto comum.

## 16.8.3) Plano secante

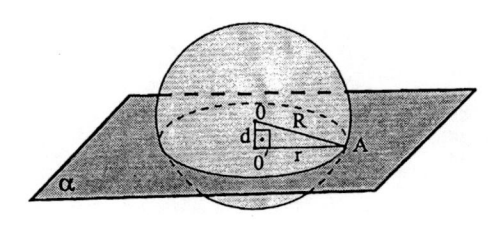

Logo: $d < R$
Então: há mais de um ponto comum.

**Observação**: Pela seção plana de uma esfera (16.2), já definimos, pela interseção que é um círculo de centro $O'$ e pelo Teorema de Pitágoras, temos:

$R$ = raio da esfera.
$d$ = distância do centro $O$ ao plano $\alpha$.
$r$ = raio da circunferência formada pelo plano $\alpha$.

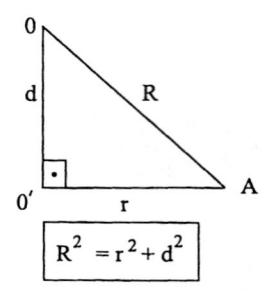

$$R^2 = r^2 + d^2$$

## QUESTÕES RESOLVIDAS

**1.** Uma esfera de raio 5 dm é seccionada por um plano $\alpha$, que dista 3 dm do seu centro. Determine o raio $R$ da secção.

**Resolução:**

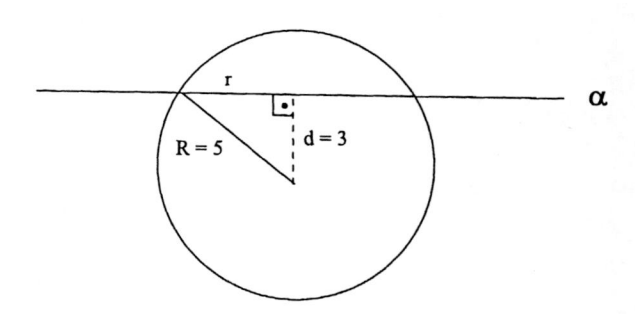

Por Pitágoras, temos:
$R^2 = r^2 + d^2$
$5^2 = r^2 + 3^2$
$25 = r^2 + 9$
$r^2 = 16 \Rightarrow \boxed{r = 4 \text{ dm}}$

**2.** Encontre a área da superfície esférica de raio 4 cm.

**Resolução:**

$S = 4\pi R^2 \Rightarrow S = 4 \cdot \pi \cdot 4^2 \Rightarrow S = 4 \cdot \pi \cdot 16$

$\boxed{S = 64\pi \text{ cm}^2}$

**3.** Em uma esfera inscrita em um cubo de aresta $\sqrt{2}$ dm, determine a área da superfície esférica.

**Resolução:**

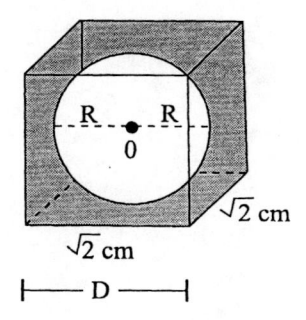

Pela figura, veja que cada face do cubo é tangente à esfera.
Logo: diâmetro da esfera $\Rightarrow D = 2R$
$$\sqrt{2} = 2R$$
$$R = \frac{\sqrt{2}}{2}$$

Então: $S = 4\pi R^2 \Rightarrow S = 4 \cdot \pi \cdot \left(\frac{\sqrt{2}}{2}\right)^2 \Rightarrow S = \cancel{4}\pi \cdot \frac{2}{\cancel{4}}$

$\boxed{S = 2\pi \text{ dm}^2}$

**4.** Dado um cubo de aresta $a$, encontre:

a) A área da superfície da esfera nele inscrita.

b) O volume da esfera que o circunscreve.

**Resolução:**

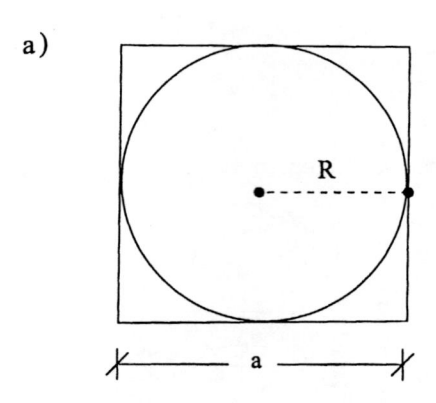

a)

$S = 4\pi R^2$

$R = \dfrac{a}{2}$

Logo: $S = 4\pi \left(\dfrac{a}{2}\right)^2 \Rightarrow S = \cancel{4} \cdot \pi \cdot \dfrac{a^2}{\cancel{4}}$

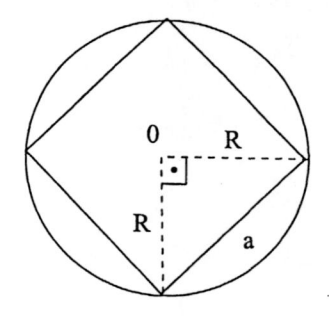

$\boxed{S = a^2 \pi}$

Por Pitágoras, temos:

$a^2 = R^2 + R^2 \Rightarrow a^2 = 2R^2 \Rightarrow R^2 = \dfrac{a^2}{2} \Rightarrow R = \sqrt{\dfrac{a^2}{2}}$

$R = \dfrac{a}{\sqrt{2}}$

Racionalizando, temos:

$R = \dfrac{a}{\sqrt{2}} \cdot \dfrac{\sqrt{2}}{\sqrt{2}} \Rightarrow R = \dfrac{a\sqrt{2}}{2}$

Então, para o volume:

$$V = \frac{4\pi R^3}{3} \Rightarrow V = \frac{4}{3} \cdot \pi \cdot \left(\frac{a\sqrt{2}}{2}\right)^3$$

$$V = \frac{\cancel{4}}{3} \cdot \pi \cdot \frac{a^3\sqrt{8}}{2} \Rightarrow V = \frac{\pi}{3} \cdot a^3 \cdot \frac{\cancel{2}\sqrt{2}}{\cancel{2}} \Rightarrow \boxed{V = \frac{a^3\pi\sqrt{2}}{3}}$$

**5.** Encontre a área de um fuso esférico de 60°, contido numa superfície esférica de raio 9 mm.

**Resolução:** $\alpha = 60° = \frac{\pi}{3}$

Então:
$$S_{\text{fuso}} = 2\alpha R^2 \Rightarrow S_F = 2 \cdot \frac{\pi}{3} \cdot 9^2$$

$$S_F = 2\frac{\pi}{\cancel{3}} \cdot \cancel{81}^{27} \Rightarrow \boxed{S_F = 54\pi \text{ mm}^2}$$

**6.** Admitindo que a Terra é uma esfera de raio 6 300 km, qual é a área da parte da superfície terrestre observada por um astronauta a 700 km de altura?

**Resolução:**

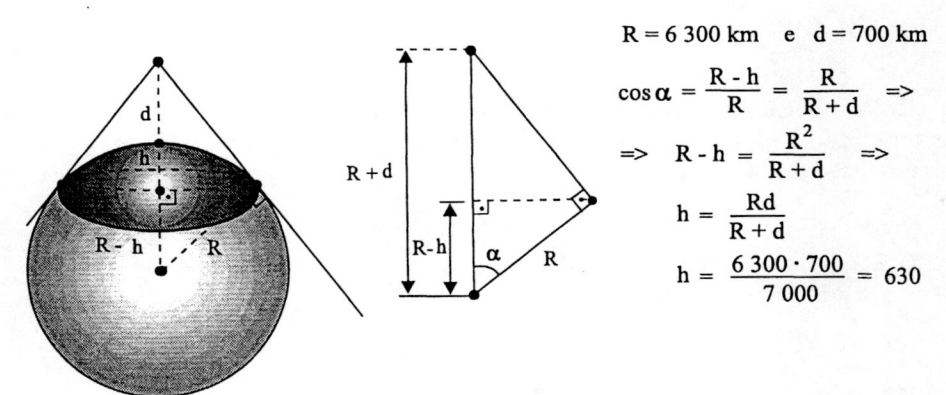

$R = 6\,300$ km   e   $d = 700$ km

$$\cos\alpha = \frac{R-h}{R} = \frac{R}{R+d} \Rightarrow$$

$$\Rightarrow R - h = \frac{R^2}{R+d} \Rightarrow$$

$$h = \frac{Rd}{R+d}$$

$$h = \frac{6\,300 \cdot 700}{7\,000} = 630$$

A superfície vista pelo astronauta é uma calota esférica com $R = 6\,300$ km e $h = 630$ km. Sua área é:

$$S = 2\pi Rh = 2\pi \cdot 6\,300 \cdot 630 \Rightarrow S = \boxed{7\,938\,000\pi \text{ km}^2}$$

## QUESTÕES DE FIXAÇÃO

1. Encontre o raio de uma esfera que possui sua área de superfície igual a $8\pi$ cm$^2$.

2. Sabendo que um plano $\alpha$ secciona uma esfera de raio 20 dm e que a distância do centro da esfera ao plano $\alpha$ vale 12 dm, encontre a área da secção obtida.

3. A razão entre os volumes de uma esfera de raio $R$ e um cilindro eqüilátero de raio $2R$ é:

   a) $\dfrac{3}{4}$

   b) $\dfrac{2}{3}$

   c) $\dfrac{1}{2}$

   d) $\dfrac{1}{6}$

   e) $\dfrac{1}{12}$

4. Uma superfície esférica de raio 13 cm é cortada por um plano situado a uma distância de 12 cm do centro da superfície esférica, determinando uma circunferência. O raio desta circunferência, em cm, é:

   a) 1

   b) 2

   c) 3

   d) 4

   e) 5

5. Qual é o raio de uma esfera 1 milhão de vezes maior (em volume) que uma esfera de raio 1?

   a) 100000

   b) 10

   c) 1000

   d) 10000

   e) 100

6. Qual é o volume da esfera inscrita em um cilindro cujo volume é $16\pi$ cm³ ?

   a) $\dfrac{2\pi}{3}$ cm³

   b) $\dfrac{4\pi}{3}$ cm³

   c) $\dfrac{8\pi}{3}$ cm³

   d) $\dfrac{16\pi}{3}$ cm³

   e) $\dfrac{32\pi}{3}$ cm³

7. Um copinho de sorvete, em forma de cone, tem 10 cm de profundidade e 4 cm de diâmetro no topo. São colocadas no copinho duas conchas semi-esféricas de sorvete. Cada concha tem 4 cm de diâmetro.
   Admita que o sorvete derreta para dentro do copinho.
   Podemos, assim, afirmar que:

   a) O sorvete transborda.

   b) O sorvete não transborda.

   c) Os dados são insuficientes.

   d) Os dados são incompatíveis.

8. As bolas de tênis, geralmente, são vendidas em uma embalagem cilíndrica que comporta 3 bolas, perfeitamente ajustadas à embalagem e com os seus centros colineares. Que fração do volume da embalagem é ocupada pelas bolas?

   a) $\dfrac{2\pi}{3}$

   b) $\dfrac{2}{3}$

   c) $\dfrac{\pi}{4}$

   d) $\dfrac{3}{4}$

   e) $\dfrac{4}{\pi}$

9. Uma lata, cuja capacidade é igual a 300 mℓ, contém água e 60 bolas de gude iguais e perfeitamente esféricas com diâmetro de 2 cm cada.

Sabendo que a lata está completamente cheia, determine o volume de água, em m$\ell$. Considere $\pi = 3$.

**10.** Determine o volume de uma esfera circunscrita a um cubo de área 24 cm².

**11.** Uma bola de ferro de raio $R$ é fundida e transformada em um cilindro de raio $R$. Determine a altura do cilindro em função de $R$.

**12.** O círculo máximo de uma esfera mede $6\pi$ cm. Qual o volume da esfera?

**13.** A razão do volume de uma esfera para o volume de um cubo nela inscrito vale:

**14.** Determine a razão entre os volumes dos cubos circunscritos e inscritos numa mesma esfera.

**15.** Encontre o raio de uma esfera circunscrita a um octaedro regular de aresta $a$.

**16.** Um cone circular reto tem altura 12 cm e raio da base 5 cm. O raio da esfera inscrita nesse cone mede:

**17.** Num cone circular reto de raio 9 mm e de altura 12 mm está inscrita uma esfera de raio $R$. Determine o volume da esfera.

**18.** Determine o volume da cunha esférica de 60°, numa esfera de 6 cm de raio.

**19.** Duas esferas, de raios $R = 9$ mm e $r = 4$ mm são tangentes exteriormente e tangenciam um plano $\beta$ nos pontos $M$ e $N$. Assim sendo, encontre a distância entre $M$ e $N$.

**20.** Uma esfera está inscrita num cilindro eqüilátero de raio $R$. Qual é a razão entre o volume $V_A$ da esfera e $V_B$ do cilindro?

## QUESTÕES DE APROFUNDAMENTO

**1. (UFPI)** Uma esfera com área de superfície igual a $36\pi$ m² tem um volume de:

   a) $36\pi$ m³
   b) $52\pi$ m³
   c) $108\pi$ m³
   d) $216\pi$ m³

**2. (FGV-SP)** Um cubo maciço de metal, com 5 cm de aresta, é fundido para formar uma esfera também maciça. Qual é o raio da esfera? Use $\pi = 3$.

**3. (UFSC)** Determine, em cm³, o volume de um cubo circunscrito a uma esfera de

$16\pi$ cm² de área.

4. **(UFPA)** A área total de uma semi-esfera de raio 5 cm é:

   a) $\dfrac{25\pi}{3}$ cm²

   b) $25\pi$ cm²

   c) $50\pi$ cm²

   d) $100\pi$ cm²

   e) $\dfrac{625\pi}{3}$ cm²

5. **(FAAP-SP)** A área da superfície de uma esfera e a área total de um cone reto são iguais. Determine o raio da esfera, sabendo que o volume do cone é $12\pi$ dm³ e o raio da base é 3 dm.

6. **(COVEST-PE)** A figura a seguir ilustra a esfera de maior raio contida no cone reto de raio da base igual a 6 e altura igual a 8, tangente ao plano da base do cone. Qual o inteiro mais próximo da metade do volume da região do cone exterior à esfera?

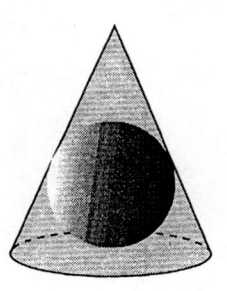

7. **(MAUÁ-SP)** Dado um cubo de aresta $\ell$, determine:

   a) A área da superfície da esfera nele inscrita.
   b) O volume da esfera que o circunscreve.

8. **(UFMT)** Um medicamento é produzido nas formas farmacêuticas de cápsulas e de comprimidos. Suponha que o comprimido tenha forma de um cilindro circular reto e que a cápsula tenha a mesma forma cilíndrica do comprimido, tendo, entretanto, uma semi-esfera em cada extremidade. Considere que o raio de cada semi-esfera seja igual ao raio da parte cilíndrica da cápsula.

   As figuras a seguir mostram os esboços da cápsula e do comprimido, com suas respectivas dimensões.

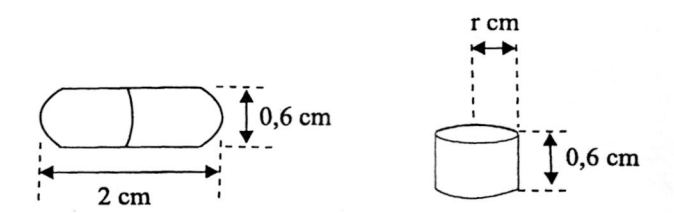

Com base nessas informações, julgue como verdadeiro ou falso cada item.

a) Se a área total da cápsula é o dobro da área lateral do comprimido, então $r$ é um número racional.

b) Se a soma dos volumes das semi-esferas da cápsula é igual ao volume do comprimido, então $r$ é um número irracional.

**9. (UFES)** Enche-se um tubo cilíndrico de altura $h = 20$ cm e raio da base $r = 2$ cm com esferas tangentes ao mesmo e tangentes entre si. O volume interior ao cilindro e exterior às esferas vale:

a) $\dfrac{102\pi}{3}$ cm$^3$

b) $\dfrac{80\pi}{3}$ cm$^3$.

c) $40\pi$ cm$^3$

d) $\dfrac{160\pi}{3}$ cm$^3$

e) $80\pi$ cm$^3$

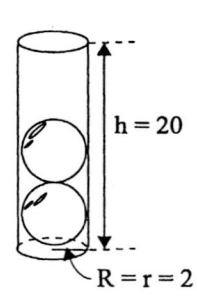

**10. (UFSM-RS)** Dobrando-se o raio de uma esfera, o seu volume ficará:

a) Multiplicado por 2.
b) Multiplicado por 4.
c) Multiplicado por 8.
d) Inalterado.
e) Reduzido à metade.

**11. (U.F. JUIZ DE FORA-MG)** Deseja-se fabricar 21000 bolinhas esféricas maciças de chocolate, de 0,8 cm de raio cada uma, derretendo barras de chocolate, também maciças, em forma de blocos retangulares de 32 cm de comprimento, 8 cm de largura e $\pi$ cm de altura cada uma. Considerando que não há perda de chocolate durante a fabricação das bolinhas, determine o número mínimo de barras que devem ser utilizadas.

## 12. (UFMG)

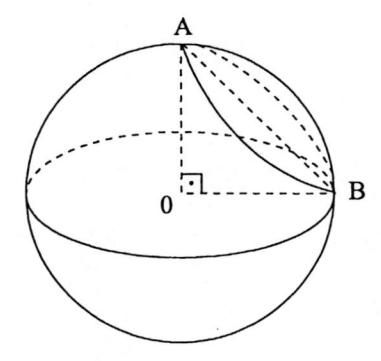

Observe a figura. Um plano intercepta uma esfera segundo um círculo de diâmetro $\overline{AB}$. O ângulo $A\hat{O}B$ mede 90° e o raio da esfera, 12 cm. O volume do cone de vértice $O$ e base de diâmetro $\overline{AB}$ é:

a) $9\pi$ cm$^3$

b) $36\sqrt{2\pi}$ cm$^3$

c) $48\sqrt{2\pi}$ cm$^3$

d) $144\sqrt{2\pi}$ cm$^3$

e) $1\,304\pi$ cm$^3$

## 13. (FURRN)
Uma esfera menor é tangente internamente a uma esfera maior, sendo que o centro da esfera maior é um ponto da superfície da esfera menor. A relação entre os volumes $V_2$ da esfera maior e $V_1$ da esfera menor é:

a) $V_2 = 2V_1$
b) $V_2 = 4V_1$
c) $V_2 = 6V_1$
d) $V_2 = 8V_1$
e) $V_1 = 8V_2$

## 14. (PUC-RS)
A região $R$ da figura está limitada por três semicírculos. Se $R$ efetua uma volta completa em torno do eixo $x$, ela gera um sólido de volume:

a) $12\pi$
b) $8\pi$
c) $4\pi$
d) $2\pi$
e) $\pi$

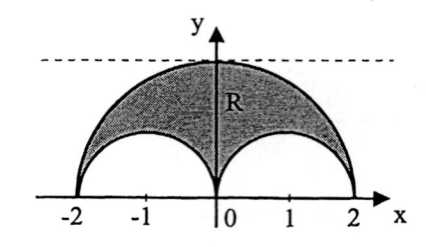

**15. (CESGRANRIO)** Se $v$ é o volume da esfera inscrita num cubo de volume $V$, então a razão $\dfrac{v}{V}$ é:

a) $\dfrac{\pi}{9}$
b) $\dfrac{\pi}{6}$
c) $\dfrac{\pi}{4}$
d) $\dfrac{\pi}{3}$
e) $\dfrac{2}{3}$

**16. (FGV-SP)** Um depósito de grãos num armazém tem o formato de um cilindro reto encimado por um hemisfério.

a) Se o raio da base do cilindro for 2 m e o volume do recipiente for de $50\pi$ m$^3$, qual será a altura do cilindro?

b) Se o volume do recipiente for $\left(\dfrac{47}{3}\right)\pi$ m$^3$ e o cilindro tiver 15 m de altura, qual será o raio da base do cilindro (que é o mesmo do hemisfério)?

**17. (UFCE)** Um silo tem a forma de um cilindro circular reto (com fundo) encimado por uma semi-esfera, como na figura a seguir. Determine o volume e a área da superfície desse silo, sabendo que o raio do cilindro mede 2 m e que a altura do silo mede 8 m.

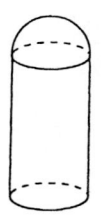

**18. (VUNESP)** Um paciente internado em um hospital tem que receber uma certa quantidade de medicamento injetável (tipo soro). O frasco do medicamento tem a forma de um cilindro circular reto de raio 2 cm e altura 8 cm. Serão administradas ao paciente 30 gotas por minuto. Admitindo-se que uma gota é uma esfera de raio 0,2 cm, determine:

a) O volume em cm³, do frasco e de cada gota (em função de $\pi$).

b) O volume administrado em cada minuto (considerando a quantidade de gotas por minuto) e o tempo gasto para o paciente receber toda a medicação.

**19. (VUNESP)** Uma esfera $E$ de raio $r$ está iscrita em um cubo e outra $F$ está circunscrita a esse mesmo cubo. Então a razão entre os volumes de $F$ e de $E$ é igual a:

a) $\sqrt{3}$

b) $2\sqrt{3}$

c) $\dfrac{3\sqrt{3}}{2}$

d) $3\sqrt{3}$

e) $\dfrac{4\sqrt{3}}{3}$

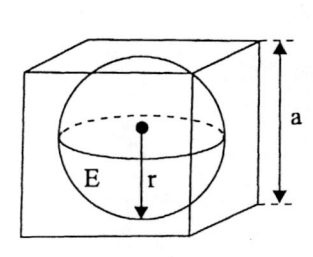

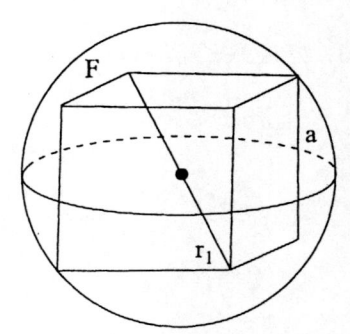

**20. (UCDB-MT)** Uma secção feita numa esfera a 2 cm do centro tem $5\pi$ cm² de área. Então a área da superfície esférica é igual a:

a) $38\pi$ cm²

b) $30\pi$ cm²

c) $32\pi$ cm²

d) $40\pi$ cm²

e) $36\pi$ cm²

**21. (UFRS)** O volume de uma esfera $A$ é $1/8$ do volume de uma esfera $B$. Se o raio da esfera $B$ mede 10, então o raio da esfera $A$ mede:

a) 5

b) 4

c) 2,5

d) 2

e) 1,25

**22. (UFRS)** Uma panela cilíndrica de 20 cm de diâmetro está completamente cheia de massa para doce, sem exceder a sua altura, que é de 16 cm. O número de doces em formato de bolinhas de 2 cm de raio que se podem obter com toda massa é:

a) 300

b) 250

c) 200

d) 150

e) 100

**23. (UFRS)** A figura a seguir representa um cilindro circunscrito a uma esfera. Se $V_1$ é o volume da esfera e $V_2$ é o volume do cilindro, então a razão $\dfrac{V_1}{V_2 - V_1}$ é:

a) $\dfrac{1}{3}$

b) $\dfrac{1}{2}$

c) 1

d) 2

e) 3

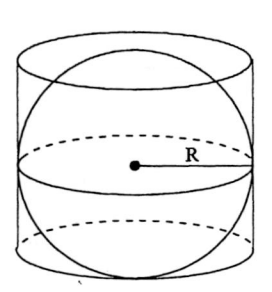

**24. (UNICRUZ-RS)** A razão entre as áreas de duas esferas é $\dfrac{25}{64}$. A razão entre seus volumes é:

a) $\dfrac{3}{4}$

b) $\dfrac{125}{512}$

c) $\dfrac{12}{55}$

d) $\dfrac{1}{3}$

e) $\dfrac{1}{4}$

**25. (FURG-RS)** Seccionando uma esfera de 9 cm de raio por um plano distante 6 cm do seu centro, obtém-se um círculo de raio:

a) $2\sqrt{3}$ cm
b) $3\sqrt{2}$ cm
c) $3\sqrt{3}$ cm
d) $3\sqrt{5}$ cm
e) $5\sqrt{3}$ cm

**26. (PUC-RS)** Inscreve-se numa esfera um cubo cuja aresta mede $\sqrt{3}$ cm. O volume da esfera, em cm³, é:

a) $\dfrac{9}{2}\pi$

b) $144\pi$

c) $36\pi$

d) $\dfrac{4}{3}\pi$

e) $\dfrac{32\sqrt{3}}{3}\pi$

**27. (PUC-RS)** Uma pirâmide quadrangular é inscrita numa esfera de raio $\sqrt{2}$ cm. Se a altura da pirâmide é igual ao raio da esfera, então o apótema da pirâmide, em cm, mede:

a) $\sqrt{2}$
b) $\sqrt{3}$
c) 2
d) $\sqrt{5}$
e) $\sqrt{6}$

**28. (MED. ABC-SP)** Numa esfera, o volume e a área da superfície esférica, desconsiderando a unidade, têm o mesmo valor $k$. Calcule $k$.

a) $2\pi$
b) $18\pi$
c) $26\pi$
d) $36\pi$
e) n.d.a.

**29. (ITA-SP)** Um cone de revolução está circunscrito a uma esfera de raio $R$ cm. Se a altura do cone for igual ao dobro do raio da base, então a área de sua superfície lateral mede:

a) $\dfrac{\pi}{4}(1+\sqrt{5})^2 R^2$ cm$^2$

b) $\dfrac{\pi\sqrt{5}}{4}(1+\sqrt{5})^2 R^2$ cm$^2$

c) $\dfrac{\pi\sqrt{5}}{4}(1+\sqrt{5}) R^2$ cm$^2$

d) $\pi\sqrt{5}(1+\sqrt{5}) R^2$ cm$^2$

e) n.d.a.

**30. (ITA-SP)** Justapondo-se as bases de dois cones retos e idênticos de altura $H$, forma-se um sólido de volume $v$. Admitindo-se que a área da superfície deste sólido é igual à área da superfície de uma esfera de raio $H$ e volume $V$, a razão $\dfrac{v}{V}$ vale:

a) $\dfrac{\sqrt{11}-1}{4}$

b) $\dfrac{\sqrt{13}-1}{4}$

c) $\dfrac{\sqrt{15}-1}{4}$

d) $\dfrac{\sqrt{17}-1}{4}$

e) $\dfrac{\sqrt{19}-1}{4}$

**31. (ITA-SP)** Considere o tetraedro regular (4 faces iguais) inscrito em uma esfera de raio $R$, onde $R$ mede 3 cm. A soma das medidas de todas as arestas do tetraedro é dada por:

a) $16\sqrt{3}$ cm
b) $13\sqrt{6}$ cm
c) $12\sqrt{6}$ cm
d) $8\sqrt{3}$ cm
e) $6\sqrt{3}$ cm

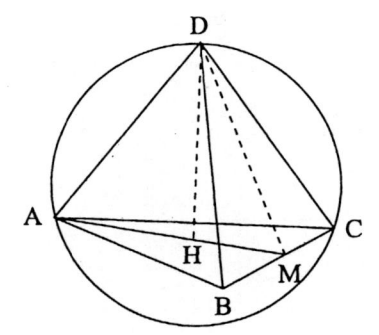

**32. (ITA-SP)** Um cone circular reto tem altura 12 cm e raio da base 5 cm. O raio da esfera inscrita neste cone mede, em cm:

a) $\dfrac{10}{3}$

b) $\dfrac{7}{4}$

c) $\dfrac{12}{5}$

d) 3

e) 2

**33. (UAMA)** Um plano secciona uma esfera determinando um círculo de $16\pi$ cm$^2$ de área, sabendo-se que o plano dista 3 cm do centro da esfera, então o volume da esfera é igual a:

a) $\dfrac{100\pi}{3}$ cm$^3$

b) $\dfrac{125\pi}{3}$ cm$^3$

c) $150\pi$ cm$^3$

d) $\dfrac{500\pi}{3}$ cm$^3$

e) $200\pi$ cm$^3$

**34. (ENEM)** Um fabricante de brinquedos recebeu o projeto de uma caixa que deverá conter cinco pequenos sólidos, colocados na caixa por uma abertura em sua tampa. A figura representa a planificação da caixa, com as medidas dadas em centímetros.

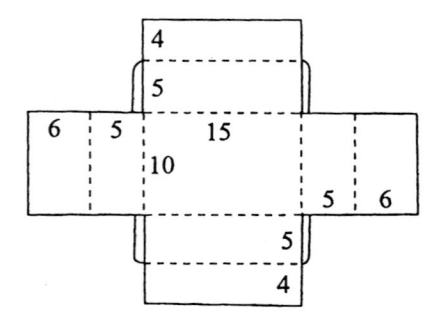

Os sólidos são fabricados nas formas de:

I. Um cone reto de altura 1 cm e raio da base 1,5 cm.
II. Um cubo de aresta 2 cm.
III. Uma esfera de raio 1,5 cm.
IV. Um paralelepípedo retangular reto, de dimensões 2 cm, 3 cm e 4 cm.
V. Um cilindro reto de altura 3 cm e raio da base 1 cm.

O fabricante não aceitou o projeto, pois percebeu que, pela abertura dessa caixa, só poderia colocar os sólidos dos tipos:

a) I, II e III.

b) I, II e V.

c) I, II, IV e V.

d) II, III, IV e V.

e) III, IV e V.

**35.** (**UFAL**) Na figura seguinte tem-se uma esfera de raio 2 cm e centro $O$. O ponto $P$ pertence a um círculo máximo dessa esfera e o ponto $Q$ é a interseção da esfera com a reta $r$, que é perpendicular a esse círculo pelo seu centro.

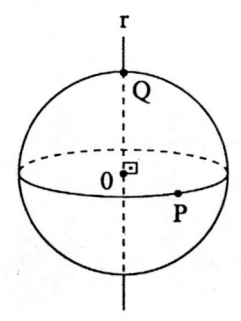

A medida do segmento $\overline{PQ}$, em centímetros, é igual a:

a) $\sqrt{2}$
b) $2\sqrt{2}$
c) 2
d) $3\sqrt{2}$
e) 4

**36. (UNIFOR-CE)** Reduzindo-se a medida do raio de uma esfera em 20% de seu valor, o volume será reduzido em:

a) 48,8%

b) 51,2%

c) 62,8%

d) 56,4%

e) 54,6%

**37. (SANTA CASA-SP)** Um octaedro regular está inscrito numa esfera cujo raio mede $3\sqrt{2}$ cm. O volume desse octaedro, em cm³, é:

a) 36

b) 216

c) $216\sqrt{2}$

d) $108\sqrt{2}$

e) $72\sqrt{2}$

**38. (PUC-SP)** A tira seguinte mostra o Cebolinha tentando levantar um haltere, que é um aparelho feito de ferro, composto de duas esferas acopladas a um bastão cilíndrico.

Turma da Mônica/Maurício de Sousa

Suponha que cada esfera tenha 10,5 cm de diâmetro e que o bastão tenha 50 cm de comprimento e diâmetro da base medindo 1,4 cm. Se a densidade do ferro é 7,8 g/cm³, quantos quilogramas, aproximadamente, o Cebolinha tentava levantar?
(Use: $\pi = \dfrac{22}{7}$.)

a) 18
b) 16
c) 15
d) 12
e) 10

**39. (FATEC-SP)** Se um cilindro reto está circunscrito a uma esfera de raio $R$, então a razão entre a área da superfície esférica e a área total do cilindro é:

a) $\dfrac{1}{2}$
b) $\dfrac{2}{3}$
c) $\dfrac{3}{2}$
d) 2
e) $\dfrac{4}{3}$

**40. (UFES)** Um ourives deixou como herança para seus oito filhos uma esfera maciça de ouro. Os herdeiros resolveram fundir o ouro e, com ele, fazer oito esferas iguais. Cada uma dessas esferas terá um raio igual a:

a) 1/2 do raio da esfera original.
b) 1/3 do raio da esfera original.
c) 1/4 do raio da esfera original.
d) 1/6 do raio da esfera original.
e) 1/8 do raio da esfera original.

**41. (PUC-PR)** Tem-se um recipiente cilíndrico, de raio 3 cm, com água. Se mergulharmos inteiramente uma bolinha esférica nesse recipiente, o nível da água sobe cerca de 1,2 cm. Sabe-se, então, que o raio da bolinha vale aproximadamente:
   a) 1 cm
   b) 1,5 cm
   c) 2 cm
   d) 2,5 cm
   e) 3 cm

**42. (UERJ)** O modelo astronômico helicêntrico de Kepler, de natureza geométrica, foi construído a partir dos cinco poliedros de Platão, inscritos em esferas concêntricas, conforme ilustra a figura abaixo:

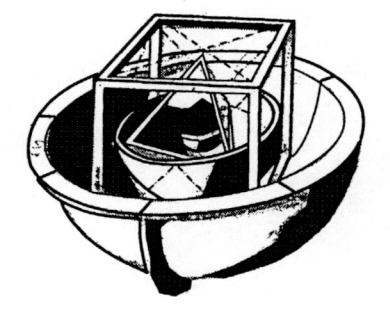

A razão entre a medida da aresta do cubo e a medida do diâmetro da esfera a ele circunscrita, é:
   a) $\sqrt{3}$
   b) $\dfrac{\sqrt{3}}{2}$
   c) $\dfrac{\sqrt{3}}{3}$
   d) $\dfrac{\sqrt{3}}{4}$

**43. (MACK-SP)** Uma esfera está inscrita em um cone eqüilátero. A razão entre a área total do cone e a área da superfície esférica vale:

a) $\dfrac{3}{2}$

b) $\dfrac{9}{4}$

c) 2

d) $\dfrac{1}{2}$

e) 1

**44. (UFRJ)** Quantos brigadeiros (bolinhas de chocolate) de raio 0,5 cm podemos fazer a partir de um brigadeiro de raio 1,0 cm?

**45. (UFSE)** Cada vértice de um cubo de aresta $x$ é centro de uma esfera de raio $\dfrac{x}{2}$. O volume da parte comum ao cubo e às esferas é:

a) $\dfrac{\pi}{12} x^3$

b) $\dfrac{\pi}{8} x^3$

c) $\dfrac{\pi}{6} x^3$

d) $\dfrac{\pi}{4} x^3$

e) $\dfrac{\pi}{2} x^3$

**46. (UERJ)** A superfície de uma esfera pode ser calculada através da fórmula: $4\pi R^2$, onde $R$ é o raio da esfera. Sabe-se que $\dfrac{3}{4}$ da superfície do planeta Terra são cobertos por água e $\dfrac{1}{3}$ da superfície restante é coberto por desertos. Considere o planeta Terra esférico, com seu raio de 6.400 km e use $\pi$ igual a 3. A área dos desertos em milhões de quilômetros quadrados, é igual a:

a) 122,88

b) 81,92

c) 61,44

d) 40,96

**47.** (MACK-SP) Bolas de tênis, normalmente, são vendidas em embalagens cilíndricas contendo três unidades, que tangenciam as paredes internas da embalagem. Numa dessas embalagens, se o volume não ocupado pelas bolas é $2\pi$, o volume da embalagem é:

a) $6\pi$
b) $8\pi$
c) $10\pi$
d) $12\pi$
e) $4\pi$

**48.** (MACK-SP) Uma esfera de diâmetro 6 cm está inscrita em um cone circular reto de altura 8 cm. Então a área da base do cone vale:

a) $54\pi$ cm²
b) $48\pi$ cm²
c) $44\pi$ cm²
d) $40\pi$ cm²
e) $36\pi$ cm²

**49.** (CESCEM-SP) Uma cunha esférica de raio 1 m tem volume 1 m³. Seu ângulo diedro mede:

a) 1,5 rad
b) $\dfrac{\pi}{2}$ rad
c) $\sqrt{2}$ rad
d) $\dfrac{3\pi}{4}$ rad
e) $\pi$ rad

**50.** (U. CATÓLICA DOM BOSCO-MS) Numa esfera de volume $\dfrac{500\pi}{3}$ cm³ é feita uma secção plana a 3 cm do centro. Determine a área dessa secção.

a) $12\pi$ cm²
b) $15\pi$ cm²
c) $16\pi$ cm²
d) $18\pi$ cm²
e) $20\pi$ cm²

**51.** (CEFET-PR) Em uma esfera de volume $8\sqrt{6}\,\pi$ cm³, há um fuso de área igual

a $5\pi$ cm². O ângulo desse fuso, em graus, é igual a:
a) 75
b) 30
c) 45
d) 60
e) 90

**52. (FUVEST/SP)** Uma superfície esférica de raio 13 cm é cortada por um plano situado a uma distância de 12 cm do centro da superfície esférica, determinando uma circunferência. O raio dessa circunferência, em centímetros, é:

a) 1
b) 2
c) 3
d) 4
e) 5

**53. (FUVEST/SP)** Um recepiente cilíndrico, cujo raio da base é 6 cm, contém água até uma certa altura. Uma esfera de aço é colocada no interior do recepiente, ficando totalmente submersa. Se a altura da água subiu 1 cm, então o raio da esfera é:

a) 1 cm
b) 2 cm
c) 3 cm
d) 4 cm
e) 5 cm

**54. (FUVEST/SP)** Para pintar a base plana de um hemisfério maciço, gastamos 12 galões de tinta. Quantos galões serão necessários para pintar toda a parte externa do hemisfério?

**55. (UFES)** Deseja-se construir um tanque para armazenar combustível, com o formato de um cilindro circular reto com duas semi-esferas acopladas, uma em cada extremidade do cilindro, conforme a figura. Para evitar a corrosão, é preciso revestir o interior do tanque com uma determinada tinta. É necessário 1 $\ell$ de tinta pra revestir 1 m². Se o cilindro tem 5 m de comprimento e 1 m de diâmetro, o número mínimo de latas de 1 $\ell$ dessa tinta que deverão ser abertas para realizar o revestimento é:

a) 15
b) 20
c) 16
d) 18
e) 19

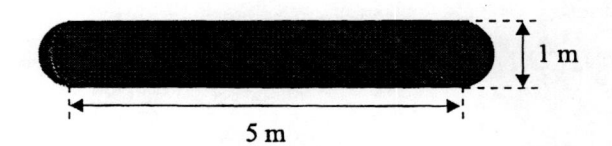

5 m, 1 m

**56. (CESGRANRIO)** Uma laranja pode ser considerada uma esfera de raio $R$, composta de 12 gomos exatamente iguais. A superfície total de cada gomo mede:

a) $2\pi R^2$
b) $4\pi R^2$
c) $\dfrac{3\pi}{4} R^2$
d) $3\pi R^2$
e) $\dfrac{4\pi}{3} R^2$

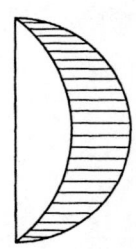

**57. (PUC-SP)** A soma de todas as arestas de um cubo mede 24 m. O volume da esfera inscrita no cubo é:

a) $\dfrac{2}{3}\pi\ m^3$
b) $\dfrac{3}{4}\pi\ m^3$
c) $\dfrac{1}{2}\pi\ m^3$
d) $\dfrac{3}{2}\pi\ m^3$
e) $\dfrac{4}{3}\pi\ m^3$

**58. (SANTA CASA-SP)** O raio da base de um cone eqüilátero mede $6\sqrt{3}$ cm. O volume da esfera inscrita nesse cone, em $cm^3$, é:

a) $144\pi$
b) $152\pi$
c) $192\pi$
d) $288\pi$
e) $302\pi$

**59. (UFF)** Uma lata, cuja capacidade é igual a 300 mℓ, contém água e 60 bolas de gude iguais e perfeitamente esféricas com diâmetro de 2 cm cada. Sabendo que a lata está completamente cheia, determine o volume de água, em m$\ell$.

Considere $\pi = 3,14$

**60. (UNICAMP-SP)** O volume $V$ de uma bola de raio $R$ é dado pela fórmula $V = \dfrac{4\pi R^3}{3}$.

a) Calcule o volume de uma bola de raio $R = 3/4$ cm. Para facilitar os cálculos você deve substituir $\pi$ pelo número $22/7$.

b) Se uma bola de raio $R = 3/4$ cm é feita com um material cuja densidade volumétrica (quociente da massa pelo volume) é de $5,6$ g/cm$^3$, qual será a sua massa?

**61. (U. TAUBATÉ-SP)** Aumentando em 10% o raio de uma esfera, a sua superfície aumentará:
   a) 21%
   b) 11%
   c) 31%
   d) 24%
   e) 30%

**62. (UFPA)** Um cone reto tem raio de base $R$ e altura $H$. Se uma esfera tem raio $R$ e volume igual ao dobro do volume desse cone, podemos afirmar que:
   a) $H = R$
   b) $H = 2R$
   c) $H = R/3$
   d) $H = 3R$
   e) $H = R/2$

**63. (UFRJ)** Ping Oin recolheu 4,5 m$^3$ de neve para construir um grande boneco de 3 m de altura, em comemoração à chegada do verão no Pólo Sul.

O boneco será composto por uma cabeça e um corpo, ambos em forma de esfera, tangentes, sendo o corpo maior que a cabeça, conforme mostra a figura a seguir. Para calcular o raio de cada uma das esferas, Ping Oin aproximou $\pi$ por 3.
Determine esses raios.

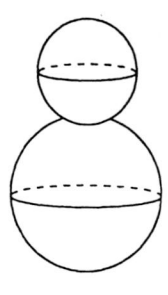

**64. (FGV-SP)** Deseja-se construir um galpão em forma de um hemisfério, para uma exposição. Se, para o revestimento total do piso, utilizaram-se 78,5 m² de lona, quantos metros quadrados de lona se utilizariam na cobertura completa do galpão?
(Considerar $\pi = 3,14$)

a) 31,4
b) 80
c) 157
d) 208,2
e) 261,66

**65. (UFPI)** A esfera circunscrita a um octaedro regular de aresta $a$ tem raio igual a:

a) $\dfrac{a\sqrt{2}}{2}$
b) $a\sqrt{2}$
c) $2a$
d) $a\sqrt{3}$
e) $\dfrac{a\sqrt{3}}{2}$

**66. (UFMG)** Dois cones circulares retos de mesma base estão inscritos numa mesma esfera de volume $36\pi$. A razão entre os volumes desses cones é 2. A medida do raio da base comum dos cones é:

a) 1
b) $\sqrt{2}$
c) $\sqrt{3}$
d) 2
e) $2\sqrt{2}$

**67. (FAU-SP)** Em uma cavidade cônica, cuja abertura tem um raio 8 cm e de profundidade $\dfrac{32}{3}$ cm, deixa-se cair uma esfera de 6 cm de raio. Achar a distância do vértice da cavidade cônica ao centro da esfera.

**68. (MAUÁ-SP)** Uma esfera de raio $R$ está colocada em uma caixa cúbica sendo tangente às paredes da caixa. Essa esfera é retirada da caixa e em seu lugar são colocadas 8 esferas iguais, tangentes entre si e também as paredes da caixa. Determine a razão entre os volumes não ocupados pela esfera única e pelas 8 esferas.

**69. (UFCE)** Calcule, em cm³, 2/3 do volume da região compreendida pela interseção de duas esferas de mesmo raio $R = \dfrac{9}{\sqrt[3]{\pi}}$ cm, sabendo que a distância entre seus centros é $d = \dfrac{12}{\sqrt[3]{\pi}}$ cm.

**70. (UNIV. FEDERAL DE OURO PRETO-MG)** Um plano intercepta uma superfície esférica segundo uma circunferência de $6\sqrt{3}\pi$ cm de comprimento. Sendo a distância do centro da esfera ao centro da circunferência igual a 3 m, o raio da esfera é:

a) 4 cm
b) 5 cm
c) 6 cm
d) 7 cm
e) 8 cm

**71. (U. METODISTA-SP)** Três esferas iguais de raio $R = 10$ cm têm seus centros coincidentes com os vértices de um triângulo eqüilátero de 20 cm de lado. As esferas são tangentes entre si duas a duas. Quantos planos existem tangentes às três esferas?

a) 1
b) 2
c) 3
d) 6
e) 8

**72. (PUC-SP)** São dados três planos, dois a dois perpendiculares. Deseja-se construir uma esfera, de raio dado $R$, tangente aos três planos. Quantas soluções tem o problema?

a) Uma.
b) Três.
c) Quatro.
d) Oito.
e) Depende de $R$.

**73. (UFPA)** O círculo máximo de uma esfera mede $6\pi$ cm. Qual o volume dessa esfera?

a) $12\pi$ cm$^3$
b) $24\pi$ cm$^3$
c) $36\pi$ cm$^3$
d) $72\pi$ cm$^3$
e) $144\pi$ cm$^3$

**74. (UFPA)** A área da superfície de uma esfera é $16\pi$ cm². Qual o diâmetro da esfera?

a) 1 cm
b) 2 cm
c) 4 cm
d) 6 cm
e) 8 cm

**75. (UFMS)** Se o volume de uma esfera é $288\pi$ cm³, o seu diâmetro mede, em cm:

a) 8
b) 10
c) 12
d) 15
e) 16

## Gabarito das questões de fixação

**Questão 1** - Resposta: $\sqrt{2}$ cm
**Questão 2** - Resposta: $256\pi$ cm²
**Questão 3** - Resposta: e
**Questão 4** - Resposta: e
**Questão 5** - Resposta: e
**Questão 6** - Resposta: e
**Questão 7** - Resposta: b
**Questão 8** - Resposta: b
**Questão 9** - Resposta: 60
**Questão 10** - Resposta: $V = 4\pi\sqrt{3}$ cm³
**Questão 11** - Resposta: $h = 4R/3$
**Questão 12** - Resposta: $V = 36\pi$ cm³
**Questão 13** - Resposta: $\dfrac{\pi\sqrt{3}}{2}$
**Questão 14** - Resposta: $3\sqrt{3}$
**Questão 15** - Resposta: $\dfrac{a\sqrt{2}}{2}$
**Questão 16** - Resposta: $\dfrac{10}{3}$ cm
**Questão 17** - Resposta: $\dfrac{243}{2}\pi$ mm³
**Questão 18** - Resposta: $48\pi$ cm³
**Questão 19** - Resposta: $\overline{MN} = 12$

**Questão 20** - Resposta: 2/3

## Gabarito das questões de aprofundamento

**Questão 1** - Resposta: a

**Questão 2** - Resposta: $R = \dfrac{5}{2}\sqrt[3]{2}$ cm

**Questão 3** - Resposta: $V = 64$ cm$^3$

**Questão 4** - Resposta: c

**Questão 5** - Resposta: $R = \sqrt{6}$ dm

**Questão 6** - Resposta: 94

**Questão 7** - Resposta: a) $S = \pi\ell^2$    b) $V = \dfrac{\pi\ell^3\sqrt{2}}{3}$

**Questão 8** - Resposta: a) $r = 1$; verdadeiro    b) $r = \dfrac{\sqrt{6}}{10}$; verdadeiro

**Questão 9** - Resposta: b

**Questão 10** - Resposta: c

**Questão 11** - Resposta: 56 barras de chocolate

**Questão 12** - Resposta: d

**Questão 13** - Resposta: d

**Questão 14** - Resposta: b

**Questão 15** - Resposta: b

**Questão 16** - Resposta: a) $h = \dfrac{67}{6}$m ,    b) $R = 1$ m

**Questão 17** - Resposta: $V = \dfrac{88}{3}$ m$^3$ e $S_S = 36\pi$ m$^2$

**Questão 18** - Resposta: a) $V_{\text{frasco}} = 32\pi$ cm$^3$;    $V_{\text{gota}} = \dfrac{4\pi}{375}$ cm$^3$

b) $V_{\text{por minuto}} = \dfrac{8\pi}{25}$ cm$^3$;    tempo = 100 min. ou $t = 1$ hora e 40 minutos

**Questão 19** - Resposta: d

**Questão 20** - Resposta: e

**Questão 21** - Resposta: a

**Questão 22** - Resposta: d

**Questão 23** - Resposta: d

**Questão 24** - Resposta: b

**Questão 25** - Resposta: d

**Questão 26** - Resposta: a

**Questão 27** - Resposta: a

**Questão 28** - Resposta: d

**Questão 29** - Resposta: b

**Questão 30** - Resposta: d
**Questão 31** - Resposta: c
**Questão 32** - Resposta: a
**Questão 33** - Resposta: d
**Questão 34** - Resposta: c
**Questão 35** - Resposta: b
**Questão 36** - Resposta: a
**Questão 37** - Resposta: e
**Questão 38** - Resposta: e
**Questão 39** - Resposta: b
**Questão 40** - Resposta: a
**Questão 41** - Resposta: c
**Questão 42** - Resposta: c
**Questão 43** - Resposta: b
**Questão 44** - Resposta: 8 brigadeiros
**Questão 45** - Resposta: c
**Questão 46** - Resposta: d
**Questão 47** - Resposta: a
**Questão 48** - Resposta: e
**Questão 49** - Resposta: a
**Questão 50** - Resposta: c
**Questão 51** - Resposta: a
**Questão 52** - Resposta: e
**Questão 53** - Resposta: c
**Questão 54** - Resposta: 36 galões
**Questão 55** - Resposta: e
**Questão 56** - Resposta: e
**Questão 57** - Resposta: e
**Questão 58** - Resposta: d
**Questão 59** - Resposta: $V_{água} = 48.8$ m$\ell$
**Questão 60** - Resposta: a) $V = \dfrac{99}{56}$ cm$^3$    b) massa $= 9,9$ g
**Questão 61** - Resposta: a
**Questão 62** - Resposta: b
**Questão 63** - Resposta: $r = 1/2$  e  $R = 1$
**Questão 64** - Resposta: c
**Questão 65** - Resposta: a
**Questão 66** - Resposta: e
**Questão 67** - Resposta: $d = 10$ cm
**Questão 68** - Resposta: 1
**Questão 69** - Resposta: 96 cm$^3$
**Questão 70** - Resposta: c

**Questão 71** - Resposta: b
**Questão 72** - Resposta: d
**Questão 73** - Resposta: c
**Questão 74** - Resposta: c
**Questão 75** - Resposta: c

# GLOSSÁRIO

| | | |
|---|---|---|
| $A, B, C, \ldots$ | $\to$ | letras maiúsculas indicam PONTOS. |
| $a, b, c, \ldots$ | $\to$ | letras minúsculas indicam RETAS. |
| $\alpha, \beta, \theta, \ldots$ | $\to$ | letras gregas indicam PLANOS. |
| $\vec{A}$ | $\to$ | semi-reta no ponto $A$. |
| $\overrightarrow{MN}$ | $\to$ | semi-reta de origem no ponto $M$ e que passa por $\overline{N}$. |
| $\overline{MN}$ | $\to$ | segmento de reta com extremidades nos pontos $M$ e $N$. |
| $m(\overline{MN})$ | $\to$ | medida do segmento de reta $MN$. |
| $\hat{A}$ | $\to$ | ângulo com vértice no ponto $A$. |
| $A\hat{B}C$ | $\to$ | ângulo com vértice em $B$ e lados $\overrightarrow{BC}$ e $\overrightarrow{BA}$. |
| $\hat{A} \cong \hat{B}$ | $\to$ | ângulo $A$ é congruente ao ângulo $B$. |
| $r // s$ | $\to$ | A reta $r$ é paralela à reta $s$. |
| $r \times s$ | $\to$ | A reta $r$ é concorrente à reta $s$. |
| $r \perp s$ | $\to$ | A reta $r$ é perpendicular à reta $s$. |
| $r \,/\, s$ | $\to$ | A reta $r$ é oblíqua à resta $s$. |
| $(O, r)$ | $\to$ | circunferência de centro em $O$ e com medida de raio $r$. |
| $(O, AC)$ | $\to$ | circunferência de centro em $O$ e com medida de raio $AC$. |
| $\overset{\frown}{AB}$ | $\to$ | Arco com extremidades nos pontos $A$ e $B$. |
| $\overset{\frown}{ABC}$ | $\to$ | Arco com extremidades em $A$ e $C$ e que passa por $B$. |
| $/$ | $\to$ | tal que |
| $\exists$ | $\to$ | existe |
| $\exists \,|$ | $\to$ | existe um único |
| $\nexists$ | $\to$ | não existe |
| $\wedge$ | $\to$ | e |
| $\vee$ | $\to$ | ou |
| $\in$ | $\to$ | pertence |
| $\notin$ | $\to$ | não pertence |
| $\cong$ | $\to$ | congruente |
| $>$ | $\to$ | maior que |
| $<$ | $\to$ | menor que |
| $\geq$ | $\to$ | maior ou igual que |
| $\leq$ | $\to$ | menor ou igual que |
| $\equiv$ | $\to$ | idêntico |
| $\sim$ | $\to$ | proporcional |
| $\gg$ | $\to$ | muito maior que |
| $\ll$ | $\to$ | muito menor que |

|  | |  |
|---|---|---|
| ∪ | → | união |
| ∩ | → | interseção |
| ⊂ | → | está contido |
| ⊄ | → | não está contido |
| ⊃ | → | contém |
| ⊅ | → | não contém |
| **sign** | → | sinal |
| $\sum$ | → | somatório |
| $\prod$ | → | produto |
| ⟶ | → | então |
| ⇒ | → | implicação |
| ⇔ | → | se somente se |

## LETRAS GREGAS

| Maiúsculas | Minúsculas | Nome | Maiúsculas | Minúsculas | Nome |
|---|---|---|---|---|---|
| A | $\alpha$ | alfa | N | $\nu$ | nu |
| B | $\beta$ | beta | Ξ | $\xi$ | ksi |
| Γ | $\gamma$ | gama | O | o | ômicron |
| Δ | $\delta$ | delta | Π | $\pi$ | pi |
| E | $\varepsilon$ | épsilon | P | $\rho$ | rô |
| Z | $\zeta$ | dzeta | Σ | $\sigma\varsigma$ | sigma |
| H | $\eta$ | eta | T | $\tau$ | tau |
| Θ | $\theta$ | theta | Υ | $\upsilon$ | ípsilon |
| I | $\iota$ | iota | Φ | $\varphi$ | fi |
| K | $\kappa$ | kappa | X | $\chi$ | chi |
| Λ | $\lambda$ | lâmbda | Ψ | $\psi$ | psi |
| M | $\mu$ | mu | Ω | $\omega$ | ômega |

# NÚMEROS ROMANOS

| | | | | |
|---|---|---|---|---|
| I | → | 1 | X = | 10 |
| II | → | 2 | XX = | 20 |
| III | → | 3 | XL = | 40 |
| IV | → | 4 | L = | 50 |
| V | → | 5 | LX = | 60 |
| VI | → | 6 | XC = | 90 |
| VII | → | 7 | C = | 100 |
| VIII | → | 8 | D = | 500 |
| IX | → | 9 | M = | 1000 |

# SISTEMA MÉTRICO DECIMAL

| | | | | | |
|---|---|---|---|---|---|
| Tetra (T) | = | $10^{12}$ | Deca (D) | = | 10 |
| Giga (G) | = | $10^9$ | Deci (d) | = | $10^{-1}$ |
| Mega (M) | = | $10^6$ | Centi (c) | = | $10^{-2}$ |
| Miria (ma) | = | $10^4$ | Mili (m) | = | $10^{-3}$ |
| Kilo (k) | = | $10^3$ | Micro (u) | = | $10^{-6}$ |
| Hecto (h) | = | $10^2$ | Nano (n) | = | $10^{-9}$ |
| | | | Pico (p) | = | $10^{-12}$ |

# \* OBSERVAÇÕES IMPORTANTES

## (I.) UNIDADES UNIDIMENSIONAIS

– **Unidades de comprimento**

$$
\text{múltiplos} \begin{cases} \text{km} &= \text{quilômetro} &= 1000 \text{ m} \\ \text{hm} &= \text{hectômetro} &= 100 \text{ m} \\ \text{dam} &= \text{decâmetro} &= 10 \text{ m} \end{cases}
$$

unidade principal $\longrightarrow$ m = metro = 1 m

$$
\text{submúltiplos} \begin{cases} \text{dm} &= \text{decímetro} &= 0,1 \text{ m} \\ \text{cm} &= \text{centímetro} &= 0,01 \text{ m} \\ \text{mm} &= \text{milímetro} &= 0,001 \text{ m} \end{cases}
$$

Cada unidade de comprimento é dez vezes maior que a unidade imediatamente inferior.
Exemplo: 1 km = 10 hm;  1 hm = 10 dam; ...

– **Unidades de capacidade**

$$
\text{múltiplos} \begin{cases} \text{k}\ell &= \text{quilolitro} &= 1000\ell \\ \text{h}\ell &= \text{hectolitro} &= 100\ell \\ \text{da}\ell &= \text{decalitro} &= 10\ell \end{cases}
$$

unidade principal $\longrightarrow$ $\ell$ = litro = $1\ell$

$$
\text{submúltiplos} \begin{cases} \text{d}\ell &= \text{decilitro} &= 0,1\,\ell \\ \text{c}\ell &= \text{centilitro} &= 0,01\,\ell \\ \text{m}\ell &= \text{mililitro} &= 0,001\,\ell \end{cases}
$$

Cada unidade é dez vezes maior que a unidade imediatamente inferior.
Exemplo: 6, 2 da$\ell$ = 62$\ell$;   42 k$\ell$ = 42000 $\ell$; ...

*Glossário*

– Unidades de massa

$$\text{múltiplos} \begin{cases} T &= \text{tonelada} &= 1\,000\,000 \text{ g} \\ kg &= \text{quilograma} &= 1000 \text{ g} \\ hg &= \text{hectograma} &= 100 \text{ g} \\ dag &= \text{decagrama} &= 10 \text{ g} \end{cases}$$

unidade principal ⟶ g = grama = 1 g

$$\text{submúltiplos} \begin{cases} dg &= \text{decigrama} &= 0,1 \text{ g} \\ cg &= \text{centigrama} &= 0,01 \text{ g} \\ mg &= \text{miligrama} &= 0,001 \text{ g} \end{cases}$$

Cada unidade de massa é 10 vezes maior que a imediatamente inferior.

**Atenção**: É feita deslocando-se a vírgula o mesmo número de casas, e no mesmo sentido que corresponder à mudança.

### (II.) UNIDADES BIDIMENSIONAIS

| $km^2$ | $hm^2$ | $dam^2$ | $m^2$ | $dm^2$ | $cm^2$ | $mm^2$ |
|---|---|---|---|---|---|---|

Cada unidade de superfície é 100 vezes maior que a unidade imediatamente inferior.

### (III.) UNIDADES TRIDIMENSIONAIS

| $km^3$ | $hm^3$ | $dam^3$ | $m^3$ | $dm^3$ | $cm^3$ | $mm^3$ |
|---|---|---|---|---|---|---|

Cada unidade de volume é 1000 vezes maior que a unidade imediatamente inferior.

## Conheça outras publicações de matemática da Editora Ciência Moderna:

♦ Cálculo em Variedades – Spikak, M.

♦ Álgebra Linear – Lang, S.

♦ Teoria Ingênua dos Conjuntos – Halmos, P.

♦ O que é Matemática – Courant, R. e Robbins, H.

♦ Teoria Elementar dos Números – Landau, E.

## Conheça também a coleção vestibular:

♦ Matemática – Castilho, J.C.A. e Garcia, A.C.A.

♦ Química – Ribeiro, A.A.P. e Silva, O. C.

♦ História – Falcão, A.C.E.

♦ Biologia – Diblasi Filho, I.

♦ Geografia – Souza, G.X.R.

♦ Língua Portuguesa, Literatura e Redação – Silva, M.J.

À venda nas melhores livrarias

**EDITORA CIÊNCIA MODERNA**

**Impressão e Acabamento**
Gráfica Editora Ciência Moderna Ltda.
Tel.: (21) 2201-6662